# Ökologische Flora – Niederösterreichs bunte Pflanzenwelt entdecken und bestimmen

## BAND 3
### Kräuter, Stauden und Zwergsträucher


Autoren:
Wolfgang Holzner
Wolfgang Adler
Silvia Winter
Matthias Kropf
Monika Kriechbaum

unter Mitarbeit von
Pia Kieninger, Wolfgang Kubelka,
Karin Böhmer, Isabella Auberger

Institut für Integrative Naturschutzforschung
Universität für Bodenkultur Wien

**Bildquellen**

W. Holzner, P. Kieninger, M. Kriechbaum, M. Kropf und S. Winter

Für das Überlassen von Fotos danken wir:

R. Marschner *(Dianthus plumarius* subsp. *neilreichii, Fumaria schleicheri, Gypsophila repens, Silene viscosa, Spergularia maritima, Stellaria graminea, S. nemorum, Geranium sibiricum, Hypericum humifusum, Potentilla caulescens, P. supina, P. sterilis, Cytisus procumbens, Oxytropis montana, Astragalus vesicarius* subsp. *vesicarius, Coronilla vaginalis, Lathyrus palustris, L. venetus, Vicia oroboides, V. villosa* s. str., *Fumana procumbens, Helianthemum canum, Crambe tataria, Aethionema saxatile, Rorippa amphibia, Primula matthioli, Pulmonaria kerneri, Blackstonia acuminata, Sherardia arvensis, Linaria genistifolia, Orobanche salviae, O. caryophyllacea, O. reticulata, Tozzia alpina, Teucrium scordium, Phyteuma nigrum, Campanula thyrsoides* subsp. *thyrsoides, C. cervicaria, Prenanthes purpurea, Aposeris foetida, Mycelis muralis, Lactuca viminea, Crepis praemorsa, Cirsium spinosissimum, Carpesium cernuum, Aster tripolium, Achillea clavennae, Inula oculus-christi, Muscari tenuiflorum, Gagea pusilla, Allium vineale, A. sphaerocephalon)*

A. Mrkvicka *(Fumaria vaillantii, Gypsophila muralis, Spergula arvensis, Rumex thyrsiflorus, Sedum hispanicum, Ononis repens, Genista germanica, Gentiana bavarica, Lindernia procumbens, Pedicularis rostratospicata, Campanula rapunculus, Bombycilaena erecta, Cerastium fontanum, Thalictrum minus, Moehringia ciliata)*

J. Pennerstorfer *(Ceratocephala orthoceras, Rhododendron tomentosum, Onosma helvetica, Gentianella aspera, G. bohemica, Orlaya grandiflora, Adenophora liliifolia, Gladiolus palustris, Ruscus hypoglossum, Limodorum abortivum, Dactylorhiza (majalis* subsp.*) lapponica, Phytoecia caerulea)*

G. Bassler *(Scleranthus annuus, Thesium pyrenaicum, Alcea biennis, Teesdalia nudicaulis, Arnoseris minima, Helichrysum arenarium, Aster linosyris, Senecio jacobaea, S. aquaticus,* Jakobskrautbär, *Gagea bohemica)*

© N. Novak *(Liparis loeselii, Malaxis paludosa, Epipactis purpurata, E. leptochila, Spiranthes aestivalis, Dactylorhiza ochroleuca, Orchis spitzelii)*

E. Horak *(Saxifraga burseriana, Androsace obtusifolia, Myosotis discolor, Gentiana pumila, Orobanche coerulescens, Pedicularis palustris, P. recutita, Galeopsis tetrahit, Allium rotundum)*

D. Bogner *(Anemone trifolia, Antennaria dioica, Tephroseris)*

M.-L. Oschatz *(Nigritella widderi, N. nigra)*

B. Wallnöfer *(Orobanche picridis)*

B. Pachinger *(Andrena scita)*

Pjt56 (Wikimedia Commons): Minze-Blattkäfer (S. 309)

Miya.m (Wikimedia Commons): *Ledum palustre* (S. 240, Foto 1a)

Tarquin (Wikimedia Commons): Feldsalat (S. 334, Foto B)

Wir danken dem Leiter des Institutes für Botanik, Univ.-Prof. K.-G. Bernhardt, für die Möglichkeit zur Anfertigung von Fotos im Herbarium der Universität für Bodenkultur Wien (WHB).

Titelseite Bildzuordnung (von links oben nach rechts unten):
Lotwurz, *(Onosma)*, Herbst-Aster *(Aster amellus)*, Bunter Hohlzahn *(Galeopsis speciosa)*; Holunder-Knabenkraut *(Dactylorhiza sambucina)*, Blutauge *(Comarum palustre)*, Dinarischer Bergwundklee *(Anthyllis montana* subsp. *jacquinii)*; Graukresse *(Berteroa incana)*, Österreichischer Kranzenzian *(Gentianella austriaca)*, Ochsenauge *(Buphthalmum salicifolium)*

## Impressum

avBUCH im Cadmos Verlag

2. Auflage 2015

Gestaltung und Satz: Hantsch & Jesch PrePress Services OG, Wien
Lektorat: Ing. Barbara P. Meister MA, FachLektor.at, Wien
Covergestaltung: Nicola van Ravenstein, www.ravenstein2.de
Druck: Graspo CZ, a.s., www.graspo.com

Deutsche Nationalbibliothek – CIP-Einheitsaufnahme
Die Deutsche Nationalbibliothek verzeichnet diese Publikation in der Deutschen Nationalbibliografie; detaillierte bibliografische Daten sind im Internet über http://dnb.ddb.de abrufbar. 

Printed in Czech Republic
ISBN: 978-3-8404-7525-2

# Inhalt

### c. Asternverwandte Zweikeimblättrige,

die höchst entwickelten Zweikeimblättrigen; Blütenkronblätter verwachsen



## III. Einkeimblättrige

haben sich bereits sehr früh aus einem Ast der ursprünglichen Zweikeimblättrigen von diesen getrennt entwickelt; dreizählige Blüten sind hier verbreitet, oder solche, die stark vereinfacht sind (Windbestäubung); die Blätter sind meist einfach gebaut, ungeteilt, ganzrandig und haben parallel verlaufende Nerven (im Gegensatz zu den meist netznervigen der Zweikeimblättrigen)

# Vorwort

Liebe Leserinnen und Leser,

eigentlich müssten wir „Benutzerinnen und Benutzer“ schreiben, da ein Bestimmungsbuch ja als Arbeitsbuch gedacht ist. Doch inzwischen haben uns – zu unserem Erstaunen – Rückmeldungen darauf aufmerksam gemacht, dass die ersten beiden Bände auch als Lesestoff (und das nicht nur zum Einschlafen) Anklang gefunden haben.

Es gibt Gründe, warum wir unsere „Flora Niederösterreichs“ als vierbändiges Werk konzipiert haben. Eine der Aufgaben, die wir uns gestellt haben, war, alle wild wachsenden Pflanzen aufzunehmen. Obwohl wir dabei die zahlreichen verwilderten Kulturpflanzenarten, von einigen Ausnahmen abgesehen, ausgeklammert haben, kamen wir doch auf die stattliche Zahl von rund 2500 Arten. All diese in einem halbwegs handlichen Buch unterzubringen, würde bedeutet haben: Abbildungen in Briefmarkengröße und Minimaltext. Das Ergebnis wäre nicht nur für Sie, sondern auch für uns höchst unbefriedigend geworden. Denn wir wollen Ihnen ja nicht nur Bilder mit Namen dazu anbieten, sondern die Möglichkeit, sich eingehender mit Pflanzen in der Natur zu beschäftigen und Ihr Wissen und vor allem auch Ihr Verständnis zu vertiefen und so selbst zum „Flora-Insider“ zu werden. Wir haben dabei auf Fachsprache weitgehend verzichtet, um auch AnfängerInnen nicht abzuschrecken sondern ihnen die Möglichkeit zu geben, einzusteigen.

Dazu ist neben Bildern auch entsprechender und ansprechender Text notwendig. Wir haben daher die Artenzahl verringert und zunächst einmal zwei „Teilmengen“ herausgenommen: Alles, was ungefähr wie ein Gras aussieht – übrigens eine in populären Pflanzenbüchern stark vernachlässigte Pflanzengruppe –, kam in einen eigenen Band (2); Bäume und Sträucher sowie Farne, Schachtelhalme und Wasserpflanzen werden im abschließenden Band 4, der voraussichtlich im Frühling 2015 erscheinen wird, behandelt. Dem umfangreichen „Rest“ (etwa $^3/_4$ aller Arten!), allen Gewächsen, die man laienhaft als „Blumen, Kräuter und Stauden“ zusammenfassen könnte, sind die Bände 1 und 3 gewidmet.

Band 1 ist als „Bilderbuch“ gedacht und enthält neben einem Gesamtschlüssel eine Auswahl von Arten mit Kurztexten. Er wurde in einem kleineren Format speziell als Mitnehmbuch konzipiert – wir haben es probiert: Er geht tatsächlich in die Beintasche („Cargotasche“) einer Geländehose. In Band 3 sind nun alle Arten enthalten (ausgenommen die von Band 2 und 4). Daher ist er entsprechend umfangreich geworden. Er bietet Bestimmungsschlüssel zu Gattungen und Arten sowie Bilder und Texte zu denen, die in Band 1 zu kurz gekommen oder gar nicht aufgenommen worden sind. Prinzipiell sind sowohl Band 1 (Bilderbuch) als auch Band 3 (Gesamtflora) für sich allein brauchbar. Ideal ist natürlich, wenn man beide hat (den einen in der Hosentasche, den anderen zu Hause oder im Rucksack).

Abschließend möchten wir darauf aufmerksam machen, dass Niederösterreich ökogeografisch sozusagen ein Modell Mitteleuropas im Kleinen ist. Damit wird dieses Buch ein auch außerhalb Österreichs brauchbarer Naturbegleiter. Wir wünschen Ihnen viel Erfolg, vor allem aber viel Freude auf Ihren Ausflügen in die Pflanzenwelt!

Wien, im Herbst 2014
Die Autoren

*Die Namen unbekannt!*
*Doch jedes Kraut bekommt Blüten –*
*und unsere Zuneigung.*

Sampu[1]

# Kapitel 1: Einleitung

Der erste Band wurde mit einem Gedicht eröffnet, das ausdrückt, wie sich unsere Einstellung zu einer Pflanze ändert, wenn wir ihren Namen erfahren. Am Beginn des dritten Bandes steht nun eines mit der gegenteiligen Aussage. Vielleicht haben Sie schon Erfahrungen mit dem Bestimmen von Pflanzen. Wenn nicht, dann werden sie bei der Arbeit mit diesem Buch immer wieder mit der Tatsache konfrontiert, dass es oft gar nicht so einfach ist, zu einem Namen zu kommen, bzw. anschließend zur Überzeugung zu gelangen, dass dies nun der richtige sei. Das hat verschiedene Gründe, auf die wir nur kurz hinweisen können. Das Grundproblem ist, dass bei vielen Pflanzengruppen Verhältnisse herrschen, mit denen eine klassifizierende, in Kästchen einteilende Wissenschaft nicht adäquat umgehen kann. Ein weiteres ist der verbreitete Glaube, dass es eine einzige „richtige, bzw. wahre Systematik" geben muss, auf die man kommen wird, wenn nur lange genug geforscht wird. Dies geschieht auch, mit immer neueren und verfeinerten Methoden. Dabei entstehen laufend neue Erkenntnisse und Ansichten(!) über die Verwandtschaftsverhältnisse von Pflanzen. Manche Forscher können nun der Versuchung nicht widerstehen, nach diesen Ergebnissen das „System" immer wieder umzubauen bzw. die Namen anzupassen. Buchautoren fühlen sich nun bemüßigt, sich am „neuesten Stand" der Wissenschaft zu orientieren, und übernehmen diese „richtigen" Namen. Dabei wird natürlich übersehen, bzw. ignoriert, dass die Erkenntnisse, die zu der Neuordnung oder Umbenennung geführt haben, sehr bald wieder überholt sein können. Die Autoren dieses Buches haben es erlebt, wie manche Arten „zerlegt" und später wieder „zusammengesetzt" wurden bzw. wie sie von einer Gattung in die andere geschubst wurden, nur um ein paar Jahre später wieder am alten Platz zu landen. Die beiden Älteren im Team können von manchen Arten fünf oder mehr Namen (Synonyme) aufzählen, unter denen sie im Laufe von ein paar Jahrzehnten geführt wurden. Außerdem besteht in der Wissenschaftsgemeinde keineswegs Einigkeit. Daher findet man auf der Suche nach dem „richtigen" Namen in einem Fachbuch diesen und im nächsten einen anderen. All das ist durchaus in Ordnung, das ist eben Wissenschaft. Für Menschen außerhalb sind diese Zustände aber äußerst verwirrend und frustrierend.

Wir wollen mit unserem Buch aber das genaue Gegenteil erreichen – Menschen motivieren, sich intensiver mit Pflanzen zu beschäftigen, und dabei das Verständnis fördern, dass Einteilen und Benennen oft nicht so einfach ist, oder sogar manchmal unmöglich ist, weil die Vielfalt der Natur sich unseren Kategorien entzieht. Und dass es daher ausreichend und zufriedenstellend sein kann, wenn man ungefähr weiß, wo ein Pflanzenindividuum eingereiht und wie es benannt werden könnte. Es liegt also nicht an Ihnen, an Ihren mangelnden Vorkenntnissen oder gar an Ihrer Intelligenz, wenn Sie beim Pflanzenbestimmen Schwierigkeiten haben!

Wir hoffen jedenfalls, dass es uns gelungen ist, Sie dazu anzuregen, sich noch intensiver als bisher mit der Pflanzenwelt zu beschäftigen. Selbst wenn diese Beschäftigung nicht immer mit Namen belohnt wird, so wird doch Ihr Blick für die vorhandene Vielfalt geschärft, Sie werden vieles entdecken, an dem Sie früher vorübergegangen sind, und manches sonst übersehene Kräutlein wird Ihnen seine Blüten und seine Schönheit offenbaren, auch wenn es – natürlich nur einstweilen – namenlos ist.

[1] Aus BLYTH, R. H.: Haiku. Vol. 4, S. 123; die englische Umdichtung des Kompilators: „jedem Unkraut Blüten und Liebreiz", hat auch etwas für sich; wörtlich aus dem Japanischen übersetzt heißt es aber „Mitgefühl" oder „Sympathie".

Ach ja, und was jetzt noch fehlt, ist die Gebrauchsanweisung zu diesem Buch.

Sie ist ganz einfach:

Die Pflanzen sind nach Familien geordnet. Zu den Gattungen, Artengruppen und Arten kommt man einerseits über Schlüssel, die es für die meisten Familien, jedenfalls für die größeren, gibt. Hinter dem Namen jeder Art wird angegeben, ob sie bereits in Band 1 vorgestellt wurde (mit Seitenangabe) bzw. auf welcher Seite des vorliegenden Bandes ausführlichere Angaben mit den wichtigsten Merkmalen zu finden sind.

Sie können zum Namen der Pflanze auf verschiedene Weise kommen: Beim Durchblättern der Fotos (in den Bänden 1 und 3), dann Überprüfen, ob die angegebenen Merkmale zutreffen. Schließlich können Sie durch Studium der Schlüssel nachverfolgen, ob und wieso man gerade dorthin kommt, wo Sie mit der Bilderbuchmethode gelandet sind. Der „wissenschaftliche" Weg ist natürlich der genau umgekehrte: Zuerst die Bestimmungsschlüssel abarbeiten (wenn Sie wissen, in welche Familie ihr Fund gehört, genügt Band 3, sonst zuerst Generalschlüssel in Band 1), dann das Ergebnis anhand der bei der Art angegebenen Merkmale überprüfen, schauen, ob die Verbreitungs- und Standortangaben passen, und schließlich die konkrete Pflanze mit dem Foto im Buch vergleichen.

Kleines Mädesüß (S. 140)

Milchweißer Mannsschild am Schneeberg

# Kapitel 2: Zeichenerklärung und Fachausdrücke

## Legende zu den Pflanzenbeschreibungen

Nach den deutschen und wissenschaftlichen Pflanzennamen finden Sie folgende Angaben:

### Wuchshöhe

in cm oder m

### Blütezeit

in römischen Zahlen Januar (I) bis Dezember (XII)

### Lebensdauer

⊙ – sommereinjährig: überdauert den Winter im Samenzustand.

① – überwinternd einjährig: keimt im Herbst, überwintert mit Blattrosette; blüht und fruchtet im nächsten Jahr. Die meisten überwinternd einjährigen Arten können auch im Jahr der Keimung zur Blüte und Fruchtreife kommen – ①/⊙.

(··) – zweijährig: kommen nicht im Jahr der Keimung zum Blühen (Ausnahmen gibt es in der Natur immer); zunächst wird eine Blattrosette gebildet, welche überwintert; Blüte frühestens im nächsten Jahr, oft erst im übernächsten; nach der Fruchtreife sterben die Pflanzen ab (streng zweijährige Arten sind selten; viele benötigen unter ungünstigen Wuchsbedingungen mehrere Jahre bis zur Blühreife).

(∞) – mehrjährig: Pflanzen brauchen immer mehrere (mehr als 5) Jahre bis zur Blühreife, nach der Fruchtreife sterben sie ab.

♃ – ausdauernd krautig: „Staude“, blüht und fruchtet im Lauf ihres Lebens mehrmals. Ob eine Pflanze ausdauernd oder kurzlebiger ist, kann man – unter anderem – daran erkennen, ob sie neben Blütentrieben (① bis (∞)) auch nicht blühende Triebe ausbildet. Ausläufer (ober- und unterirdische) gibt es meist auch nur bei ♃.

♄ – verholzt: in diesem Band nur Zwergsträucher, da die Sträucher und Bäume erst im Band 4 behandelt werden.

### Verbreitungsschwerpunkt in NÖ

**Hinweis:** Das sind keine Verbreitungskarten, sondern schematische, stark vereinfachte Skizzen, die deutlich machen sollen, wo die jeweilige Pflanzenart ihren Verbreitungsschwerpunkt hat. Um das Bild zu schärfen, wurden vereinzelte und vom Hauptverbreitungsgebiet abgelegene Vorkommen nicht berücksichtigt. Mit anderen Worten: Man kann daraus ablesen, wo man eine Pflanze am ehesten finden kann. Findet man sie außerhalb, so kann das ein Hinweis darauf sein, dass man das Bestimmungsergebnis nochmals überprüfen sollte (es kann aber natürlich auch bedeuten, dass man ein abgelegenes Vorkommen gefunden – vielleicht sogar neu entdeckt hat).
Niederösterreich ist naturräumlich äußerst vielfältig und daher auch entsprechend artenreich. Es hat Anteil an den Kalkalpen (Schneeberg 2075 m) und – gerade noch – an den Zentralalpen (Wechsel 1782 m) sowie am Böhmerwald, hier Waldviertel genannt. Der Osten ist niederschlagsarm und sommerwarm (aber winterkalt: subkontinentales Klima), wird als „pannonischer Raum“ (Pannonicum) bezeichnet und beherbergt Pflanzen und Tiere, die ihre Hauptverbreitung viel weiter im Osten bis nach Asien hinein haben. Der Alpenostrand, wegen der warmen Quellen entlang dieser Bruchlinie der ehemaligen Verbindung zwischen Alpen und Karpaten, auch „Thermenlinie“ genannt, beherbergt hingegen (sub)mediterrane Arten, die hier die Eiszeit überdauert haben. Die Niederschlagsmenge nimmt von Osten nach Westen zu, die Temperaturjahresmittel nehmen ab, sodass auch gemäßigtes Klima bevorzugende und in Mitteleuropa allgemein verbreitete Arten hier eine Heimat finden, so vor allem im Alpenvorland.

1. St. Pölten
2. St. Corona am Wechsel
3. Puchberg
4. Wiener Neustadt
5. Waidhofen an der Ybbs
6. Zwettl
7. Waidhofen an der Thaya
8. Horn
9. Mistelbach

Die Signaturen bei den Arten setzen sich aus folgenden Grundeinheiten zusammen:

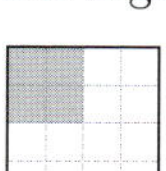

– Waldviertel und Dunkelsteinerwald – ausgenommen die Wachau und die angrenzenden noch pannonisch beeinflussten (sowie durch Lössablagerungen und Marmoradern kalkhaltigen) Gebiete im Süden und Osten

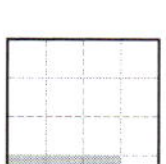

– Kalkalpen und Kalkvoralpen

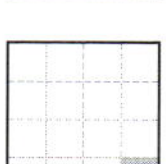

– Zentralalpen: Bucklige Welt, Rosalia, Semmering, Wechsel

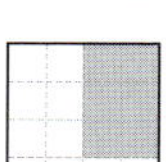

– „Pannonicum“: Weinviertel inkl. Horner Bucht, Wachau, Tullnerfeld, Alpenostrand, Wiener Becken, Marchfeld

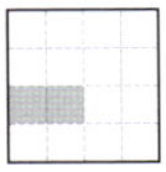 – Flysch(„Sandstein“)-Wienerwald, Flysch-Voralpen und Alpenvorland

 – ganz Niederösterreich

## Verbreitungsschwerpunkt über die Höhenstufen:

**Hinweis:** Das ist eine vereinfachte Darstellung der Höhenverbreitung von Pflanzenarten, die ja von den jeweiligen lokalen Bedingungen (Gestein, Hanglage: Nord/Süd, West/Ost) abhängt, zur groben Orientierung. Um das Bild zu schärfen, wurden außerdem z. B. Vorkommen von Alpenpflanzen auf tief gelegenen (nordseitigen) Felsen bzw. im Flussschotter (Alpenschwemmlinge) oder das Hochsteigen von Arten mit Hauptverbreitung in tieferen Lagen auf besonders günstigen Sonderstandorten meist nicht berücksichtigt.

**Hügelstufe:** bis etwa 400 m Seehöhe

**Bergstufe:** Bereich zwischen Hügelstufe und subalpiner Stufe

**Subalpine Stufe:** oberste Waldzone inklusive Latschenregion zwischen etwa 1600 und 1800 m; Bereich der Almen

**Alpine Stufe:** Höhenlagen darüber, in denen die Wuchsbedingungen so extrem sind, dass weder Bäume noch Latschenkrummholz hochkommen können

 – im Wesentlichen nur in der Hügelstufe

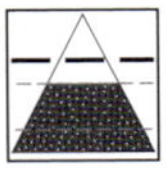 – Hügel- und Bergstufe

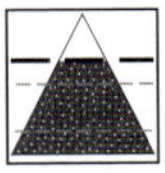 – Hügel- bis subalpine Stufe

 – nur in der Bergstufe

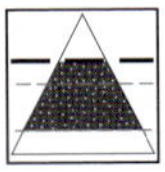 – von der Bergstufe bis in die subalpine Stufe

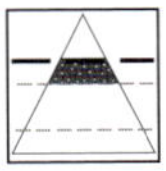 – Verbreitungsschwerpunkt in der subalpinen Stufe

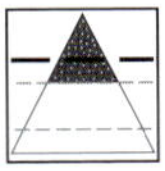 – von der subalpinen bis zur alpinen Stufe

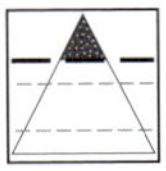 – nur in der alpinen Stufe

## Lebensraum, in dem die Pflanze vorwiegend (!) wächst

**W Wälder**

W (ohne Ziffer) allgemein verbreitete Waldpflanzen

W1 Lichte Laub- und Nadelwälder auf Trocken- oder Magerstandorten (Eichen, Schwarzföhren, Rotföhren, ...)

W2 (im Sommer) dunkler Laubwald (Rotbuchen, Hainbuchen)

W3 Auwald: Gewässer begleitend und/oder hoher Grundwasserstand (Bruchwald)

W4 Schluchtwald (enge kühl-feuchte Täler)

W5 Subalpiner (Nadel-)Wald (v. a. Fichte und Lärche, aber auch Rotbuche und Bergahorn) und Latschenkrummholz

W6 Waldlichtungen, Holzschläge

W7 Fichtenforste (außerhalb des natürlichen Vorkommens der Fichte)

W8 Robinienwäldchen und -forste

**G** **Grünland** Gräser als vorherrschende Pflanzen, Wiesen und Weiden

TR Trockenrasen, „Steppe": schüttere Vegetation durch Trockenheit (flachgründiger Boden, Südhang), v. a. im Weinviertel, am Alpenostrand, im Steinfeld, in der Wachau

G Wiesen und Weiden (allgemein)

G1 Magerwiese (und -weide), „Heide": schüttere, niedrige Vegetation durch nährstoffarmes Substrat

G2 Flachmoor = nasse Magerwiese

G3 Fettwiese und -weide (durchschnittlich feucht und nährstoffreich)

G3tr trockene Fettwiese (Übergang zu Trockenrasen: „Halbtrockenrasen")

G3f feuchte Fettwiese

G4 Nasswiese und -weide, nährstoffreich („Sumpf")

G5 Intensiv genutzte und gedüngte Wiese und Weide

G6 Almweide

ZW Zwergstrauchheide in der Hügel- und Bergstufe (fast ausgestorben)

**Übergangslebensräume zwischen Wald und Offenland**
(d. h. Grünland oder Acker)

K Kräuterreiche Vegetation am Wald- und Gebüschrand; Saumpflanzen sind lichtbedürftige (daher im Wald nur an lichten Stellen wachsende), hochwüchsige (und oft schön, aber spät blühende) Kräuter, die normale landwirtschaftliche Nutzung (Mahd zu den üblichen Zeitpunkten, gründliche Beweidung) von Grünland nicht vertragen. Auf nicht mehr genutzten Weiden und brachliegenden – oder spät gemähten (!) – Wiesen und Weiden können sie sich ausbreiten (die Wiese oder Weide „versaumt").

M Gebüschmantel am Waldrand mit Schleier aus Kletterpflanzen

H Hecke, Gebüsch, Feldgehölz

**Alpine und subalpine Lebensräume**

A1 Alpine und subalpine Rasen

A2 Subalpine wiesenartige Vegetation (meist auf Steilhängen)

A3 Steinrasen, felsige Hänge und Felsspalten

A4 Schutthalden

A5 Hochstauden (hochwüchsige krautige Vegetation in Lawinenrinnen, als Saum (siehe K) vor Latschengebüsch, auf aufgelassenen Almweiden mit schwerem, feuchtem Boden)

A6 Subalpine Zwergstrauchheiden

A7 Schneeböden (Flächen, die sehr spät ausapern)

G6 Almweiden

**Teiche, Seen, Quellen, Bäche, Flüsse**

T1 Wasserpflanzen

T2 Mit den „Füßen" oft im Wasser: Röhricht

T3 Uferpflanzen

T4 Besiedler von vorübergehend trocken gefallenem Gewässeruntergrund: Schlamm, aber auch Sand und Schotter

**Pionierstandorte** (für Pflanzen, die darauf spezialisiert sind, offene Böden und anderes Substrat zu erobern)

P Erstbesiedler allgemein (d. h. auf vielerlei Substraten und Standorten)

P1 Pioniere auf Magersubstraten: Schottergruben, Schotterhaufen, Steinbrüche, Sandgruben, Straßenbankette

P2 Erstbesiedler frischer Erdhaufen (Baustellen), von Müllhalden, Misthaufen und auf brachgefallenen Äckern

P3 Ältere (mehrjährige) „Gstätten", alte Ackerbrachen

P4 Felsen tiefer Lagen, Mauerpflanzen

P5 Schutthalden (unterhalb der subalpinen Höhenstufe), Gleisschotter der Bahn

T4 Besiedler von vorübergehend trocken gefallenem Gewässeruntergrund: Schlamm, aber auch Sand und Schotter

W6 Holzschläge, Waldlichtungen

Ä Äcker, Weingärten

**S Siedlungsraum** (Menschenbegleiter)

S1 Stadtpflanzen (Parkanlagen, Innenhöfe, Pflasterritzen, Mauerfüße, Bahnhöfe, Industrieanlagen ...)

S2 Dorfpflanzen

S3 Straßenböschungen, Bahndämme

S4 Trittpflanzen

P4 Mauerpflanzen

P5 Gleisschotter der Bahn

**Sonstige Lebensräume**

HM Hochmoor

P4 Felsen in Tieflagen

NaCl Salzböden[2] (in NÖ nur noch sehr selten; verbreitet im nördlichen Burgenland)

## Häufigkeit in NÖ

**Hinweis:** Gilt nur für das jeweilige Schwerpunktverbreitungsgebiet und den speziellen Lebensraum, also nicht für ganz NÖ; daher wird auch eine an sich in NÖ seltene Art als „häufig" angegeben, wenn zwar ihr Lebensraum selten ist (wie etwa „hochalpine Rasen" oder „Schlamm auf trocken gefallenen Teichufern"), sie aber dort häufig auftritt.

ss – sehr selten

s – selten

mh – mäßig häufig

h – häufig

sh – sehr häufig

## Giftigkeit

(gi) – nur nach sorgfältiger Zubereitung essbar

gi! – schwach giftig

gi!! – giftig

gi!!! – stark giftig

gi? – giftverdächtig

## Weitere Zeichen und Abkürzungen:

§ In NÖ gesetzlich geschützt

† Gilt in NÖ als ausgestorben

☝ Hinweis auf Verwechslungsmöglichkeit oder ähnliche Arten

♀ Weiblich

♂ Männlich

± mehr oder weniger

🕸 Ökologische Einnischung und Vernetzung

🚑 Besondere Hinweise zu Giftigkeit und Inhaltsstoffen

FFH Art steht auf der Flora-Fauna-Habitat-Liste der EU = europaweit geschützt

**s. l.** (= sensu lato, im weiteren Sinne) oder **agg.** (= Aggregat oder Artengruppe) bei den wissenschaftlichen Pflanzennamen sind ein Hinweis darauf, dass hier nah verwandte Arten gemeinsam behandelt werden; **s. str.** (= sensu stricto, im engeren Sinne, wird verwendet, wenn eine spezifische Art aus einer derartigen Gruppe gemeint ist).

**FlÖ** – FISCHER, M. A., OSWALD, K. & ADLER, W., 2008, Exkursionsflora für Österreich, Liechtenstein und Südtirol, 3. Aufl., Verlag: Biologiezentrum d. OÖ Landesmuseen, Linz

[2] Die Kochsalzsignatur ist zwar kurz und daher praktisch, aber aus chemischer Sicht falsch: Unsere Salzstandorte sind sulfat- und karbonat-, nicht chloridhaltig.

**Ausläufer:** ober- oder unterirdischer waagrechter dünner Stängel, der meist wurzeln kann und Blätter und Blüten trägt. Stirbt die Verbindung zur Mutterpflanze ab, entstehen voneinander getrennte „Töchter" ein und desselben Individuums.

**frisch:** optimale Wasserversorgung (nicht trocken, nicht nass)

**wechselfeucht:** Standort mit wechselndem Feuchtigkeitsregime; vor allem auf wasserundurchlässigem Untergrund kann es z. B. sein, dass der Boden im Frühling sehr nass ist, um dann in Trockenperioden stark auszutrocknen. Wenn trockene Phasen überwiegen, spricht man auch von wechseltrocken.

***Blütenformel: K****X* ***B****X* ♂ *X* ♀ *X*

| | |
|---|---|
| **K** | Kelchblätter, **B** (Blüten-)Kronblätter |
| ♂ | Staubblätter, ♀ Fruchtblätter |
| **X** | Zahl der jeweiligen Blütenorgane |
| ∞ | zahlreich |
| X + X | Blütenorgane in zwei Kreisen |
| (X) | Zahl in Klammern bedeutet, dass die jeweiligen Blütenorgane miteinander verwachsen sind |
| ($\underline{X}$) | Fruchtblätter sind zu einem Fruchtknoten verwachsen, der oberhalb (innerhalb) aller anderen Blütenteile steht („oberständig", s. Bd. 1, S. 321) |
| ($\overline{X}$) | Fruchtblätter sind zu einem Fruchtknoten verwachsen, der unterhalb (außerhalb) aller anderen Blütenteile steht („unterständig", s. Bd. 1, S. 321) |
| ✱ | Blüte radiär symmetrisch |
| ↑ | Blüte einfach symmetrisch |

Bärwurz am Schneeberg

# Kapitel 3: Die Pflanzenfamilien

## Familie: Hahnenfußgewächse, Ranunculaceae

Blütenformel: ✻ od. ↑ K2 und mehr B5 und mehr ♂ ∞ ♀ $\underline{1 \rightarrow \infty}$

Bei den Hahnenfußgewächsen lässt sich der Blütenbau nicht einfach in einer Formel darstellen, da die Blüten vielgestaltig sind und die Zahl ihrer Organe teilweise nicht genau festgelegt ist. Neben den vorherrschend sternförmig symmetrischen Blüten gibt es auch solche mit nur einer Symmetrieebene (Rittersporn, Eisenhut). Die Zahl der Blütenblätter kann sogar bei ein und derselben Art schwanken – man zähle einmal die Blütenblätter beim Leberblümchen (meist zwischen fünf und sieben pro Blüte) oder beim Frühlings-Adonis (Foto A).

Bei den Staubblättern ist dies noch ausgeprägter (falls man sich überhaupt die Mühe macht, sie zu zählen). Dass noch keine Fixierung auf einen einheitlichen Bauplan vorliegt, ist einer der Gründe, warum man sich vorstellt, dass die Hahnenfußgewächse weit unten im Stammbaum, nahe dem Ursprung der Blütenpflanzen stehen.

Die Form der Blätter ist eher selten „hahnenfußartig“ (Foto B), sondern leider recht vielgestaltig – manche sehen denen der Storchschnabelgewächse zum Verwechseln ähnlich (diese haben aber am Grund des Blattstiels Nebenblättchen; im Foto C Gelber Eisenhut links, Waldstorchschnabel rechts). Andere sind zungenförmig oder dreilappig, wie beim Leberblümchen (Foto D). Da die Gattungen aber trotzdem schon anhand der Fotos (in Bd. 1 ab S. 54) zu erkennen sind, verzichten wir auf einen Schlüssel.

Der Gehalt an Giftstoffen ist ein Hinweis darauf, dass die Hahnenfußgewächse an Standorte angepasst sind, die stark von Pflanzenfressern frequentiert werden. Giftige Kräuter in Weidesteppen (im Fachjargon auch „Trockenrasen") sind aus der Sicht von Pusztahirten Weideunkräuter, aus niederösterreichischer Naturschutzsicht wegen Verlust der Standorte selten gewordene, gefährdete und gesetzlich geschützte Arten, wie Frühlings-Adonis und Küchenschellen. Ranunculaceen gehören zum Arteninventar praktisch jeder Weide und Wiese. In der Gattung Hahnenfuß gibt es sowohl an Trockenstandorte angepasste Arten, z. B. Knollen-Hahnenfuß oder Illyrischer Hahnenfuß – beide mit Speicherknollen –, wie an sehr nassen, luftarmen Böden vorkommende, wobei deren unterirdische Organe durch ein Belüftungsgewebe mit Sauerstoff versorgt werden (Kriech-H., Brennender H., Gift-H.). Die besonders giftigen Eisenhüte sorgen (mit giftigen und schlecht schmeckenden Arten aus anderen Familien) dafür, dass Pflanzenfresser auch in Hochstaudenvegetation[3] (trotz des üppigen Pflanzenwachstums) nicht fett werden. Foto A: Blauer Eisenhut dominiert eine Feuchtwiesenbrache bei Annaberg. Die beiden Hochstauden-Eisenhut-Arten (Blauer und Bunter E.) haben ebenfalls Speicherknollen. Diese ermöglichen es ihnen nach der Schneeschmelze rasch auszutreiben – eine Anpassung an Standorte, die spät ausapern, wodurch die Vegetationszeit sehr kurz wird. Das Foto B zeigt die Speicherknolle des Bunten Eisenhuts: (1) Mutterknolle für den heurigen Austrieb, (2) Narbe der abgestorbenen Knolle des vergangenen Jahres, (3) Tochterknolle vorbereitet für das nächste Jahr.

Ein weiteres, bemerkenswertes ökologisches Charakteristikum der Familie ist, dass Hahnenfußgewächse (weltweit) zu den am höchsten steigenden Gebirgspflanzen gehören. In Österreich ist das der Gletscher-Hahnenfuß, der allerdings in NÖ nicht vorkommt. Der Alpen-Hahnenfuß (Bd. 1, S. 64) steigt in NÖ bis 2000 m (höher geht's in unserem Bundesland nicht).

Alle Arten sind mehr oder weniger giftig. Die Bandbreite reicht dabei von extrem (Eisenhut) bis zu so wenig giftig, dass die Blätter der Feigwurz als Beigabe zum Frühlingssalat verwendet werden können. Die Bandbreite der in den einzelnen Gattungen vorkommenden Giftstoffe ist vielfältig: Alkaloide – starke Nervengifte (grob charakterisiert) – von unterschiedlichem Aufbau, scharf schmeckende, hautreizende (blasenziehende) Verbindungen (z. B. im Scharfen Hahnenfuß, die

[3] Siehe Kasten „Hochstauden" auf S. 23

aber beim Trocknen chemisch verändert und damit im Heu ungiftig werden), blausäurehaltige Verbindungen, und – eher selten – Herzgifte (v.a. *Adonis*). Wegen der Giftigkeit ist heute nur noch die arzneiliche Verwendung weniger Arten und nur in homöopathischer Aufbereitung („Potenzierung", „Verdünnung") üblich (*Aconitum* als Grippemittel, *Pulsatilla* als „Frauenmittel"). Eisenhut wurde schon im Altertum zu Giftmorden benützt; Vergiftungen durch *Aconitum*, z. T. mit tödlichem Ausgang, kommen aber bis heute vor, z. B. durch Verwendung als „Wildgemüse" (!), Verwechslungen, Unkenntnis, Neugier, (Selbst-)Mordabsicht. Alle Teile der Eisenhutpflanze sind stark giftig. Daran ist auch bei den schönen Eisenhutformen zu denken, die als Zierpflanzen im Garten stehen: Wenige Blätter oder Blüten können für ein Kleinkind tödlich sein. Für Floristen: Aconitin wird auch über die Haut aufgenommen, beim Schneiden, Binden etc. sind deshalb Handschuhe empfehlenswert! In der Traditionellen Chinesischen Medizin (TCM) setzt man Aconitumwurzeln als Arzneimittel ein, die durch spezielle Präparation „entgiftet" sind.

### Gattung: Waldrebe, *Clematis*

Die einzige Gattung der Familie mit gegenständiger Blattstellung. Der Griffel wächst nach der Blüte (wie bei den Küchenschellen, Bd. 1, S. 68) zu einem Federschweif aus.

- Mit Blattstielranken kletternde, verholzte Lianen
  - Blüten weiß
    → Waldrebe (Gewöhnlich-Waldrebe), *C. vitalba* (s. Bd. 4)
  - Blüten blau oder violett
    → Alpen-Waldrebe, *C. alpina* (s. Bd. 4)
    (diese beiden einzigen Holzpflanzen in der Familie werden bei den Gehölzen in Bd. 4 vorgestellt)
- Nicht rankende Wiesen- oder Saumpflanzen
  - Blüten dunkelviolett; Blätter ungeteilt
    → Ganzblatt-Waldrebe, *C. integrifolia* (Fotos 1a, b)
  - Blüten weiß; Blätter gefiedert
    → Aufrechte Waldrebe, *C. recta* (S. 20, Fotos 1a, b)

## 1 Ganzblatt-Waldrebe, *Clematis integrifolia*

| | | | | | | | | |
|---|---|---|---|---|---|---|---|---|
| 30–50 cm | V–VI | ♃ | | | G3f, K | s | | gi? |

+ Blüten rel. groß (3–4 cm lang), einzeln, lang gestielt, nicken

Nur noch in wenigen wechselfeuchten Mähwiesen, hier aber dann in manchen Jahren zahlreich (der schönste Blühaspekt vor dem zweiten Schnitt), am ehesten im Aubereich der March (z. B. bei der Fähre in Angern), seltener in Auwaldsäumen (am Wiesenrand).

1a

1b

## 1 Aufrechte Waldrebe, *Clematis recta*

| | | | | | | | | |
|---|---|---|---|---|---|---|---|---|
| 100–150 cm | VI–VII | ♃ | | | K | s | | gi? |

## 2 Mäuseschwänzchen, *Myosurus minimus*

| | | | | | | | | |
|---|---|---|---|---|---|---|---|---|
| 5–10 cm | IV–VI | ① | | | T4, Ä | ss | | |

+ Blüten ca. 1 cm ∅, grünlich gelb
+ Blätter grasartig
+ Pflanze zur Fruchtzeit auffällig, da sich dann der Blütenboden „schwanzartig“ verlängert, damit die vielen Früchtchen Platz haben

Auf schweren, kalkfreien, im Frühjahr oberflächlich nassen Böden in schütterer Vegetation; früher in NÖ in Äckern nicht selten, heute praktisch ausgestorben (aber sehr häufig im Nordburgenland, z. B. im Bereich der Langen Lacke bei Apetlon).

## 3 Hornköpfchen (Gerad-H.), *Ceratocephala orthoceras*

| | | | | | | | | |
|---|---|---|---|---|---|---|---|---|
| 2–5 cm | III–IV | ① bis ⊙ | | | P1 | ss | § | |

+ Früchte mit spitzem, geradem Schnabel
+ Blätter zierlich dreischnittig

Sandpionier aus dem östlichen Mittelmeerraum, in NÖ nur noch an einer Stelle an einer Straßenböschung in Mödling, die zu einem Naturdenkmal erklärt wurde.

## 4 Schmuckblümchen (Windröschen-S.), *Callianthemum anemonoides*

| | | | | | | | | |
|---|---|---|---|---|---|---|---|---|
| 10–25 cm | III–V | ♃ | | | P4, W1 | s | | |

+ Blüten ansehnlich (∅ 3–4 cm)
+ zahlreiche (10–18) weiße (bis leicht rosafarbene), innen gelbe Blütenblätter
+ Blätter fein zerteilt, entfalten sich erst nach der Blütezeit

Blüht sofort nach der Schneeschmelze auf offenen, (dolomit-)grusigen Bodenstellen und in (schattigen) Felsen, so entlang der Straße zwischen Ulreichsberg und dem Gscheid (bei Kernhof).

1a

1b

2a

2b

3

4

## Gattung: Wiesenraute, *Thalictrum*

Sowohl am Bau der Blüten als auch nach der Form der Blätter ist die Familienzugehörigkeit nicht leicht zu erraten. Die Gattung ist aber an den auffällig langen Staubfäden leicht zu erkennen, die als Anpassung an Windbestäubung gedeutet werden (Insekten besuchen die Blüten aber auch). Die Blütenblätter selbst sind viel kürzer und fallen früh ab.

- Staubfäden (und damit Blüten) lila bis weiß, werden nach oben zu (d. h. unterhalb des Staubbeutels) dicker (Foto A); hochwüchsige Kräuter in Bergwiesen und Hochstaudenfluren höherer Lagen → Akeleiblättrige Wiesenraute, *T. aquilegiifolium* (Bd. 1, S. 56)
- Blüten und Staubfäden aufrecht, dicht gedrängt an den Enden der Blütenstandszweige; Staubfäden (und damit Blüten) gelblich; hochwüchsige Kräuter in Feuchtwiesen, Auen, an Ufern und in Gräben tieferer Lagen → Gelbe Wiesenraute, *T. flavum* s. l. (S. 22, Fotos 1a, b, c)
- Blüten überhängend, einzeln in lockeren Blütenständen, Staubfäden hängen, (blass)gelblich oder grünlich; meist eher kleinere Kräuter magerer, trockener Standorte: Trockenwiesen und deren Säume, Waldlichtungen, Felshänge → Kleine Wiesenraute, *T. minus* s. l. (S. 22, Foto 2)

A

Rosenkäfer und Pinselkäfer[4] futtern die zarten inneren Blütenteile.

[4] Beide (entfernt) mit den Maikäfern verwandt; ihre Larven leben in morschem Holz oder in Komposthaufen.

## 1 Gelbe Wiesenraute, *Thalictrum flavum* s. l.

| | | | | | | | | |
|---|---|---|---|---|---|---|---|---|
| 50–120 cm | VI–VII | ♃ | | | G2, 4, T3 | mh | | gi? |

Wird in zwei, nicht leicht unterscheidbare Arten oder Unterarten unterteilt: Die häufigere von beiden ist die Glänzende Wiesenraute *(T. lucidum)* mit glänzenden Blättern (Foto 1b), duftenden Blüten und lockerem Blütenstand.

☝ Die seltene Labkraut-Wiesenraute *(T. simplex* subsp. *galioides)* hat meist hängende Blüten und erinnert durch die sehr schmalen Blätter an das Echte Labkraut (Bd. 1, S. 196). Sie wächst in wechselfeuchten bis feuchten Wiesen und Säumen, z. B. im Wiener Becken (bei Ebreichsdorf) und im Marchtal.

## 2 Kleine Wiesenraute, *Thalictrum minus* s. l.

| | | | | | | | | |
|---|---|---|---|---|---|---|---|---|
| 10–100 cm | V–VIII | ♃ | | | K, W1, P4 | mh | | gi? |

Formenreich, mehrere Unterarten (früher Arten): susp. *minus* – relativ hochwüchsig und spät (VII–VIII) blühend; subsp. *majus* – Blätter blaugrün bereift, Schwarzföhrenwälder über Dolomit; subsp. *saxatile* – kleinwüchsig, früh blühend (V–VI); lichte, trockene Wälder.

1a

1b

1c

2

## HOCHSTAUDEN

Obwohl leicht und allgemein verständlich, ist „Hochstauden“ (so wie „Zwergstrauch“[5]) ein Fachwort. Der Begriff „Altiherbosa“ hat sich auch in der Fachsprache nicht durchgesetzt, er weist uns aber darauf hin, dass es sich hier nicht um einzelne Pflanzenarten, sondern um einen Vegetationstyp, eine Pflanzengemeinschaft handelt. Besonders charakteristisch ist sie im Gebirge, von der Bergstufe bis in die subalpine Stufe ausgeprägt, auf Flächen, die lange vom Schnee bedeckt sind und den ganzen Sommer hindurch gut durchfeuchtet sind. Das sind vor allem Lawinenrinnen und andere Mulden auf Schatthängen; Hochstauden gibt es auch an Ufern und unter entsprechend feuchtem Latschen- oder Grünerlenkrummholz oder auch im subalpinen/hochmontanen Wald. Wird die Bewirtschaftung von Wiesen und Almweiden aufgegeben, so können Hochstauden eindringen, falls der Boden genügend feucht und nährstoffreich ist (und, nebenbei bemerkt, die Flächen für eine eventuelle Wiedernutzung nachhaltig unbrauchbar machen, s. S. 18, Foto A).

Die Flora ist recht artenreich: Doldenblütler (z.B. Meisterwurz, Bärenklau, Glanz-Kerbel, Bach-Kälberkropf), Hahnenfußgewächse (z.B. Eisenhüte*, Platanenblättriger Hahnenfuß*, Akeleiblättrige Wiesenraute*), Alpenampfer*, Grauer Alpendost*, Hain-Greiskraut* und Verwandte (Obir-Aschenkraut*, Bach-Aschenkraut*), Österreichische Gämswurz, Milchlattich, Bach-Nelkwurz, Wald-Storchschnabel, Pannonischer Enzian, Weißer Germer*, Geflecktes Johanniskraut* und einige Farn-Arten*.

Wenn wir dabei – ausnahmsweise – über Niederösterreich hinausschauen, so ist bemerkenswert, dass wir in den Gebirgen Eurasiens unter ökologisch ähnlichen Situationen auch ganz ähnliche Vegetation finden, mit denselben Familienschwerpunkten, ja sogar manchmal mit denselben Gattungen und Arten, vom Kaukasus über Sibirien bis nach Japan. Während in den Alpen die Hochstauden durchschnittlich etwa 1 m hoch sind, so erreichen sie im Kaukasus bis zu 5 m Höhe. Der nun auch bei uns bekannte und berüchtigte Riesen-Bärenklau (nicht Riesenbären-Klau) stammt von dort her (Bd. 1, S. 252) und wurde als Bienenfutter und Zierpflanze zu uns gebracht.

Hochstauden sind ausdauernde Kräuter, die entweder zweijährig (und dann auf offene Bodenstellen zum Keimen angewiesen sind) oder in der Mehrzahl ausdauernd sind. Speicherorgane im Boden – wie etwa die Pfahlwurzeln von Alpenampfer oder Enzian – ermöglichen ihnen ein rasches Austreiben nach der späten Schneeschmelze, um den kurzen Sommer optimal ausnützen zu können. Da sie keine Probleme mit der Wasserversorgung haben, brauchen sie kaum Festigungsgewebe. Die groß- und weichblättrigen, üppigen, aber zarten Pflanzen wären eine Verlockung für gierige Mäuler. Gegen sie wehren sich viele Hochstauden mit giftigen (oben mit * markiert) oder schlecht schmeckenden Stoffen, wie z.B. die Gerbstoffe der Nelkwurz und des Storchschnabels und die Bitterstoffe des Enzians.

Hochstauden gibt es auch in tieferen Lagen, vor allem an Ufern oder nordseitigen Waldrändern, auf feuchten, nährstoffreichen Böden. Doch sie sind nicht so ausgeprägt und artenreich wie die im Gebirge. Sie haben ja auch eine viel längere Vegetationszeit und viel mehr Konkurrenz durch andere Arten, vor allem hochwüchsige Gräser. Typische Hochstauden tieferer Lagen sind z.B. die großen Baldriane (Breitblatt- und Holunderblatt-Baldrian), das Große Mädesüß, der Wiesenkerbel, der Beinwell oder der Wald-Geißbart.

Hochstauden mit Bach-Kälberkropf, Hain-Greiskraut und Gutem Heinrich am Schneeberg

[5] Wem dies zu simpel klingt, der kann auch „Nanophanerophyten“ sagen.

## Gattung: Windröschen, *Anemone*

(Vor-)Frühlingsblüher mit Dreier-Blattquirl am Stängel, i. U. z. Muschelblümchen, *Isopyrum thalictroides* (Bd. 1, S. 70; Fotos A, B unten)

- Blüten gelb, Quirlblätter fast ungestielt
  → Gelbes Windröschen, *A. ranunculoides* (Bd. 1, S. 66)
- Blüten weiß, in mehrblütiger Dolde, die aus einem Blattkranz entspringt (da Quirlblätter ungestielt) (Fotos C, D); Alpenpflanzen
  → Narzissen-Windröschen, *A. narcissiflora* (Bd. 1, S. 68)
- Blüten weiß, einzeln
  - Blütenblätter außen weißfilzig
    - Blüten groß (4–6 cm ∅), wärmeliebende Saumpflanze tiefer Lagen
      → Steppen-Windröschen, *A. sylvestris* (Bd. 1, S. 66)
    - Blüten kleiner, sehr seltene subalpine Felsenpflanzen
      → Baldo-Windröschen, *A. baldensis* (S. 25, Foto 2)
  - Blütenblätter außen kahl
    - Jedes der Quirlblätter zwar dreigeteilt, dann aber nur noch gezähnt, Staubbeutel weiß; nur im südwestlichen NÖ
      → Dreiblatt-Windröschen, *A. trifolia* (S. 25, Foto 1)
    - Jedes der Quirlblätter dreigeteilt, die einzelnen Teilblättchen dann nochmals tief eingeschnitten, Staubbeutel gelb; weit verbreitet und häufig
      → Busch-Windröschen, *A. nemorosa* (Bd. 1, S. 66)

A

B

C

D

## 1 Dreiblatt-Windröschen, *Anemone trifolia*

| | | | | | | | | |
|---|---|---|---|---|---|---|---|---|
| 10–30 cm | V–VI | ♃ | | | W2, G1 | mh | | gi? |

## 2 Baldo-Windröschen, *Anemone baldensis*

| | | | | | | | | |
|---|---|---|---|---|---|---|---|---|
| 5–15 cm | VI–VIII | ♃ | | | A3, 7 | ss | | |

Auf dem Schneeberg direkt hinter dem Hotel unterhalb des Pfades zum Herminensteig (Absturzgefahr!).

1

2

### Gattung: Hahnenfuß, *Ranunculus*

**A. Blüten weiß**

- Flutende Wasserpflanzen oder kriechend auf trockengefallenen Schlamm- und Sandufern
  → Wasser-Hahnenfußarten (s. Bd. 4)
- Aufrecht und hoch wachsende Uferpflanzen, auch in feuchten Hochstaudenfluren
  → Platanen- und Eisenhut-Hahnenfuß, *R. platanifolius* und *aconitifolius* (Bd. 1, S. 62)
- Kleinwüchsige Art der (sub)alpinen Stufe der Kalkalpen
  → Alpen-Hahnenfuß, *R. alpestris* (Bd. 1, S. 64)

**B. Blüten gelb**

- Blätter hellgrün, lederig, eher hahnenkammartig (als hahnenfußartig), kleinwüchsige Alpenpflanze (Foto A)
  → Kamm-Hahnenfuß[6], *R. hybridus* (Bd. 1, S. 62)

A

[6] Die hübschen Pflänzchen mit den skurrilen Blättern sind z. B. entlang des Pfades vom Hotel Hochschneeberg zum Herminensteig recht häufig (Blütezeit: Anfang Juni).

- Blätter ungeteilt, schmal zungenförmig, Pflanze nasser Standorte
  - Stängel aufrecht, dick, hohl, bis über 1 m hoch, Blätter spitz, Blüten groß (∅ 2–4 cm)
    → Zungen-Hahnenfuß, *R. lingua* (S. 27)
  - Stängel niederliegend, aufsteigend, seltener aufrecht, Blüten kleiner (Foto A)
    → Brennender Hahnenfuß, *R. flammula* (Bd. 1, S. 62)
- Früchte bizarr bestachelt (Bd. 1, S. 63, Foto 4b)
  → Acker-Hahnenfuß, *R. arvensis*
- Früchte dicht behaart, Grundblätter und Stängelblätter sehr unterschiedlich (Bd. 1, S. 61, Foto 4)
  → Goldschopf-Hahnenfuß, *R. auricomus*
- Kelchblätter nach unten geschlagen (Bd. 1, S. 59, Foto 3a)
  - Pflanze auf Trockenrasen im pannonischen Raum, Blätter weißlich grün, da dicht seidig behaart
    → Illyrischer Hahnenfuß, *R. illyricus* (S. 27, Foto 1)
  - Pflanze auf ± trockenen Wiesen
    → Knollen-Hahnenfuß, *R. bulbosus* (Bd. 1, S. 58)
  - Pflanze auf Feuchtstandorten
    - ◆ Blüten klein, blassgelb; Fruchtstand auffällig walzenartig; Stängel ± kahl
      → Gift-Hahnenfuß, *R. sceleratus* (S. 27, Fotos 2a, b)
    - ◆ Blüten sattgelb; Fruchtstand halbkugelig; Stängel abstehend behaart
      → Sardischer Hahnenfuß, *R. sardous* (S. 29, Foto 1)
- Pflanzen anders
  - Blütenstiele mit Längsfurchen (Bd. 1, S. 61, Foto 3b)
    - ◆ Grundblätter wie Bd. 1, S. 61, Foto 1
      → Wald-Hahnenfuß, *R. nemorosus*
    - ◆ Grundblätter wie Bd. 1, S. 61, Foto 3c
      → Vielblütiger Hahnenfuß, *R. polyanthemos*
  - Blütenstiele ohne Längsfurchen
    - ◆ Große, dicht abstehend behaarte Pflanze feuchter Wälder
      → Wolliger Hahnenfuß, *R. lanuginosus* (Bd. 1, S. 60)
    - ◆ Sehr häufige, aufrecht wachsende, kahle (oder schütter anliegend behaarte) Grünlandpflanze
      → Scharfer Hahnenfuß, *R. acris* (Bd. 1, S. 58)
    - ◆ Häufige, mit wurzelnden Ausläufern kriechende Art auf feuchten und/oder schweren Böden; mittlerer Blattabschnitt länger gestielt als die seitlichen (S. 59, Foto 2b, rechts)
      → Kriech-Hahnenfuß, *R. repens* (Bd. 1, S. 58)
    - ◆ Eher gedrungen wachsende Gebirgspflanzen in der (sub)alpinen Stufe der Kalkalpen
      → Berg-Hahnenfuß, *R. montanus* agg.
      (3 schwer unterscheidbare Arten, Bd. 1, S. 63, Foto 1: *R. montanus* s. str.)

## Zungen-Hahnenfuß, *Ranunculus lingua* (ohne Abb.)

| | | | | | | | | |
|---|---|---|---|---|---|---|---|---|
| 50–150 cm | VI–VIII | ♃ | | | T3 | ss | § | |

Auffälliger, hochwüchsiger und großblütiger Hahnenfuß im Röhricht und im Überschwemmungsbereich eher nährstoffreicher, stehender oder langsam fließender Gewässer; auch in „Biotopen" ausgepflanzt.

## 1 Illyrischer Hahnenfuß, *Ranunculus illyricus*

| | | | | | | | | |
|---|---|---|---|---|---|---|---|---|
| 30–50 cm | V–VI | ♃ | | | TR | s | | |

+ an der seidigen Behaarung und dem Blattschnitt auch im nicht blühenden Zustand leicht zu erkennen
+ Blüten einzeln, rel. groß (∅ 2–3 cm), schwefelgelb

## 2 Gift-Hahnenfuß (Unheil-H.), *Ranunculus sceleratus*

| | | | | | | | | |
|---|---|---|---|---|---|---|---|---|
| 10–100 cm | VI–X | ⊙ bis ① | | | G4, T3 | mh | | gi!! |

Bevorzugt nasse, nährstoffreiche Standorte, besonders häufig in Entwässerungsgräben.

1

2a

2b

### 1 Sardischer Hahnenfuß (Sardinien-H.), *Ranunculus sardous*

| | | | | | | | | |
|---|---|---|---|---|---|---|---|---|
| 10–30 cm | V–IX | ⊙ | | | Ä, T3 | ss | | gi! |

Ähnelt im Blattschnitt stark dem Knollen-H., jedoch völlig anderer Standort (und keine Knolle im Boden). Auf schweren, vernässten, verdichteten Böden (Weideland), sehr selten geworden.

## Familie: Erdrauchgewächse, Fumariaceae

Nah verwandt mit den Mohngewächsen, ebenfalls giftig, aber ohne Milchsaft. In NÖ nur 2 (3) Gattungen mit ca. 10 Arten. Die Gattung *Corydalis*, Lerchensporn, ist bereits in Bd. 1, S. 74–77, enthalten. Die zweite Gattung, *Fumaria*, Erdrauch, wird hier vorgestellt und verschlüsselt. Die verwilderte Zierpflanze, den Gelben Lerchensporn, *Pseudofumaria lutea (Corydalis lutea)*, mit goldgelben Blüten und stark verzweigten zarten Stängeln findet man häufig in Mauerritzen.

**Gattung: Erdrauch, *Fumaria***

- Blüten groß (7–9 mm lang)
  - Früchte oben eingedellt, etwas breiter als lang, Kelchblatt schmäler als die Blüte; sh
    → Gewöhnlicher Erdrauch, *Fumaria officinalis* subsp. *officinalis* (Bd. 1, S. 72; Foto A, Foto B)
    (Die seltene Unterart subsp. *wirtgenii* hat kugelige Früchte mit einem angedeuteten Spitzchen (s. Bd. 1, S. 73, Foto 5a)
  - Früchte rundlich, kurz bespitzt; Kelchblatt rundlich, gleich breit oder breiter als Blüte; s
    → Schnabel-Erdrauch, *Fumaria rostellata* (ohne Abb.)
- Blüten kleiner (4–6 mm lang); Pflanzen blaugrün (bereift)
  - Blüte blassrosa; h
    → Blasser Erdrauch, *Fumaria vaillantii* (Foto 2)
  - Blüte purpurrosa; s
    → Dunkler Erdrauch, *Fumaria schleicheri* (Foto 3)

### Schnabel-Erdrauch, *Fumaria rostellata* (ohne Abb.)

| | | | | | | | | |
|---|---|---|---|---|---|---|---|---|
| 15–50 cm | VI–IX | ⊙ | | | P2 | s | | gi!! |

+ Am breiten Kelchblatt leicht zu erkennen

### 2 Blasser Erdrauch, *Fumaria vaillantii*

| | | | | | | | | |
|---|---|---|---|---|---|---|---|---|
| 10–20 cm | V–VIII | ⊙ | | | Ä, P2 | h | | gi!! |

+ Fruchtstiel nur wenig länger als sein Deckblatt (Fotos 2a, b)

Häufig in Getreideäckern.

## 3 Dunkler Erdrauch, *Fumaria schleicheri*

| | | | | | | | | |
|---|---|---|---|---|---|---|---|---|
| 10–30 cm | V–VI | ⊙ | | | Ä, P2 | s | | gi!! |

+ Fruchtstiel ca. 3 × so lang wie sein Deckblatt

## Familie: Nelkengewächse, Caryophyllaceae

*Blütenformel:* ❋ K 5 od. (5) B5 ♂ 5 + 5 od. 5 ♀ 2–5 (Foto A)

Die Familienzugehörigkeit ist auch ohne Blüten gut erkennbar, denn die Blätter sind einfach gebaut, ungeteilt, ganzrandig (d. h. Blattrand nie gezähnt oder gelappt), oft schmal, grasartig oder sogar nadelförmig und stehen fast immer gegenständig am Stängel. (Fotos B, C)

Bei der Zahl der Blütenorgane herrscht die Zahl 5 vor, es gibt aber auch Abweichungen von dieser Regel. Wichtig für die Unterteilung der Familie (in Unterfamilien) ist der Kelch, dessen Blätter zu einer Röhre verwachsen (Foto D) oder frei sein können.

Eine ganze Reihe von Arten der Familie ist auf saure Böden beschränkt, sie sind verlässliche „Säurezeiger“. (s. Kasten Bd. 1, S. 82). Dazu gehören z. B. neben der Pechnelke der Ackerspörgel und die Knäuel-Arten.

A
Ackerspörgel

B
Klatschnelke, Bd. 1, S. 86

C
Große Sternmiere, Bd. 1, S. 84

D
Kegel-Leimkraut

Eine große Gruppe von Nelkengewächsen sind die einjährigen Pioniere, Besiedler offener Bodenstellen. Man findet sie daher häufig in Äckern und Gärten, wo sie allerdings wegen ihrer geringen Konkurrenzkraft nicht schädlich werden, also kaum als Unkräuter bezeichnet werden können (z. B. das sehr häufige Sandkraut). Auf Substraten, die für Pflanzenwachstum so ungünstig sind, dass nur wenig Konkurrenz durch Vertreter anderer Familien zu erwarten ist, sind Nelkengewächse in ihrem Element: auf zumindest im Sommer sehr stark austrocknenden, nährstoffarmen Sanden und Schlacken (Bahngelände), auf Silikatgrus oder in (Granit-)Pflasterritzen (wo man fast immer „*Sagina*" (Bd. 1, S. 78) antrifft). Auch viele Alpenpflanzen stammen aus dieser Familie.

Vor allem wegen ihres Saponingehalts sind einige wenige Arten als Arzneipflanzen in Verwendung, vor allem Bruchkraut und Seifenkraut. Andere, wie vor allem die Kornrade, sind deswegen giftig. Allerdings kommt es nur zu Vergiftungen, wenn größere Mengen der Samen (nicht der Pflanzen!) verzehrt werden, was früher vorgekommen ist, wenn Kornrade im Getreide wuchs, mit diesem mitgedroschen wurde und die Samen schließlich ins Brot gelangten.

## SCHLÜSSEL ZU DEN GATTUNGEN UND ARTEN[7]

Vier Teilschlüssel:

A) **Alpenpflanzen:** Wenn man sich gerade in der subalpinen/alpinen Höhenstufe der Kalkalpen befindet, dann beginnt man am besten mit diesem Teilschlüssel, denn eine ganze Reihe von Nelkengewächsen kommt nur in dieser Höhenlage vor. Arten, die aus tieferen Lagen bis hierher aufsteigen können, werden zusätzlich erwähnt.

B) **„Nelken":** Kelch zumindest im unteren Teil zu einer Röhre verwachsen, mehrheitlich großblütige und farbige, seltener weiß blühende Arten, also typische „Nelken" (Unterfamilie Caryophylloideae); S. 36–43

C) **Mieren, Sternmieren, Hornkräuter und andere:** Kelchblätter nicht röhrig verwachsen, Blüten meist weiß, mehrheitlich kleinblütige Arten; S. 44–54

D) **Die ganz Unscheinbaren:** Blüten winzig, grünlich (manche mit weißem Hautrand); Pflanze sehr klein; Wuchs ± an den Boden gedrückt; S. 55–56

### Teilschlüssel A: Alpenpflanzen

Nelkengewächse gehören neben den Hahnenfußgewächsen zu den am höchsten steigenden Gebirgspflanzen. Einige wurden bereits in Band 1 vorgestellt, wie die Alpennelke *(Dianthus alpinus*, S. 80*)*, die Polstermiere *(Minuartia sedoides*, Bd. 1, S. 82*)* und die Polsternelke *(Silene acaulis*, Bd. 1, S. 86; Foto E). Alle hier (Bd. 3/Teilschlüssel A) aufgeführten Arten haben weiße Blüten (sind nicht leicht zu unterscheiden) und sind ausdauernd. Zu den in Tieflagen häufigen Arten, die in subalpine Höhen aufsteigen, gehört vor allem das Acker-Hornkraut (Bd. 1, S. 84), das hier in einer kahlen Form auftritt. In den Lägerfluren der Almen und unter Latschen treten Wald-Sternmiere sowie Moos-Nabelmiere (siehe Schlüssel B), an sich Waldpflanzen, häufig auf.

[7] Der Taubenkropf *(Cucubalus)* ist ein exzentrisches Mitglied der Familie und wird hier nicht mit verschlüsselt. Er ist aber anhand der Fotos in Bd. 1, S. 77, leicht zu erkennen.

- Kronblätter tief eingeschnitten
  → Sternmieren (Hain-Sternmiere, Vogelmiere, Wassermiere, Foto Bd. 1, S. 82–85; S. 52, Foto A)
- Kronblätter vorn deutlich eingekerbt
  - Blüten groß (Kronblätter über 1 cm lang)
    - nicht blühende Triebe kriechen (nur Blütentriebe aufrecht); in feuchten Gesteinsfluren in der subalpinen Stufe; ss
      → Dreigriffeliges Hornkraut, *Cerastium cerastoides* (ohne Abb.)
    - auch nicht blühende Triebe aufrecht; h
      → Acker-Hornkraut, *Cerastium arvense* (S. 49, Foto B)
  - Blüten kleiner
    → Quell-Hornkraut, *Cerastium fontanum* (S. 33, Foto 1)
- Kronblätter vorn nur ganz leicht eingekerbt, Blüten klein, blassrosa oder weiß
  → Kriechendes Gipskraut, *Gypsophila repens* (S. 33, Foto 2)
- Kronblätter vorn mit vier rundbogigen Zähnen
  → Strahlensame, *Heliosperma* (Bd. 1, S. 76)
- Kronblätter vorn abgerundet oder spitz (wenn ganz leicht eingekerbt, dann groß (etwa 1 cm lang: Österreichische Miere, siehe unten)
  - Blätter (schmal) eiförmig
    → Wimper-Sandkraut, *Arenaria ciliata* (S. 35, Foto 1)
  - Blätter faden- oder nadelförmig
    - Kronblätter schmal, stehen deutlich auf Abstand
      - Blüten winzig, ∅ unter 5 mm
        → *Sagina saginoides* (S. 33, Foto 3)
      - Blüten größer
        - Blätter lang, nadelförmig, Blüten vierzählig (!)
          → Moos-Nabelmiere, *Moehringia muscosa* (Bd. 1, S. 78; S. 45, Foto B)
        - Blätter kurz, nadelförmig, aber etwas fleischig, Blüten fünfzählig
          → Wimper-Nabelmiere, *Moehringia ciliata* (S. 35, Foto 4)
    - Kronblätter breiter, decken sich beinahe
      - Blüten schmal glockenförmig; Kelchblätter liegen den aufrechten Kronblättern an; Pflanze meist um 10 cm hoch oder höher
        → Österreichische Miere, *Minuartia austriaca* (S. 35, Foto 2)
      - Kronblätter in der Blüte fast waagrecht ausgebreitet, Pflanze meist viel niedriger als 10 cm
        → Alpenmiere, *Minuartia gerardii* (S. 35, Foto 3)

## 1 Quell-Hornkraut, *Cerastium fontanum* s. str.

| | | | | | | | | |
|---|---|---|---|---|---|---|---|---|
| 20–40 cm | IV–VI | ♃ | | | A5, G6 | mh | | |

Vertritt sozusagen das nahe verwandte und ähnliche Wiesen-Hornkraut (*C. holosteoides*, Teilschlüssel C) in der subalpinen Stufe. Im Unterschied zu diesem sind hier die Kronblätter deutlich länger als die Kelchblätter und der Stängel ist lang abstehend behaart.

## 2 Kriechendes Gipskraut, *Gypsophila repens*

| | | | | | | | | |
|---|---|---|---|---|---|---|---|---|
| 8–20 cm | V–IX | ♃ | | | A3 | mh | | |

+ Blätter auffallend blaugrün, bereift

Der Stängel kriecht Felsspalten entlang oder bildet niederliegende, verzweigte Teppiche; die blütentragenden Stängel stehen aufrecht.

## 3 Alpen-Mastkraut (Alpen-Sternmoos), *Sagina saginoides*

| | | | | | | | | |
|---|---|---|---|---|---|---|---|---|
| 2–7 cm | VI–VIII | ♃ | | | A7, G6 | mh | | |

+ Pflanze sehr zart
+ Kronblätter etwas kürzer als der Kelch
+ am Grund meist eine zentrale, sternförmige Blattrosette

Auch häufig entlang von Quellen und in vom Schmelzwasser durchfeuchteten Magerweiden.

1

2

3a

3b

## 1 Wimper-Sandkraut, *Arenaria ciliata*

| | | | | | | | | |
|---|---|---|---|---|---|---|---|---|
| 2–5 cm | VII–VIII | ♃ | | | A1 | h | | |

+ Blüten ca. 1–1,5 cm ∅
+ Blätter eiförmig, in der unteren Hälfte am Rand mit Wimpern

☝ Das seltene Großblütige Sandkraut, *A. grandiflora*, hat ganz kurze nadelförmige Blätter mit haarfeiner Spitze; auch der Kelch ist stachelspitzig; es bildet am Grunde verholzte, vielstängelige, ca. 10 cm hohe Büsche in Felsen und Schutt der subalpinen Stufe der Kalkalpen.

## 2 Österreichische Miere, *Minuartia austriaca*

| | | | | | | | | |
|---|---|---|---|---|---|---|---|---|
| 8–20 cm | VI–VIII | ♃ | | | A3, 4 | h | | |

+ mehrere locker stehende aufrechte Stängel entspringen aus einer am Boden verzweigten Achse
+ Blüten meist zu zweien an langen Stängeln

Häufig in grobblockigen Schutthalden, etwas feuchtigkeitsliebend, erträgt Schatten.

☝ Die Karpaten-Miere, *M. langii*, ist sozusagen das wärmebedürftige Gegenstück: Sie ist derber, hat sichelförmige Blätter und etwas größere Blüten mit kapuzenförmigen Kelchspitzen (bei der Österr. Miere sind sie spitz). Ihre bevorzugten Standorte sind sonnige Spalten in Kalk- und Dolomitfelsen in der Bergstufe der Voralpen (z. B. bei der Ruine in Losenheim).

## 3 Alpenmiere (Alpen-Frühlings-Miere), *Minuartia gerardii*

| | | | | | | | | |
|---|---|---|---|---|---|---|---|---|
| 2–10 cm | VI–IX | ♃ | | | A3, 1 | h | | |

+ aus lockeren kleinen Polstern entspringen aufrechte blühende Stängel
+ Blüten mit ca. 5 mm langen eiförmigen (sich fast deckenden) Kronblättern
+ Stängel oft mehr als dreiblütig

## 4 Wimper-Nabelmiere, *Moehringia ciliata*

| | | | | | | | | |
|---|---|---|---|---|---|---|---|---|
| 2–8 cm | VI–VIII | ♃ | | | A4, 7, 1 | mh | | |

+ Stängel verzweigt, lang zwischen Gestein dahinkriechend
+ Blätter nadelförmig spitz, kurz, fleischig
+ Kronblätter etwas länger als der Kelch, schmal (i. U. z. sehr ähnlichen Alpenmiere)

Feuchtigkeitsliebend: feuchter Feinschutt, feuchte Gesteinsfluren, Schneegruben; in der alpinen Stufe in Rasenlücken.

1

2

4

3

## Teilschlüssel B: „Nelken"

- Blüten purpurn oder dunkelrosa
  - Kelchspitzen überragen die Krone deutlich
    → Kornrade, *Agrostemma githago* (Bd. 1, S. 78, s. auch Kasten S. 41)
  - Blütenblätter zerschlitzt
    → Kuckucks-Lichtnelke, *Lychnis flos-cuculi* (Bd. 1, S. 80)
  - Stängel unter den Knoten stark klebrig, dunkelbraun (wie mit Pech bestrichen, daher kleben oft Haare oder Insekten daran) (Foto A)
    → Pechnelke, *Viscaria vulgaris* (Bd. 1, S. 82)
  - Blätter breit eiförmig; Stängel abstehend behaart; Blüten groß mit Nebenkrone (Foto B)
    → Rote Lichtnelke, *Silene dioica* (Bd. 1, S. 86)
  - Blätter schmal, Kelch kegelförmig, bei der Reife aufgeblasen, Blüten hellpurpurn mit weißer Nebenkrone; Stängel klebrig; seltener, einjähriger Besiedler offener Sandböden § (Foto C)
    → Kegel-Leimkraut, *Silene conica*
  - Kelch am Grund mit schuppenartigen Blättchen[8] (Außenkelch) (Foto D)
    - ◆ Blüten zu mehreren am Ende des Stängels zusammengedrängt
      - ▪ Pflanze oben rau behaart; Blütenkrone klein, Blüten unscheinbar; verbreitet auf trockenen, sauren, offenen Böden
        → Büschelnelke, *Dianthus armeria* (S. 43, Foto 1)
      - ▪ Stängel und Blätter rau; Blüten groß, tief purpurrot, Kronblätter vorn mit schärferen Zähnen als bei der Steinnelke; in Wiesen im Marchtal; ss (vermutlich fast oder gänzlich ausgestorben bzw. durch Baumaßnahmen ausgerottet)
        → Hügelnelke, *Dianthus collinus* (Foto E)
      - ▪ Pflanze kahl, Blüten ansehnlich
        → Steinnelke, *Dianthus carthusianorum* s. l. (Bd. 1, S. 80; Foto D)
    - ◆ Blüten einzeln an langen Stielen
      - ▪ langstängelige Magerwiesenpflanze; Krone mit weißen Punkten (und oft mit dunklem Ring) (Foto F)
        → Heidenelke, *Dianthus deltoides* (Bd. 1, S. 80)
      - ▪ kurzstielige Alpenpflanze; Krone innen mit dunklem „Spitzenmuster"
        → Alpennelke, *Dianthus alpinus* (Bd. 1, S. 80)
- Blüten hellrosa
  - Blüten sehr klein, hellrosa mit dunklen Streifen
    - ◆ Wuchs dichtrasig (ausdauernde Art mit vielen Trieben) auf warmen Trockenstandorten (Felsrasen, Mauern ...)
      → Felsennelke, *Petrorhagia saxifraga* (Bd. 1, S. 78)
    - ◆ Einjährige, zarte, stark verästelte Pflanze auf vernässten Böden (meist Äcker)
      → Acker-Gipskraut, *Gypsophila muralis* (S. 43, Foto 2)

[8] Merkmal der Gattung *Dianthus* (Nelke)

A
B
Nebenkrone
C
D
Schuppenartige
Blättchen
(Außenkelch)
Steinnelke mit Federgras
E
F

- Blüten größer

  - Kronblätter tief zerschlitzt

    - Wiesenpflanze (Foto A)
      → Prachtnelke, *Dianthus superbus* (Bd. 1, S. 80)

    - polsterbildende Felsenpflanze, ss (nur in der Mödlinger Klause und auf dem Anninger) (Foto B)
      → Mödlinger Federnelke, *Dianthus plumarius* subsp. *neilreichii*

  - Kronblätter nicht zerschlitzt

    - Blätter sehr schmal, Pflanze von Trockenstandorten

      - Kelch trockenhäutig, dunkelbraun
        → Pannonische Steinnelke, *Dianthus pontederae* (Bd. 1, S. 80)

      - Kelch trockenhäutig; hellbraun, einjährige Pionierpflanze auf trockenen, sandigen Böden, v. a. im Pannonicum; mh
        → Kopfnelke, *Petrorhagia prolifera* (Foto D)

      - Kelch grün-weiß gestreift, seltene Sandpflanze
        → Kegel-Leimkraut, *Silene conica* (s. o. unter „Blüten dunkelrosa")

    - Blätter breit, netznervig

      - Pflanze entweder mit schmalem (♂ Pflanze) oder mit bauchigem Kelch (♀ Pflanze, da hier die Frucht Platz braucht) – also eine zweihäusige Art
        → Weiße Lichtnelke, *Silene latifolia* (Bd. 1, S. 86)

      - Blüten zwittrig, daher Kelch immer bauchig, Stängel etwas klebrig
        → Acker-Nachtnelke, *Silene noctiflora* (S. 43, Foto 3)

    - Blätter breit, mit 3 parallel verlaufenden Nerven, Pflanze wächst in Gruppen (Ausläufer)
      → Seifenkraut, *Saponaria officinalis* (Bd. 1, S. 86)

- Blüten gelbgrün oder gelblich weiß, klein

  - Pflanze klebrig; Ackerwildkraut
    → Acker-Nachtnelke, *Silene noctiflora* (S. 43, Foto 3)

  - Pflanze nicht klebrig; Trockenrasenpflanze
    → Ohrlöffel-Leimkraut, *Silene otites* (S. 43, Foto 4)

- Blüten weiß

  - Blütenblätter vorn zerschlitzt

    - Auf Sanddünen im Marchfeld (NSG Sandberge); blüht VII–X; ss (vom Aussterben bedroht) § (Foto C)
      → Sandnelke (Späte Federnelke), *Dianthus serotinus*

    - In Felssteppen der Hainburger Berge; s (lokal häufig), FFH
      → Hainburger Federnelke, *Dianthus lumnitzeri* (ohne Abb.)

  - Blütenblätter nicht zerschlitzt

    - Blüten winzig; Pflanze nur im Marchfeld auf trockenen Sandrasen

      - Stängel niederliegend, Blütentriebe aufrecht mit kleinen, dichten Teilblütenständen; ss (NSG bei Lassee) §
        → Sand-Gipskraut, *Gypsophila fastigiata* (ohne Abb.)

A

B

Mödlinger Federnelke mit Grauem Löwenzahn in der Mödlinger Klause, Naturpark Föhrenberge

C

D

E

- Dicht verzweigter Stängel mit ausladenden Zweigen formt Kugelbüsche; Blütchen locker verteilt
  → Schleierkraut, *Gypsophila paniculata* (Bd. 1, S. 76)

◆ Blüten ansehnlich

- Pflanze stark klebrig-zottig, Wuchs kerzenartig, 50–70 cm hoch, Blattrand wellig, Blüten vormittags und abends geöffnet; ss, auf sandigen Trockenstandorten im Marchtal (Fotos A, B)
  → Kleb-Leimkraut, *Silene viscosa*

- Stängel oben nur etwas klebrig

  ❖ Häufige Art; Blütenstand stark einseitswendig, Blüten nicken (Foto C); Pflanze am Grund mit nicht blühenden Blattrosetten
  → Nickendes Leimkraut, *Silene nutans* (Bd. 1, S. 86)

  ❖ Seltene Art; Blütenstand anders; Pflanze mit einzelnem blühendem Stängel ohne nicht blühende Blattrosetten
  → Hain-Leimkraut, *Silene nemoralis* (S. 42)

- Stängel nicht klebrig

  ❖ Pflanze behaart, entweder mit schmalem (♂ Pflanze) oder mit bauchigem Kelch (♀ Pflanze, da hier die Frucht Platz braucht), Blüten öffnen sich erst nachmittags oder abends („Nachtnelke“)
  → Weiße Lichtnelke, *Silene latifolia* (Bd. 1, S. 86)

  ❖ Pflanze kahl (s. S. 30, Foto B, Familienbeschr.); Kelch aufgeblasen (Foto D)
  → Klatschnelke, *Silene vulgaris* (Bd. 1, S. 86)

## Steckbrief Kornrade

Ein „heimatloses Unkraut" – Herkunft und Wildstandorte unbekannt; seit ältesten Zeiten Unkraut in Wintergetreide (Foto aus den 1960er-Jahren, Roggenacker. Mittelburgenland), wurde mit dem Getreide „mitgezüchtet" (natürlich unabsichtlich), übernahm die Eigenschaften einer Kulturpflanze:

- Samen fallen nicht von selbst aus (da Kapselöffnung zu eng), keimen alle sofort und gleichzeitig, wenn sie in (oder auf) den Boden kommen,
- die Kapseln wurden mitgeerntet und die Samen kamen beim Drusch ins Getreide (historisches Foto a. d. Waldviertel ca. 1985, Kornmandl (aus Getreidegarben) mit Kornrade und Roggentrespe (Bd. 2, S. 242)
- und damit ins Saatgut und wurden mit dem Getreide im Herbst wieder ausgesät.

Mit den modernen Methoden der Saatgutreinigung und dem Usus, nicht mehr das eigene Getreide als Saatgut zu verwenden, verschwand die Kornrade schlagartig aus den Äckern; außerhalb kann sie sich kaum halten – ihre über Jahrtausende erfolgreiche Spezialisierung wurde ihr nun zum Verhängnis. Daher steht sie heute auf der Roten Liste der vom Aussterben bedrohten Arten.

*Naturschutz:* Kornradensamen irgendwo auszusäen macht keinen Sinn – sie braucht Ackerbedingungen. Außerdem führen derartige Aktionen zur genetischen Verarmung der Art (es wird wohl nur eine Rasse vermehrt und verbreitet; ursprünglich waren zahlreiche Rassen vorhanden).

*Naturgartentipp:* Empfehlenswert, keimt leicht (sogar bei 0° C) in jedem (offenen!) Boden.

Samen (je nach Rasse) ± schwach giftig (Saponine); das war früher ein Problem, wenn sie in großer Menge ins Brotgetreide und damit ins Mehl kamen; als Zierde in Garten oder Park jedoch völlig unbedenklich (denn wer wird schon große Mengen der trockenen, harten Samen kauen?).

## 1 Büschelnelke, *Dianthus armeria*

| | | | | | | | | |
|---|---|---|---|---|---|---|---|---|
| 20–60 cm | VI–VIII | ⊙ | | | K, G1 | mh | | |

+ einzeln stehende, steif aufrechte Stängel
+ Blüten eher klein, purpurn, dunkler punktiert
+ in dicht gedrängten, steif nach oben stehenden Büscheln

Bevorzugt bodensaure, trockene Standorte mit offenem Boden: Waldlichtungen, Waldschläge, Waldwege, Magerwiesen(brachen).

## 2 Acker-Gipskraut (Mauer-G.), *Gypsophila muralis*

| | | | | | | | | |
|---|---|---|---|---|---|---|---|---|
| 5–20 cm | VI–X | ⊙ | | | Ä, T4 | s | | |

+ Stängel sehr zart
+ am Grund bereits stark verzweigt

Meist nur vereinzelt auf zumindest im Frühling oberflächlich vernässten, sauren Böden (Ackerränder, Gräben, Teichufer im Waldviertel).

## 3 Acker-Nachtnelke, *Silene noctiflora*

| | | | | | | | | |
|---|---|---|---|---|---|---|---|---|
| 15–40 cm | VI–IX | ⊙ bis ① | | | Ä | mh | | |

+ Blüten hellrosa bis leicht gelblich, sehen untertags wie verwelkt aus
+ Blütenstand (im Vergleich zur Weißen Lichtnelke) wenig verzweigt und wenigblütig
+ Pflanze klebrig

Blüten öffnen sich erst abends (noctiflora = nachtblühend) und duften (Nachtfalterbestäubung). Im pannonischen Raum mh, in niederschlagsreicheren, kühleren Gebieten (v. a. Alpenvorland) auf kalkhaltige Böden beschränkt und in den letzten Jahrzehnten selten geworden.

## Hain-Leimkraut, *Silene nemoralis* (ohne Abb.)

| | | | | | | | | |
|---|---|---|---|---|---|---|---|---|
| 60–100 cm | V–VII | ⊙ bis ∞ | | | K | s | | |

+ Kronblätter unterseits mit feinen violetten, grauen oder grünen Adern

In mageren Wiesen, an Wald- und Gebüschrändern.

☝ Sehr ähnlich: Vielblütiges Leimkraut *(S. multiflora*, Foto A*)*, Kronblätter auch unterseits weiß, Stängel nicht klebrig; Feuchtwiesen im Pannonicum (Marchfeld, Wiener Becken), in NÖ vielleicht ausgestorben §.

## 4 Ohrlöffel-Leimkraut, *Silene otites*

| | | | | | | | | |
|---|---|---|---|---|---|---|---|---|
| 20–70 cm | V–VIII | ♃ | | | TR | mh | | |

+ Unscheinbare (gelblich grüne) Blüten zu mehreren quirlig in Stockwerken

1

2a

2b

3

A

4

## Teilschlüssel C: Mieren, Sternmieren, Hornkräuter und andere

Kelchblätter **nicht** röhrig verwachsen, Blüten meist weiß, mehrheitlich kleinblütige Arten

- Blüten rosa
  → Schuppenmiere, *Spergularia*

- Kelchblätter weiß, scharf zugespitzt; Stängel fadenförmig, liegt am Boden, rot; ss § (Foto A)
  → Knorpelblume, *Illecebrum verticillatum*

- Blätter extrem schmal, (fast) nadelförmig

  - Blätter weich; Stängel über dem Boden verzweigt; Pflanze auf feuchten bis frischen Böden und/oder schattigen Standorten

    - Blüten vierzählig

      - Blütenblätter länger als Kelchblätter (Foto B)
        → Moosmiere, *Moehringia muscosa* (Bd. 1, S. 78)

      - Blütenblätter unauffällig, kürzer als die Kelchblätter oder fehlen ganz
        → Niederliegendes Mastkraut, *Sagina procumbens* (Bd. 1, S. 78)

    - Blüten fünfzählig

      - Pflanze sehr zart, ausgebreitet niederliegend, am Boden oft mit sternförmiger Blattrosette („Sternmoos")
        → Mastkraut, *Sagina* (S. 33, Foto 3b)

      - Stängel aufrecht; Blätter in Quirlen; Ackerwildkraut auf sauren Böden
        → Ackerspörgel, *Spergula arvensis* (S. 47, Fotos 1a, b)

  - Blätter steif, Stängel steif aufrecht; Blütenblätter vorn abgerundet; Pflanze auf Trockenstandorten
    → Miere, *Minuartia* (s. Kasten S. 46)

- Blätter nicht extrem schmal

  - Die 5 Blütenblätter sind fast bis zum Grund gespalten, Blüten wirken daher 10-zählig
    → Sternmiere, *Stellaria*, s. Kasten S. 52
    (Ausnahme: Große Sternmiere (Bd. 1, S. 84))

  - Die Blütenblätter sind vorn nur eingekerbt („ausgerandet"); Fruchtkapsel länglich und etwas gebogen
    → Hornkraut, *Cerastium* (s. Kasten, S. 49–50)

  - Blütenblätter vorn gezähnelt; Wildkraut in Äckern und Weingärten
    → Dolden-Spurre, *Holosteum umbellatum* (Bd. 1, S. 82)

  - Blütenblätter vorn mit vier runden Bögen; Alpenpflanze
    → Strahlensame, *Heliosperma* (Bd. 1, S. 76)

  - Blütenblätter vorn abgerundet, kürzer als der Kelch

    - Blätter dunkelgrün, meist über 1 cm lang; Pflanze schattiger, frischer bis feuchter Standorte
      → Dreinervige Nabelmiere, *Moehringia trinervia* (S. 47, Foto 2)

    - Blätter graugrün; Pflanze sonniger, eher trockener Standorte
      → Quendel-Sandkraut, *Arenaria serpyllifolia* (S. 48, Foto 1)

### Schuppenmiere, *Spergularia*

Die einzige häufigere Art der Gattung ist die derbe Acker-Schuppenmiere (*S. rubra*, Bd. 1, S. 84) mit stachelspitzigen Blättern und silberweiß glänzenden Nebenblättern. Die Flügel-S. *(S. maritima)* ist eine Pflanze der Salzsteppen; in NÖ begegnet man ihr selten (§) und am ehesten entlang von Straßen (Autobahnen) mit winterlicher Salzstreuung. Ihren Namen hat sie von dem breiten weißen Hautrand der Samen; im blühenden Zustand erkennt man sie an den relativ großen (∅ ca. 1 cm) blassrosa Blüten (Foto C). Kleinere, aber tiefrosa Blüten hat die sehr seltene Igelsamen-Schuppenmiere *(S. echinosperma)*, die man an temporär trocken gefallenen (Fisch)-Teichufern im Waldviertel finden kann; §.

### Mastkraut[9], *Sagina*

Die fünf Arten, die aus NÖ angeben sind, kann man nur mit einer guten Lupe unterscheiden. In Pflasterritzen (und auf krumenfeuchten, sauren Ackerböden) fast allgegenwärtig ist das Niederliegende Mastkraut *(S. procumbens* (Bd. 1, S. 78)*)*. In hohen Lagen wächst das Alpen-Mastkraut (*S. saginoides*, siehe Teilschlüssel A, S. 33) in feuchten Almrasen, Schneetälchen und entlang von Quellen.

[9] Man darf das zarte Pflänzchen ruhig mit „*Sagina*" ansprechen (falls einem der Name „Mastkraut" unpassend erscheint); eine Art aus der Gattung nennen Gärtner „Sternmoos" – man sieht sie öfter auf Friedhöfen als Bodendecker.

## 1 Ackerspörgel, *Spergula arvensis*

| | | | | | | | | |
|---|---|---|---|---|---|---|---|---|
| 10–50 cm | VI–X | ⊙ | | | Ä | h | | |

+ Blätter unterseits mit Längsrille (da Blattrand umgerollt)
+ Blütenstiele und Kelch drüsenhaarig (Foto 1b)

Zeiger für saure, bevorzugt sandige Böden.

☝ Wer bereits im April oder Mai blühenden Spörgel findet, achte auf die Samen: Sind sie flach und haben einen breiten, ringförmigen Hautrand, dann handelt es sich um eine von zwei in NÖ extrem seltene und geschützte Arten; §: Frühlings-Spörgel *(S. morisonii)* oder Fünfmänniger Spörgel *(S. pentandra)*; ein paar Samen in ein Papier einschlagen und mit dem Fund (und genauer Standortangabe) kann man jemandem in einem botanischen Institut Freude bereiten.

### Gattung: Miere, *Minuartia*

Neben häufigen (Kalk-)Alpenpflanzen (siehe Teilschlüssel A, S. 31–32) wachsen in NÖ vier eher seltene, zarte und kleinwüchsige (5–20 cm hohe) Arten auf Trockenstandorten im pannonischen Raum.

- Kelchblätter weiß mit grünen Streifen
  - Kronblätter viel kürzer als der Kelch; Stängel steif aufrecht mit steil nach oben gerichteten Zweigen; Blüten büschelig gehäuft, dadurch wirken die Pflänzchen kompakt; Pflanze ein- bis zweijährig, ohne vegetative Grundtriebe; mh
    → Büschelmiere, *M. rubra* (S. 39, Foto E)
  - Kronblätter länger als der Kelch; ausdauernde Art, an der Basis mit vegetativen Trieben; s
    → Borstenmiere, *M. setacea* (ohne Abb.)
- Kelchblätter grün, am Rand schmal trockenhäutig; Stängel oben drüsig-klebrig
  - Kronblätter kürzer als der Kelch; einjährige Art; ss
    → Klebmiere, *M. viscosa* (ohne Abb.)
  - Kronblätter so lang wie der Kelch; ausdauernde Art auf Sandböden
    → Hügel-Frühlingsmiere, *M. glaucina* (Fotos A–C)

## 2 Dreinervige Nabelmiere, *Moehringia trinervia*

| | | | | | | | | |
|---|---|---|---|---|---|---|---|---|
| 10–25 cm | V–VII | ⊙ bis ∞ | | | W2, 3 | mh | | |

+ Blätter mit 3(–5) etwas eingesenkten Parallelnerven
+ Wuchs niederliegend, mehrstängelig

Auf frischen bis feuchten Böden an schattigen Standorten, gern auf Waldwegen.

1a

1b

2a

2b

## 1 Quendel-Sandkraut, *Arenaria serpyllifolia*

| | | | | | | | | |
|---|---|---|---|---|---|---|---|---|
| 3–30 cm | V–X | ① bis ⊙ | | | P1, Ä, S | sh | | |

+ Fruchtkapseln typisch urnenförmig
+ Blüten 5–8 mm ∅, Kronblätter kürzer als der Kelch
+ Pflanze graugrün
+ Blätter eiförmig, ungestielt (außer die untersten), zugespitzt, 2–5 mm lang, steif

Das Quendel-Sandkraut, oder einfach nur „Sandkraut", gehört zu den häufigsten, ja fast allgegenwärtigen Nelkengewächsen. Man findet das Sandkraut fast immer auf trockenen (nicht ausgesprochen sauren) offenen Bodenstellen in Trockenrasen, auf Bahn- und Straßenböschungen, auf Mauern, in Pflasterritzen; ohne wüchsigere Konkurrenten erobert es auch bessere Substrate wie Erdhaufen und wächst dann entsprechend üppig. In Äckern ist es, zumindest vereinzelt, fast immer zu finden, ohne den Kulturpflanzen Schaden zuzufügen – es ist also kein „Unkraut", sondern einfach nur ein Wildkraut. Bemerkenswert ist auch die lange Blütezeit; die kommt daher, weil die Pflanzen sowohl im Herbst als auch im Frühling keimen können. Im Vorfrühling blüht es meist noch nicht – es überlässt das Feld den frühblühenden Hornkräutern (S. 49) und der Doldenspurre (Bd. 1, S. 82).

1a

1b

1c

## Gattung: Hornkraut, *Cerastium*

Fruchtkapseln länglich, meist etwas gekrümmt, daher der Name.

- Pflanze ausdauernd, daher am Grund mit nicht blühenden Trieben (S. 51, Foto 1)
  - Blüten klein (∅ unter 1 cm)
    - untere Stängelblätter gestielt, niederliegend, kriechend bis aufsteigend; feuchte Laubwälder, Bachränder in den Bergregionen NÖs; s (Foto A)
      → Wald-Hornkraut, *C. sylvaticum*
    - alle Blätter ohne Stiel
      Artengruppe „Gewöhnliches Hornkraut", *C. fontanum* agg.
      - Kronblätter so lang wie der Kelch, um 5 mm lang; sehr häufige Art!
        → Wiesen-Hornkraut (Gewöhnlich-H.), *C. holosteoides* (S. 51, Foto 1)
      - Kronblätter so lang wie der Kelch, deutlich länger als 5 mm; Pflanze dicht drüsenhaarig; Blätter dünn durchscheinend; feuchte Wälder, Auwälder; s
        → Hain-H. (Großfrucht-H.), *C. lucorum* (ohne Abb.)
      - Kronblätter länger als der (6–9 mm lange) Kelch; feuchtigkeitsliebende Alpenpflanze; s
        → Quell-Hornkraut, *C. fontanum* s. str. (S. 33, Foto 1)
  - Blüten größer (∅ mindestens 1 cm); oft kleine Blattbüschel in den Achseln der Blätter (Foto B)
    → Acker-Hornkraut, *C. arvense* s. l. (Bd. 1, S. 84)
    - Blätter meist behaart; die nicht blühenden Stängel fast so lang wie die blühenden, 10–20 cm lang, meist dichte Bestände
      → Gewöhnliches Acker-Hornkraut, *C. a.* subsp. *arvense* (Foto B)
    - Blätter oberseits meist eher kahl, die nicht blühenden Stängel viel kürzer als die nicht blühenden; rasenbildende Alpenpflanze
      → Steifes Acker-Hornkraut, *C. a.* subsp. *strictum*
    - Blätter auffällig dicht weißgrau filzig; verwilderte Zierpflanze
      → Filziges Hornkraut, *C. tomentosum* (Bd. 1, S. 84)

A

B

- Pflanze einjährig, kurzlebig, fast alle Arten Frühjahrsblüher, daher im Sommer meist bereits vertrocknet; Stängel aufrecht, fast alle tragen Blüten, Pflanze daher ohne nicht blühende Triebe (Foto C)
  - Haare deutlich länger als der Kelch, die Knospen daher an der Spitze mit Bärtchen
    - Pflanze trockener Standorte; Blüten lang gestielt; Pflanze graugrün; Frühlings- und Frühsommerblüher (Foto D)
      → Bärtiges Hornkraut, *C. brachypetalum* s. l. (Foto D)
    - Pflanze eher frischer bis feuchter Standorte; Blüten am oberen Ende des Stängels in Knäueln zusammengedrängt (Foto E); Pflanze zur Fruchtzeit gelbgrün; vorwiegend Sommerblüher
      → Knäuel-Hornkraut, *C. glomeratum* (S. 51, Foto 2)
  - Knospen ohne „Bärtchen"
    - das unterste Blattpaar des Blütenstandes mit auch ohne Lupe auffälligem breitem Hautrand (Foto F); junge Fruchtstiele nach unten geschlagen
      → Sand-Hornkraut, *C. semidecandrum* (S. 53, Fotos 1a, b)
    - das unterste Blattpaar des Blütenstandes ohne oder mit unauffälligem Hautrand
      - das unterste Blattpaar des Blütenstandes schmal hautrandig; Pflanze gelblich grün, durch Drüsen stark klebrig (dadurch bleiben Insekten und Haare haften)
        → Kleb-Hornkraut (Bleiches Zwerg-H.), *C. glutinosum* (ohne Abb.)
      - das unterste Blattpaar des Blütenstandes ohne Hautrand; Pflanze dunkelgrün
        → Niedriges Hornkraut (Dunkles Zwerg-H.), *C. pumilum* (S. 53, Foto 1b)

## 1 Wiesen-Hornkraut (Gewöhnlich-H.), *Cerastium holosteoides*

| | | | | | | | | |
|---|---|---|---|---|---|---|---|---|
| 5–50 cm | III–VI | ♃ | | | G3, 5, Ä | sh | | |

+ mehrstängelig, neben blühenden Trieben auch nicht blühende
+ ist praktisch in jeder Wiese und Weide zu finden

Braucht gute Wasser- und Nährstoffversorgung, bevorzugt schwere Böden; bildet kleine Teppiche mit kurzen oberirdischen Ausläufern.

## 2 Knäuel-Hornkraut, *Cerastium glomeratum*

| | | | | | | | | |
|---|---|---|---|---|---|---|---|---|
| 2–45 cm | IV–IX | ☉ | | | Ä, T4 | h | | |

+ am geknäuelten Blütenstand
+ und am Wuchsort leicht erkennbar

Zeiger für schwere, (leicht) saure, oberflächlich vernässte Böden; i. U. z. den anderen kleinen, einjährigen Hornkräutern keine ausgesprochene Frühlingspflanze und nicht auf trockenen, sandigen Böden (S. 50, Foto E).

## Bärtiges Hornkraut (Kleinblüten-H.), *Cerastium brachypetalum*

| | | | | | | | | |
|---|---|---|---|---|---|---|---|---|
| 5–40 cm | IV–VI | ① bis ☉ | | | TR, G1 | s | | |

+ hübsches Pflänzchen: an den auffällig behaarten Kelchen leicht zu erkennen

In nicht ausgesprochen trockenen, aber lückigen, mageren Wiesen und älteren Ackerbrachen (S. 50, Foto D).

1

2

## 1 Sand-Hornkraut, *Cerastium semidecandrum*

| | | | | | | | | |
|---|---|---|---|---|---|---|---|---|
| 5–20 cm | III–V | ① bis ⊙ | | | P1, S3 | sh | | |

+ Stängel etwas durch Drüsenhaare klebrig

Das Sand-H. steht hier stellvertretend für die anderen kurzlebigen Besiedler trockener, sandiger, offener „Böden“ aus der Zwerg-Hornkraut-Gruppe. Man findet sie ab dem Vorfrühling vor allem im pannonischen Raum sowohl in sehr lückigen Trockenrasen (d. h. mit offenen Bodenstellen) als auch an Wegrändern und in Bahngelände. Die kurze Lebensdauer stellt eine Anpassung an Sommerdürre dar. Begleitet werden sie von vielen Frühlingsannuellen aus anderen Familien mit ähnlicher Überlebensstrategie (im Foto 1b: Hügel-Vergissmeinnicht und Kelch-Steinkraut).

Der Fruchtstiel macht ähnliche Bewegungen wie der der Dolden-Spurre (Bd. 1, S. 82), daher sieht das Sand-Hornkraut von der Ferne dieser ähnlich; bei der Spurre sind aber die Blätter dicklich (wachsartig) und blaugrün, die Blütenblätter oft rosa getönt und vorn gezähnelt (bei den Hornkräutern sind sie weiß und etwas eingekerbt).

Das seltene Abweichende H. (Abweichler-H.), *C. dubium*, bekam seinen seltsamen Namen, weil es nur drei Griffel statt fünf hat – wie es sich für ein Hornkraut gehören würde; es ist ebenfalls zart und einjährig und hat einen drüsig-klebrig-flaumigen Stängel, aber ganz schmale Blätter. Auf sandigen, feuchten, offenen Bodenstellen im pannonischen Raum, v. a. im Marchtal.

### Gattung: Sternmiere, *Stellaria*

- Stängel zumindest unten vierkantig
  - Blätter eiförmig, weich, am Rand oft wellig; Blüten groß; Stängel schlaff, zerbrechlich, liegt am Boden oder steigt von anderen Pflanzen gestützt empor; Pflanze nasser, nährstoffreicher Standorte
    → Wassermiere, *S. aquatica* (Bd. 1, S. 84)
  - Blätter schmal eiförmig; Blüten winzig; Pflanze auf nassen, nährstoffarmen, kalkfreien Standorten
    → Bach-Sternmiere, *S. alsine* (S. 53, Fotos 2a, b)
  - Blätter sehr schmal, steif; Blüten ansehnlich
    - Blütenblätter nur bis zur Mitte gespalten (Foto A); Waldpflanze, eher trockene Standorte
      → Große Sternmiere, *S. holostea* (Bd. 1, S. 84)
    - Blütenblätter bis fast auf den Grund gespalten (daher scheinbar 10); Grünlandpflanze
      → Gras-Sternmiere, *S. graminea* (S. 54, Foto 1a)
- Stängel rund
  - Stängel nicht rundum behaart, sondern eine Haarreihe läuft den Stängel entlang; sh (!)
    → Vogelmiere, *S. media* (Bd. 1, S. 82); Bleiche V., *S. pallida* und Großblütige V., *S. neglecta* beide (Bd. 1, S. 83)
  - Stängel rundum behaart
    → Wald-Sternmiere, *S. nemorum* (S. 54, Fotos 2a, b)

A

## 2 Bach-Sternmiere, *Stellaria alsine*

| | | | | | | | | |
|---|---|---|---|---|---|---|---|---|
| 10–20 cm | V–VII | ♃ | | | T3, 4 | mh | | |

+ Blüten unscheinbar: Blüten ∅ nur ca. 5 mm, dabei Blütenblätter viel kürzer als die Kelchblätter
+ Blätter schmal eiförmig, oft blaugrün, am Grund bewimpert

Wuchs niederliegend mit oberirdischen Ausläufern auf nassen, sandigen, kalkfreien Standorten (oft im seichten Wasser).

1a

1b

2a

2b

## 1 Gras-Sternmiere, *Stellaria graminea*

| | | | | | | | | |
|---|---|---|---|---|---|---|---|---|
| 10–50 cm | V–VII | ♃ | | | G1 | h | | |

+ lange, schlaffe Stängel (durch Nachbarpflanzen gestützt), oft vereinzelt oder
+ in ganz lockeren Beständen

Außerdem am Boden liegende Stängel und oberirdische Ausläufer; ähnelt entfernt der Großen Sternmiere, aber Bestände viel lockerer; außerdem andere Wuchsorte: mageres bis mäßig intensiv bewirtschaftetes Grünland auf gut mit Wasser versorgten, sauren Böden, Böschungen, im luftfeuchten Klima (Gebirge) häufig an Ackerrändern und Rainen.

☝ Entfernt ähnlich: Sumpf-Sternmiere, *S. palustris*, mit aufrechtem Stängel und etwas fleischigen, blaugrünen Blättern; in Sumpfwiesen, v. a. im Marchtal, ss §.

## 2 Wald-Sternmiere, *Stellaria nemorum*

| | | | | | | | | |
|---|---|---|---|---|---|---|---|---|
| 20–40 cm | V–IX | ♃ | | | A5, W4 | mh | | |

+ Blätter eiförmig,
+ mittlere (!) Stängelblätter lang gestielt (die der ähnlichen Wassermiere sind ungestielt, Bd. 1, S. 84)
+ Stängel rund (bei der Wassermiere ist er unten stumpf vierkantig)

I. U. z der recht ähnlichen Wassermiere, die tiefe, warme Lagen bevorzugt, eher eine Gebirgspflanze; wächst oft mit niederliegenden, nicht blühenden Stängeln und unterirdischen Ausläufern unter dichter, hoher Vegetation in Hochstaudenfluren; nährstoffliebend, daher gern in Lägerfluren auf Almen unter Alpenampfer.

1a

1b

2a

2b

## Teilschlüssel D: Die ganz Unscheinbaren

Blüten **winzig** (2–4 mm ∅), **grünlich** (manche mit weißem Hautrand), Pflanze sehr klein, ± an den Boden gedrückt

- Blätter nadelförmig
  → Knäuel, *Scleranthus*
- Blätter eiförmig
  → Bruchkraut, *Herniaria*
- Niederliegende, sternförmige Blattrosette
  → Mastkraut, *Sagina* (s. Teilschlüssel C und Bd. 1, S. 78)

### 3 Einjähriger Knäuel, *Scleranthus annuus*

| | | | | | | | | |
|---|---|---|---|---|---|---|---|---|
| 5–20 cm | IV–X | ⊙ bis ① | | | Ä, P1 | h | | |

\+ unverwechselbar

Moosartiger Zeiger für ausgesprochen saure, eher sandige Böden.

☝ In der Fachliteratur werden noch zwei Arten aus der Artengruppe Einjähriger Knäuel *(S. annuus* agg.*)* angeführt, die nicht in Äckern, sondern in Lebensräumen ohne Bodenbearbeitung (Trockenrasen, lückige Magerrasen) vorkommen. Sie sind nur mit Lupe und auch dann nicht leicht vom Einjährigen Knäuel (in der engeren Fassung: *S. annuus* s. str.) unterscheidbar. Es sind dies der Hügel-Knäuel *(S. verticillatus)* § und der Triften-Knäuel *(S. polycarpos)*.

3b 3a

## 1 Ausdauernder Knäuel, *Scleranthus perennis*

| | | | | | | | | |
|---|---|---|---|---|---|---|---|---|
| 5–20 cm | V–IX | ♃ | | | P1, G1 | mh | | |

+ unten verholzte, verzweigte, vielstängelige Rasen
+ durch die weiß berandeten Blüten hübsch und von fern auffällig

Auf ausgesprochen sauren, felsigen (daher flachgründigen), grusigen oder sandigen Böden in sehr lückigen Rasen, auf Felskuppen, in älteren Steinbrüchen (häufig z. B. in der Blockheide bei Eibenstein).

## 2 Kahles Bruchkraut, *Herniaria glabra*

| | | | | | | | | |
|---|---|---|---|---|---|---|---|---|
| 1–2 cm | VII–IX | ⊙ bis ♃ | | | P1 | s | | |

+ trotz winziger Blüten durch seinen Teppichwuchs von wenigen cm bis viele dm ∅ auffällig

Als konkurrenzschwache Besiedler offener, magerer (meist sandig-grusiger saurer) Böden in der modernen Kulturlandschaft selten geworden (Versiegelung von Feldwegen, Nährstoffeintrag von Äckern und Grünland führt zur Verdrängung durch üppiges Pflanzenwachstum); das Foto stammt von einem Güterweg beim Dürnhof (Stift Zwettl).

☝ Das Behaarte Bruchkraut *(H. hirsuta)* ist wärmebedürftiger und einerseits mehr auf den pannonischen Raum beschränkt. Andererseits breitet es sich in (Groß-)Städten, wohl wegen des günstigen Stadtklimas aus (Foto 2c, Behaartes Bruchkraut und dickfleischige Blätter des Portulaks – ebenfalls eine wärmeliebende Pflanze; Bd. 1, S. 90).

1

2a

2b

2c

## Familie: Gänsefußgewächse, Chenopodiaceae

NÖ: Sechs Gattungen mit insgesamt ca. 26 Arten

*Blütenformel:* ✻ B5 (manchmal auch (5) oder ganz fehlend) ♂ 5 ♀ (2)

Die Kenntnis vom Aufbau der Blüten ist bei dieser Familie keine Bestimmungshilfe, denn sie sind winzig klein und meist grünlich; die Bestäubung findet entweder durch den Wind statt oder die Pflanzen befruchten sich selbst. Zum Bestimmen sind meist die Früchte notwendig. Viele Vertreter der Familie sehen im Bereich der Blüten oder auf den Blattunterseiten aus, als wären sie mit Mehl bestäubt worden. Das kommt von „Blasenhaaren", die leicht abbrechen und abwischbar sind.

Alle bei uns heimischen Arten sind (mit ganz wenigen Ausnahmen) sommer-einjährig, d. h., sie keimen im Frühling. Und sie haben einen besonderen Mix von Eigenschaften, der sie befähigt, offenen Boden zu besiedeln, sind also Pionierpflanzen (treten sie in Gärten oder Äckern auf, nennt man sie allerdings „Unkräuter"):

(1) Nährstoffreiche Samen, die im Boden Jahrtausende überdauern können. Das reich mit Stärke und Eiweiß gefüllte Jausenpackerl, das die Samen von der Mutter mitbekommen hat, befähigt die Keimlinge, rasch zu wachsen und Konkurrenten zu verdrängen. Die extrem langlebigen Samen warten im Boden auf ihre Chance, bis sie durch Bodenbewegungen in die Nähe der Oberfläche kommen.

(2) Die Pflanzen sind sehr flexibel: Wenn es ihnen gut geht, wachsen sie zu Riesenpflanzen heran, die entsprechend viele Samen ausstreuen. Wenn nicht, dann bleiben sie zwergig und versuchen wenigstens einen Samen zur Reife zu bringen, um das Überleben der Population zu sichern.

(3) Viele Arten sind genetisch sehr vielfältig: Sie bilden eine Fülle von unterschiedlichen Rassen, deren Genmaterial sich immer von Neuem vermischt. Dadurch sind sie sehr anpassungsfähig, wenn sich z. B. die Umweltbedingungen ändern. Diese genetische Plastizität hat auch einen Vorteil für uns Menschen: Sie eignen sich gut für Züchtungen, wie das Beispiel Zuckerrübe, Futterrübe (Burgunder), Rote Rübe und Mangold aus ein und derselben Stammart zeigt. In der Familie gibt es eine ganze Reihe von Halophyten, Spezialisten für salzhaltige Böden. Solche Standorte kommen in NÖ allerdings kaum mehr vor (sind aber noch reichlich und mit der dazugehörigen Flora im nördlichen Burgenland zu finden).

Chemisch ist die Familie charakterisiert durch ganz spezielle, Stickstoff enthaltende rote Farbstoffe, Betalaine, die sich nicht nur chemisch, sondern auch im Farbton (z. B. Rote Rüben) meist deutlich von den im Pflanzenreich häufigen Anthocyanen unterscheiden. (Es gibt auch gelbe und orangerote Betalaine.)

Weiterhin haben viele Vertreter der Familie hohe Gehalte an Oxalsäure bzw. deren Ionen oder Kalziumoxalat-Kristalle. Dies kann mit einer weiteren Eigenheit zusammenhängen: Gänsefußgewächse neigen dazu, reichlich Nitrat-Ionen aus dem Boden aufzunehmen und im Zellsaft zu speichern. Die Oxalat-(An-)Ionen helfen, den Überschuss an Nitrat-(Kat-)Ionen abzupuffern. Für uns Menschen haben beide chemische Eigenschaften große Nachteile. Oxalat-Ionen sind in größeren Mengen giftig, müssen also bei der Zubereitung von Gemüse entfernt werden. Und Nitrat kann unter Umständen (z. B. Aufwärmen von Spinat) zu hochgiftigem Nitrit reduziert werden.

Viele Arten haben auch relativ hohe Gehalte an Saponinen, das sind Stoffe, die zwar chemisch völlig anders gebaut sind als Seife, aber z. T. ähnliche Wirkung haben und bitter schmecken. Auch das muss man bei der Zubereitung der Blätter oder Samen von wilden, aber auch von kultivierten Chenopodiaceen wissen und berücksichtigen.

Trotzdem gibt es in der Familie eine ganze Reihe von Kulturpflanzen: Spinat, Gartenmelde, Quinoa und nicht zuletzt die bereits erwähnten Züchtungen aus *Beta maritima* s. l., von denen die Zuckerrübe und die Rote Rübe (Rote Bete) die wichtigsten sind. „Maritima" weist darauf hin, dass die Stammform an Meeresküsten wächst.

## SCHLÜSSEL ZU DEN GATTUNGEN (UND TEILWEISE AUCH ZU ARTEN)[10]

### A. Pflanzen mit sehr auffälligen Merkmalen

- Pflanzen stinken penetrant nach verdorbenem Fisch; s
  → Stinkender Gänsefuß, *Chenopodium vulvaria* (S. 67, Foto 2)
- Pflanzen duften nach Föhrenharz oder Weihrauch; mh
  → Drüsiger Gänsefuß, *Dysphania botrys* (S. 68, Fotos 1a–c)
- zumindest die oberen Äste weißlich flaumhaarig, Blätter am Rand bewimpert; mh
  → Radmelde, *Bassia* (S. 73, Foto 1a)
- Blätter auffällig zweifarbig: die dunkelgraugrüne (fast blaugrüne) Oberseite kontrastiert mit der weiß bemehlten Unterseite; mh
  → Graugrüner Gänsefuß, *Chenopodium glaucum* (S. 67, Fotos 3a–c)
- Blätter mit blassgelber, derber und stechender Spitze, Pflanze ± halbkugelförmig; mh
  → Salzkraut, *Salsola* (S. 73, Fotos 3a–c)

### B. Die Unauffälligen

- Blüten einzeln, von ihren Deckblättern fast ganz verdeckt; seltene Sandpflanzen
  → Wanzensame, *Corispermum* (S. 73, Fotos 2a–c)
- Blüten meist dicht gehäuft in Knäueln
  - Früchte von auffällig geformten Vorblättern verdeckt (Foto A links im Bild)
    → Melde, *Atriplex* (S. 68 ff.)
  - Früchte ohne etwas Derartiges; die linsenförmigen Samen werden von den 5 Blütenblättern umhüllt (das sieht von oben wie eine Semmel aus) (Foto A rechts im Bild und Foto 1c, S. 67)
    → Gänsefuß, *Chenopodium* (S. 59 ff.)

A

[10] Der seltene Strauch (nur 2 Stellen im Weinviertel), die Hornmelde *(Krascheninnikovia ceratoides)*, ist hier nicht mit verschlüsselt (Bd. 1, S. 88).

## Gattung: Gänsefuß, *Chenopodium*

- Blätter recht einheitlich geformt (an ein und derselben Pflanze sowie bei allen Individuen der gleichen Art)
  - Blätter dreieckig, spießförmig, groß (untere über 5 cm lang), fast ganzrandig; Pflanze oft mit mehreren Trieben, da (ausnahmsweise) eine ausdauernde Art; mh
    → Guter Heinrich, *C. bonus-henricus* (S. 61, Fotos 1a, b)
  - die meisten Blätter ganzrandig (d. h. ohne Lappen oder Zähne), breit eiförmig oder elliptisch, lang gestielt; Pflanze niederliegend oder vom liegenden Wuchs aufsteigend; h
    → Vielsamiger Gänsefuß, *C. polyspermum* (S. 61, Foto 2)
  - zumindest obere Blätter ganzrandig, klein, schmal oval; Wuchs: ausgebreitete lange Seitenäste, kurzer aufrechter Haupttrieb; h
    → Gestreifter Gänsefuß, *C. strictum* s. u. (S. 65, Fotos 3a–c)
  - Blätter ahorn- oder stechapfelartig, mit herzförmigem Blattgrund (Foto B); h
    → Bastard-Gänsefuß, *C. hybridum* (S. 61, Foto 3)
  - Blätter oberseits glänzend dunkelgrün, grob gezähnt mit vorwärts gerichteten Zähnen; s
    → Mauer-Gänsefuß, *C. murale* (S. 63, Foto 1)
  - Blätter hellgrün (später oft purpurn überlaufen), auffällig tief buchtig und unregelmäßig gezähnt; s
    → Roter Gänsefuß, *C. rubrum* (S. 63, Foto 2)
  - Blattform dreieckig (ähnlich denen der Glanzmelde, aber ohne Glanz); Blütenstand mit steif aufrechten Zweigen; ss
    → Dorf-Gänsefuß, *C. urbicum* (S. 63, Foto 3)
- obere und untere Blätter an einer Pflanze deutlich unterschiedlich geformt, bei manchen Arten auch von Individuum zu Individuum variabel (Artengruppe Weißer Gänsefuß)
  - Pflanze nie mit Rottönen (höchstens in den Astwinkeln rote Flecken)
    - ◆ Blätter dreilappig mit an der Basis angesetzten Seitenlappen, der Endlappen zum großen Teil mit ± parallel verlaufenden Rändern; sh
      → Feigenblättriger Gänsefuß, *C. ficifolium* (S. 63, Fotos 4a, b)
    - ◆ zumindest mittlere Blätter so breit wie lang, klein, stumpf; mh
      → Schneeballblättriger Gänsefuß, *C. opulifolium* (S. 65, Fotos 1a, b)
    - ◆ Blätter eiförmig, unten mit zwei scharfen, vorwärtsgerichteten Zähnen; mh
      → Grüner Gänsefuß, *C. suecicum* (S. 65, Fotos 2a, b)
  - Pflanze zumindest mit rot überlaufenem oder gestreiftem Stängel, die Rotfärbung nimmt im Herbst zu und greift oft auf die ganze Pflanze über
    - ◆ Blätter größtenteils parallelrandig, stumpf, bald rotrandig werdend, etwas um die eigene Achse verdreht; Haupttrieb meist kürzer als die weit ausgebreiteten Seitentriebe; h
      → Gestreifter Gänsefuß, *C. strictum* (S. 65, Fotos 3a–c)
  - alle Pflanzen, auf die die bisherigen Beschreibungen nicht zutreffen; sh (!)
    → Weißer Gänsefuß, *C. album* (S. 67, Fotos 1a–e)

## 1 Guter Heinrich, *Chenopodium bonus-henricus*[11]

| | | | | | | | | |
|---|---|---|---|---|---|---|---|---|
| 20–60 cm | VI–IX | ♃ | | | | s | | (gi)<br>Bd. 1, S. 86 |

+ Blätter oberseits durch tief eingesenkte Nerven runzelig; unverwechselbare Blattform!
+ blühende Pflanzen spitzkegelig

Den liebevollen Namen bekam die Pflanze schon vor Jahrhunderten, da sie als Heil- und Gemüsepflanze sehr geschätzt wurde. Sie wurde kultiviert und kam in den Ortschaften auch außerhalb der Gärten reichlich vor. Heute ist das hübsche Gewächs aus den menschlichen Ansiedlungen praktisch verschwunden, da es so viel Beton, Asphalt und Rasenmähen nicht aushält. Die Pflanze ist damit zum Symbol für die „Verstädterung der Dörfer“ geworden.

Ihre Wildstandorte liegen im Gebirge, an Stellen, wo sich das Wild gern länger aufhält. Die Samen verbreitet sie durch Ankleben an Tiere und Schuhsohlen. Als Gebirgspflanze fühlt sie sich im pannonischen Raum nicht so wohl; hier bevorzugt sie kühlere, halbschattige Standorte.

*Naturgartentipp:* Leicht aus Samen zu kultivieren; Pflanzen kann man kaum mehr umsetzen, da sie eine sehr kräftige, tief gehende Pfahlwurzel haben. Gilt wegen des Vorkommens an Misthaufen als stickstoffbedürftig, ist aber tatsächlich ganz anspruchslos; sehr dekorativ vor Holzzäunen und -wänden (wächst auch unter dem Trauf der Dächer, entsprechend dem Wildstandort Wildläger unter überhängenden Felsen) und als „Begrüßungskomitee“ am Tor. Sehr langlebige Spinatpflanze, die jährlich abgeerntet werden kann. Bei der Zubereitung muss man aber, wie bei allen Arten aus der Familie, die bitter schmeckenden und eventuell leicht giftigen Inhaltsstoffe entfernen. Sicherheitshalber bringen wir daher ein Kochrezept:

*Guter Heinrich mit Nudeln für zwei Personen:*

*100 g Blätter von Chenopodium bonus-henricus, 1 Zwiebel, 1 Knoblauchzehe, 1 Chilibeere, bunte Pfeffermischung, Meersalz, Olivenöl, Muskatnuss, ca. 200 ml Obers, 250 g Nudeln. Die Pflanzen gründlich waschen, blanchieren, sehr gut ausdrücken, Kochwasser wegleeren; fein gehackte Zwiebel und Knoblauch glasig anrösten, frisch gemahlene Muskatnuss, Pfeffer und entkernte, fein gehackte Chili gleich mitrösten; Pflanzen dazugeben und 2–3 Minuten bei kleiner Hitze dünsten. Obers dazugeben und mit Salz abschmecken. Inzwischen die Nudeln in reichlich Salzwasser kochen, mit dem Gemüse vermengen und so viel Nudelwasser dazugeben, bis die gewünschte Sämigkeit erreicht ist.*[12]

## 2 Vielsamiger Gänsefuß, *Chenopodium polyspermum*

| | | | | | | | | |
|---|---|---|---|---|---|---|---|---|
| 15–60 cm | VII–IX | ⊙ | | | | h | | |

+ Stängel vierkantig, oft rot überlaufen, liegt am Boden oder steigt bogig auf
+ Blätter in der Sonne mit feinem rotem Rand
+ reife Samen in der aufklaffenden Blütenhülle sichtbar (daher der Name)

Klein, aber anspruchsvoller als andere Gänsefüße: Bevorzugt gut mit Wasser versorgte, nährstoffreiche, leicht saure Böden: Erdhaufen, Ufer, Gemüsegärten, Weingärten; mehr im westlichen NÖ als im Osten.

## 3 Bastard-Gänsefuß (Sautod-G., Stechapfelblättriger G.), *Chenopodium hybridum*

| | | | | | | | | |
|---|---|---|---|---|---|---|---|---|
| 15–50 cm | VI–VIII | ⊙ | | | | h | | (gi) |

+ an der Blattform leicht erkennbar (S. 59, Foto B)
+ Blätter riechen beim Zerreiben unangenehm

In Äckern, Weingärten und auf Schuttplätzen, v. a. im pannonischen Raum; weiter westlich nur auf Standorten mit warmem Mikroklima, z. B. an südseitigen Hausmauern. Der seltsame Name kommt von der frappanten Ähnlichkeit der Blätter mit denen des Stechapfels (welche allerdings viel größer werden); die Berichte über Vergiftungen mit diesem Gänsefuß beruhen vermutlich auf Verwechslungen mit dem hochgiftigen Nachtschattengewächs.

[11] Wichtige Art! In Bd. 1 nicht ausreichend bebildert und beschrieben, daher hier nochmals ausführlicher.

[12] Rezept von Monika Kriechbaum aus: Stadt und Land – Zwei Lebenswelten und ihre Bewohner. Grüne Reihe des Lebensministeriums, Band 20, S. 244, Verlag Böhlau.

1a

1b

2a

2b

3

## 1 Mauer-Gänsefuß, *Chenopodium murale*

| | | | | | | | | |
|---|---|---|---|---|---|---|---|---|
| 15–80 cm | VI–X | ⊙ | | | | s | | |

+ die einzige Art der Gattung mit glänzenden Blättern

Dorfpflanze aus dem Mittelmeerraum; vor allem an Mauerfüßen und auf Bauschutt; war noch vor 40 Jahren im Weinviertel sehr häufig, nun praktisch verschwunden.

☝ Nicht verwechseln mit der Glanzmelde (S. 70), die zwar ebenfalls glänzende Blätter, aber eine völlig andere Blattform und andere Früchte hat.

## 2 Roter Gänsefuß, *Chenopodium rubrum*

| | | | | | | | | |
|---|---|---|---|---|---|---|---|---|
| 25–120 cm | VI–VIII | ⊙ | | | | s | | |

+ Blattschnitt eindeutig

Die leuchtend weinrote Färbung tritt nur an speziellen Standorten und meist erst spät auf. Wuchs entweder aufrecht, unten mit bogig aufsteigenden Zweigen, oder am Boden liegend. An schlammigen Ufern, häufig nur in den March-Auen, sonst nur gelegentlich am Grund von zeitweise trockenfallenden Schotterteichen (z. B. im Tullnerfeld), auf Schlammablagerungen der Donau nach Überschwemmungen.

☝ Der noch seltenere Dickblatt-Gänsefuß *(C. chenopodioides)* hat deutlich sukkulente (Salzbodenpflanze), viel weniger und regelmäßiger gezähnte Blätter; in NÖ nur im Tal der March und hier ss, §.

## 3 Dorf-Gänsefuß, *Chenopodium urbicum*

| | | | | | | | | |
|---|---|---|---|---|---|---|---|---|
| 50–100 cm | VII–IX | ⊙ | | | | ss | § | |

+ durch die steif aufrechten (fast dem Hauptstängel anliegenden) Zweige unverwechselbar

Sehr nährstoffbedürftig, paktisch augestorben, am ehesten noch in Wild(schwein)gattern (mit Futter verschleppt?).

## 4 Feigenblättriger Gänsefuß, *Chenopodium ficifolium*

| | | | | | | | | |
|---|---|---|---|---|---|---|---|---|
| 30–120 cm | VI–IX | ⊙ | | | | h | | (gi) |

+ die Mehrzahl der Blätter hat den charakteristischen (zwar oft geschweift gezähnten, aber doch) ± parallelrandigen Endlappen
+ Pflanze aufrecht
+ rote Flecken in den Blattachseln

Auf den gleichen Standorten (und oft mit diesem gemeinsam) wie der Weiße Gänsefuß, aber deutlich feuchtigkeitsbedürftiger.

1

2

3

4a

4b

## 1 Schneeballblättriger Gänsefuß, *Chenopodium opulifolium*

| | | | | | | | | |
|---|---|---|---|---|---|---|---|---|
| 30–100 cm | VI–VIII | ⊙ | | | | s | | |

+ Blattform!
+ Blätter graugrün
+ weitbogig abstehende Zweige
+ Pflanzen (i. U. z. Verwandtschaft) kaum je mit Rottönen

Wärmeliebender Bote aus dem Mittelmeerraum, am ehesten noch an südseitigen Mauerfüßen zu finden; geht im Weinviertel auch ab und zu in (Mais-)Äcker.

## 2 Schwedischer Gänsefuß, *Chenopodium suecicum*

| | | | | | | | | |
|---|---|---|---|---|---|---|---|---|
| 30–150 cm | V–VII | ⊙ | | | Ä | mh | | |

+ Blätter dünn, hellgrün, oft asymmetrisch, breit dreilappig, unten mit zwei auffälligen vorwärtsgebogenen Zähnen
+ Herbstfärbung dunkelpurpurbraun
+ Stängel leicht zusammendrückbar

☝ Ohne Mikroskop nicht sicher von ähnlichen Formen des Weißen Gänsefußes zu unterscheiden!

## 3 Gestreifter Gänsefuß, *Chenopodium strictum*

| | | | | | | | | |
|---|---|---|---|---|---|---|---|---|
| 20–150 cm | VII–IX | ⊙ | | | | h | | (gi) |

+ (im Freistand) typische Wuchsform: untere Äste breit waagrecht ausgebreitet, länger als der Haupttrieb
+ zumindest die oberen Blätter ganzrandig oder sehr seicht gezähnt, stumpf abgerundet
+ oft leicht um die Längsachse verdreht (Foto 3b)
+ Stängel meist stark rotstreifig

Auf den gleichen Standorten wie der Weiße Gänsefuß (und oft mit diesem gemeinsam), aber deutlich trockenheitsresistenter (daher z. B. auf Schotter und in trockenen Äckern).

☝ Der Kleinblättrige Gänsefuß *(C. striatiforme)* mit auffällig kleinen, meist scharf und tief gezähnten dekorativen Blättern steht in den Merkmalen zwischen dem Steifen und dem Weißen Gänsefuß (früher *C. album* var. *microphyllum*). Von *C. strictum* hat er den Verzweigungstyp und die Neigung zur Rotfärbung.

1a
1b
2a
1c
2b
3a
3c
3b

## 1 Weißer Gänsefuß, *Chenopodium album*

| | | | | | | | | |
|---|---|---|---|---|---|---|---|---|
| 10–170 cm | VII–IX | ⊙ | | | | sh | | (gi) |

+ extrem variabel und formenreich, daher nur dadurch „bestimmbar", indem man alle anderen Arten (vor allem die vier zuletzt genannten) ausschließen kann

Universelle, und daher allgegenwärtige, sommereinjährige Pionierpflanze auf offenen Böden und anderen Substraten aller Art (Äcker, Weingärten, Gärten, Blumenkästen, Erdhaufen, Schutthaufen, Müllhalden, Schottergruben ...).

Wegen der stärke- und eiweißreichen Samen ähnlich wie Quinoa verwendbar, müssen jedoch genauso entbittert werden.

*Naturgartentipp:* Der Weiße Gänsefuß und seine Verwandtschaft sind ein gutes Beispiel dafür, dass es auf die jeweiligen Umstände und den Gärtner bzw. die Gärtnerin ankommt, ob eine Pflanze als „Unkraut" angesehen wird. Sie wird sozusagen nicht „als Unkraut" geboren, sondern von „ihrem Menschen zum Unkraut ernannt". Aus dem Gemüse- oder Blumenbeet wird man die Gänsefüße entfernen. In einer eigens für sie reservierten Gartenecke können sie Nutzen und Naturerlebnisse bieten. Ihre Blätter kann man als Gemüse probieren, die nährstoffreichen Samen werden im Herbst und Winter Vögel anlocken (Foto 1e: Feldsperlinge in der Wachau). Außerdem gibt es recht hübsche Formen mit auffälliger Herbstfärbung. Alles, was die Gänsefüße brauchen, ist offener Boden im Frühling. Man kann eine eigene Sammlung zusammenstellen, indem man bei Spaziergängen auf besondere Pflanzen achtet und deren Samen mitnimmt. Dabei bekommt man einen Blick für die Vielfalt innerhalb dessen, was in der Wissenschaft als Art zusammengefasst wird.

☝ Mit entfernt ähnlichen, immer wieder eingeschleppten, exotischen Arten ist zu rechnen (s. FlÖ).
Am beständigsten ist von diesen der riesenhafte (bis über 3 m hohe) Probst-Gänsefuß *(C. probstii)* mit großen, derben, früh rotrandigen Blättern, die eine schöne Herbstfärbung (bräunlich orange oder braunrot) haben.

## 2 Stinkender Gänsefuß, *Chenopodium vulvaria*

| | | | | | | | | |
|---|---|---|---|---|---|---|---|---|
| 10–40 cm | V–VIII | ⊙ | | | | s | | gi! |

+ Pflanze liegt am Boden
+ Blätter graugrün
+ „Duft" eindeutiges Merkmal (besser nicht angreifen: Gestank lässt sich nur schwer von den Fingern wieder entfernen)

Wieder ein sehr wärmeliebender Bote aus dem Mittelmeerraum an Mauerfüßen, in Pflasterritzen, aber auch in Parkrasen; selten in Äckern.

## 3 Graugrüner Gänsefuß, *Chenopodium glaucum*

| | | | | | | | | |
|---|---|---|---|---|---|---|---|---|
| 10–50 cm | VII–X | ⊙ | | | | mh | | |

+ Stängel liegt meist am Boden
+ Blätter zweifarbig (Oberseite graugrün, Unterseite weiß bemehlt)
+ oft schöne purpurrote Herbstfärbung (bes. Stängel)

Am Fuß von Misthaufen, auf stark gegüllten Plätzen, auf Komposthaufen und auf salzhaltigen Böden.

1a

1b

1c

1d

1e

2

3a

3b

3c

## 1 Drüsiger Gänsefuß (Kleb-Drüsengänsefuß), *Dysphania botrys*

| | | | | | | | | |
|---|---|---|---|---|---|---|---|---|
| 20–80 cm | VII–VIII | ⊙ | | | | mh | § | |

+ duftet nach Harz oder Weihrauch
+ klebrig durch Drüsenhaare[13]
+ Blattform!

Bevorzugt Sand (Sandgruben, Sandhaufen, Schottergruben, Baustellen ...).

Der ss Australische Gänsefuß (Australien-Drüsengänsefuß, *D. pumilio*) hat eine ähnliche Blattform, aber viel kleinere Blätter; seine Stängel liegen meist am Boden (*D. botrys* wächst aufrecht) und er duftet kaum. Er soll mit Wolltransporten eingeschleppt worden sein und hat sich ganz lokal in manchen Ortschaften gehalten.

1a

1b

1c

### Gattung: Melde, *Atriplex*

Zur Erinnerung: Bei dieser Gattung sind die Früchte zumindest zum Teil durch Vorblätter verdeckt.

- Pflanzen zwar aufrecht, aber von sparrigem, ausladendem Wuchs; dunkelgrüne Blätter kontrastieren mit dem bleichen oder roten Stängel; s
  → Tatarenmelde, *A. tatarica* (S. 69, Fotos 2a, b)
- Seitenäste zweigen waagrecht vom Stängel ab, die untersten sind meist viel länger als der Haupttrieb und liegen am Boden
  - Blattgrund keilförmig, Blätter eher dunkelgrün; sh
    → Spreizmelde, *A. patula* (S. 69, Fotos 3a–c)
  - Blattgrund ± rechtwinkelig, Blätter unterseits graugrün; s
    → Spießblättrige Melde, *A. prostrata* (S. 70, Foto 1)
- Pflanze aufrecht (kräftig, groß) mit aufrecht abstehenden Zweigen (diese immer kürzer als der Haupttrieb)
  - ältere Blätter dunkelgrün und glänzend; sh
    → Glanzmelde, *A. sagittata* (S. 70–71, Fotos 2a–d)
  - Blätter hellgraugrün; h
    → Langblattmelde, *A. oblongifolia* (S. 71, Fotos 3a–e)

[13] Drüsenhaare: Auf einem Stielchen sitzt ein kugeliges Köpfchen, das Duftstoffe oder klebrige Substanzen enthält.

## 2 Tatarenmelde, *Atriplex tatarica*

| | | | | | | | | |
|---|---|---|---|---|---|---|---|---|
| 30–100 cm | VII–X | ⊙ | | | | s | | |

+ dunkelgrüne, glänzende Blätter mit gewellter Oberfläche (Nerven tief eingesenkt)
+ und krausem, unregelmäßig gelappt-gezähntem Rand

Auf ausgesprochen trockenen, steinigen, aber nährstoffreichen Standorten, gern an Straßenrändern (salztolerant).

☝ Die ähnliche Rosenmelde *(A. rosea)* ist in NÖ eine Rarität §; sie hat flache, regelmäßig gezähnte graugrüne (bemehlte) Blätter.

## 3 Spreizmelde, *Atriplex patula*

| | | | | | | | | |
|---|---|---|---|---|---|---|---|---|
| 30–80 cm | VII–X | ⊙ | | | | sh | | (gi) |

+ spreizender Wuchs, zumindest die untersten Äste zweigen ± waagrecht ab und sind länger als der (aufrechte) Haupttrieb
+ Blätter dunkelgrün (seltener hellgrün)
+ Vorblätter (welche die Früchte verdecken) an der breitesten Stelle mit zwei vorwärtsgerichteten Zähnen

Bevorzugt gut mit Wasser versorgte frische bis feuchte, oft schwere Böden: Äcker, am Fuß von Erdhaufen, an Ufern ...

2a

2b

3a

3b

3c

## 1 Spießblättrige Melde, *Atriplex prostrata*

| | | | | | | | | |
|---|---|---|---|---|---|---|---|---|
| 10–80 cm | VII–IX | ⊙ | | | | s | | |

+ Wuchs ähnlich wie Spreizmelde
+ Blätter spießförmig, unterseits graugrün, oft etwas sukkulent, neigen zu gelber oder roter Herbstfärbung

Auf ausgesprochen feuchten Standorten an Ufern und anderen Standorten mit offenen Böden; wie alle Melden salztolerant.

## 2 Glanzmelde, *Atriplex sagittata*

| | | | | | | | | |
|---|---|---|---|---|---|---|---|---|
| 60–200 cm | VII–IX | ⊙ | | | | sh | | (gi) |

+ junge Blätter graugrün, matt, ältere dunkelgrün, auffallend glänzend und derb
+ wenigstens die oberen unterseits mehlig
+ Vorblätter rundlich mit Spitzchen
+ es gibt zweierlei ♀ Blütchen: (1) solche mit Vorblättern (Frucht dahinter verborgen), (2) solche ohne Vorblätter mit deutlich sichtbarer Frucht.

Häufiger Erstbesiedler auf eher trockenen Substraten aller Art: Erdhaufen, Baustellenaushubmaterial (Unterboden), Schutt, Müll, Ackerbrachen (geht aber kaum in bewirtschaftete Äcker), Straßenränder, Autobahnmittelstreifen (salztolerant); besonders häufig im pannonischen Raum.

☞ Die sehr ähnliche Gartenmelde *(A. hortensis)* mit beiderseits grünen, glanzlosen Blättern ist eine Gemüsepflanze, die manchmal auch verwildert vorkommt. Es gibt sie auch in einer dunkelroten Form.

## 3 Langblattmelde, *Atriplex oblongifolia*

| | | | | | | | | |
|---|---|---|---|---|---|---|---|---|
| 50–150 cm | VII–IX | ⊙ | | | | h | | (gi) |

+ Blätter graugrün
+ Vorblätter an der breitesten Stelle mit nur angedeuteten Zähnchen oder ganz ohne diese

☞ Aber angedeutet rhombisch, während die der Glanzmelde gleichmäßig abgerundet sind.
Liebt Wärme, erträgt Trockenheit; v. a. im Weinviertel und Marchfeld häufig entlang von Güterwegen, als Saum von Robinienwäldchen, in und um Dörfer, auf jungen Ackerbrachen (geht aber interessanterweise, i. U. z. Weißen Gänsefuß, kaum in bewirtschaftete Äcker).

☞ Die aus Westasien kommende Verschiedensamige Melde *(A. micrantha)* mit sehr großen, lang gestielten, breit dreieckigen Blättern wird von Autobahn-Mittelstreifen angegeben.

1

2a

2b

2c

2d

3a

3b

3c

3d

3e

## 1 Besenmelde (Besen-Radmelde), *Bassia scoparia*

| | | | | | | | | |
|---|---|---|---|---|---|---|---|---|
| 50–200 cm | VII–X | ⊙ | | | | h | | |

+ Pflanze aufrecht, reich verzweigt, Äste oben flaumhaarig
+ Blätter bewimpert
+ Blüten kugelig
+ zumindest der Stängel im Herbst rot

Gut entwickelte Pflanzen bilden große kugelige Büsche, die im Herbst unten abbrechen und vom Wind verblasen werden (Steppenroller, Samenverbreitung). Auf trockenen sandigen oder schotterigen Pionierstandorten, gern auch auf Ziegelschutt. Es gibt Ziersorten (grüne, rote „Sommerzypresserl“); früher auch zum Besenbinden.

☝ Zu dieser Gattung gehören zwei Raritäten in NÖ:

(1) Sand-Radmelde *(B. laniflora)*: Blätter fast nadelförmig, stumpf; Frucht radförmig, mit fünf Flügeln (geflügelte Blütenblätter; daher der Name „Radmelde“); in offenen Stellen von Sandrasen („Sandberg“ bei Oberweiden) §.

(2) Halbstrauch-Radmelde *(B. prostrata)*: Zweige unten verholzt (Halbstrauch), meist unverzweigt am Boden liegend, Blätter nadelförmig; Nachfahre (Relikt) der nacheiszeitlichen Kältesteppen auf Lössböschungen im Weinviertel (bei Retz und bei Jetzelsdorf).

## 2 Glanz-Wanzensame, *Corispermum nitidum* (ohne Abb.)

| | | | | | | | | |
|---|---|---|---|---|---|---|---|---|
| 10–40 cm | VIII–X | ⊙ | | | | ss | § | |

+ Blütenstand locker
+ Frucht flach, mit Flügelsaum

Besiedler offener Sandböden („Sandberg“ bei Oberweiden).

☝ Schmalflügeliger Wanzensame *(C. pallasii)*: Blütenstand ganz dicht, die einzelnen Deckblätter überlappen einander; in der Sandgrube bei Melk (Fotos 2a–c).

## 4 Kali-Salzkraut, *Salsola tragus*

| | | | | | | | | |
|---|---|---|---|---|---|---|---|---|
| 5–100 cm | VI–X | ⊙ | | | | mh | | |

+ am ausladenden, bogig aufsteigenden, halbkugeligen (Steppenroller-)Wuchs
+ und den dornig wirkenden Blättern leicht erkennbar
+ Blütenblätter im Fruchtzustand oft mit weißen oder rosa Flügeln

Auf ausgesprochen trockenen sandigen oder schotterigen offenen Böden (Straßenböschungen, Bahngelände, Ackerränder und Ackerbrachen); der Name „Salzkraut“ kommt von einer anderen Art der Gattung, die an Meeresküsten wächst.

1a

2a

1b

2b

2c

3b

3a

3c

# Familie: Amarantgewächse, Amaranthaceae

Zwei Gattungen mit ca. zehn Arten in NÖ

Obwohl nahe verwandt mit den Gänsefußgewächsen, sehen sie doch ganz anders aus: Die Blätter sind bei ihnen ganzrandig (d. h. weder gezähnt noch gelappt), vorn tritt oft der Mittelnerv als kleines Spitzchen aus. Die winzigen Blüten sind dicht gedrängt und von spitzen Blättchen (Tragblätter, Vorblätter) umgeben, sodass auch die Blütenstände einen ganz anderen Eindruck vermitteln, eben wie „Fuchsschwänze“, dem eigentlichen deutschen Namen für die Gattung. Wir verwenden hier „Amarant“, um Verwechslungen mit der Gräsergattung „Fuchsschwanz“ *(Alopecurus)* vorzubeugen.

Wie die Gänsefußgewächse haben die Amarante nährstoffreiche Samen (reich an Eiweiß und essenziellen Aminosäuren) und wurden deshalb schon vor Jahrtausenden in den Anden und Mittelamerika in Kultur genommen. Seit einigen Jahrzehnten werden sie auch bei uns feldmäßig angebaut. Ihre Blätter sind als Gemüse und (abgekocht!) als Salat geeignet (und in Griechenland noch heute als „chorta“ geschätzt). Aber genauso wie bei den Gänsefußgewächsen müssen sie bei der Zubereitung sowohl der Blätter als auch der Samen wegen schlecht schmeckender und eventuell in größeren Mengen gesundheitsschädlicher Inhaltsstoffe entbittert werden. Und wie die Gänsefußgewächse sind sie Pionierpflanzen (allerdings wärmebedürftigere und daher später keimende). Einige Arten mit leuchtend roter (Betacyanin-)Färbung sind empfehlenswerte Zierpflanzen (die man auch essen kann).

## Gattung: Amarant (Fuchsschwanz), *Amaranthus*

- Pflanzen von steif aufrechtem Wuchs, gut entwickelt etwa 1 m hoch, mit endständigem Blütenstand (neben seitenständigen Blütenknäueln); sh
  - Pflanze behaart (Foto A); (oberster) Blütenstand pummelig, weich (Foto B)
    → Rauer Amarant, *A. retroflexus* (Bd. 1, S. 88)
  - Pflanze kahl, (oberster) Blütenstand schlank, sticht
    → Grünähriger Amarant, *A. powellii* (S. 75, Fotos 1a–c)
- Pflanzen nicht steif aufrecht und nicht hochwüchsig
  - sowohl mit endständigem Blütenstand als auch mit seitlichen Blütenknäueln in den Blattachseln; h
    → Stutzblatt-Amarant, *A. blitum* (S. 75, Fotos 2a, b)
  - Blütenknäuel nur in den Blattachseln, kein endständiger Blütenstand
    - ◆ Wuchs aufrecht, schräg aufrecht oder gebogen aufsteigend, selten niederliegend, Stängel weich, oft rötlich; ss
      → Griechischer Amarant, *A. graecizans* (S. 75, Fotos 1a, b)
    - ◆ die ganze Pflanze liegt flach auf dem Boden, höchstens einige Äste steigen auf, Stängel weißlich, derb; s
      → Westamerikanischer Amarant, *A. blitoides* (S. 77, Fotos 2a, b)
    - ◆ Steppenrollerwuchs: Die unteren Äste zweigen dicht am Boden waagrecht ab und biegen sich bogig nach oben, sodass kandelaberartige Pflanzen oder sogar halbkugelige Büsche entstehen, Stängel weiß oder rot, sehr derb; mh
      → Weißer Amarant, *A. albus* (S. 77, Fotos 3a–c)

A

B

## 1 Schlanker Amarant (Grünähriger A.), *Amaranthus powellii*

| | | | | | | | | |
|---|---|---|---|---|---|---|---|---|
| 20–170 cm | VII–X | ⊙ | | | | sh | | |

+ Stängel kaum behaart, grün, in der Sonne oft rötlich
+ Blätter hellgrün, glänzen
+ endständiger Blütenstand schlank, sticht beim Anfassen

(Mais-)Äcker, Weingärten, Erdhaufen; Spätkeimer (Wärmekeimer).

☝ Wächst oft mit dem Rauen Amarant gemeinsam, dieser mit behaartem Stängel und graugrünen Blättern.

## 2 Stutzblatt-Amarant, *Amaranthus blitum*

| | | | | | | | | |
|---|---|---|---|---|---|---|---|---|
| 20–70 cm | VI–X | ⊙ | | | | mh | | |

+ Blätter vorn abgestutzt oder etwas eingedellt
+ oft mit dunklem und/oder hellem Fleck

Sehr anspruchsvoll: nur auf guten, optimal mit Wasser und Nährstoffen versorgten Böden, zwar wärmeliebend, aber empfindlich gegen Sommerdürre; im Pannonischen Raum daher weniger häufig als außerhalb (ähnlich wie der Vielsamige Gänsefuß); bevorzugt Kartoffel- und Gemüsekulturen, Erd- und Komposthaufen sowie Friedhöfe. Früher als Gemüsepflanze kultiviert (soll von den Römern zu uns gebracht worden sein).

☝ Eine seltene, nahe verwandte Unterart (subsp. *emarginatus*) oder Art (*A. emarginatus*) mit heller grünen, an der Spitze tief eingekerbten, ungefleckten Blättern kommt am Ufer der March vor.

1a

1b

1c

2a

2b

### Einheimisch oder ausländisch?

In unserer Ökologischen Flora wollen wir auf diese Frage nur bei manchen Arten beispielhaft eingehen. Die Gründe dafür sind folgende:

- Selbstständige Einwanderungen und Einschleppungen von Pflanzen durch den Menschen finden seit vielen Jahrtausenden statt. In vielen Fällen kann die Frage (z. B. in unserem Fall für den Griechischen und den Stutzblatt-Amarant) daher gar nicht sicher beantwortet werden.
- „Einheimisch" bezieht sich auf politische, nicht biogeografische Grenzen, ist also keine ökologische Kategorie. Damit Werturteile zu verbinden (einheimisch = positiv, ausländisch = negativ), hat auch nichts mit Ökologie zu tun.
- Dass der Raue Amarant ursprünglich in Nordamerika beheimatet war, ist nur insofern interessant, als es erklärt, warum er hohe Bodentemperaturen zur Keimung braucht – er ist an ein Klima mit trockenen Wintern und feuchten Sommern angepasst und keimt nach den ersten Sommerregen.
- Dass er bei uns, unter anderem, als konkurrenzstarkes Ackerunkraut auftritt, hat nichts mit seiner ausländischen Herkunft zu tun, sondern damit, dass in den Maisäckern durch Herbizideinsatz Platz für ihn wurde. Einheimische Arten, wie die Ackerdistel, können den Bauern noch mehr Probleme bereiten. (Mais ist übrigens auch ein Amerikaner.) „Ausländisch" mit aggressiv, invasiv und schädlich gleichzusetzen, ist also – ebenfalls schädlicher – Unsinn.
- Arten wie der Raue Amarant, die bereits etwa 200 Jahre bei uns sind, gehören nun einfach zu unserer Flora dazu, und selbst wenn wir das nicht akzeptieren wollen – wir bringen sie sowieso nie mehr los.

## 1 Griechischer Amarant, *Amaranthus graecizans*

| | | | | | | | | |
|---|---|---|---|---|---|---|---|---|
| 10–50 cm | VII–X | ⊙ | | | | ss | | |

+ Blätter spitz
+ fleckenlos

In Weingärten, Gemüsebeeten und auf offenen, nährstoffreichen Bodenstellen; sehr sommerwärmebedürftig. Einst regelmäßig in Weingärten und deren Terrassenmauern warmer Hanglagen in der Wachau, heute durch Herbizideinsatz und Begrünungsansaaten fast verschwunden.

## 2 Westamerikanischer Amarant, *Amaranthus blitoides*

| | | | | | | | | |
|---|---|---|---|---|---|---|---|---|
| 15–50 cm | VII–X | ⊙ | | | | s | | |

+ stark verzweigte, meist flach an den Boden gedrückte Pflanzen
+ Blätter flach, glänzend

Auf trockenen (schotterigen) Böden in Maisäckern, auf Schutthaufen und Anschüttungen.

## 3 Weißer Amarant, *Amaranthus albus*

| | | | | | | | | |
|---|---|---|---|---|---|---|---|---|
| 5–80 cm | VII–X | ⊙ | | | | mh | | |

+ Wuchsform: Steppenroller, Foto 3b zeigt vom Wind „verrollte", umgedrehte Pflanzen
+ Blätter am Rand wellig

Der Namen kommt vom weißlich grünen Stängel, der sich allerdings im Herbst oft leuchtend weinrot verfärben kann. Pionier auf ausgesprochen trockenen, sandigen oder schotterigen Böden mit schütterer Vegetation (Maisäcker, Straßenböschungen, Schotterhaufen, Bahnschotter, Pflasterritzen ...).

*Naturgartentipp:* Auf entsprechenden Standorten (z. B. „Kräutersteppe") interessant und dekorativ.

**Gattung: Knorpelkraut, *Polycnemum*** (Foto A)

Kleine, wenige cm hohe Pflanzen mit am Boden liegenden, manchmal schlangenförmig gebogenen Ästen, nadelförmigen Blättern und winzigen Blüten in den Blattachseln; in NÖ vier sehr seltene Arten, davon ist eine Art vermutlich bereits ausgestorben; nur im pannonischen Raum. Wie andere kleine, konkurrenzschwache Pionierpflanzen sehr trockener, offener sandiger oder schottriger Böden vom Aussterben bedroht.

1a

1b

2a

2b

3a

3b

3c

A

## Familie: Knöterichgewächse, Polygonaceae

*Blütenformel:* ✻ B 3 + 3 oder 5 ♂ 3 + 3 ♀($\underline{3}$)

An der „Scheide“ oder „Tute“ (Fachausdruck: Ochrea) ist die Familienzugehörigkeit auch ohne Blüten (zumindest bei jungen Pflanzen) leicht zu erkennen. Dies ist eine häutige Röhre, die aus Nebenblättern entstanden ist und daher am Grund des Blattstiels oberhalb des Knotens den Stängel umfasst (S. 80, Foto C).

Die dreikantigen (da aus drei Fruchtblättern entstandenen) Früchte der Polygonaceae sind äußerst widerstandsfähig und langlebig. Daher vermögen sie Jahrzehnte in der Samenbank des Bodens zu überdauern und überstehen auch sonst viele Widrigkeiten. Die einjährigen Knöteriche sind daher typische Pionierpflanzen, die darauf spezialisiert sind, vorübergehend auftretende offene Bodenstellen aus ihrem Samenvorrat im Boden immer wieder erneut zu besiedeln. Die Früchte der Knöteriche sind dunkelbraune bis schwarze dreikantige („polygon“: gr. polýs – viel, gonía – Winkel, Kante, daher der Name der Familie[14]) oder linsenförmige Nüsschen. Ihre harte Schale widersteht den Angriffen von Bodenmikroorganismen lange. Die harten, spitzen Früchte klemmen sich auch leicht in Fahrzeugreifen oder Schuhsohlen und werden so verbreitet (siehe Vogelknöterich, Bd. 1, S. 92). Die Früchte der Ampfer bleiben mit den inneren Blütenblättern verbunden. Dies bedeutet nicht nur eine zusätzliche Schutzhülle. Die bei manchen Arten ausgebildeten Zähne am Rand der Blütenblätter fördern die Verbreitung durch Tiere und Menschen, da sich die Früchte nicht nur in Ritzen hineinklemmen, sondern auch an Fell und Stoff festhaken können. Die Blasen auf den Früchten machen sie flug- und schwimmfähig und erleichtern so die Verbreitung durch Wind und Wasser. Dass Ampferfrüchte die Reise durch das Verdauungssystem eines Wiederkäuers oder den anschließenden längeren Aufenthalt in einem Misthaufen unbeschädigt überstehen, wurde vielfach untersucht und ist einer der Gründe, warum der Stumpfblatt-Ampfer in der Grünlandwirtschaft so gefürchtet ist. Er und einige andere der großen Ampfer-Arten besitzen kräftige, dicke, tief reichende Speicherwurzeln, die der Pflanze helfen, Beschädigungen (wie Abmähen) zu überstehen.

Wie man beim Verkosten leicht feststellen kann, handelt es sich hier um eine „Oxalat-Familie“. Sowohl Oxalatkristalle als auch Oxalsäure sind je nach Art mehr oder weniger reichlich vorhanden. Das ist wohl ein Schutz gegen das Gefressenwerden – nützt aber nicht immer, wie das Beispiel des Ampferblattkäfers (siehe Stumpfblatt-Ampfer) zeigt. Außerdem sind einige Arten als Gemüse beliebt. Oxalathaltige Pflanzen sind jedenfalls mit Umsicht zu genießen, es kommt auf die richtige Zubereitung und auf die Menge an (Vorsicht bei Nierenproblemen). Nach Abkochen (und Wegschütten des Kochwassers) wurden die großblättrigen Ampfer, v. a. der Alpenampfer, früher als Gemüse und Viehfutter verwendet.
Die großen Wurzeln mancher Ampfer-Arten enthalten abführende Verbindungen (Anthrachinonderivate), weswegen sie in der Volksmedizin[15] („Mönchsrhabarber“) verwendet werden. Die Früchte sind hinwiederum gerbstoffreich und haben daher die gegenteilige Wirkung. Wegen des hohen Gerbstoffgehalts werden auch die unterirdischen Organe des Schlangenknöterichs in geringem Maß bis heute medizinisch verwendet. Der seltsame Name rührt von der schlangenartig gewundenen Form des Rhizoms; man nahm sogar an, dass die Pflanze daher auch die Folgen eines Schlangenbisses heilen könne.

[14] Eine andere Erklärung für den Namen *Polygonum* geht von den knotig gegliederten Stängeln aus: gr. góny – das Knie, der Knoten an Stängeln und Rhizomen.

[15] In der Schulmedizin werden nur Präparate vom (ampferähnlichen und -verwandten) Rhabarber verwendet.

## SCHLÜSSEL ZU DEN GATTUNGEN UND ARTEN

Die „Tute“, das Merkmal, welches verrät, dass eine Pflanze ein Mitglied der Familie *Polygonaceae* ist, ist nicht immer so leicht zu sehen. Doch wenn man die folgenden Fotos durchsieht, wird man rasch ein Gefühl dafür bekommen, wie ein Knöterich *(Polygonum)* aussieht und wie ein Ampfer *(Rumex)*, die beiden großen Gattungen der Familie. Da das auffälligste Merkmal der Gattung Ampfer, die zur Fruchtzeit stark vergrößerten drei inneren Blütenblätter, die eine charakteristische Form annehmen und blasenartige „Schwielen“ (S. 89, Foto 2c) tragen können, bei jungen Pflanzen und zur Blütezeit kaum erkennbar ist, haben wir hier beide Gattungen gemeinsam verschlüsselt und kommen daher direkt zu den Arten.

- Pflanze sehr kräftig, fast immer weit über 1 m bis 4 m hoch, wächst meist in Herden (durch Ausläufer), stirbt beim ersten Frost oberirdisch ab
  → Japanischer Knöterich, *Fallopia japonica* (Bd. 1, S. 94)
  → Sachalin-Knöterich, *Fallopia sachalinensis* (Bd. 1, S. 94)

- Pflanze mit dünnen, windenden Stängeln, die an anderen Pflanzen, an Felsen oder Zäunen hochklettern (oder auch am Boden liegen)
  - Pflanze klettert meist in Gebüsch mit langen (über 1 m langen) Trieben; Blütenblätter zur Fruchtzeit mit breiten Flügeln (Bd. 1, S. 93, Foto 5b); Stängel rund und glatt
    → Hecken-Windenknöterich, *Fallopia dumetorum* (Bd. 1, S. 92)
  - Pflanze mit kurzem aufrechtem oder am Boden liegenden Stängel, windet meist nur an krautigen Pflanzen oder Gräsern (Getreide) empor[16]; Blütenblätter zur Fruchtzeit meist mit undeutlichen Flügeln, Stängel unten kantig rau; Wuchsort: Äcker, Gärten, Erdhaufen u. dgl.
    → Acker-Windenknöterich, *Fallopia convolvulus* (Bd. 1, S. 93, Foto A)

- Pflanze mit (größtenteils) am Boden liegenden Stängeln
  - Blüten einzeln oder zu wenigen in den Achseln der Blätter
    → Vogelknöterich, *Polygonum aviculare* s. l. (S. 83)
  - Blüten in endständigen Ähren
    - Derbe ausdauernde Pflanze, oft flächendeckender Wuchs durch unterirdische Ausläufer; blüht selten
      → Wasserknöterich, *Polygonum amphibium* (S. 85, Fotos 2a–c)
    - Einjährig, ohne Ausläufer; blüht immer
      → Kleiner Knöterich, *Polygonum minus* (S. 87, Fotos 2a–c)
  - Blüten in verzweigten Rispen; Blätter am Grund spießförmig
    → Zwerg-Sauerampfer, *Rumex acetosella* (S. 87, Foto 4)
    → Schild-Ampfer, *Rumex scutatus* (S. 89, Foto 1)

A

[16] I. U. z. ausdauernden (und extrem tief wurzelnden) Ackerwinde (Bd. 1, S. 200) ist der Acker-Windenknöterich eine (sommer-)einjährige Pflanze (Keimling s. Foto A) mit unscheinbaren Blüten (und natürlich mit dem „Familienabzeichen“, der Tute).

- Pflanze mit aufrechtem Stängel
  - Blütenstand ein Kolben oder eine schlanke Ähre (Gattung Knöterich, *Polygonum* spp.)
    - ◆ Blütenstand dicht, kolbenförmig
      - ▪ Stängel meist unverzweigt und mit nur einem Blütenkolben; Blätter vor allem am Stängelgrund als Rosette (nur wenige Stängelblätter), unterseits blaugrün, am Grund abrupt quer abgestutzt oder leicht herzförmig und gehen dann als schmaler Saum („Flügel") in den Stiel über; (Foto B) ausdauernde Feuchtwiesenpflanze
        → Schlangenknöterich, *P. bistorta* (Bd. 1, S. 92)
      - ▪ Stängel meist verzweigt mit mehr als einem Blütenstand; Pflanze ohne Grundblattrosette, die größten Blätter befinden sich in der Mitte des Stängels, Blätter oft mit schwarzem Fleck
        - ❖ Ausdauernde Art, mit unterirdischen Ausläufern bestandsbildend oder mit langen Stängeln im Wasser flutend; Blattstiel zweigt in oder über der Mitte der Tute ab
          → Wasserknöterich, *P. amphibium* (S. 85, Fotos 2a–c)
        - ❖ Einjährige Arten; Blattstiel zweigt deutlich unter der Mitte der Tute ab (Foto C)
          - ❊ Tute dem Stängel eng anliegend, auf der Fläche behaart, oben mit deutlichen (bis 5 mm langen) Wimpern
            → Flohknöterich, *P. persicaria* (S. 84, ohne Abb.)
          - ❊ Tute locker anliegend, kahl, ohne oder nur mit wenigen, ganz kurzen Wimpern (Foto C)
            → Ampferknöterich, *P. lapathifolium* (S. 85, Foto 3)
    - ◆ Blütenstand eine lockere Ähre, die einzelnen Blüten und der Stängel sichtbar
      - ▪ Blüten weiß bis blassrosa, Ähre im unteren Teil mit bräunlichen Brutknöllchen; Alpenpflanze
        → Knöllchenknöterich, *P. viviparum* (S. 85, Foto 1)

B

C

- Blüten meist rosa, seltener weiß oder purpurn; Tute am oberen Rand mit langen Wimpern (Foto D), Blätter nie mit schwarzen Flecken
  - ❖ Blätter grün, gleichmäßig nach unten verjüngt; Blütenstand überhängend oder nickend
    → Milder Knöterich, *P. mite* (S. 86, Foto 1)
  - ❖ Blätter dunkelgrün, im unteren Teil ± parallelrandig, am Grund abgerundet; Blütenstand aufrecht
    → Kleiner Knöterich, *P. minus* (Foto D und S. 87, Fotos 2a–c)
  - ❖ Blüten grünlich weiß, Tute am oberen Rand ganz kurz gewimpert, auf der Fläche kahl, Blütenstand überhängend; Blätter schmecken scharf
    → Wasserpfeffer, *P. hydropiper* (S. 87, Foto 3b)

– Blütenstand eine verzweigte Rispe (Gattung Ampfer, *Rumex* spp.)

- ◆ Kleine bis mittelgroße Arten, meist deutlich unter ½ m hoch, ohne auffällig große Blätter
  - ▪ Blattgrund spießförmig (Foto 3c, Bd. 1, S. 91), kleine bis mittelgroße Arten (Untergattung Sauerampfer, *Acetosa*)
    - ❖ Pflanzen bilden mit Kriechtrieben kleine Gruppen oder Teppiche; blütenstandtragende Stängel kaum höher als 30 cm
      - ❇ Blätter deutlich länger als breit, am Grund mit Spießecken (seltener ohne Ecken in den Stiel verschmälert), dunkelgrün, oft rötlich getönt
        → Zwerg-Sauerampfer, *R. acetosella* (S. 87, Foto 4)
      - ❇ Blätter etwa so lang wie breit, am Grund immer mit Spießecken, hellbläulich grün
        → Schild-Sauerampfer, *R. scutatus* (S. 89, Foto 1)
    - ❖ Pflanze ohne Kriechtriebe, Stängel aufrecht, 30 cm bis 1,2 m hoch
      - ❇ Blütenstand locker, seine Äste unverzweigt (oder nur wenig verzweigt)
        - ☆ sehr häufig in frischen bis feuchten, nährstoffreichen Wiesen, Tute gezähnt oder fransig zerschlitzt
          → (Wiesen-)Sauerampfer, *R. acetosa* (Bd. 1, S. 90)
        - ☆ Gebirgspflanze (Weiden, feuchte Almen, Hochstaudenfluren); Tute (fast) ganzrandig
          → Berg-Sauerampfer, *R. alpestris* (S. 91)
      - ❇ Blütenstand dicht, seine Äste reich verzweigt, Pflanze oft mehrstängelig; häufiger Straßenbegleiter, auch auf Bahngelände, blüht deutlich später als der Wiesen-Sauerampfer
        → Rispen-Sauerampfer, *R. thyrsiflorus* (S. 91, Foto 3)

D

- Blattgrund keilförmig (Blatt verjüngt sich zum Blattstiel hin)
  → Gold-Ampfer, *Rumex maritimus* (Bd. 1, S. 92)
  → Sumpfampfer, *R. palustris* (Bd. 1, S. 92)

- Blatt am Grund abgerundet oder seicht herzförmig

  ❖ Blütenstand fast bis zur Spitze (mit immer kleiner werdenden) Blättern
  → Knäuel-Ampfer, *R. conglomeratus* (S. 89, Foto 2a)

  ❖ Blütenstand nur am Grund beblättert
  → Blut-Ampfer, *R. sanguineus* (S. 89, Foto 2b)

◆ Großblättrige und/oder hochwüchsige ($^1/_2$–2 m hohe) Arten

- Blattgrund der unteren Blätter ± herzförmig, Blätter breit; Pflanze erinnert an Rhabarber

  ❖ Grundblätter vorn abgerundet (± stumpf)
  → Alpen-Ampfer, *R. alpinus*, Bd. 1, S. 90 (Foto E und Bd. 1, S. 90)
  → Stumpfblatt-Ampfer, *R. obtusifolius* (S. 91, Fotos 2a, b)

  ❖ Grundblätter vorn spitz; seltene Uferpflanze in und an fließenden Gewässern niederer Lagen
  → Wasser-Ampfer, *R. aquaticus* (ohne Abb.)

- Blätter gehen am Grund allmählich keilförmig in den Stiel über; Grundblätter auffällig groß ($^1/_2$–1 m lang); Wasser- und Uferpflanze
  → Teichampfer, *R. hydrolapathum* (S. 89, Foto 3)

- Blattgrund verschmälert oder abgerundet, nicht ausgeprägt herz- oder keilförmig (oft an ein und derselben Pflanze unterschiedlich)

  ❖ Grundblätter breit (nur etwa 3× so lang wie breit), hellgrün, Rand flach oder wellig
  → Garten-Ampfer, *R. patientia* (S. 89, Fotos 4a, b)

  ❖ Grundblätter schmäler bzw. relativ länger (mindestens 4× so lang wie breit), dunkelgrün, am Rand stark wellig-kraus
  → Krauser Ampfer, *R. crispus* (S. 90, Foto 1a)

E

## Gattung: Knöterich, *Polygonum*

### Vogelknöterich, *Polygonum aviculare* s. l.

Er wurde zwar schon im Bd. 1 auf S. 92 vorgestellt. Da er aber in der Umgebung des Menschen zu den häufigsten Pflanzen gehört, hier zusätzliche Informationen und Fotos. Er tritt in recht vielfältiger Gestalt auf und wird daher – je nach Ansicht des jeweiligen Bearbeiters – in verschiedene Arten oder Unterarten unterteilt. Während Botaniker hoffen,[17] hier irgendwann eine endgültige Ordnung hineinbringen zu können, begnügen wir uns mit dem Sammelnamen „Vogelknöterich" und betrachten einfach die Vielfalt:

Pflanzen, die auf Wegen wachsen, haben breit eiförmige Blätter und weiße Blüten, deren Kronblätter etwa zur Hälfte miteinander verwachsen sind (Foto F, G); sie keimen im Frühling; wenn sie ungestört bleiben und keine Konkurrenz durch Rasengräser haben, bilden sie bald dunkelgrüne (bis fast blaugrüne) dichte, trittfeste Teppiche; in schütteren Zierrasen schließen sie die Lücken.

*Naturgartentipp:* Versuchen Sie es daher gleich einmal mit einem „Vogelknöterichrasen"; er braucht nicht gemäht zu werden, da die Pflanzen am Boden von selbst niedrig bleiben. Im Herbst verliert der „Rasen" allerdings die Blättchen und stirbt dann ab, keimt aber im Frühling wieder. Auch Pflasterritzen begrünen sich mit Vogelknöterich von selbst (Foto H), dessen Früchte im Profil von Schuhsohlen angereist kommen. Wegen seiner Trittfestigkeit ist Vogelknöterich sogar als – fressbare – Begrünung von Pferdeausläufen geeignet.

Vogelknöterichpflanzen sind auf das Leben in Äckern und Gartenbeeten spezialisiert – aber keine „Unkräuter", da sie wegen ihrer Anspruchslosigkeit den Kulturpflanzen kaum Wasser und Nährstoffe wegnehmen; Lichtkonkurrenten sind sie auch nicht. Der Ackertyp hat schmälere, ungleich große Blätter als der oben beschriebene „Trittflächentyp" und oft rosa Blüten, deren Kronblätter nur im untersten Teil verwachsen sind. Zusätzlich gibt es noch ganz schmalblättrige Spezialisten für sehr trockene, sandige Böden (Foto I). Der im pannonischen Raum ss auf sandigen Böden vorkommende Ungarische Vogelknöterich wird als eigene Art geführt *(P. bellardii)*. Er wächst aufrecht und seine blühenden Zweige tragen oben keine Blätter; §.

F

H

G

I

[17] Diese Hoffnung wird durch das Wort „noch" in der Anmerkung zur Vogelknöterichgruppe in der FlÖ, S. 377, ausgedrückt „Diese Sippengruppe ist ... noch nicht befriedigend taxonomisch geklärt."

## 1 Knöllchenknöterich (Lebendgebärender Knöterich), *Polygonum viviparum*

| | | | | | | | | |
|---|---|---|---|---|---|---|---|---|
| 5–25 cm | VI–VIII | ♃ | | | A1, 7 | mh | | |

+ durch die braunen bis purpurnen Knöllchen (statt der Blüten im unteren Teil des Blütenstängels) eindeutig charakterisiert

Es handelt sich dabei um Brutknospen, die oft schon an der Mutterpflanze Blättchen treiben und schließlich abfallen, um zu neuen Pflanzen heranzuwachsen (vegetative Vermehrung).

## 2 Wasserknöterich, *Polygonum amphibium*

| | | | | | | | | |
|---|---|---|---|---|---|---|---|---|
| 30–300 cm lg | V–IX | ♃ | | | T1, 3, Ä | mh | | |

+ Im Wasser lang flutende Stängel, mit an der Oberfläche schwimmenden Blättern („Wasserform") (Fotos 2a, b)
+ am Land wachsende Pflanzen („Landform") (Foto 2c) sind – abgesehen von den im Schlüssel angegebenen Merkmalen – dadurch auffällig, dass sie derber und kräftiger als ähnliche Knöteriche (s. u.) sind und anliegend behaarte Blätter haben. Außerdem blühen sie nur sehr selten.

Bemerkenswert ist, dass die Blätter der Wasserform (lang gestielt, kurze Spitze) und der Landform (kurz gestielt, verlaufen in eine lange Spitze) unterschiedlich aussehen. Der Landform begegnet man am ehesten am Rand von feuchten Äckern, v. a. unter Mais.

## 3 Ampferknöterich, *Polygonum lapathifolium*

| | | | | | | | | |
|---|---|---|---|---|---|---|---|---|
| 20–150 cm | VI–X | ⊙ | | | Ä, P2, T3, 4 | sh | | |

+ ist der häufigste, größte und kräftigste der einjährigen Knöteriche
+ Blüten entweder weiß bis grünlich weiß oder hell bis dunkelrosa (S. 80, Foto C und Bd. 1, S. 93, Foto 3)

Sehr vielgestaltig: Blätter deutlich gefleckt oder blass oder gar nicht; Wuchs aufrecht, stark oder wenig verzweigt, seltener niederliegend. Eine auffällige Form, die früher als eigene Art behandelt wurde, nun in der FlÖ aber als Unterart eingestuft wird, ist der Flussknöterich *(P. l.* subsp. *brittingeri),* mit breit elliptischen bis fast kreisrunden, kräftig dunkel gefleckten Blättern und ± niederliegendem Stängel. Er ist typisch für Schotterbänke (z. B. an der Pielach, Foto 3) und sandige Schüttflächen entlang von Bächen und Flüssen, kommt aber auch in Sand- und Schottergruben vor.

## Flohknöterich, *Polygonum persicaria (Persicaria maculosa)* (ohne Abb.)

| | | | | | | | | |
|---|---|---|---|---|---|---|---|---|
| 20–60 cm | VII–IX | ⊙ | | | Ä, P2, T3 | mh | | |

+ Sehr ähnlich wie der Ampferknöterich, aber zarter und weniger verzweigt
+ Blüten fast immer rosa
+ an der Kombination kolbenförmiger Blütenstand und deutlich bewimperten Blattscheiden eindeutig zu erkennen

1

2a

2b

2c

3

## 1 Milder Knöterich, *Polygonum mite*

| | | | | | | | | |
|---|---|---|---|---|---|---|---|---|
| 20–70 cm | VII–IX | ⊙ | | | T3, W3 | mh | | |

+ Stängel aufrecht, verzweigt
+ Blätter mittelgrün
+ allmählich in den kurzen Stiel verschmälert, mit deutlichen Seitennerven

Größer, stärker verzweigt und viel häufiger als der ähnliche Kleine Knöterich; bevorzugt oberflächlich nasse nährstoffreiche Standorte (gern in Gräben und entlang von Auwaldwegen).

## 2 Kleiner Knöterich, *Polygonum minus*

| | | | | | | | | |
|---|---|---|---|---|---|---|---|---|
| 10–40 cm | VII–X | ⊙ | | | T3, 4 | s | | |

+ Stängel liegt oft dem Boden an
+ Blätter dunkelgrün, in der unteren Hälfte ± parallelrandig
+ fast ungestielt, am Grund plötzlich verschmälert, mit undeutlichen Seitennerven

Nur auf kalkfreien Böden (Säurezeiger); auf zeitweilig überfluteten, sandigen Ufern (z. B. von Fischteichen) und auf feuchten Waldwegen in Silikatgebieten.

## 3 Wasserpfeffer, *Polygonum hydropiper*

| | | | | | | | | |
|---|---|---|---|---|---|---|---|---|
| 20–70 cm | VII–IX | ⊙ | | | Ä, T3 | h | | |

+ Blätter hellgrün
+ schmecken scharf
+ Blüten grünlich weiß (an der Spitze oft weiß oder rosa) in
+ lockerem, meist überhängendem Blütenstand

Schon die charakteristische Farbe der Blätter verrät den Wasserpfeffer; wer's nicht glaubt, kostet (kann aber brennend scharf sein). Auf nährstoffreichen, aber sauren, oberflächlich feuchten Böden.

1

3a

### Gattung: Ampfer, *Rumex*

Zur Wiederholung (von Bd. 1, S. 90, Foto B):
Die inneren Blütenblätter der Ampfer (die äußeren bleiben ganz unscheinbar) wachsen nach dem Blühen zu auffälligen, fast kreisförmigen bis länglichen Gebilden (Fachausdruck: „Valven"), oft mit gezähnten Rändern, aus. Bei manchen Arten bildet sich dann auf der Mittelrippe eine auffällige „Blase" oder „Schwiele" entweder auf allen 3 Blütenblättern oder nur auf einem. Statt „Valven" sagen wir im Folgenden einfach „Früchte"!

## 4 Zwerg-Sauerampfer, *Rumex acetosella*

| | | | | | | | | |
|---|---|---|---|---|---|---|---|---|
| 10–30 cm | V–VII | ♃ | | | P1, 5, Ä, TR, W6, G1 | h | | gi! |

+ am Wuchs und am Standort erkennbar: offene, sandige, saure Bodenstellen

Säurezeiger; Bodenfestiger durch Ausläufer; sehr formenreich, v. a. was die Blattform betrifft; es gibt rein ♂ und rein ♀ Pflanzen (zweihäusig).

2a

4

2b

2c

3b

## 1 Schild-Sauerampfer (Schildblatt-A.), *Rumex scutatus*

| | | | | | | | | |
|---|---|---|---|---|---|---|---|---|
| 10–40 cm | V–VIII | ♃ | | | A4, 3 | mh | | |

+ unverkennbar; feiner Geschmack! Das Foto stammt aus der Mauer der Schneebergbahn bei der Station Baumgartner.

Der Wuchs ist eine Anpassung an das Leben in Schutthalden: an der Basis verholzt als Schutz gegen Verletzungen durch rollende Steine, überschüttete Pflanzen können mit Ausläufern wieder an das Tageslicht kommen. Der Schild-Ampfer wird auch als Salat- und Spinatpflanze kultiviert.

## 2 Knäuel-Ampfer, *Rumex conglomeratus*

| | | | | | | | | |
|---|---|---|---|---|---|---|---|---|
| 30–80 cm | VII–VIII | ♃ | | | T3, G4 | h | | |

+ Blüten bzw. Früchte kurz gestielt und daher in Knäueln
+ alle drei Blütenblätter mit Schwiele (Foto 2a)

Auf feuchten und staunassen Böden; oft an Wegrändern.

☝ Ähnlich: Blut-Ampfer (Hain-Ampfer), *R. sanguineus*: Blütenstand lockerer (da Blüten und Früchte länger gestielt) und nur am Grund beblättert; nur eines der Blütenblätter mit einer deutlichen Schwiele (die beiden anderen ohne oder nur mit sehr kleinen Schwielen (Fotos 2b, c)); seltener als die vorige Art und mehr auf schattigen Standorten (Auen, Waldwegränder); im Wienerwald jedoch mh.

## 3 Teich-Ampfer (Hoher A.), *Rumex hydrolapathum*

| | | | | | | | | |
|---|---|---|---|---|---|---|---|---|
| 1–2 m | VI–VIII | ♃ | | | T2 | mh | | |

+ Grundblätter bis 80 cm lang (Foto 3)
+ oft steif aufrecht
+ Früchte schmal dreieckig, ohne Zähne und mit länglicher Schwiele

Eindrucksvolle Pflanzengestalt an und in stehenden und träg fließenden Gewässern, v. a. im Marchfeld und in den Donau-Auen.

☝ Ähnlich: Finnland-Ampfer *(R. pseudonatronatus)* mit sehr schmalen, am Rand gewellten Blättern, Früchte ohne Schwiele, Blütenstand lang, schmal, dicht; ss in zeitweise überschwemmten Auwiesen (Marchtal, Wiener Becken); §.

## 4 Garten-Ampfer (Gemüse-A.), *Rumex patientia*

| | | | | | | | | |
|---|---|---|---|---|---|---|---|---|
| 80–200 cm | VII–VIII | ♃ | | | P3, S3 | h | | gi? |

+ auffällig durch die hellgrüne bis leicht blaugrüne Färbung der Blätter
+ und aufrechten Wuchs mit kompaktem, dichtem Blütenstand
+ Früchte breit herzförmig (fast kreisförmig), meist nur eines mit einer unauffälligen Schwiele (Fotos 4a, b)

1

3

2a

2b
Blut-Ampfer

4a

2c
Schwiele
Blut-Ampfer

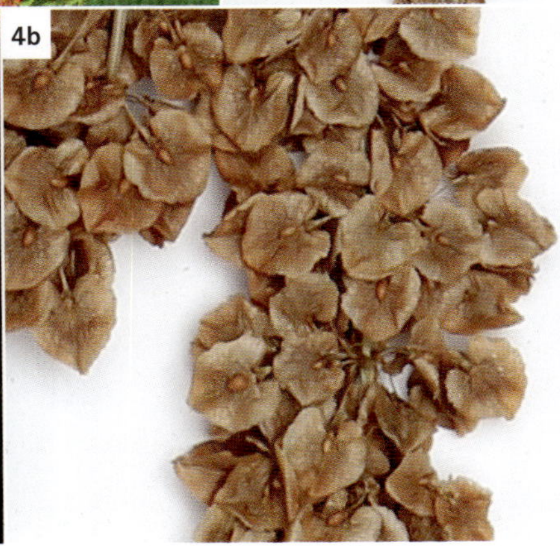
4b

## 1 Krauser Ampfer, *Rumex crispus*

| | | | | | | | | |
|---|---|---|---|---|---|---|---|---|
| 30–150 cm | VI–VIII | ♃ | | | P3, Ä, S3, T3 | sh | | gi! |

+ Blattrand stark wellig gekräuselt (Foto 1a)
+ Früchte breit dreieckig (S. 91, Foto 1e), ihr Rand nicht (oder ganz undeutlich) gezähnelt (die Früchte des Krausen Ampfers sind also nicht „kraus“)

Sehr häufig und auf vielerlei Wuchsorten, bevorzugt frische bis feuchte Böden; wie der Stumpfblättrige Ampfer auch in Weideland, spielt aber hier eine viel geringere Rolle als dieser. Hybriden zwischen beiden Arten erkennt man daran, dass sie kaum Früchte ausbilden.

☙ Ähnlich: Schmalblatt-Ampfer *(R. stenophyllus)*: Früchte sehr breit herzförmig-dreieckig, ihr Rand mit feinen Zähnchen, Blätter am Rand nur schwach gekräuselt; Feuchtstandorte im pannonischen Raum; s (Fotos 1b–d).

## 2 Stumpfblatt-Ampfer, *Rumex obtusifolius*

| | | | | | | | | |
|---|---|---|---|---|---|---|---|---|
| 60–120 cm | VII–VIII | ♃ | | | G5, T3, S2 | sh | | gi! |

+ Blätter breit (höchstens zweimal so lang wie breit), stumpf

Neben dem Krausen Ampfer die weitaus häufigste Ampferart. Kann in Wiesen und Weiden (und Feldfutterkulturen) massenhaft auftreten, da er mit seinen langlebigen Früchten, die im Boden schlummern, rasch Bodenverwundungen (z. B. durch Weidetritt) ausnutzen kann, und ist das am meisten gefürchtete Grünlandunkraut; wird wegen des Oxalatgehalts vom Vieh gemieden, bei der Heugewinnung zerbröseln die Blätter auf der Wiese. Die Pflanzen sind schwer auszurotten: tief gehende (Nährstoffe speichernde) Pfahlwurzeln ermöglichen ein rasches Wiederaustreiben nach Mahd, mit Wurzelsprossen können sie kleine Gruppen bilden. Die Früchte sind (wie die aller Ampfer und mancher Knöteriche) extrem widerstandsfähig und langlebig. Sie werden vom Vieh und durch Maschinen oder auch durch Niederschlagswasser verbreitet. Auf kleineren Flächen hilft Ausstechen; in brachgefallenem, nicht mehr gemähtem Grünland verschwindet der Ampfer nach einigen Jahren.

*Naturgartentipp:* Auf dem Stumpfblatt-Ampfer (kaum auf anderen Ampferarten, wohl aber manchmal auf einem Knöterich) kann man hübsche, dunkelgrün glänzende Ampferblattkäfer (sozusagen „lebende Juwelen“ aus der Familie der Blattkäfer) sowie ihre schwarzen Larven finden (Foto 2b). Bei gutem Appetit der Tiere bleibt nur noch das Blattnervenskelett übrig. Dadurch werden die Ampferbestände zwar geschwächt, aber nicht ganz ausgerottet. Das ist aus Sicht der Käfer vernünftig, sozusagen nachhaltige Nutzung, aus Sicht der Bauern aber kein hundertprozentiger Bekämpfungserfolg. Daher werden die Käfer kaum zur Ampferbekämpfung eingesetzt. Ein Versuch lohnt sich aber – man kann sie leicht von einem Standort zum anderen bringen. Die auffällig gelben Eigelege findet man auf der Blattunterseite.

1a

1b

1c
1d

✍ Drei Unterarten, von denen zwei nach ihrem geografischen Schwerpunkt benannt sind:
Westlicher Stumpfblatt-Ampfer *(R. o.* subsp. *obtusifolius)*: Früchte mit Zähnchen, nur ein Blütenblatt mit Schwiele.
Mittlerer Stumpfblatt-Ampfer *(R. o.* subsp. *transiens)*: Früchte mit Zähnchen, alle drei Blütenblätter mit Schwiele.
Östlicher Stumpfblatt-Ampfer *(R. o.* subsp. *sylvestris)*: Früchte klein, ohne oder am Grund mit ganz kurzen, undeutlichen Zähnchen, alle drei Blütenblätter mit Schwiele (Foto 2b).

## Berg-Sauerampfer, *Rumex alpestris* (ohne Abb.)

| | | | | | | | | |
|---|---|---|---|---|---|---|---|---|
| 50–120 cm | VI–VIII | ♃ | | | A5, G6 | mh | | gi! |

\+ Früchte meist gelbbraun und matt

In Lägerfluren, auf feuchten Almen und in Hochstaudenfluren.

## 3 Rispen-Sauerampfer, *Rumex thyrsiflorus*

| | | | | | | | |
|---|---|---|---|---|---|---|---|
| 30–120 cm | VI–VII | ♃ | | | S3, 1, P5 | mh | | |

\+ bis 3 m tief reichende Pfahlwurzel (v. a. auf trockenen Standorten)

Meist an Weg- und Straßenrändern und auf Bahngelände.

2a

1e

2b

3

## Familie: Sandelholzgewächse, Santalaceae

Vorwiegend tropische Holzgewächse (z. B. *Santalum*-Arten, die das als Riechstoff wichtige ätherische Sandelöl liefern); in NÖ nur sieben kleinwüchsige, schmalblättrige, krautige Arten der Gattung Bergflachs, Leinblatt oder Vermeinkraut *(Thesium)*. Die ersten beiden deutschen Namen weisen (wie beim Leinkraut Bd. 1, S. 202) auf die schmalen, lein- bzw. flachsähnlichen Blätter hin, der dritte Name, der in NÖ nicht gebräuchlich ist, soll von der Verwendung als Zauberpflanze herrühren.

Halbschmarotzer[18]: entziehen durch Saugorgane den Wurzeln ihrer Wirtspflanzen Wasser und Nährstoffe. Die Früchte sind dreiteilig: oben die bleibende Blütenhülle, dann die eigentliche Frucht (ein Nüsschen) und darunter ein ölhaltiger Teil, der aus dem Blütenstiel gebildet wird. Deswegen schleppen Ameisen das Ganze in ihre Bauten und sorgen so für die Verbreitung der Pflanze.

*Naturgartentipp:* Bergflachse, v. a. der Mittlere B., eignen sich gut für die Anlage von Blumenwiesen auf Magerstandorten. Sie blühen lange weiter, während am unteren Ende des Blütenstandes ihre Früchte bereits reif sind. Die Samen (genauer Früchte) keimen leicht.

### SCHLÜSSEL ZU DEN ARTEN

Obwohl niederwüchsig und kleinblütig, sind die Bergflachse mit ihren weißen Blütensternchen in der schütteren Vegetation ihrer Wuchsorte recht auffällig. Die beiden weitaus häufigsten Arten, Alpen-Bergflachs und Mittlerer Bergflachs, sind nach der Zahl ihrer Blütenzipfel leicht zu unterscheiden. Das exakte Bestimmen aller Arten erfordert ein detailliertes Studium des Baus des Blütenstands und der Früchte; hier daher nur ein vereinfachter Schlüssel über die leicht bestimmbaren Arten.

- Blütenkrone (meist) mit 4 Zipfeln; Blütenkrone an der Spitze eingerollt, etwa doppelt so lang wie die Frucht (Foto A)
  → Alpen-Bergflachs, *T. alpinum* (S. 93, Foto 1)

- Blütenkrone (meist) mit 5 Zipfeln

  - Vergleichsweise (zu den anderen Arten) hochwüchsig (30–60 cm), Wuchs steif aufrecht, Blätter relativ breit, drei- bis fünfnervig
    → Großer Bergflachs, *T. bavarum* (S. 95, Fotos 2a–d)

  - Blütenkrone zur Fruchtreife an der Spitze eingerollt, dadurch etwa so lang wie die Frucht (Foto B)
    → Wiesen-Bergflachs, *T. pyrenaicum* (S. 93, Foto 2)

  - Blütenkrone erscheint zur Fruchtreife viel kürzer als die Frucht (da die Blütenzipfel ganz eingerollt sind, siehe das Foto beim Großen Bergflachs (S. 95, Foto 2b))

    - wächst in lockeren Gruppen durch unterirdische Ausläufer; Stängel niederliegend bis übergebogen; häufigste Bergflachs-Art
      → Mittlerer Bergflachs, *T. linophyllon* (S. 94, Foto 1)

    - Stängel aufrecht, Horstwuchs; seltene Art
      → Großer Bergflachs, *T. bavarum* (S. 95, Fotos 2a–d)

[18] ... oder „Halbparasiten", siehe dazu Sommerwurzgewächse, S. 292 in diesem Band.

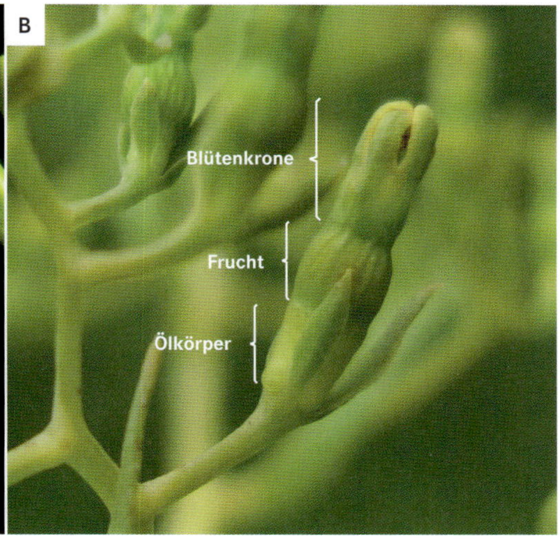


## 1 Alpen-Bergflachs (Alpen-Leinblatt), *Thesium alpinum*

| | | | | | | | | |
|---|---|---|---|---|---|---|---|---|
| 10–20 cm | VI–VII | ♃ | | | A3, TR, W1 | h | | |

An den vierzipfeligen Blüten und dem schlanken, wenig verzweigten Blütenstand leicht zu erkennen. Außerhalb der Alpen im Dunkelsteinerwald über Serpentingestein.

## 2 Wiesen-Bergflachs (Wiesen-Leinblatt), *Thesium pyrenaicum*

| | | | | | | | | |
|---|---|---|---|---|---|---|---|---|
| 10–20 cm | VI–VII | ♃ | | | G1 | mh | | |

+ Blätter undeutlich dreinervig, hellgrün
+ Blütenstandsäste ± waagrecht abstehend, allseitswendig
+ Blüten klein (3–4 mm breit)

I. U. z. dem häufigeren Mittleren Bergflachs Blüten kleiner, keine Ausläufer, reife Frucht (inkl. Ölkörper) ca. gleich lang wie Blütenkrone; in lückigen, trockenen Magerrasen.

## 1 Mittlerer Bergflachs (Mittel-Leinblatt), *Thesium linophyllon*

| | | | | | | | | |
|---|---|---|---|---|---|---|---|---|
| 10–30 cm | V–VII | ♃ | | | TR | h | | |

+ Wuchs lockerrasig (durch unterirdische) Ausläufer
+ Blütenstand locker, Blütenstandsäste schräg nach oben gerichtet (Fotos 1a, b)
+ Blüten relativ groß (4–6 mm breit)
+ Blätter gelblich grün
+ mit deutlichem Mittelnerv, daneben 2 oder mehr undeutliche Seitennerven

✐ Ebenfalls Ausläufer hat der Vorblattlose Bergflachs *(T. ebracteatum)*; er ist am Blattschopf am Ende des Stängels über den Blüten kenntlich; in Feuchtwiesen des Wiener Beckens, fast ausgestorben; §, FFH.

✐ Zwei seltene Arten lückiger Trockenrasen im pannonischen Raum:

Niedriger Bergflachs *(T. dollineri)*: Pflanze überwinternd einjährig oder sommereinjährig, niedrig wachsend (bis ca. 10 cm hoch); Blüten ganz kurz gestielt. (Fotos 1c, d)

Ästiger Bergflachs *(T. ramosum)*: Blüten kleiner (3–4 mm breit, Mittlerer Bergflachs: Blüten 4–6 mm breit), Blütenstand lockerer, wenig verzweigt; Pflanze ausdauernd, aber ohne Ausläufer, Früchte über ihrem Hochblatt fast ungestielt (beim Mittleren B. sind sie kurz gestielt).

## 2 Großer Bergflachs (Groß-Leinblatt, Bayerischer B.), *Thesium bavarum*

| | | | | | | | | |
|---|---|---|---|---|---|---|---|---|
| 30–70 cm | VI–IX | ♃ | | | K | s | | |

+ Blätter relativ breit, drei- bis fünfnervig (Foto 2a), im unteren Drittel am breitesten

Eine im Vergleich zu den niedrig wüchsigen Verwandten eindrucksvolle Pflanzengestalt; leider selten (Fotos vom Waldrand beim Waxriegelhaus).

1a

1b

1c
Niedriger Bergflachs

1d
Niedriger Bergflachs

2a

2b

2c

2d

## Familie: Steinbrechgewächse, Saxifragaceae

*Blütenformel:* ❋ K 5 B 5 (4) ♂ 5(+5) ♀($\underline{2}$) oder ♀($\overline{2}$)

Die Früchte sind zweispitzige Kapseln (da die Fruchtblätter nur unten verwachsen sind). Bei der Reife verstreuen sie zahlreiche winzige, leichte Samen, die vom Wind verbreitet werden (und so z. B. in entlegene Felsspalten oder Mauern gelangen). Die ♂ Blütenorgane, die Staubbeutel, geben nach dem Aufblühen den Pollen an Blütenbesucher ab und fallen dann ab. Dann erst sind die ♀ Blütenorgane (die beiden Griffel) empfangsbereit. So wird die Selbstbestäubung verhindert. Manche der weiß blühenden Arten haben hübsche bunte Pünktchen auf den Blütenblättern. Dies soll sie für Blütenbesucher auffälliger machen. (Foto A)

In NÖ zwei Gattungen von sehr unterschiedlichem Umfang: Steinbrech *(Saxifraga)* und Milzkraut *(Chrysosplenium)*, mit einer einzigen Art (Bd. 1, S. 96), die von fern eher an eine Wolfsmilch-Art erinnert (Foto B). Die Pflanzen haben aber keinen Milchsaft.

Die artenreiche Gattung Steinbrech wird im Folgenden nach ihrer Ökologie gereiht, wobei die häufigen Arten bereits in Bd. 1 (S. 96) vorgestellt wurden. Sie werden hier nur noch erwähnt.

### A. Kurzlebige, kleinwüchsige Besiedler offener Böden

Trotz ihres Namens sind nicht alle Arten der Gattung „Steinbrech“ Felsenbewohner oder Alpenpflanzen. Der winzige, einjährige Dreifinger-Steinbrech *(S. tridactylites*, Bd. 1, S. 98, 2*)* besiedelt offene (v. a. sandige) Bodenstellen in Trockenrasen des pannonischen Raums aber auch Pflasterritzen, Kieswege, Lesesteinhaufen, Schotter (Foto C) oder Grusflächen bei Bahnhöfen. In der Bergstufe und der subalpinen Stufe wird er durch den ähnlichen Aufsteigenden Steinbrech vertreten (Foto 1), der als Pionier offene, eher feuchte Bodenstellen auf Weiden oder in feuchtem Kalkschutt besiedelt. Er hat etwas größere Blüten und eine dichte Grundblattrosette, die lange erhalten bleibt, da die Art kurzlebig ausdauernd ist.

#### 1 Aufsteigender Steinbrech, *Saxifraga adscendens*

| | | | | | | | | |
|---|---|---|---|---|---|---|---|---|
| 3–15 cm | VI–VIII | ⊙ bis ∞ | | | G6, A4 | s | | |

+ Grundblätter zur Blütezeit vorhanden (da längerlebig als der ähnliche Dreifinger-Steinbrech, der allerdings nicht so hoch auf die Berge hinaufsteigt)
+ mit 3–5 großen Zähnen an der Spitze
+ Blütenstand mit relativ vielen (i. U. z. Dreifinger-S.) dicht gedrängten Blüten

## B. Wiesenpflanzen (in Magerwiesen, Trockenrasen, auf Böschungen)

Zwei ausdauernde Steinbrech-Arten vermögen sogar in höherwüchsiger, grasdominierter Vegetation zu leben: der Zwiebeltragende Steinbrech (*S. bulbifera*, Foto D und Bd. 1, S. 96, Foto 4) in Trockenrasen, der Knöllchen-Steinbrech (s. u.) in Magerwiesen. Beide vermehren sich (neben Samen) durch Brutknospen, die in den Achseln der Blätter gebildet werden.

### 2 Knöllchen-Steinbrech, *Saxifraga granulata*

| | | | | | | | | |
|---|---|---|---|---|---|---|---|---|
| 15–50 cm | V–VI | ♃ | | | W1 | s | | |

+ Brutknospen nur in den Achseln der Grundblätter an der Krone des Wurzelstocks (i. U. z. Zwiebeltragenden S., Foto 1)
+ Blätter tiefer gelappt als beim Zwiebeltragenden S.
+ Blüten groß (∅ 2–3 cm) (Fotos 2a, b)

In mäßig trockenen bis wechselfeuchten Magerwiesen, auf Böschungen, über Silikatgestein; wird durch Verlust der Standorte (Aufforstung, Nutzungsaufgabe) immer seltener; hübsch für Neuanlage von Magerwiesen.

C

1

D

2a

2b

## C. Feuchte Standorte: Ufer, Quellen, überrieselte Felsen, schattige Felsritzen, Schneeböden

Es mag überraschen, dass eine ganze Reihe von Steinbrech-Arten ausgesprochen feuchtigkeitsliebend ist. Der Rundblatt-Steinbrech (Bd. 1, S. 96, 5) wächst in schattigen und feuchten Standorten auch unterhalb der subalpinen Stufe. Stern-Steinbrech (Bd. 1, S. 98, 1) und Bach-Steinbrech (s. u.) wachsen sogar oft direkt im seichten Wasser von Quellen und Bächen. In feuchtem Schutt, überrieselten Felsen und schattig-feuchten Spalten der Alpen gedeihen Kies-Steinbrech und Moschus-Steinbrech (s. u.), in Schneetälchen der Mannsschild-Steinbrech.

### 1 Bach-Steinbrech, *Saxifraga aizoides*

| | | | | | | | | |
|---|---|---|---|---|---|---|---|---|
| 5–25 cm | VI–IX | ♃ | | | T3, A7 | h | | |

+ wächst in lockeren Rasen
+ Blätter fleischig mit Knorpelspitze, am Rand bewimpert

Durch die auffällige Blütenfarbe und den Standort schon von Weitem erkennbar. Blütenblätter sehr selten auch rot.

☝ Ähnlich: Fettkraut-Steinbrech (Mauerpfeffer-S., *S. sedoides*), aber kleiner, Blüten ∅ nur etwa 5 mm; ss, nur a. d. Hochkar in feuchten Felsspalten.

☝ Auf ähnlichen Wuchsorten wie der Bach-Steinbrech, aber viel seltener: Kies-Steinbrech *(S. mutata)*, ebenfalls mit gelben, orangefarbenen oder dunkelpurpurnen Blüten, aber mit aufrechtem Wuchs und grundständiger Blattrosette; Blätter mit Kalkpünktchen (wie Rispen-Steinbrech).

### 2 Moschus-Steinbrech, *Saxifraga moschata*

| | | | | | | | | |
|---|---|---|---|---|---|---|---|---|
| 1–10 cm | VII–VIII | ♃ | | | A7, 3 | h | | |

+ zwar nicht hochwüchsig, aber durch ausgedehnte Rasen mit vielen Blüten auffällig
+ Blütenblätter schmal, meist grünlich gelb oder cremefarbig, kaum länger als die Kelchblätter
+ Blätter schmal, ungeteilt oder vorn in 2–3 ungleiche, tiefe Zipfel gespalten

☝ Ähnlich der Blattlose Steinbrech *(S. aphylla)*: noch niedrigere Polster, Blütenblätter viel schmäler (fast borstenförmig), aber länger als der Kelch; Blätter breiter, vorn mit 3–5 Zähnen; ss, nur am Schneeberg.

### 3 Mannsschild-Steinbrech, *Saxifraga androsacea*

| | | | | | | | | |
|---|---|---|---|---|---|---|---|---|
| 2–8 cm | V–VIII | ♃ | | | A7 | h | | |

+ der kurze, stark (drüsig) behaarte Stängel trägt nur wenige (1–3) Blüten
+ Blätter eiförmig, einspitzig oder seicht dreispitzig
+ Grundblattrosette

## D. Felsbewohner

Die Arten, die dem Gattungsnamen Ehre machen und direkt in Felsspalten wachsen (Rispen-S., Blaugrüner S., Bd. 1, S. 96, 2, 3), müssen nur ab und zu mit Wassermangel kämpfen und haben entsprechend geschützte Blätter. Meist wurzeln sie im Feinboden zwischen Felsblöcken oder in tiefen Spalten und haben eher das umgekehrte Problem, dass sie Wasser loswerden wollen, damit ihre

Wurzeln aus dem Boden Nährsalze aufnehmen können. Ist die bodennahe Luft sehr feucht, so wird die Abgabe von Wasserdampf durch die Spaltöffnungen unmöglich. Sie pumpen daher Wassertröpfchen aus Spalten zwischen den Blattzähnen. Wenn das Wasser verdunstet, sind die Blattränder mit weißen Kalkpünktchen gesäumt (Foto A).

## 4 Bursers Steinbrech (Stachelblatt-S.), *Saxifraga burseriana*

| | | | | | | | | |
|---|---|---|---|---|---|---|---|---|
| 3–10 cm | III–VI | ♃ | | | A3 | ss | | |

+ dichte Rasen oder Polster
+ auffallend große, weiße Blüten (2–3 cm ∅)
+ Blätter sehr schmal mit langer, nadelartiger, stechender Spitze

1a

1b

2

3

4

A

## Familie: Dickblattgewächse, Crassulaceae

Die sukkulenten (= fleischigen, dicken) Blätter sind eine Anpassung an Trockenheit. Sie enthalten ein Wasserspeichergewebe. Außerdem haben sie einen Stoffwechseltrick: An Tagen mit Wassermangel halten sie (wie andere Pflanzen auch) die Spaltöffnungen geschlossen. Das bedeutet allerdings, dass sie kein Kohlendioxid aus der Luft aufnehmen und daher keinen Kohlenstoff assimilieren können – sie müssten hungern. Dickblattgewächse öffnen ihre Spaltöffnungen in der Nacht; das nachts aufgenommene Kohlendioxid vermögen sie in Form von Apfelsäure auf Lager zu legen, um es dann tagsüber mithilfe von Energie aus dem Sonnenlicht zu Glukose umzubauen.

Nachtrag zu Bd. 1, S. 98: Der Scharfe Mauerpfeffer *(S. acre)* gilt als schwach giftig. Zur Verwendung der Rosenwurz in der Medizin siehe unten.

### SCHLÜSSEL ZU DEN GATTUNGEN UND ARTEN

- Feuchtstandorte (Teichufer, Moore, Quellen, Gräben)
  - 4 Blütenblätter
    → Teichkraut, *Crassula aquatica* (Bd. 1, S. 98)
  - 5 Blütenblätter
    → Moor-Fetthenne, *Sedum villosum* (Bd. 1, S. 100)
- Trockenstandorte
  - 4 Blütenblätter
    → Rosenwurz, *Rhodiola rosea* (S. 101, Foto 1)
  - 5 Blütenblätter
    - Blätter flach und breit; Krone weißlich oder rosa bis purpurn
      → Große Fetthenne, *Sedum telephium* agg. (Bd. 1, S. 100)
    - Blätter schmal und klein
      - ohne Kriechtriebe; ej
        → Dunkle Fetthenne, *Sedum atratum* (S. 101, Foto 2)
      - mit Kriechtrieben; ausdauernd
        - Blütenfarbe weiß
          → Weiße Fetthenne, *Sedum album* (Bd. 1, S. 98)
        - Blütenfarbe gelb
          - Blätter mit kurzer, feiner, aber weicher Spitze
            → Felsen-Fetthenne, *Sedum rupestre* agg. (S. 102, Foto 1)
          - Blätter stumpf, ohne Stachelspitze
            - Blätter dick, am Grund am breitesten
              → Scharfer Mauerpfeffer, *Sedum acre* (Bd. 1, S. 98)
            - Blätter regelmäßig sechszeilig angeordnet, schlank, am Grund mit Sporn
              → Milder Mauerpfeffer, *Sedum sexangulare* (Bd. 1, S. 100)
  - 6 Blütenblätter

- Blütenblätter aufrecht, am Rand gefranst
  → Kugel-Hauswurz, *Jovibarba hirta* s. l. (Bd. 1, S. 100)

- Blütenblätter ausgebreitet, nicht gefranst
  → Spanischer Mauerpfeffer, *Sedum hispanicum* (S. 102, Fotos 2a, b)

– 12–16 Blütenblätter
  → Steirische Hauswurz, *Sempervivum stiriacum* (S. 102, Foto 3)

## 1 Rosenwurz, *Rhodiola rosea*

| | | | | | | | | |
|---|---|---|---|---|---|---|---|---|
| 20–35 cm | VI–VIII | ♃ | | | A4, 3 | s | | |

+ viele kleine grünlich gelbe oder hellgelbe (an der Spitze oft rötlich überlaufene) Blüten in dichten (!) doldenartigen Blütenständen (Foto 1)
+ Blätter graugrün oder blaugrün, fleischig, stehen dicht und nach oben gerichtet

Der Name kommt von der rübenförmigen Wurzel, die nach Rosen duftet.

Die unterirdischen Teile der Rosenwurz (Wurzelstock und Wurzeln) werden seit 3000 Jahren in der Volksmedizin nördlicher Länder als Stärkungsmittel angewendet. Neue Studien haben gezeigt, dass Rhodiola-Extrakte als Adaptogen, als Antistressmittel, wirken, d. h., Widerstandskraft und Leistungsfähigkeit bei starker körperlicher und geistiger Belastung (Stress) werden gesteigert.

☝ Die entfernt ähnliche Große Fetthenne (Bd. 1, S. 100) hat 5 Blütenblätter (die Rosenwurz 4) und einen lockeren, verzweigten Blütenstand sowie breitere, entfernt stehende Blätter.

## 2 Dunkle Fetthenne (Dunkler Mauerpfeffer), *Sedum atratum*

| | | | | | | | | |
|---|---|---|---|---|---|---|---|---|
| 3–8 cm | VI–VIII | ⊙[19] | | | A3 | mh | | |

+ Blätter oft dunkel überlaufen
+ reife Früchte zum Ausstreuen der Samen sternförmig auseinandergespreizt

Am Standort, an der geringen Höhe, dem Fehlen von Kriechtrieben (i. U. z. Weißen Fetthenne) und dem kompakten Blütenstand erkennbar.

[19] Die einzige einjährige „Fetthenne“ in NÖ; es gibt überhaupt nur ganz wenige einjährige Arten in der alpinen Flora.

## 1 Felsen-Fetthenne (Felsen-Mauerpfeffer, Tripmadam), *Sedum rupestre* agg.

| | | | | | | | | |
|---|---|---|---|---|---|---|---|---|
| 15–30 cm | VI–VIII | ♃ | | | P4, W1, TR | h | | |

+ Blätter blaugrün, oft bereift, mit kurzer feiner, aber weicher Spitze
+ bildet mit wurzelnden Legtrieben Rasen

Bevorzugt grusig-sandige, saure Böden in warmen Lagen, auch auf Silikatfelsen; wintergrün (wie die meisten Fetthennen); auch als Zierpflanze (und Salatpflanze) kultiviert; verwildert in Mauern.

## 2 Spanischer Mauerpfeffer, *Sedum hispanicum*

| | | | | | | | | |
|---|---|---|---|---|---|---|---|---|
| 7–15 cm | VI–VII | ⊙ | | | P1, 5, S1, 3 | s | | |

+ Blütenblätter weiß mit rötlichem Mittelnerv

Als Zierpflanze kultiviert und eingebürgert, auf Kieswegen (bes. auf Friedhöfen), auf Bahngelände und in Pflasterritzen.

## 3 Steirische Hauswurz (Steirische Berg-H.), *Sempervivum stiriacum*

| | | | | | | | | |
|---|---|---|---|---|---|---|---|---|
| 5–12 cm | VII–VIII | ♃ | | | A3 | ss | | |

+ Blüte purpurn
+ Pflanze riecht nach Harz

Auf kalkarmen Gesteinsfluren, auf dem Erzkogel und dem Otter-Berg beim Sonnwendstein.

1

2

3

## Familie: Storchschnabelgewächse, Geraniaceae

*Blütenformel:* ✱ K5 B5 ♂ 5 (+5) ♀(5)

### SCHLÜSSEL ZU DEN GATTUNGEN

- Blätter etwa 2–4× so lang wie breit, gefiedert (Bd. 1, S. 103, Foto 1b), Bohrfrüchte[20]
  → Reiherschnabel, *Erodium cicutarium* (Foto A und Bd. 1, S. 102)
- Blätter etwa 1× so lang wie breit oder breiter als lang, Schleuderfrüchte[21]
  → Storchschnabel, *Geranium*

### Gattung: Storchschnabel, *Geranium*

- Blätter mit 3–5 voneinander völlig getrennten, gestielten Abschnitten, die wieder sehr tief eingeschnitten sind (erinnern an die von Doldenblütlern oder Farnen); zerdrückt mit starkem, unangenehmen Geruch
  → Ruprechtskraut, *G. robertianum* (Bd. 1, S. 102)

  ☝ Sehr ähnlich und nahe verwandt – ein Neuankömmling aus dem Mittelmeerraum: Purpur-Storchschnabel *(G. purpureum)* – Blüten kleiner, aber intensiver gefärbt (dunkelrosa), Staubbeutel hellgelb, Pflanze riecht kaum; in Gleisschotter. (Foto B)
- Blätter anders
  - Blüten meist einzeln
    - Blüten groß (Kronblätter ca. 1–2 cm lang), leuchtend purpurrot; Blätter fast bis zum Grund in Abschnitte mit schmalen Zipfeln zerteilt (Foto C); Saumpflanze sehr warmer Lagen
      → Blutroter Storchschnabel, *G. sanguineum* (Bd. 1, S. 106)
    - Blüten kleiner, blasslila oder weiß mit dunklen Adern
      → Sibirischer Storchschnabel, *G. sibiricum* (S. 105, Fotos 1a, b)

---

[20] Der Fruchtschnabel spaltet sich bei der Reife in fünf Teile, die sich von der Mittelsäule ablösen; die spiralig gewundenen Schnabelteile sind hygroskopisch, bei Feuchtigkeit entrollen sie sich, bei Trockenheit drehen sie sich wieder ein. Dadurch können die Fruchtspitzen in den Boden hineingebohrt werden; dafür, dass sie dort stecken bleiben, sorgen die rückwärtsgerichteten Borsten an der Fruchtspitze. Eine ähnliche Anpassung finden wir bei Steppengräsern, z.B. bei den Federgräsern (Bd. 2, S. 66–70). Derartige Früchte erleichtern auch die Verbreitung durch Tiere.

[21] Zur Reife rollen sich die fünf Fruchtteile ruckartig nach oben, die Samen werden dadurch weggeschleudert, die an der Schnabelspitze befestigten Klappen bleiben eingerollt zurück.

- Blüten meist zu zweien

  - ◆ Blüten sehr auffällig, groß (Kronblätter ca. 1,5–2 cm lang), ausdauernde Arten

    - ▪ Blüten leuchtend purpurrot, Blütenstiele nach dem Verblühen nach unten geschlagen (Foto D, links Sumpf-Storchschnabel, rechts Wiesen-Storchschnabel); seltene Pflanze auf Feuchtstandorten tieferer Lagen
      → Sumpf-Storchschnabel, *G. palustre* (Bd. 1, S. 104)

    - ▪ Blüten hellblau (mit rosa oder lila Stich), groß, ± flach ausgebreitet; Blütenstiele nach dem Verblühen abwärtsgeschlagen, zur Fruchtreife oft wieder aufrecht; Blätter etwa bis zur Mitte zerteilt, die einzelnen Lappen tief in schmale Zipfel gespalten (Foto E); in Wiesen, an Wegrändern, etwas wärmeliebend, daher mehr in tieferen Lagen; mh
      → Wiesen-Storchschnabel, *G. pratense* (Bd. 1, S. 104)

    - ▪ Blüten tiefblauviolett oder rötlich violett (am Grund weiße Zone), schalenförmig; Blütenstiele auch zur Fruchtreife aufrecht; Blätter tief gespalten, ihre Zipfel tief gesägt (Foto F); Gebirgspflanze auf eher feuchten Wiesen und in Hochstauden höherer Lagen; h
      → Wald-Storchschnabel, *G. sylvaticum* (Bd. 1, S. 104)

    - ▪ Blüten purpurbraun oder schwarzviolett; Feuchtstandorte, eher im Gebirge, h
      → Brauner Storchschnabel, *G. phaeum* (Bd. 1, S. 104)

  - ◆ Blüten mittelgroß (Blütenblätter ca. 1 cm lang, rosa), Blätter glänzen auffällig, Pflanze ± kahl, s
    → Glänzender Storchschnabel, *G. lucidum* (S. 107, Fotos 1a, b)

  - ◆ Blüten mittelgroß oder klein, Pflanze behaart, ein- bis zweijährige Arten

    - ▪ Blätter fast bis zum Grund gespalten (Foto G)

      - ❖ Blüten auffällig lang gestielt, Blütenblätter länger als der Kelch
        → Tauben-Storchschnabel, *G. columbinum* (S. 107, Fotos 2a, b)

      - ❖ Blütenstiele nur etwa 1 cm lang, Blütenblätter so lang oder etwas kürzer als der Kelch
        → Schlitzblatt-Storchschnabel, *G. dissectum* (S. 107, Foto 3)

D

E

F

G

- Blätter nicht fast bis zum Grund (sondern nur bis zur Mitte oder etwas darüber hinaus) gespalten
  - ❖ Blätter im Umriss eckig, Blüten weiß oder blasslila
    → Sibirischer Storchschnabel, *G. sibiricum* (Fotos 1a, b)
  - ❖ Blätter im Umriss rundlich (s. Bd. 1, S. 103, Foto 4a)
    - ❊ Blüten mittelgroß (Blütenblätter etwa 1 cm lang), fast doppelt so lang wie die Kelchblätter, violett, vorn tief eingekerbt („ausgerandet"), dadurch sehen sie herausgezupft wie Herzchen aus (s. Bd. 1, S. 103, Foto 4b); Stängel mit kurzen und langen abstehenden Haaren; h
      → Pyrenäen-Storchschnabel, *G. pyrenaicum* (Bd. 1, S. 102)
    - ❊ Blüten klein, Blütenblätter (ca. 5–7 mm lang) kaum länger als der Kelch, rosa, vorn tief eingekerbt; Pflanze auffällig abstehend weich behaart; ss ( Foto H)
      → Weicher Storchschnabel, *G. molle* (S. 107, Foto 4)
    - ❊ Blüten winzig (die Blütenblätter sind 3–4 mm lang), purpurlila, vorn leicht eingekerbt; Blätter weit über ihre Mitte gespalten; Stängel kurzhaarig; sh
      → Kleiner Storchschnabel, *G. pusillum* (Bd. 1, S. 102)

H

## 1 Sibirischer Storchschnabel, *Geranium sibiricum*

| | | | | | | | | |
|---|---|---|---|---|---|---|---|---|
| 30–60 cm | VII–VIII | ♃ | | | K, P3, S1 | mh | | |

\+ Stängel mit langen, rückwärtsgerichteten Haaren
\+ ausgebreitet, verzweigt

Verspreizt sich in anderen Pflanzen, z. B. an Gebüschrändern, etwas feuchtigkeitsliebend; hübscher Neubürger (Neophyt) aus dem Osten, kommt vor allem im Bereich von Siedlungen und in Bahngelände vor.

☝ Der sehr seltene Spreizende Storchschnabel *(G. divaricatum)* hat hellrosa Blüten, einen abstehend behaarten Stängel und querrunzelige Fruchtklappen.

1a

1b

## 1 Glänzender Storchschnabel, *Geranium lucidum*

| | | | | | | | | |
|---|---|---|---|---|---|---|---|---|
| 15–30 cm | V–VIII | ① bis ⊙ | | | K | ss | § | |

+ Kelch nach oben verengt, umschließt dicht die Blüte (und junge Frucht)
+ Kelchblätter mit Kiel an den Längsnerven (Foto 1b)
+ Stängel rot, kahl

Schatten und Feuchtigkeit liebende (sub)mediterrane Rarität in unserer Flora, bevorzugt schwere Böden; kommt unter anderem auch am Nackten Sattel bei Gießhübl vor. An den glänzenden Blättern mit ihrer charakteristischen Form eindeutig erkennbar.

## 2 Tauben-Storchschnabel, *Geranium columbinum*

| | | | | | | | | |
|---|---|---|---|---|---|---|---|---|
| 10–60 cm | VI–VII | ① bis ⊙ | | | K, P5, 1 | mh | | |

+ Kelchblätter mit auffälliger Grannenspitze und Hautrand
+ Stängel anliegend behaart

Am Blattschnitt, an den lang gestielten Blüten, dem sparrig verzweigten Wuchs und den relativ großen, hellpurpurfarbigen Blüten erkennbar; bevorzugt kalkhaltige, steinige Böden.

## 3 Schlitzblatt-Storchschnabel, *Geranium dissectum*

| | | | | | | | | |
|---|---|---|---|---|---|---|---|---|
| 10–60 cm | V–VIII | ① bis ⊙ | | | P2, S3, Ä | s | | |

+ Kelchblattspitze mit kurzer Granne, Kelch ohne Hautrand
+ Stängel abstehend behaart

Auch hier wieder: typischer Blattschnitt, Blüten zwar kleiner, aber dafür kräftig purpurrot; anspruchsvoller gegenüber der Wasser- und Nährstoffversorgung als die vorige Art; aus Äckern ist die Art praktisch verschwunden, wohl aber noch in Weingärten.

## 4 Weicher Storchschnabel, *Geranium molle*

| | | | | | | | | |
|---|---|---|---|---|---|---|---|---|
| 8–25 cm | V–IX | ⊙ bis ⊙̈ | | | S1–3, TR | ss | | |

+ Stängel meist nur wenig verzweigt (s. auch Foto H, S. 105)

In Rasen oder Parkrasen (u. a. in Vorgärten); am ehesten zu finden am Alpenostrand zw. Perchtoldsdorf und Baden.

Extrem selten: Rundblatt-Storchschnabel *(G. rotundifolium)*, Kronblätter vorn ± abgerundet, 5–6 mm lang, rosarot, Blätter nur bis zur Mitte eingeschnitten, Stängel kurz zottig behaart.

1a

1b

2a

2b

3

4

## Familie: Nachtkerzengewächse, Onagraceae (Oenotheraceae)

*Blütenformel:* ✻ K4 od. 2 B4 od. 2 ♂ 4 + 4 ♀ $(\overline{4})$

### Gattung: Hexenkraut, *Circaea*

Blüten weiß, nur 2 Blütenblätter, jedes tief gespalten; Früchte mit widerhakigen Borsten (Abb. 2c, Bd. 1, S. 107).

- Blätter matt, am Übergang zum Blattstiel höchstens leicht herzförmig, Blattrand seicht gezähnt; Blütenstand eine lockere, lange und schlanke Traube
  → Großes Hexenkraut (Wald-H.), *C. lutetiana* (Bd. 1, S. 106)
- Blätter dünn und durchscheinend mit glänzender Oberfläche, an der Basis deutlich herzförmig, Blattrand, scharf buchtig gezähnt (Foto 1); Blütenstand zunächst kurz und breit (schirmtraubig), verlängert sich erst bei der Fruchtreife
  → Gebirgs-Hexenkraut, *C. alpina*

### 1 Gebirgs-Hexenkraut (Alpen-H.), *Circaea alpina*

| | | | | | | | | |
|---|---|---|---|---|---|---|---|---|
| 5–20 cm | VI–VIII | ♃ | | | W4, 3, 7 | s | | |

+ bildet mit unterirdischen Ausläufern ausgedehnte Bestände (z. B. beim Edlesberger Teich (Gutenbrunn im Waldviertel – Foto 1))

☝ Mittleres H. *(C. × intermedia)*: Hybride (Kreuzungsprodukte) zwischen beiden Arten, stehen in den Merkmalen zwischen den Arten und besiedeln ähnliche Wuchsorte, kommen aber seltsamerweise auch als „Halbwaise“ oder „Waise“ ohne eine oder beide Elternarten vor, obwohl ihre Früchte fast immer unfruchtbar sind; Vermehrung vegetativ durch Ausläufer; s.

1

B

## Gattung: Nachtkerze, *Oenothera*

Unterständiger, ungestielter Fruchtknoten; sein Griffel muss durch eine lange Röhre, die vom Blütenboden gebildet wird, hindurch, bevor er die vierspaltige Narbe entfaltet.

Nur die langrüsseligen Nachtfalter können hier Nektar tanken. Die leuchtend gelben, duftenden Blüten öffnen sich deshalb auch erst in der Abenddämmerung. Dabei trennen sich die miteinander verwachsenen Kelchblätter mit „deutlichem Knistern" voneinander und die eingerollten Kronblätter entfalten sich. „Der sehenswerte Vorgang dauert an warmen Sommerabenden nur wenige Minuten ..."[22] Im Lauf des folgenden Vormittags fallen alle Blütenteile bis auf den Fruchtknoten ab. Die trockene Frucht springt auf und streut zahlreiche Samenkörnchen aus (Foto B). Die Samen sind langlebig und keimen nur im vollen Tageslicht. Zunächst wird eine Blattrosette gebildet, die erst im zweiten Jahr zur Blüte kommt. Nach der Fruchtreife sterben die Pflanzen ab. Die Nachtkerzen haben also nicht nur eine ähnliche Wuchsform, sondern auch eine ähnliche Überlebensstrategie wie die Königskerzen. Sie sind Besiedler gelegentlich auftretender offener Bodenstellen und wegen ihrer Anspruchslosigkeit und ihrer tief gehenden Wurzeln besonders auf Schotter- und Sandflächen zu finden.

Das Öl aus den Samen enthält ungesättigte Fettsäuren und wird zur Behandlung von Neurodermitis und in Kosmetika verwendet.

Nachtkerzen wurden ab dem frühen 17. Jh. aus Nordamerika nach Europa gebracht. Einerseits bilden die meisten Arten durch Selbstbestäubung Samen. Die Nachkommen gleichen also den Eltern. Andererseits findet doch immer wieder auch Fremdbefruchtung statt, sodass durch Bastardierung neue Merkmalskombinationen entstehen, die dann wieder über längere Zeit erhalten bleiben können. Dadurch entstanden im Lauf von 400 Jahren aus den Amerikanern Europäer, neue „Arten"[23], die untereinander nahe verwandt, einander ähnlich und daher schwer zu unterscheiden sind. Die Evolution ist also hier deutlich sichtbar und immer noch im Fluss. Der folgende Schlüssel ist nur als Einstieg in die Formenvielfalt gedacht und erhebt keinen Anspruch auf Vollständigkeit.

- Pflanze (Stängel und Fruchtknoten) mit roten Tupfen, Knospen rot gestreift (Foto C), Blüten sehr groß (Kronblätter 4 bis >5 cm lang, Blütenröhre 3–4 cm lang)
  → Rotkelch-Nachtkerze, *O. glazioviana* (Foto C und S. 110, Fotos 1a, b)
  (aus NÖ werden in der FlÖ 6 weitere rot getupfte Arten mit kleineren Blüten angegeben)

- Pflanze ohne rote Tupfen, Blüten kleiner
  - Blütenstand aufrecht
    → Gewöhnliche Nachtkerze, *O. biennis* (S. 110, Fotos 2a, b)
  - Oberer Teil des Blütenstands nickt (vor dem Aufblühen), Blüten klein (Kronblätter 6–12 mm lang); ss (Foto D: Schwemmsand, Ufer der Donau in Weißenkirchen)
    → Kleinblütige Nachtkerze, *O. parviflora* (ohne Abb.)

C

D

[22] R. Düll & H. Kutzelnigg: Taschenlexikon der Pflanzen Deutschlands und angrenzender Länder. Die häufigsten mitteleuropäischen Arten im Portrait. 7. Aufl. 1988, S. 542.

[23] Arten, „artgewordene Bastarde" oder spontan aufgetretene Bastarde? Dazu, wie die zurzeit vorhandene Vielfalt wissenschaftlich (taxonomisch) erfasst und gegliedert werden kann, gibt es unterschiedliche Vorstellungen.

## 1 Rotkelch-Nachtkerze, *Oenothera glazioviana*

| | | | | | | | | |
|---|---|---|---|---|---|---|---|---|
| 100–150 cm | VI–X | | | | P1 | mh | | |

+ Knospen rot gestreift, Kelch später oft braunrot
+ untere Blätter bucklig runzlig
+ Griffel (mit der vierspaltigen Narbe) lang, erreicht die Spitze der Blütenblätter

Als Zierpflanze gezüchtet und später verwildert; auf Erdhaufen, Straßenböschungen, Schutthaufen.

## 2 Gewöhnliche Nachtkerze (Zweijährige N.), *Oenothera biennis*

| | | | | | | | | |
|---|---|---|---|---|---|---|---|---|
| 100–150 cm | VI–VIII | | | | S1, 3, P5 | h | | |

+ Blüten mittelgroß (Kronblätter 1,5–3 cm lang, die untersten Blüten oft kleiner)
+ Blütenröhre relativ zur Blütengröße lang (2,5–3,5 cm)
+ Mittelnerv der Blätter rot getönt

Möglicherweise eine alteinheimische Nachtkerzenart.

1a

2a

1b

2b

## Gattung: Weidenröschen, *Epilobium*

Blüten rosa bis pupurrot (kurz nach dem Aufblühen bei manchen Arten zunächst weiß). Von den 17 aus Österreich bekannten Arten kommen 16 auch in NÖ vor. Sie zu unterscheiden ist nicht ganz einfach; außerdem neigen sie dazu, sich untereinander zu kreuzen. Die Kreuzungsprodukte stehen dann in ihren Merkmalen zwischen denen der Eltern. (Theoretisch kann man Hybriden an den verkümmerten Samen erkennen – so bereits welche vorhanden sind.) Für Kräuterliebhaber ist das kein Problem, denn alle Arten sind ungiftig.

Weidenröschensamen sind für die Fernverbreitung durch den Wind bestens ausgerüstet (Foto A). Sie sind einerseits klein und leicht, haben aber andererseits doch genügend Nährstoffvorrat, um den Keimlingen den Start zu erleichtern. In der Natur kommt ihnen die Rolle von Erstbesiedlern offenen Bodens zu; als ausdauernde Pflanzen vermögen sie aber doch auch in dichter werdender Vegetation zu bestehen. Im Bereich menschlicher Siedlungen findet man einige Arten (v. a. das Wald-W. und das Amerikanische W.) oft in Mauerspalten.

A

Neuerdings konnte die volksmedizinische Anwendung als „Männerkraut" (bei Prostataentzündungen und BPH = gutartige Prostatavergrößerung) durch die Auffindung von Wirkstoffen bestätigt werden. Entgegen der volkstümlichen Annahme, dass nur dem „Kleinblütigen Weidenröschen" (s. u.) diese Wirkung zukommt, sind aufgrund wissenschaftlicher Untersuchungen wahrscheinlich alle Arten heilkräftig. Bei einer Analyse von rund 500 Pflanzen der in NÖ vorkommenden *Epilobium*-Arten von verschiedenen Standorten wurden in allen Proben die bisher bekannten Wirkstoffe gefunden; der Gehalt und die Zusammensetzung variiert zwar in gewissen Grenzen, lässt aber keine Bevorzugung einer bestimmten Art zu.

*Naturgartentipp:* Weidenröschen lassen sich leicht aus Samen etablieren. Vor allem die großblütigen Arten sind (natur-)gartenwürdig, wenn man einen passenden Standort für sie hat: Zottiges W. – Teichufer; Schmalblättriges W. – sonnig, kalkfrei; Rosmarin-W. – Kräutersteppe auf Schotter. Von den kleinblütigen Arten eignen sich das Rosenrote W. und das Wald-W. (für schattige, nicht trockene Standorte) besonders für Gärten.

### Übersicht über die Arten

Die folgende Übersicht über die wichtigsten Arten soll als Ergänzung zum darauffolgenden Schlüssel helfen, den Überblick über die Vielfalt zu bekommen. Außerdem sind bei den Beschreibungen der einzelnen Arten die charakteristischen Merkmale angegeben. Mit etwas Übung sollte man die meisten Weidenröschen höflich mit ihrem Namen ansprechen können, ohne sie zu pflücken.

**Große Blüten (und eher hochwüchsig)**

- auf ± trockenen (bis frischen) Standorten: Schmalblatt-W. (h), Rosmarin-W. (s)
- auf feuchten und nassen Standorten: Zottiges W. (h), Quirlblatt-W. (subalpin, mh)

**Kleine Blüten (und eher kleinwüchsig)**

- auf trockenen Standorten: Hügel-W. (s), im Schatten: Wald-W. (sh)
- an Ufern und Quellen im Gebirge: Mieren-W. (mh) und Alpen-W. (mh)
- auf nassen Standorten: Rosenrotes W. (mh), Sumpf-W. (mh), Kleinblütiges W. (s)
- praktisch überall: Amerikanisches W. (sh), Vierkantiges W. (mh)

### SCHLÜSSEL ZU DEN ARTEN

- Blüten groß (∅ 2 cm und darüber)
  - Blätter (zumindest die unteren) in Quirlen, Gebirgspflanze (S. 112, Foto B)
    → Quirl-Weidenröschen, *E. alpestre* (Bd. 1, S. 108)
  - Blätter wechselständig
    - Blätter zwar schmal, aber doch 1–2 cm breit; h
      → Schmalblatt-Weidenröschen, *E. angustifolium* (Bd. 1, S. 106)
    - Blätter sehr schmal (nur etwa 5 mm breit); Pionier auf Schotter; s
      → Rosmarin-Weidenröschen, *E. dodonaei* (Bd. 1, S. 106)

- Blätter gegenständig, ihr Rand scharf gezähnt, sie sitzen ohne Stiel am Stängel (halbstängelumfassend) und laufen an diesem etwas herab; Stängel mit abstehenden Haaren; Narbe vierspaltig (Bd. 1, S. 107, Foto 5a), Kelchblätter mit aufgesetzten Spitzchen; nasse Wuchsorte (Gräben, Ufer); h
  → Zottiges Weidenröschen, *E. hirsutum* (Bd. 1, S. 106)

• Blüten klein

- Narbe vierspaltig (wie in Foto 1b auf S. 113)

  ◆ Stängel abstehend behaart
  → Kleinblütiges Weidenröschen, *E. parviflorum* (S. 113, Fotos 1a–c)

  ◆ Stängel kahl oder mit angedrückten Haaren

  ▪ Stängel einfach oder nur im oberen Teil mit wenigen Ästen; Blätter breit (1,5–3 cm); Pflanze frischer bis etwas feuchter, schattiger Standorte; sh
  → Wald-Weidenröschen (Berg-W.), *E. montanum* (Bd. 1, S. 108)

  ▪ Stängel schon vom Grund weg ausladend verzweigt; Blätter schmäler (0,5–1 cm breit); Pflanze eher trockener, sonniger Standorte, gern in Felsen; s
  → Hügel-Weidenröschen, *E. collinum* (S. 115, Fotos 1a, b)

- Narbe nicht vierspaltig, sondern keulig[24] (Fotos C, D)

  ◆ Stängel mit (meist) 1–4 Blüten, oberster Teil des Stängels überhängend, nickend; kleine (ca. 5–25 cm hohe), relativ zarte, ausläufertreibende Besiedler nasser subalpiner Standorte (Quellen, überrieselte Felsen ...)

  ▪ Blätter 1–2 cm lang, stumpf, ihr Rand (fast) ohne Zähne, oberirdische Ausläufer

  ❖ Ausläufer fast so dick wie der Stängel, Pflanze mehrstängelig, bildet mit nicht blühenden Trieben kleine Teppiche
  → Alpen-Weidenröschen, *E. anagallidifolium* (S. 114)

  ❖ Ausläufer fadendünn, Stängel einzeln
  → Nickendes Weidenröschen, *E. nutans* (S. 114)

  ▪ Blätter 2–4 cm lang, gezähnt, spitz, unterirdische Ausläufer
  → Mieren-Weidenröschen, *E. alsinifolium* (S. 115, Foto 2)

  ◆ Stängel (meist) mit mehr Blüten, Blätter sehr schmal mit umgerolltem, kaum gezähntem Rand, sitzen mit keilförmigem Grund am Stängel
  → Sumpf-Weidenröschen, *E. palustre* (S. 115, Fotos 3a, b)

[24] Die Narbe (das obere Ende des Griffels und das Empfängnisorgan für den Pollen) ist bei offenen Blüten gut zu sehen; die vier Zipfel sind, wenn sie vorhanden sind, auch mit freiem Auge gut zu sehen. Wenn das nicht der Fall ist, dann geht man hier im Schlüssel weiter.

- Stängel meist mit viel mehr Blüten; Blätter breiter, wenn schmal, dann mit breitem, nicht keilförmigem Grund, Blattrand deutlich gezähnt
  - Blätter deutlich gestielt
    - Blätter gehen keilförmig in den 0,5–2 cm langen Stiel über; mh
      → Rosenrotes Weidenröschen, *E. roseum* (S. 117, Fotos 1a, b)
    - Blätter plötzlich in einen kurzen (1–3 mm langen) Stiel verschmälert; sh
      → Amerikanisches Weidenröschen, *E. ciliatum* (S. 117, Foto 2)
  - Blätter sitzen ohne oder mit nur angedeutetem Stiel am Stängel
    - Blütenknospen aufrecht; Stängel mit meist 4 Längsleisten; h
      → Vierkantiges Weidenröschen, *E. tetragonum* (S. 117, Fotos 3a, b)
    - Blütenknospen und junge Blüten nicken; Stängel am Grund (meist) mit langen, beblätterten Ausläufern; ss
      → Dunkelgrünes Weidenröschen, *E. obscurum* (S. 116)

## 1 Kleinblütiges Weidenröschen, *Epilobium parviflorum*

| | | | | | | | | |
|---|---|---|---|---|---|---|---|---|
| 30–60 cm | VI–IX | ♃ | | | T3, G4 | s | | |

+ kleine Blüten (mit vierspaltiger Narbe) (Foto 1b)
+ abstehend behaarter Stängel (Foto 1c)

An der Kombination dieser Merkmale ist die Art an sich eindeutig zu erkennen. Allerdings neigt sie dazu, Hybriden mit anderen Arten (z. B. mit dem Zottigen Weidenröschen, *E. hirsutum*) zu bilden, sodass manche Exemplare erst recht wieder kaum bestimmbar sind. Die oben beschriebene Heilwirkung wurde in der Volksmedizin zunächst nur dieser Art zugeschrieben. Obwohl wissenschaftliche Studien darauf hindeuten, dass alle Arten der Gattung genauso heilkräftig sind, hat sich in der Volksmedizin der Mythos vom „Kleinblütigen Weidenröschen, das am wirksamsten ist" erhalten. Allerdings ist die Art inzwischen in der Natur selten geworden. (In älteren Büchern wird sie noch als häufig bis sehr häufig angegeben.) Die Ursachen dafür sind uns unbekannt; exzessives Sammeln könnte eine davon sein. Natur- und Heilpflanzenfreunde werden sich daher an dem seltenen Fund erfreuen, die Pflanzen aber auf keinen Fall sammeln. Tee von kleinblütigen Arten in guter Qualität (allerdings kaum vom „echten" Kleinblütigen W., auch wenn das auf dem Etikett steht) ist aus verschiedenen Quellen erhältlich.

☝ Auch das Zottige Weidenröschen *(E. hirsutum)* hat eine vierspaltige Narbe und abstehende Behaarung. Das Kleinblütige W. allerdings hat kleinere Blüten und zarteren Wuchs sowie Blätter, die mit verschmälertem Grund am Stängel sitzen und nicht oder kaum gezähnelte Ränder aufweisen. (Zottiges W.: Blattgrund umgreift den Stängel ein wenig, Blattrand scharf gezähnt-gesägt.)

1a

1b

1c

## 1 Hügel-Weidenröschen, *Epilobium collinum*

| | | | | | | | | |
|---|---|---|---|---|---|---|---|---|
| 20–40 cm | VI–IX | ♃ | | | P1, 4 | s | | |

+ Pflanze schon am Grund ausladend verzweigt (Foto 1a)
+ Blätter graugrün, ihr Rand deutlich gezähnt (Foto 1b)

Besiedler sonniger, offener, saurer Standorte: Silikatfelsen (auch Mauern), Silikatgrus unter den Felsen, Steilhänge, Böschungen.

☝ Schon durch den Standort und die Wuchsform „intuitiv" leicht bestimmbar. Vom nahe verwandten (schattenliebenden und bessere Wasserversorgung bevorzugenden) Wald- (oder Berg-)Weidenröschen *(E. montanum)* unterscheidet es sich außerdem (unter anderem) durch die graugrünen Blätter (Wald-W.: frischgrün oder „waldgrün"), kleinere Blüten und kugelige Knospen (Wald-W. eiförmig mit kurzer Spitze).

☝ Beim sehr ähnlichen und extrem seltenen Lanzett-W. *(E. lanceolatum)* sitzen die Blätter mit keilig verschmälertem Grund am Stängel; ihr Rand ist nur im oberen Teil entfernt gezähnelt; §.

## Alpen-Weidenröschen, *Epilobium anagallidifolium* (ohne Abb.)

| | | | | | | | | |
|---|---|---|---|---|---|---|---|---|
| 4–10 cm | VII–VIII | ♃ | | | A7, T3 | mh | | |

+ niedriger Wuchs in Gruppen mit vegetativen Trieben
+ in oder am Ufer von Quellen und Bächlein, in nassen Felsspalten
+ kleine, breit eiförmige, stumpfe Blätter
+ die zunächst (wie die Blütenstiele) nickenden Fruchtstiele richten sich bei der Fruchtreife auf

Der wissenschaftliche Name kommt von der Ähnlichkeit der Blätter mit denen des Gauchheils, *Anagallis*, Bd. 1, S. 177.

## Nickendes Weidenröschen, *Epilobium nutans* (ohne Abb.)

| | | | | | | | | |
|---|---|---|---|---|---|---|---|---|
| 10–20 cm | VII–VIII | ♃ | | | T3, G2 | ss | | |

Ähnlich wie die vorige Art, aber hochwüchsiger, Blätter schmäler, wächst nicht in Gruppen.

## 2 Mieren-Weidenröschen, *Epilobium alsinifolium*

| | | | | | | | | |
|---|---|---|---|---|---|---|---|---|
| 10–25 cm | VII–VIII | ♃ | | | T3, A5 | mh | | |

+ Blütenstand nickt weniger deutlich als bei den vorigen Arten

## 3 Sumpf-Weidenröschen, *Epilobium palustre*

| | | | | | | | | |
|---|---|---|---|---|---|---|---|---|
| 10–30 cm | VII–IX | ♃ | | | G2 | mh | | |

+ Blätter sehr schmal, mit umgerolltem, stark behaartem Rand

Bewohner saurer (kalkarmer) Flachmoore.

1a

2

1b

3b

3a

## 1 Rosenrotes Weidenröschen (Blasses W.), *Epilobium roseum*

| | | | | | | | | |
|---|---|---|---|---|---|---|---|---|
| 30–60 cm | VII–IX | ♃ | | | T3, G4 | mh | | |

+ auffallender Farbkontrast: Blüten zuerst weiß, mit zunehmendem Alter rosa, beim Verblühen dunkelrosa (Foto 1b)
+ Stängel im Blütenstandsbereich drüsenhaarig (dies ist auch ohne Lupe im Gegenlicht als heller Schimmer sichtbar) (Foto 1c)

Bevorzugt nährstoffreiche Nassstandorte (wie die folgenden hochwüchsigen kleinblütigen Weidenröschen).

## 2 Amerikanisches Weidenröschen (Drüsiges W.), *Epilobium ciliatum*

| | | | | | | | | |
|---|---|---|---|---|---|---|---|---|
| 30–80 cm | VI–IX | ♃ | | | P3, S, T3 | sh | | |

+ Stängel im Blütenstandsbereich ebenfalls drüsenhaarig, aber Blätter unten abgerundet, Blattstiel kürzer
+ Blüten kleiner, rosa (selten weiß, bleiben dann aber weiß)
+ Pflanze neigt dazu, rot zu werden

Ein hübsches (und verlässliches) Merkmal lässt sich leider nur mit einer guten Lupe genießen: Die Samen sind mit weißen, in Längsreihen stehenden Wärzchen bedeckt, dadurch erscheinen sie längs gestreift. Trat erst ab etwa 1950 bei uns auf, ist inzwischen aber auf feuchten, nährstoffreichen Standorten praktisch allgegenwärtig.

## 3 Vierkantiges Weidenröschen, *Epilobium tetragonum*

| | | | | | | | | |
|---|---|---|---|---|---|---|---|---|
| 50–100 cm | VII–IX | ♃ | | | T3, G4 | h | | |

+ Untere und mittlere Blätter sitzen mit der Basis am Stängel und laufen an diesem ein Stück herab (Foto 3b)
+ Blattrand mit deutlichen scharfen Zähnchen
+ Stängel mit 4 Längsleisten[25]
+ im Blütenstandsbereich nicht drüsenhaarig

Das sehr ähnliche, aber seltenere Graugrüne W. *(E. lamyi)* wird als eigene Art oder Unterart (subsp. *lamyi*) angesehen. Seine Blätter laufen hier kaum oder nicht am Stängel herab oder haben sogar ein ganz kurzes Stielchen; sie sind graugrün und glänzen nicht (Vierkantiges W.: hellgrün, etwas glänzend).

☝ Dunkelgrünes Weidenröschen *(E. obscurum)*: Oberirdische beblätterte Ausläufer (die drei vorigen Arten haben im Herbst oft kleine Blattrosetten an der Stängelbasis), die Blütenknospen nicken (beim Vierkantigen W. sind sie aufrecht); an Ufern, Grabenrändern, auf feuchten Waldschlägen; selten geworden (am ehesten noch im Waldviertel zu finden).

[25] ± Deutliche Leisten (2 oder 4) gibt es auch bei einigen anderen Weidenröschen-Arten.

1a

1b

1c

2

3a

3b

## Steckbrief Schmalblatt-Weidenröschen

*Epilobium angustifolium (= Chamaenerion angustifolium* oder *Chamaerion angustifolium)*

**Lebensraum:** Waldschläge („Waldschlag-Weidenröschen"), Waldlichtungen, Wald- und Gebüschränder, Hochstauden, Bahngelände, Straßenböschungen, Dorf- & Stadtwildnisse (z. B. in Großbritannien eine der häufigsten Stadtpflanzen), Ruinen.

**Verbreitung in NÖ:** Häufig und überall von tieferen Lagen bis zur Waldgrenze, auf allen Böden, besonders konkurrenzstark aber auf leicht sauren, eher nährstoffärmeren Böden, daher Verbreitungsschwerpunkt in Gebieten mit silikatischem Gestein (Waldv., Bucklige Welt, Wechselgebiet), in den Kalkalpen dort, wo eine saure Bodenauflage (Rohhumus, Kalksteinbraunlehm) vorliegt; verträgt Mahd und Beweidung nicht und meidet nasse Böden.

**Lebensweise:** Ausdauernde, krautige Pionierpflanze, produziert eine Fülle von winzigen Samen, die vom Wind kilometerweit vertragen werden; diese müssen auf offenen Bodenstellen landen (Lichtkeimer, Herbstkeimer), ansonsten sterben sie bald ab. Die oberirdischen Teile der Pflanze sterben im Herbst ab, zuvor werden aber die Nährstoffe in die unterirdischen Organe verlagert. Durch diesen „inneren Nährstoffkreislauf" behält die Pflanze die im Lauf der Vegetationsperiode aufgenommenen Nährstoffe bei sich; dadurch kann sie im Lauf von Jahren mit ihren Wurzelausläufern Reinbestände („natürliche Monokulturen") bilden (sie hungert sozusagen ihre Konkurrenten aus). Die Art ist auf der nördlichen Halbkugel weltweit verbreitet; wegen des massenhaften Auftretens nach Waldbränden heißt sie in Nordamerika „fireweed".

**Verwendung:** Seit jeher in „Blasentees" (auch als „Koptischer Tee") verwendet, neuerdings von der Schulmedizin anerkannte Heilpflanze bei leichten Prostataerkrankungen („Männerkraut"), auch die frischen Blätter ergeben einen zwar blassfarbigen, aber gut schmeckenden Tee; Wildgemüse.

***Naturgartentipps:*** Sehr hübsche, lang blühende und anspruchslose Hochstaude für lichte bis halbschattige Standorte (je mehr Schatten, desto weniger Blüten); gedeiht am besten bei guter Wasser- und Nährstoffversorgung, Bienenweide, leicht vegetativ zu vermehren, bildet mit Wurzelausläufern Rabatte; ausdauernd, aber nicht langlebig. Diesjährige Samen im Herbst auf offenen Boden aussäen und im nächsten Jahr die Rosetten vor Konkurrenz durch höherwüchsige Pflanzen schützen; sobald die Pflanze aufrechte, kräftige Triebe hat, kann sie für sich selbst sorgen.

## Familie: Johanniskrautgewächse (Hartheugewächse), Hypericaceae

*Blütenformel:* ✻ K5 B5 ♂ 15–100 ♀ (1)

Staubblätter in 3 oder 5 Bündeln angeordnet, streben strahlenartig auseinander; Blätter gegenständig.

☠ Der je nach Art mehr oder weniger vorhandene rote Farbstoff verursacht Überempfindlichkeit gegen Sonnenlicht und folgenschwere Hautleiden (s. Kasten S. 122).

### Gattung: Johanniskraut, *Hypericum*

- Stängel zart, liegt ± am Boden
  → Liegendes Johanniskraut, *H. humifusum* (S. 121, Foto 1)
- Stängel aufrecht
  - Kelchblätter am Rand mit schwarzen, kugeligen Drüsen (Foto A)
    - Stängel dicht weichhaarig, Blütenstand vielblütig, schlank (Foto B)
      → Flaumiges Johanniskraut, *H. hirsutum* (Bd. 1, S. 112)
    - Stängel kahl, Blütenstand wenigblütig, kurz und kompakt[26] (Foto C)
      → Berg-Johanniskraut, *H. montanum* (S. 121, Fotos 2a–c)
  - Kelchblätter ohne schwarze Drüsen
    - Kelchblätter vorn abgerundet, stumpf (Bd. 1, S. 113, Foto 1b); Stängel vierkantig
      → Geflecktes Johanniskraut, *H. maculatum* (Bd. 1, S. 112)
    - Kelchblätter breit, aber vorn zugespitzt, an der Spitze unregelmäßig gezähnelt; Stängel teilweise mit zwei, teilweise mit vier Kanten
      → Steirisches Johanniskraut, *H. dubium* (S. 121, Foto 2d)
    - Kelchblätter schmal, spitz; Stängel mit zwei zarten herablaufenden Leisten; Pflanze auf eher trockenen, sonnigen Standorten
      → Tüpfel-Johanniskraut, *H. perforatum* (Bd. 1, S. 111)
    - Kelchblätter schmal und spitz; Stängel zumindest unten mit vier auffallend geflügelten Kanten; Pflanze auf nassen Standorten
      → Flügel-Johanniskraut, *H. tetrapterum* (S. 121, Fotos 3a, b)

[26] Beide Fotos (B, C) stammen vom selben Standort (Forststraße entlang der Zahnradbahn auf den Schneeberg); das Berg-J. ist aber wesentlich seltener als das Flaumige J. Rote Herbstfärbung der Blätter kommt bei Johanniskrautarten häufig vor.

## 1 Liegendes Johanniskraut, *Hypericum humifusum*

| | | | | | | | | |
|---|---|---|---|---|---|---|---|---|
| 5–15 cm | VI–X | ⊙ bis ⊗ | | | P1, W6, Ä | ss | | |

+ kleine Blüten (Kronblätter 5–7 mm lang, nicht oder kaum länger als der Kelch)

Als Johanniskraut an den gelben Blüten mit zahlreichen, strahlenartigen Staubblättern und den im Gegenlicht durchscheinenden Pünktchen in den gegenständigen schmalen Blättern erkennbar. Besiedelt offene, feuchte, saure Böden, besonders gern auf Silikatsand oder -grus. Das hübsche Pflänzchen ist in den letzten Jahrzehnten leider zur Rarität geworden. In Äckern – einem seiner ehemaligen Standorte – ist es wohl kaum mehr zu finden.

## 2 Berg-Johanniskraut, *Hypericum montanum*

| | | | | | | | | |
|---|---|---|---|---|---|---|---|---|
| 30–60 cm | VI–VIII | ♃ | | | K, W6 | s | | |

+ Blätter am Rand mit schwarzen Punkten, unterseits blaugrün

Eigenartige und charakteristische (schwer zu fotografierende) Pflanzengestalt: langer, gerader, wenig und erst oben verzweigter Stängel; der kopfige Blütenstand steht mit einigem Abstand zu den Blättern am Stängelende. Wächst in lichten Wäldern, auf Waldlichtungen, an Forststraßenrändern, viel seltener als das Flaumige J.; bevorzugt schwere (sowohl kalkhaltige als auch kalkfreie) Böden.

☝ Zierliches Johanniskraut (Schmuck-J., *H. elegans*): Blütenstand locker und vielblütig, steht nicht in so weitem Abstand über den Blättern (wie beim Berg-J.), Blütenkronblätter am Rand mit schwarzen Punkten; Blätter am Rand nach unten umgerollt; ss Saumpflanze im Raum Krems und Langenlois; §.

☝ Steirisches Johanniskraut (Stumpf-J., *H. dubium*): „Nomen est omen", eine schwer verlässlich bestimmbare Art im Formenreichtum zwischen Tüpfel-J. und Geflecktem J. (Es soll auch Hybriden zwischen allen drei Arten geben.) Auffällig ist die Präferenz des Steirischen J. für besonders feuchte bis nasse Standorte (Hochstaudenfluren, Ufer). (Foto 2d)

## 3 Flügel-Johanniskraut, *Hypericum tetrapterum*

| | | | | | | | | |
|---|---|---|---|---|---|---|---|---|
| 30–60 cm | VII–VIII | ♃ | | | T3, W6 | mh | | |

+ Blätter mit feinen durchscheinenden Pünktchen (Behälter für ätherisches Öl, wie beim Tüpfel-J. und Liegenden J.)

Die Kombination von vierflügeligem Stängel und sehr spitzen Kelchblättern ist einmalig und daher eindeutig. Am häufigsten in Gräben und auf quelligen Waldschlägen zu finden.

1

2a

2b

2c

2d

3a

3b

### Tüpfel-Johanniskraut – gegen Dämonen und Depressionen

- Auch „Echtes Johanniskraut", da im Apotheker-Arzneibuch als Heilpflanze geführt; andere Arten der Gattung (v. a. das Gefleckte J.) enthalten aber ebenfalls den wichtigsten Wirkstoff.
- Seit grauer Vorzeit verehrte Zauberpflanze; die leuchtenden Blüten mit ihren strahlenartig hervorbrechenden Staubblättern (Foto A) sind ein Symbol für die Sonne; Verwendung bei den Mittsommerriten.
- Die Pflanze hat noch weitere wundersame Eigenschaften: Zerdrückt man die Blütenknospen zwischen den Fingern, so verfärben sich diese nicht gelb, sondern dunkelrot. Das wurde als Blut des Hl. Johannes (oder auch Christi) gedeutet, aus dessen Blut die Pflanze entstanden sein soll.
- Auch die durchscheinenden Pünktchen in den Blättern (daher „Tüpfel-J.") regten die Fantasie an: *„Eine auf so fromme Weise entstandene Pflanze musste natürlich dem Teufel ein Dorn im Auge sein. Er fiel also über sie her, und sprichwörtlich boshaft, wie er nun einmal ist, durchstach er ihre zarten Blätter mit einer Nadel."* Die so entstandenen Wundmale haben sich bis heute erhalten. *„Damit hat der Satan ... der Wissenschaft ein schönes Beispiel für die Vererbbarkeit von erworbenen Merkmalen geliefert und außerdem demonstriert, wie nützlich böse Taten sein können. Denn die Pflanze hat diese Löcher „geflickt", indem sie sie zu Behältern für ätherisches Öl umgestaltete ..."*[27], was dem Johanniskrauttee seinen feinen Duft verleiht. Übrigens: Die ganz unregelmäßige Anzahl der Pünktchen kann zum Wahrsagen oder für Ratespiele verwendet werden.
- Die Wirksamkeit der verbreiteten volkstümlichen Anwendung von Johanniskrautöl bei Brandwunden (auch bei Sonnenbrand) wurde inzwischen von der Wissenschaft bestätigt.
- Die alte Anwendung als Mittel zum Austreiben von Dämonen letztlich auch, da Johanniskrautzubereitungen heute als stimmungsaufhellendes Mittel (Antidepressivum) medizinisch eingesetzt werden (s. u.).
- Johanniskräuter (also auch die anderen Arten) sind aber auch Giftpflanzen. Das kann man schon daran erkennen, dass sie von Weidetieren normalerweise gemieden werden. Werden sie doch gefressen (z. B. im Heu) und halten sich die Tiere danach im Freien auf, so wird die Haut überempfindlich gegen UV-Licht. Es kann zu Rötungen und schweren Entzündungen und sogar zum Tod kommen. Gefährdet sind vor allem hellhäutige Haustiere bzw. hell- und zarthäutige Körperpartien. Bei Menschen treten derartige Vergiftungen kaum auf, doch Vorsicht ist geboten (v. a. beim Einnehmen von Johanniskrautöl).

*Anmerkung:* Wenn Sie derart verschandeltes (Foto B) Johanniskraut sehen sollten, dann verraten wir Ihnen auch den Übeltäter; wir haben sogar seine Puppe (Foto C) fotografiert: Es ist ein anspruchsvoller (spezialisierter) Blattkäfer, der nur Johanniskraut-Arten verzehrt.

[27] Zitate aus: Holzner, W. (Hrsg.): Das kritische Heilpflanzen-Handbuch. Verlag Orac 1985, S. 44–45.

## Familie: Veilchengewächse, Violaceae

*Blütenformel:* ↑ K5 B5 ♂ 5 ♀ (3)

Bei uns gibt es nur eine Gattung aus der Familie: *Viola*. Die „normalen“ Blüten der Veilchen und Stiefmütterchen erinnern an die anderer Pflanzenfamilien, wie die der Lippen- oder Schmetterlingsblütler, da sie eine typische Anpassung an Bestäubung durch Insekten darstellen. Die Blütenbesucher müssen sich hineinzwängen, um an den (hier von den Staubblättern produzierten) im Sporn angesammelten Nektar zu gelangen. Doch viele Veilchen verlassen sich nicht völlig darauf, dass diese Tiere zur rechten Zeit fliegen. Sie bilden zusätzlich – meist erst nach der Frühlingsblüte – unscheinbare grüne, knospenartige (Sommer-)Blüten aus, in denen Selbstbestäubung stattfindet.[28] Auch bei der Samenverbreitung verlassen sie sich auf zwei verschiedene Techniken: Einerseits reißen die (dreiklappigen) Kapseln einiger Arten beim Austrocknen so ruckartig auf, dass ihre Samen meterweit weggeschleudert werden, andererseits verlocken nährstoffreiche Anhängsel (Foto D) Ameisen dazu, die Samen mitzunehmen und damit zu verbreiten. Die „Stängellosen“ Veilchen (s. Schlüssel) senken die großen, kugeligen Früchte auf den Boden und erleichtern so den Ameisen die Ernte. Die Früchte der Sommerblüten entwickeln sich manchmal sogar in der Laubstreu oder im Boden.

Nicht nur die Blüten, auch die Blätter sind vielgestaltig: Bei manchen Arten sehen die Frühlingsblätter anders aus als die Sommerblätter. Dazu kommt noch, dass viele Arten gern mit anderen Gene austauschen und Hybriden bilden, sodass gerade in veilchenreichen Gebieten das sichere Bestimmen auf Artniveau schwierig oder unmöglich ist. Trotzdem ist die intensivere Beschäftigung mit der Gattung lohnend: Man kann die „geheimen“ Sommerblüten suchen oder am Boden versteckte Früchte; man kann die unterschiedlichen Lebens- und Wuchsformen studieren.

D

E

F

- **Alpenpflanzen**
  - Blüten gelb (mit bräunlichem Streifenmuster)
    → Zweiblütiges Veilchen, *V. biflora* (Bd. 1, S. 114)
  - Blüten tiefblauviolett, groß; Stängel wenige cm hoch
    → Alpenveilchen, *V. alpina* (Bd. 1, S. 114)
- **Veilchen ausgesprochen nasser Standorte**
  - „Stängelveilchen“, d. h. aufrechter, verzweigter Stängel, Blüten in Blattachseln
    - Krone hellviolett, dunkel geadert, Blatt allmählich (keilig) in seinen Stiel verschmälert (Fotos E, F); Feuchtwiesen, Flachmoore, nur im pannonischen Raum; ss
      → Niedriges Veilchen, *V. pumila*
    - Krone weiß mit lila Adern, Blattgrund rechtwinkelig oder schwach herzförmig; Pflanze bleich gelbgrün (ohne Abb.); Feuchtwiesen, Gräben; ss §
      → Grabenveilchen, *V. stagnina* (ohne Abb.)

[28] Das Märzveilchen kündigt mit seinen blauen, duftenden Blüten pflichtbewusst den Frühling an, obwohl diese meist gar keine Früchte hervorbringen. Zur Samenproduktion verlässt es sich auf seine unscheinbaren Sommerblüten. Auch bei anderen Arten, wie etwa dem Wunderveilchen oder dem Wiesenveilchen, sind die blauen Frühlingsblüten oft unfruchtbar.

- „Stängelloses Veilchen“, d. h. Blätter und Blüten einzeln grundständig; Blüten blasslila, im Zentrum mit dunklen Strichlein; Blätter fast kreisrund, glänzend
  → Sumpfveilchen, *V. palustris* (Bd. 1, S. 120)

• **Blüten weiß**[29]

- Oberirdische Ausläufer; (Sommer-)Blätter breit dreieckig, Blattgrund herzförmig (typische Veilchenblätter), „Stängellose“ Veilchen
  → Weißes Veilchen, *V. alba*

  ◆ Sporn lila; Blätter dunkelgrün, oft violett getönt; Frucht dunkelgrün bis braunviolett
    → Lilasporn-Weißveilchen, *V. a.* subsp. *scotophylla* (Bd. 1, S. 117, Fotos 3a, b)

  ◆ Sporn gelbgrün; Blätter hellgrün, nicht violett getönt; Frucht hellgrün
    → Weißsporn-Weißveilchen, *V. a.* subsp. *alba*

- „Stängelveilchen“ ohne Ausläufer; Blätter schmal dreieckig
  → Grabenveilchen, *V. stagnina*, s. weiter oben im Schlüssel

• **Stiefmütterchenblütige** (seitliche Blütenblätter zeigen nach oben, Blüten mit Weiß- und Gelbtönen oder bunt), kurzlebige Arten mit schwach entwickelten Wurzeln, ohne Ausläufer
  → „Wilde Stiefmütterchen“, *V. tricolor* agg. (S. 126 und Bd. 1, S. 112)

• **Veilchen mit weiteren besonders markanten Merkmalen**

- Blätter groß und fast so breit oder sogar breiter wie lang, herzförmig, hellgrün, beim Austrieb trichterförmig; Blüten groß, blasslila
  → Wunderveilchen, *V. mirabilis* (Bd. 1, S. 118)

- Blätter sehr klein (maximal 2 cm lang), rundlich, dunkel(grau)grün; Blüten klein, dunkel- bis hellviolett, manchmal mit weißlichen Flecken und violetten Adern
  → Sandveilchen, *V. rupestris* (Bd. 1, S. 118)

- Blätter für Veilchen untypisch: länglich, am Grund höchstens ganz schwach herzförmig, eher rechtwinkelig „abgestutzt“ oder sogar keilförmig in den Blattgrund übergehend

  ◆ kleinwüchsig, auf sehr trockenen Standorten
    → Steppenveilchen, *V. ambigua* (Bd. 1, S. 120)

  ◆ kleinwüchsig, auf Moorwiesen

    ▪ Krone hellviolett, dunkel geadert; Blatt allmählich (keilig) in seinen Stiel verschmälert
      → Niedriges Veilchen, *V. pumila* (S. 123, Fotos E, F)

    ▪ Krone weiß mit lila Adern; Blattgrund rechtwinkelig oder schwach herzförmig (s. oben)
      → Grabenveilchen, *V. stagnina* (ohne Abb.)

  ◆ hochwüchsig (20–50 cm), in Auen (und deren Wiesen und Waldsäume); Blüten groß, hellblau mit weißem Grund (Bd. 1, S. 119/4), Pflanze oben dicht flaumhaarig; s
    → Hohes V., *V. elatior* (Bd. 1, S. 118)

• **„Durchschnittsveilchen“**

- „Stängel-Veilchen“ („Etagenveilchen“): ein aufrechter oder schräg aufsteigender (manchmal verzweigter) Stängel trägt Blätter und (in deren Achseln) Blüten (Foto A links)

  ◆ Blätter nur am Stängel, Blattgrund höchstens seicht herzförmig; mh
    → Hundsveilchen, *V. canina* (Bd. 1, S. 118)

  ◆ auch am Grund des Stängels lang gestielte Blätter mit deutlich herzförmigem Blattgrund

[29] Es gibt – selten, aber doch – Albinos von an sich blau blühenden Arten.

- Blüten groß (bis über 2 cm lang), hellblauviolett, Sporn weißlich (Foto B); h
  → Hainveilchen, *V. riviniana* (Bd. 1, S. 117)

- Blüten kleiner, rötlich violett, Sporn dunkelviolett (Foto C); sh[30]
  → Waldveilchen, *V. reichenbachiana* (Bd. 1, S. 116)

– „Stängellose“ Veilchen: Alle Blätter und Blüten entspringen am Grund der Pflanze (tatsächlich ein ganz kurz gestauchter, aufrechter Stängel; Foto A rechts)

◆ „Teppichveilchen“ durch oberirdische, lange, dünne (grünliche) Ausläufer, Vorblätter („Miniblattpaar“) in der Mitte des Blütenstiels oder darüber

- Blätter breit dreieckig mit Spitze, dunkelgrün und oft violett überlaufen; Kriechtriebe wurzeln nicht; Blüten violett oder weiß (dann siehe weiter oben im Schlüssel); Nebenblätter (am Grund des Blattstiels) am Rand mit Fransen
  → Weißes Veilchen, *V. alba* (Bd. 1, S. 116)
  (Blüten violett: Violettes Weißveilchen, *V. a.* subsp. *violacea*)

- Blätter breit rundlich oder dreieckig, aber vorn rund; oberirdische Ausläufer wurzeln an den Knoten; Blüten purpurviolett (sehr selten weiß); Nebenblätter am Rand nur ganz kurz und schütter bewimpert
  → Märzveilchen, *V. odorata* (Bd. 1, S. 116)

Links das „Stängelveilchen“ Waldveilchen, rechts das „stängellose“ Wiesenveilchen

[30] An Standorten, wo beide Arten nebeneinander vorkommen, sind Übergangsformen häufig.

- Ohne oberirdische Ausläufer; Vorblätter unterhalb der Mitte des Blütenstiels
  - lockere Gruppen durch vorwiegend unterirdische, bleiche, wenige mm dicke Ausläufer (Fotos D links, E), Blüten blauviolett, im Zentrum oder in der unteren Hälfte meist weiß
    → Heckenveilchen, *V. suavis* (Bd. 1, S. 116)
  - wächst in einzelnen Büscheln oder dichten Gruppen durch kurze, dicke, knorrige, oft verzweigte, ± schräg im Boden liegende Stängel
    - ❖(Sommer-)Blätter länglich eiförmig; Nebenblätter ohne oder mit kurzen Fransen (Foto F); Blüten duftlos, blaulila mit lila Sporn; sh (Fotos E rechts, G)
      → Wiesenveilchen, *V. hirta* (Bd. 1, S. 114)
    - ❖Blätter breit rundlich, Nebenblätter mit langen Fransen, Blüten duften besonders fein (nach Pflaumen), Sporn weiß; mh (oft schwer vom Wiesenveilchen zu unterscheiden); ein sicheres „Bestimmungsmerkmal" ist der Standort: Kalkfelsen, sonnige, trockene Föhrenwälder (Foto H)
      → Hügelveilchen, *V. collina* (Foto H)

☝ Besonders häufige Hybriden (und damit Übergänge in den Merkmalen): Märzveilchen × Heckenveilchen, Heckenveilchen × Wiesenveilchen, Wiesenveilchen × Hügelveilchen (in Gebieten, wo sie gemeinsam vorkommen), Waldveilchen × Hainveilchen.

*Naturgartentipps:*

a) Wenn man für eine Pflanze einen fachlich korrekten Namen möchte, ist die Vielfalt innerhalb der „Wilden Stiefmütterchen" *(V. tricolor* agg.*)* verwirrend. Umso faszinierender ist sie aber, wenn man sich an ihnen in der Natur erfreuen oder sie im Garten ansiedeln will. Alle sind konkurrenzschwache Pioniere, d. h., sie nutzen entweder Lücken in Grasland, den offenen Boden in Äckern und Gärten oder sie erobern sehr karge Böden, auf denen sich ohnehin keine dichte Vegetation ausbildet. Was die Lebensdauer betrifft, überwiegen die Einjährigen, es gibt aber auch mehrjährige (z. B. dreijährige), ja sogar ausdauernde Formen. Alle sind aus Samen leicht zu ziehen. In Trockenrasen des pannonischen Raums gibt es Winzlinge mit unter 1 cm langen, weißen bis hellgelben Blüten, bei denen die Kelchblätter länger als die Blütenblätter sind (Steppen-Stiefmütterchen, *V. kitaibeliana*), im Gebirge Formen mit über 3 cm langen Blüten, die entweder reingelb (Felsen-Stiefmütterchen, *V. tricolor* subsp. *saxatilis*) oder vorwiegend violett (Wiesen-Stiefmütterchen, *V. tricolor* subsp. *tricolor*) sind. Das sehr häufige Acker-Stiefmütterchen *(V. arvensis)* hat hellgelb und weiß gemischte Blütenblätter, die Blüten sind bis etwa 1,5 cm lang und etwas trichterförmig. Bei den Pflanzen auf dem Foto (Foto I) käme man beim Bestimmen auf „vermutlich: Großblütiges Acker-Stiefmütterchen *(V. arvensis* subsp. *megalantha)*". Foto J zeigt das Sand-Stiefmütterchen, eine besonders hübsche, vermutlich ausdauernde Form (Blüten ca. 2 cm lang), die auf offenen Sandböden im Marchfeld vorkommt. Ihr wissenschaftlicher Name ist noch ungeklärt (FlÖ S. 432).

b) Die Eignung einiger der ausdauernden Veilchen für den Naturgarten liegt auf der Hand:
Sonnige Böschungen, etwas trockene (magere, einmähdige) Wiesen: Wiesenveilchen,
Halbschatten[31]: Waldveilchen, Hainveilchen, Märzveilchen (anspruchsvoll!), Wunderveilchen (wärmeliebend),
Schotterrasen (ein- bis zweimal gemäht): Sandveilchen.

*Verwendung:* Tee aus dem Kraut von Wildem Stiefmütterchen äußerlich, auch innerlich, zur Unterstützung der Behandlung von leichten Hautkrankheiten (Milchschorf der Kinder, Windeldermatitis, Ekzeme, Akne, Juckreiz). Stiefmütterchenkraut wird auch in Teemischungen angewendet. In der Volksmedizin wird dem Kraut noch eine Reihe von anderen günstigen Wirkungen zugeschrieben, z. B. bei Atemwegserkrankungen (Gurgeln bei Halsentzündungen), Katarrhen der Luftwege, fieberhaften Erkältungen, unterstützend bei Rheuma und Arteriosklerose, und nicht zuletzt als „Blutreinigungsmittel" zur „Förderung des Stoffwechsels". („Veilchenwurzel" des Handels hat mit *Viola* nur den veilchenartigen Duft gemeinsam. Es handelt sich dabei um das dicke, breite, getrocknete Rhizom der Schwertlilie – *Iris germanica* und *I. pallida*.) Für die gelegentlich empfohlene Anwendung von Märzveilchenkraut/-wurzel fehlen Angaben; die Blüten können z. B. als „Schmuckdroge" in Teegemischen angewendet werden.

[31] Im vollen Schatten kommen diese Waldbewohner oft nicht zur Blüte (d. h., sie bilden nur die unscheinbaren, sich selbst befruchtenden Sommerblüten aus).

D

Links Heckenveilchen, rechts Wiesenveilchen

E

G

F

J

H

I

# Familie: Wolfsmilchgewächse, Euphorbiaceae

## Gattung: Wolfsmilch, *Euphorbia*[32]

Blütenformel: ♂ 1 oder ♀(3)

Ja, tatsächlich – die Blüten bestehen hier nur entweder aus einem Staubblatt oder aus einem aus drei Fruchtblättern verwachsenen Fruchtknoten. Dass die Pflanzen trotzdem sehr auffällig blühen, kommt daher, dass diese rudimentären Blüten zu Gruppen zusammengefasst sind (5 Bündel aus ♂ Blüten, also eigentlich Staubblättern, umringen eine weibliche Blüte), die von grün oder gelb gefärbten Hochblättern umgeben sind. Diese Scheinblüten befinden sich in doppeldoldenartigen Blütenständen, insgesamt recht eindrucksvolle Gebilde, die merkwürdigerweise dadurch entstanden sind, dass zunächst alle Blütenorgane bis auf die allernotwendigsten (Staubblätter und Frucht) reduziert wurden und dann mithilfe der Hochblätter wieder blütenähnliche Formen entstanden. Die Hochblätter nennen wir in Anlehnung an die Doldenblütler Hülle (am Grund der Zentraldolde) und Hüllchen (Foto A). Der Nektar für die Blütenbesucher wird von auffällig glänzenden Drüsen von unterschiedlicher Form (Bd. 1, S. 123) gebildet (Foto B).

Die „Wolfsmilch“, der auffällige weiße Milchsaft, enthält reichlich Kautschuk (auch der Kautschukbaum gehört zur Verwandtschaft). Das soll der Pflanze bei Verletzungen als Wundverschluss dienen. Sicherlich ist er aber ein verlässlicher Fraßschutz, denn er ist brennend scharf und enthält einen ganzen Cocktail von giftigen Chemikalien. Nicht einmal davon lassen sich alle hungrigen Mäuler abschrecken. Ganz im Gegenteil, die Raupe des Wolfsmilchschwärmers (Foto C) ernährt sich nur von Pflanzen aus dieser Gattung.

[32] Die Gattung Bingelkraut, *Mercurialis*, wurde bereits in Bd. 1, S. 122, vorgestellt.

## SCHLÜSSEL ZU DEN ARTEN

Meist wird man den beiden verbreitetsten und häufigsten Arten der Gattung begegnen, der Zypressen-Wolfsmilch oder der Esels-W. Da die meisten Wolfsmilch-Arten spezielle Standortbedingungen bevorzugen, haben wir sie nach diesem Kriterium eingeteilt. Die einzige Art, die sich so schwer einordnen lässt, weil sie eine große Bandbreite von Wuchsbedingungen akzeptiert (fachlich ausgedrückt: eine „breite ökologische Amplitude" hat), die Esels-Wolfsmilch, haben wir ans Ende (Gruppe G) gestellt.

| | |
|---|---|
| A) Kleine kurzlebige (einjährige) Besiedler offener Bodenstellen | Schlüssel S. 129 |
| B) Ausdauernde[33] Pflanze auf trockenen Wuchsorten | Schlüssel S. 133 |
| C) Pflanze nasser oder sehr feuchter Wuchsorte | Schlüssel S. 134 |
| D) Pflanze magerer Wiesen und Waldsäume | Schlüssel S. 135 |
| E) Waldpflanze | Schlüssel S. 136 |
| F) Pflanze höherer Lagen der Kalkalpen | Schlüssel S. 137 |
| G) Häufig auf unterschiedlichsten, vom Menschen stärker beeinflussten Standorten | Schlüssel S. 137 |

### A. Kleine kurzlebige (einjährige) Besiedler offener Bodenstellen

- Pflanze flach an den Boden gedrückt; s
  → Niederliegende Wolfsmilch, *E. humifusa* (S. 131, Foto 1)
- Pflanze aufrecht
  - Blätter schmal
    - Hüllchenblätter deutlich stachelspitzig, etwa so lang wie breit, Pflanze bevorzugt warme Gebiete und trockene Böden; mh
      → Sichel-Wolfsmilch, *E. falcata* (S. 131, Fotos 2a, b)
    - Hüllchenblätter schmal, viel länger als breit; mh
      → Kleine Wolfsmilch, *E. exigua* (S. 131, Foto 3)
  - Blätter eiförmig
    - Hüllchenblätter mit kurzem Stachelspitzchen; Pflanze klein, Wuchs ausgebreitet, vom Grund an verzweigt; sh
      → Garten-Wolfsmilch, *E. peplus* (S. 131, Fotos 4a, b)
    - Hüllchenblätter nicht stachelspitzig; Pflanze mit aufrechtem Stängel, erst oben die Dolde; s
      - Dolde fünfstrahlig; s
        → Breitblatt-Wolfsmilch, *E. platyphyllos* (S. 132)
      - Dolde dreistrahlig; s
        → Steife Wolfsmilch, *E. stricta* (S. 132, Fotos 1a, b)
    - Hüllchenblätter (und Stängelblätter) im vorderen Teil fein gesägt; sh
      → Sonnenwend-Wolfsmilch, E. *helioscopia* (S. 132, Fotos 2a, b)

[33] Dass es sich um ausdauernde Pflanzen handelt, erkennt man am Ausläuferwuchs bzw. daran, dass sie am Grund verholzt sind.

## 1 Niederliegende Wolfsmilch (Boden-W.), *Euphorbia humifusa*

| | | | | | | | | |
|---|---|---|---|---|---|---|---|---|
| 5–20 cm lang | VI–IX | ⊙ | | | P1, S1 | s | | gi! |

+ Blätter am Rand gesägt, graugrün, etwa $^1/_2$ cm lang
+ Pflanze kahl

Auf Sand oder Kies (Kieswege, Bahngelände), in Pflasterritzen, gern auf Friedhöfen.

☝ Ähnlich, aber Pflanze behaart: Gefleckte Wolfsmilch *(E. maculata)*; beide Arten haben oft gefleckte Blätter (und sind dekorative Winzlinge auf Kieswegen und in Pflasterfugen).

## 2 Sichel-Wolfsmilch, *Euphorbia falcata*

| | | | | | | | | |
|---|---|---|---|---|---|---|---|---|
| 5–25 cm | VI–X | ⊙ | | | Ä, P2 | mh | | gi!! |

+ unverwechselbar
+ Pflanze blaugrün
+ Nektardrüsen zweihörnig, grünlich bis gelblich

Schwerpunkt im pannonischen Raum auf eher trockenen, schweren Böden (Tiefwurzler); weiter nach Westen zu auf kalkreiche Standorte beschränkt.

☝ Dunkle Sichel-W. *(E. acuminata)* – sehr ähnlich, aber Nektardrüsen purpurn; eine Rarität (ss, wenn es sie überhaupt noch in NÖ gibt)!

## 3 Kleine Wolfsmilch, *Euphorbia exigua*

| | | | | | | | | |
|---|---|---|---|---|---|---|---|---|
| 5–10 cm | VI–X | ⊙ | | | Ä, P2 | mh | | gi!! |

+ Nektardrüsen zweihörnig

Bevorzugt zwar sommerwarme, aber nicht ausgesprochen sommertrockene Gebiete und mittelschwere, mäßig trockene (Tiefwurzler), basenreiche Böden; Schwerpunkt im Alpenvorland auf Löss; kalkliebend.

## 4 Garten-Wolfsmilch, *Euphorbia peplus*

| | | | | | | | | |
|---|---|---|---|---|---|---|---|---|
| 5–30 cm | VI–XI | ⊙ | | | P2, S1, Ä | sh | | gi!! |

+ Nektardrüsen mit zwei langen, dünnen Hörnern
+ Früchte mit drei doppelten schmalen Flügelleisten

Eine Pflanze, der man auf Schritt und Tritt begegnet (wenn man aufmerksam genug ist); sie wächst aus Mauerritzen, an Zäunen, unter Gebüsch in Parkanlagen, in Blumencontainern ... Zeiger für gut mit Wasser versorgte, aber auch gut durchlüftete, gare, lehmige, nährstoffreiche Böden; bevorzugt klimafeuchte Lagen, besonders in Gärten, Gemüsekulturen, kaum in Äckern. Keimt spät im Frühling, bis der Boden sich erwärmt hat; die Pflanzen entwickeln sich dann aber rasch und kommen bald zur Blüte und Fruchtreife.

☝ Turiner W. *(E. taurinensis)*: Ähnlich, aber Früchte ohne Flügelleisten; ss im Bereich von Bahnhöfen.

1

2a

2b

3

4a

4b

## Breitblatt-Wolfsmilch, *Euphorbia platyphyllos* (ohne Abb.)

| | | | | | | | | |
|---|---|---|---|---|---|---|---|---|
| 25–60 cm | VI–IX | ⊙ | | | Ä, P2 | s | | gi!! |

+ Nektardrüsen oval, gelb
+ Frucht mit halbkugeligen Warzen

Habituell leicht zu erkennen: Zentraldolde (meist) fünfstrahlig, stängelabwärts mehrere Nebendolden tragende Seitenäste; ähnlich sehen nur ausdauernde Arten, wie die Esels-W., aus. Dass die Breitblatt-W. einjährig ist, erkennt man am relativ dünnen, einzeln stehenden Stängel und auch am Wuchsort (offene Bodenstellen). Dass die Pflanze samt ihren Wurzeln leicht aus dem Boden zu ziehen ist, wäre zwar auch ein Merkmal, doch das lässt man wegen der Seltenheit der Art besser bleiben. Auf zumindest im Frühling vernässten, meist schweren Böden.

## 1 Steife Wolfsmilch, *Euphorbia stricta*

| | | | | | | | | |
|---|---|---|---|---|---|---|---|---|
| 30–50 cm | VI–IX | ⊙ | | | W3, T3, P2 | s | | gi!! |

+ Hauptdolde (meist) dreistrahlig
+ sehr ähnlich der Breitblatt-W. aber Warzen auf der Frucht wurmförmig

Pflanze mit unangenehmem Geruch (nach Mäuse-Urin oder zerdrückten Holunderblättern).

## 2 Sonnenwend-Wolfsmilch (Sonnen-Wolfsmilch), *Euphorbia helioscopia*

| | | | | | | | | |
|---|---|---|---|---|---|---|---|---|
| 10–30 cm | IV–X | ⊙ | | | P2, Ä | sh | | |

+ Dolde flach, da Blüten in einer Ebene (Foto 2a)
+ Stängelblätter im vorderen Teil am breitesten, vorn gezähnt
+ ebenso die Hüllblätter und Hüllchenblätter

Der Name bezieht sich darauf, dass die Blütenstände sich nach der Sonne drehen können. Bevorzugt gut mit Feuchtigkeit versorgte (Flachwurzler) und nährstoffreiche Böden.

1a

1b

2

**B.** Ausdauernde Pflanze auf trockenen Wuchsorten

- Wuchs einzeln oder (durch Wurzelsprosse) in lockeren Gruppen
  - Blätter sehr schmal, fast fadenförmig; Nektardrüsen nierenförmig; Pflanze eher klein (10–30 cm hoch); sh
    → Zypressen-Wolfsmilch, *E. cyparissias* (Bd. 1, S. 124)
  - Blätter etwas breiter (lanzettförmig), kahl; Nektardrüsen mit zwei langen Hörnern; Pflanze hochwüchsig; s; im pannonischen Raum mh
    → Ruten-Wolfsmilch, *E. virgata* (S. 137, Fotos 3a, b)
    (siehe unter Esels-W., *E. esula*)
  - Blätter schmal elliptisch, (wie der Stängel) behaart; Nektardrüsen sichelförmig; s (nur im pannonischen Raum)
    → Weidenblatt-Wolfsmilch, *E. salicifolia* (Fotos 3a, b)
- Wuchs in dichten Horsten, da Stängel dicht über dem Boden verzweigt; Nektardrüsen knackwurstförmig; mh, nur im pannonischen Raum
  → Steppen-Wolfsmilch, *E. seguieriana* (Foto 4)

## 3 Weidenblatt-Wolfsmilch, *Euphorbia salicifolia*

| | | | | | | | | |
|---|---|---|---|---|---|---|---|---|
| 40–70 cm | V–VI | ♃ | | | K, P3 | s | § | gi!! |

Verrät sich durch die, für eine Wolfsmilch auffällige, Behaarung; wächst gern in Gruppen (Wurzeltriebe).

## 4 Steppen-Wolfsmilch, *Euphorbia seguieriana*

| | | | | | | | | |
|---|---|---|---|---|---|---|---|---|
| 20–40 cm | IV–VI | ♃ | | | TR | mh | | gi!! |

\+ Blätter blau-graugrün, spitz
\+ die oberste Dolde (meist) mit 8–12 Strahlen

☝ Pannonische W. *(E. glareosa)*: Blätter länger und breiter (mittlere Stängelblätter 4–5 cm lang), Dolde höchstens achtstrahlig; ss; in Lösshohlwegen, auf Bahndämmen, gestörten Trockenrasen (Perchtoldsdorfer Heide); §.

3a

3b

4

## C. Pflanze nasser oder sehr feuchter Wuchsorte

- Pflanze zart, einstängelig (da einjährig), wächst auf offenen Bodenstellen; s
  → Steife Wolfsmilch, *E. stricta* (siehe Gruppe A)

- Pflanze mittelgroß (50–100 cm hoch), Stängelblätter schmal, spitz, unterseits behaart; endständige Dolde von Seitendolden überragt; Nektardrüsen nierenförmig, verfärben sich beim Verblühen rötlich; ss in pannonischen Feuchtwiesen; §
  → Flaum-Wolfsmilch, *E. villosa* (ohne Abb.)

- Pflanze derb, sehr groß (bis über 1 m hoch), oft mit mehreren dicken Stängeln
  - Blätter hellgrün, Nektardrüsen nierenförmig (Foto A); h
    → Sumpf-Wolfsmilch, *E. palustris* (Foto 1)
  - Blätter dunkelgrün, Nektardrüsen halbmondförmig; s
    → Glänzende Wolfsmilch, *E. lucida* (Foto 2)

A

### 1 Sumpf-Wolfsmilch, *Euphorbia palustris*

| | | | | | | | | |
|---|---|---|---|---|---|---|---|---|
| 50–150 cm | V–VI | ♃ | | | T2, G4 | h | | gi!!! |

\+ Blütenstand breit verzweigt, Dolden vielstrahlig und vielblütig

Pflanze mehrstängelig, durch kurze unterirdische Triebe; eine der dekorativsten Arten der Gattung.

### 2 Glänzende Wolfsmilch, *Euphorbia lucida*

| | | | | | | | | |
|---|---|---|---|---|---|---|---|---|
| 60–130 cm | V–VII | ♃ | | | G4 | s | | gi!! |

\+ Blütenstand schlank, wenigblütig
\+ Blätter oberseits glänzend

Am ehesten noch in nicht (mehr) gemähten Teilen (Waldsäume) der March-Auenwiesen zu finden.

1

2

**D.** Pflanze magerer, eher trockener (oder wechseltrockener) Wiesen, wiesenartiger Brachen und deren Waldsäume und lichter Trockenwälder; Hüllchenblätter gelb oder orange, Pflanze dadurch sehr auffällig; Nektardrüsen oval

- Frucht mit (halbkugeligen) Warzen (Foto E, Bd. 1, S. 123); Hüllchenblätter am Rand fein gezähnelt (Foto B), unterseits behaart; h
  → Warzen-Wolfsmilch, *E. verrucosa* (Foto 3)

- Frucht mit wurmförmigen „Warzen", die sich beim Verblühen rot verfärben; Hüllchenblätter ganzrandig; s
  → Bunte Wolfsmilch, *E. polychroma* (Foto 4)

## 3 Warzen-Wolfsmilch, *Euphorbia verrucosa*

| | | | | | | | | |
|---|---|---|---|---|---|---|---|---|
| 20–50 cm | V–VI | ♃ | | | G1 | h | | gi!! |

## 4 Bunte Wolfsmilch, *Euphorbia polychroma*

| | | | | | | | | |
|---|---|---|---|---|---|---|---|---|
| 30–50 cm | IV–VI | ♃ | | | K, G1 | s | | gi!! |

Blütenstände leuchtend gelb bis gelborange, Wuchs in dichten Gruppen, daher auch als Zierstaude im Handel.

B

3

4a

4b

## E. Waldpflanze

- Hüllchenblätter paarweise miteinander verwachsen; Nektardrüsen mondsichelförmig; Blätter in der Mitte des blütentragenden Stängels gehäuft, oft dunkelgrün (da überwinternd; Foto 2b, Bd. 1, S. 125); h
  → Wald-Wolfsmilch (Mandel-W.), *E. amygdaloides* (Bd. 1, S. 124)
- Hüllchenblätter frei (d. h. nicht paarweise verwachsen), Dolden locker- und wenigblütig
  - Nektardrüsen oval, gelbgrün, beim Verblühen purpurrot; Hüllchenblätter rundlich dreieckig (da gegen die Basis zu am breitesten); Pflanze aufrecht
    - Pflanze eher trockener, lichter Wälder; Stängel oben scharfkantig, kahl; s
      → Kantige Wolfsmilch, *E. angulata* (Foto A)
    - Pflanze frischer, schattiger (Buchen-)Wälder; Stängel rund; h
      → Süße Wolfsmilch, *E. dulcis* (Fotos 1a, b)
  - Nektardrüsen zweihörnig; Hüllchenblätter fast kreisförmig, mit Spitzchen; Stängel zunächst an den Boden gedrückt, biegt sich dann erst nach oben (5–12 cm hoch); Blätter stumpf, in der Stängelmitte schopfig dicht gedrängt; typisch für die Schwarzföhrenwälder am Alpenostrand, hier mh, sonst ss (Foto B)
    → Felsen-Wolfsmilch, *E. saxatilis*

### 1 Süße Wolfsmilch, *Euphorbia dulcis*

| | | | | | | | | |
|---|---|---|---|---|---|---|---|---|
| 20–50 cm | IV–VI | ♃ | | | W2 | h | | gi!! |

+ Stängel oben rund, fein gerillt, behaart
+ Hochblätter ± dreieckig, etwas länger als breit

A

1b

1a

B

**F.** Pflanze höherer Lagen der Kalkalpen

## 2 Österreichische Wolfsmilch, *Euphorbia austriaca*

| | | | | | | | | |
|---|---|---|---|---|---|---|---|---|
| 50–80 cm | V–VII | ♃ | | | W5, 6, A3 | h | | gi!!! |

+ kräftige Pflanze mit stark verzweigtem Blütenstand
+ Nektardrüsen nierenförmig, verfärben sich beim Verblühen rötlich

Im westlichen Teil der NÖ Kalkalpen, v. a. in Waldlichtungen (und -schlägen) und auf felsigen Almen.

**G.** Häufig, auf unterschiedlichsten, vom Menschen stärker beeinflussten Standorten

## 3 Esels[34]-Wolfsmilch (Esel-W.), *Euphorbia esula*

| | | | | | | | | |
|---|---|---|---|---|---|---|---|---|
| 30–100 cm | V–VII | ♃ | | | P3, S1, 3 | h | | gi!!! |

+ Nektardrüsen (meist) zweihörnig (s. Foto B in der Einleitung auf S. 128)
+ Blätter in oder oberhalb ihrer Mitte am breitesten
+ Stängel oben verzweigt; Dolde mit zahlreichen Strahlen, außerdem Seitendolden

Auf mäßig trockenen bis frischen Böden; bevorzugt wärmere Gebiete und tiefere Lagen, hier an Weg- und Ackerrändern, in Gebüschsäumen, auf Rainen, Bahn- und Straßenböschungen, (wiesenartigen) alten Brachen (nie in Mähwiesen), auf Weiden (wird vom Vieh gemieden), auf Industriegelände, an Ufern.

☝ Variabel, vor allem was die Blattbreite betrifft; sehr ähnlich und nahe verwandt die Ruten-W. *(E. virgata)* (Foto 3a), bei dieser sind die Blätter immer schmal und unterhalb der Mitte am breitesten, die Hörner der Nektardrüsen (meist) länger und (oft) am Ende etwas dicker (Foto 3b). Sie wächst auf ähnlichen Standorten wie die Esels-W. geht aber mehr auf trockene Böden und ist nur im pannonischen Raum häufig.

2

3a

3b

[34] Der deutsche Name hat nichts mit dem Grautier zu tun, sondern kommt vom lateinischen „esula" = Wolfsmilch.

## Familie: Rosengewächse, Rosaceae (Bd. 1, S. 124–133)

*Blütenformel:* ✻ K5 B(4)5(6–9) ♂ ∞ ♀ $\underline{\infty}$

Die Bäume und Sträucher der Familie haben wir uns für den Band 4 aufgehoben. Dort werden wir auch auf den vielfältigen Bau der Früchte in dieser Familie eingehen. Die oben stehende Blütenformel gilt nur für die Gattungen, die in Bd. 1 und 3 vorgestellt werden. Aus der Formel kann man die große Ähnlichkeit des Baus der Blüten mit denen der Hahnenfußgewächse erkennen. Die Rosengewächse haben sich allerdings bei der Zahl der Blütenkronblätter bereits auf eine Zahl, in dem Fall 5, festgelegt,[35] wie dies an sich bei den Blütenpflanzen üblich ist. Man könnte also Vertreter der Rosengewächse bei alleinigem Betrachten der Blüten für Hahnenfußgewächse halten. Achtet man aber auch auf die Blätter, so verraten sie sich meist durch auffällige Nebenblätter, die den Hahnenfußgewächsen fehlen. Diese unterschiedlich geformten Gebilde am Grund des Blattstiels sind Ihnen vielleicht bei den Rosenblättern schon aufgefallen (Foto A). Beim Geißbart (S. 144, Foto G) fehlt allerdings leider dieses einfache Familienmerkmal, sodass er nicht so einfach als Rosengewächs erkannt werden kann.

### SCHLÜSSEL ZU GATTUNGEN UND ARTEN

Wir gehen bei diesem Schlüssel davon aus, dass Sie die Abbildungen in Bd. 1 vor sich haben.

- Blüten klein und unscheinbar (Pflanze daher nicht von vornherein als Rosengewächs erkennbar)
  - Blüten in kugeligen bis zylindrischen Köpfchen
    → Wiesenknopf, *Sanguisorba* (Bd. 1, S. 126)
  - Unscheinbare grünliche Blütchen geknäuelt in den Blattachseln (Pfeil Foto B), Blätter tief geteilt; kleine einjährige Pionierpflanzen auf offenem Boden, v. a. in Äckern
    → Ackerfrauenmantel, *Aphanes arvensis* (S. 142, Foto 1, Foto B)
  - Winzige, in NÖ extrem seltene Hochgebirgspflanze mit hellgelben Blüten und dreizähligen, vorn dreispaltigen Grundblättern
    → Gelbling, *Sibbaldia procumbens* (S. 142, Foto 2)
  - Kleine gelbe oder grünlich gelbe Blütchen zu vielen in verzweigten Blütenständen; Blütenhülle (scheinbar) doppelt (tatsächlich fehlen die Kronblätter, die doppelte Blütenhülle besteht aus Kelch und Außenkelch) (Foto C)
    - Blätter wetterfleck- (oder cape-)artig, unterschiedlich tief gelappt (Fotos D, E), Stängelblätter mit großen Nebenblättern (Foto F); sehr häufig auf Wiesen und Weiden, besonders in kühlfeuchten Gebieten
      → Frauenmantel, *Alchemilla vulgaris* agg. (Bd. 1, S. 126)
    - Blätter fingerkrautähnlich, da fast bis zum Grund geteilt (aber Blüten viel unscheinbarer als die der Fingerkräuter); Pf. steiniger Rasen in der subalpinen Stufe der Kalkalpen
      → Silbermantel, *Alchemilla vulgaris* sect. *Glaciales* (S. 143, Foto 3)
    - Blätter ohne Nebenblätter, mehrfach gefiedert (Foto G), ohne auffallenden Duft
      → Geißbart, *Aruncus dioicus* (S. 145, Foto 3a)

[35] Ausnahmen bestätigen in der Natur die Regel; es gibt auch vierzählige Blüten (Blutwurz); die Silberwurz hat hingegen meist acht Kronblätter.

B
C
D
E
F
Nebenblatt
G

- Blätter mit Nebenblättern, zerdrückt mit typischem, stark aromatischem Duft
  - Hochstaude auf nassen, nährstoffreichen Standorten; Grundblätter mit wenigen (2–6 Paaren), breiten Fiedern (Foto H)
    → Großes Mädesüß, *Filipendula ulmaria* (Bd. 1, S. 130)
  - Eher kleine Magerwiesenpflanze, Grundblätter mit vielen (8–30) Paaren relativ kleiner Fiederblättchen (Fotos I, J)
    → Kleines Mädesüß, *Filipendula vulgaris*

- Blüten ansehnlich
  - Blüten dunkelrot, Blütenkronblätter kürzer und schmäler als die Kelchblätter (Foto 1b, Bd. 1, S. 133); Pflanze an Ufern und in Mooren
    → Blutauge, *Comarum palustre* (Bd. 1, S. 132)
  - Fruchtstand brombeerartig, Früchte leuchtend rot; Blüten weiß, Blätter dreizählig, Teilblättchen gleich groß
    → Felsen-Himbeere (Steinbeere), *Rubus saxatilis* (Bd. 1, S. 132)
  - Fruchtstand (d. h. das Stängelende) schwillt nach der Blüte stark an, wird rot, saftig und süß (im Klartext: wird zur Erdbeere); Blütenkronblätter weiß, vorn abgerundet (nicht eingebuchtet wie bei ähnlichen Fingerkraut-Arten); Blätter dreizählig
    → Erdbeere, *Fragaria*, s. Schlüssel S. 143
  - Klettfrüchte: Früchte mit widerhakigen Stacheln oder der Griffel endet an der reifen Frucht mit einem Haken
    - Stängelblätter gefiedert, am Grund mit kleinen Nebenblättchen (Foto Bd. 1, S. 323)

K

      - Blätter unterseits dicht graufilzig, duften beim Drücken nicht oder kaum, Früchte kegelförmig mit deutlichen Furchen, unterste Stacheln aufrecht (bis waagrecht) (im Foto K rechts); Saumpflanze trockener, sonniger Standorte (Wiesenbrachen, Waldränder, Weiden)
        → (Echter) Odermennig, *Agrimonia eupatoria* (Bd. 1, S. 128)
      - Blätter unterseits locker behaart mit zahlreichen gelblichen Drüsen, die beim Drücken einen starken, angenehmen Duft abgeben; Früchte glockenförmig, nicht oder kaum gefurcht, unterste Stacheln etwas zurückgeschlagen (im Foto K links); hochwüchsiger (bis 1,8 m), feuchtigkeitsbedürftiger: an schattigen Wald- und Gebüschrändern, in feuchten Wiesenbrachen; s
        → Duftender Odermennig, *Agrimonia procera*
    - Stängelblätter dreizählig mit großen Nebenblättchen (Foto L)
      → Nelkwurz, *Geum*, s. Schlüssel S. 144
  - Fruchtstand ist ein „grantiger Jager", d. h., Griffel wächst bei der Fruchtreife zu einem Federschweif aus; Blüten gelb, groß; Pflanze subalpiner Rasen und Almen
    → Berg-Nelkwurz, *Geum montanum* (S. 145, Fotos 2a–c)
  - Alpenpflanze mit Teppichwuchs, Blätter erinnern an die von Eichen, Blüten weiß mit (7)8(9) Kronblättern, der Griffel wächst bei der Fruchtreife zu einem fedrigen Schwanz aus (wie bei der Nelkwurz)
    → Silberwurz, *Dryas octopetala* (Bd. 1, S. 130)

- Pflanze ohne alle diese auffälligen Merkmale bzw. Merkmalskombinationen: Übrig bleibt die artenreiche Gattung
  → Fingerkraut, *Potentilla*, Schlüssel S. 146–147

[36] Flyschgestein ist wenig durchlässig für Niederschlagswasser. Deshalb schwankt die Wasserversorgung der Wiesen des Flysch-Wienerwaldes und der anschließenden Voralpen stark; je nachdem welche Phase auf dem jeweiligen Standort überwiegt, spricht man von „wechseltrocken" oder „wechselfeucht". Die Wiesenflora ist oft ein Gemisch aus Trocken- und Feuchtezeigern. Zusätzlich gibt es Spezialisten für Standorte mit wechselnder Feuchtigkeit. Das Kleine Mädesüß besitzt z. B. eine knollig verdickte Speicherwurzel, die ihm hilft, Trockenzeiten zu überstehen.

## 1 Ackerfrauenmantel (Gewöhnlich-Ohmkraut), *Aphanes arvensis*

| | | | | | | | | |
|---|---|---|---|---|---|---|---|---|
| 5–20 cm | V–IX | ⊙ bis ① | | | Ä, P2 | mh | | |

+ Blüten gehäuft in den Blattachseln inmitten eines Kranzes von Nebenblattzipfeln
+ Blattschnitt sehr charakteristisch

Bevorzugt zwar saure, aber doch nicht zu nährstoffarme lehmige bis sandige Böden.

Kleinfrüchtiger Ackerfrauenmantel (Südlicher A., *A. australis*): auf Silikatgrusböden im nordwestlichen Waldviertel, ss; nur mit Binokular bestimmbar, Merkmalsunterschiede zur häufigeren Verwandten liegen im Bereich von zehntel Millimetern.

## 2 Gelbling (Liege-G.), *Sibbaldia procumbens*

| | | | | | | | | |
|---|---|---|---|---|---|---|---|---|
| 2–5 cm | VI–VIII | ♃ | | | A7 | ss | | |

+ Kronblätter hellgelb, 1–2 mm lang, kürzer als der Kelch, fallen bald ab
+ Blätter blaugrün

Charakteristisch für Schneetälchen und kurzgrasige, steinige Rasen der silikatischen Zentralalpen; in den NÖ Kalkalpen eine Rarität.

## 3 Silbermantel, *Alchemilla vulgaris* sect. *Glaciales*

| | | | | | | | | |
|---|---|---|---|---|---|---|---|---|
| 5–20 cm | VII–VIII | ♃ | | | A3 | mh | | |

+ Spalierstrauch: kleine Teppiche durch verholzte, am Boden liegende, verzweigte Triebe

Die Hochgebirgs-Frauenmäntel mit tief eingeschnittenen Blättern werden im Volksglauben als noch heilkräftiger als die tiefer unten verbreiteten angesehen. Sie haben wegen ihrer oft seidigen Behaarung den hübschen Namen „Silbermantel" erhalten. Aus NÖ werden in der FlÖ zwei Silbermantel-Arten angegeben, der Glanz-S. *(A. nitida)* mit fast bis zum Grund eingeschnittenen und der Ennstal-S. *(A. anisiaca)* mit weniger tief eingeschnittenen Blättern. Bei dem Foto (s. Foto 3) vom Schneeberg müsste es sich daher um die erstgenannte Art handeln, die allerdings in der FlÖ von dort zwar angegeben, aber mit einer Bombensignatur mit Fragezeichen versehen ist, was bedeutet, dass vermutet wird, dass sie dort ausgesetzt wurde. Dieser Verdacht ist wohl dadurch entstanden, dass die nächsten gesicherten Vorkommen der Art in Nordtirol liegen.

Über die Schwierigkeiten beim Bestimmen von Frauenmänteln wurde schon in Bd. 1, S. 126, berichtet; mehr kann auch hier nicht dazu gesagt werden. Der Autor dieses Kapitels traut sich selbst nicht zu, *Alchemilla*-Belege verlässlich zu bestimmen. Sie werden an Spezialisten weitergegeben. Im Rahmen unserer Flora wäre daher nicht sinnvoll zu versuchen, hier tiefer einzusteigen.

1

2

### Gattung: Erdbeere, *Fragaria*

- Kelch liegt der Frucht eng an, reißt beim Pflücken mit der Erdbeere gemeinsam knackend ab; Endzahn des Mittelblättchens kürzer als die zusammenneigenden Seitenzähne; Pflanze trockener, nicht mehr genutzter Wiesen und Weiden, v. a. im pannonischen Raum
  → Knack-Erdbeere, *F. viridis* (Bd. 1, S. 130)
- Kelchblätter stehen waagrecht ab oder sind zurückgebogen
  - Blüten klein, ihre Stiele aufwärts anliegend behaart; Blütenstängel nur wenig länger als die Blätter; häufige und weitverbreitete Art
    → Wald-Erdbeere, *F. vesca* (Foto 4)
  - Blüten groß (∅ ca. 2–3 cm), ihre Stiele abstehend behaart, Stängel überragen die Blätter deutlich; hochwüchsige, seltenere Art, anspruchsvoller bezüglich Wärme, Nährstoff- und Wasserversorgung
    → Große Erdbeere, *F. moschata* (Foto 5)

## 4 Wald-Erdbeere, *Fragaria vesca*

| | | | | | | | | |
|---|---|---|---|---|---|---|---|---|
| 5–15 cm | IV–V | ♃ | | | W6, H | sh | | |

*DIE* Erdbeere der Kinder und Früchtesammler; im dichten Wald kümmert die Pflanze; in Bestandeslücken und auf Waldschlägen dann oft starke Ausbreitung, da die Stickstoffnachlieferung im Boden durch den plötzlichen Lichteinfall und Bodenverwundungen mobilisiert wurde und nährstoffliebende Pflanzen wie die Erdbeere dadurch gefördert werden. Beide Arten breiten sich mit dünnen, oberirdischen Ausläufern aus, deren Knoten Blattrosetten entwickeln und bei Bodenkontakt Wurzeln schlagen. Die Verbindung zur Mutterpflanze stirbt ab und es entstehen so selbstständige Tochterpflanzen.

## 5 Große Erdbeere (Zimt-E.), *Fragaria moschata*

| | | | | | | | | |
|---|---|---|---|---|---|---|---|---|
| 15–35 cm | V–VI | ♃ | | | K, W6 | mh | | |

Konkurrenzstärkere Erdbeere, die sich auch in höherwüchsiger Vegetation behaupten kann. Sammlern kann sie Enttäuschungen bereiten, da es ♂ Pflanzen gibt, bei denen die ♀ Organe verkümmern und beim Verblühen vertrocknen, sodass man vergeblich auf die Früchte wartet. (Die Blüten der ♀ Pflanze enthalten hingegen nur verkümmerte Staubblätter.)

3

4

5

### Gattung: Nelkwurz, *Geum*

- Stängel mehrblütig, der Griffel verlängert sich nach der Blüte und krümmt sich zu einem Haken (Klettfrüchte)
  - Blüten groß, glockenförmig, nicken, außen orangerötlich, innen blassgelb; Pflanze auf Feuchtstandorten im Gebirge
    → Bach-Nelkwurz, *G. rivale* (Fotos 1a, b)
  - Blüten kleiner, flach, ± aufrecht, gelb; Nebenblätter der Stängelblätter groß (s. das Foto L, S. 141, zum Schlüssel; es zeigt auch den Übergang von den ältesten zu den jüngeren Grundblättern und schließlich zu den Stängelblättern)
    → Stadt-Nelkwurz, *G. urbanum* (Bd. 1, S. 130)
- Stängel einblütig, Blüten sehr groß (∅ 2–4 cm), gelb, Griffel verlängert sich nach der Blüte zu einem Federschweif; Alpenpflanze
  → Berg-Nelkwurz, *G. montanum* (S. 145, Fotos 2a–c)

## 1 Bach-Nelkwurz, *Geum rivale*

| | | | | | | | | |
|---|---|---|---|---|---|---|---|---|
| 30–100 cm | V–VII | ♃ | | | T3, A5 | h | | |

## 2 Berg-Nelkwurz, *Geum montanum*

| | | | | | | | | |
|---|---|---|---|---|---|---|---|---|
| 5–10 cm | VI–VII | ♃ | | | G6, A6 | mh | | |

In den Kalkalpen v. a. auf schweren, rotbraunen, zur Verdichtung durch Viehtritt neigenden Braunlehmböden.

## 3 Geißbart (Waldgeißbart), *Aruncus dioicus*

| | | | | | | | | |
|---|---|---|---|---|---|---|---|---|
| 80–150 cm | VI–VII | ♃ | | | W4 | mh | | |

\+ Tausende kleine Blüten in schmalen Ähren, diese in ausladenden rispigen Blütenständen
\+ Blüten der ♂ Pflanze gelblich weiß (Fotos 3a, b), die der ♀ Pflanze reinweiß

☝ Der Geißbart kann im nicht blühenden Zustand leicht mit dem Christophskraut, einem Hahnenfußgewächs, verwechselt werden, das auf ähnlichen Standorten wächst. Da der Geißbart keine Nebenblätter hat (Ausnahme unter den Rosengew.), muss man die Blattformen an Hand der Fotos vergleichen (Foto 3, Bd. 1, S. 71).

*Naturgartentipp:* Sehr langlebige Hochstaude für halbschattige bis schattige feuchte Standorte (siehe Fotos beim Alpenlattich); Gruppenwuchs durch verzweigte Rhizome.

1a

1b

1c

1d

2a

2c

3a

2b

3b

## Gattung: Fingerkraut, *Potentilla*

Die Zugehörigkeit zur Gattung ist leicht zu erkennen: Blüten (bei einheimischen Wildpflanzen) gelb oder weiß, 5 Kelchblätter (mit Außenkelch, siehe Foto A), meist 5 freie (das heißt nicht miteinander verwachsene) Blütenkronblätter, zahlreiche Staubblätter und zahlreiche Fruchtknoten. Daher erinnern die Blüten an die mancher Hahnenfußgewächse, deren Blätter aber ganz anders aussehen. Die Blätter der Fingerkräuter sind drei- bis neunfingerig (seltener gefiedert) und tragen – wie es sich für Mitglieder der Familie Rosaceae gehört – am Grund des Blattstiels Nebenblätter. Die Blütenblätter der Arten der Gattung Hahnenfuß glänzen („fettig": „Butterblumen"), die der Fingerkräuter nicht.

Was ihre Standorte betrifft, sind die Fingerkräuter recht vielseitig. Die an extreme Klima- und Bodenbedingungen angepassten teppich- oder polsterbildenden Arten können die Vegetation einer Landschaft vor allem zur Blütezeit prägen. Besonders auffällig und häufig sind die gelben Frühlingsblüher. Sie eignen sich auch gut für die Bepflanzung von Mauern und Böschungen. Ähnlichen Wuchs hat das in den Hochlagen der Kalkalpen auf Extremstandorten (alpine Rasen ohne winterlichen Schneeschutz, ausgesetzte Felsen) stellenweise fast allein vorherrschende Clusius-Fingerkraut. Eine ganze Gruppe von, teilweise kurzlebigen, Arten ist im Gegensatz dazu auf vernässte, verdichtete Böden spezialisiert.

Eine wichtige Heilpflanze ist die Blutwurz. Ihr getrockneter, zerkleinerter oder pulverisierter Wurzelstock (Tormentillae Rhizoma) wird als Abkochung oder Tinktur wegen seines hohen Gerbstoffgehalts bei leichten Schleimhautentzündungen des Mund- und Rachenraums und gegen Durchfälle eingesetzt. Einen geringen Gerbstoffgehalt hat das Gänse-Fingerkraut, das ähnlich, aber auch bei Regelbeschwerden eingesetzt werden kann. Hier allerdings wird das Kraut (Anserinae Herba) verwendet. Zu beachten ist, dass bei mehrere Tage andauerndem Durchfall ein Arzt die Ursache der Erkrankung feststellen und über die Weiterbehandlung entscheiden muss. Menschen mit empfindlichem Magen sollen gerbstoffhaltige Drogen nur äußerlich anwenden. Gänsefingerkraut steht ähnlich wie Frauenmantelkraut volksmedizinisch in hohem Ansehen: Beide werden traditionell als „Frauenkräuter" bei Regel- und Wechselbeschwerden empfohlen. Für die Wissenschaft stellt sich die interessante Frage, ob die enthaltenen „Gerbstoffe" (komplizierte Gallussäureverbindungen) diesbezügliche, über die bekannten Gerbstoffwirkungen hinausgehende Wirksamkeit entfalten können.

- Nur 4 Blütenblätter – die große Ausnahme!
  → Blutwurz, *P. erecta* (Bd. 1, S. 128)
- Alpen- und Felspflanzen
  - Blüten weiß
    - kontrastreiche Blüten, Kelch dunkelrot, Blüten gelblich weiß, innen rötlich; alpine Teppich- oder Polsterpflanzen (oft in Felsen) (Foto B)
      → Clusius-Fingerkraut, *P. clusiana* (Bd. 1, S. 128)
    - Blüten weiß-blassgelb, unscheinbarer, da Blütenblätter schmäler; Felsspalten tieferer Lagen (Fotos C, D)
      → Kalkfels-Fingerkraut, *P. caulescens*

A

B

- Blüten gelb
  - auf Almen
    → Gold-Fingerkraut, *P. aurea* (S. 149, Foto 1)
  - auf trockenen, felsigen Standorten
    → Zottiges Fingerkraut, *P. crantzii* (S. 148)
  - in Schneetälchen
    → Zwerg-Fingerkraut, *P. brauneana* (S. 148)

C

- andere Standorte
  - Grundblätter (oder sogar) alle Blätter gefiedert
    - Blüten weiß
      → Stein-Fingerkraut, *P. rupestris* (S. 149, Fotos 2a, b)
    - Blüten gelb
      - Blattunterseite silberhaarig, weiß glänzend
        → Gänse-Fingerkraut, *P. anserina* (Bd. 1, S. 126)
      - Blattunterseite grün
        → Niedriges Fingerkraut, *P. supina* (S. 149, Foto 3)

D

  - Blätter gefingert
    - Blüten weiß
      - Blätter dreizählig
        → Erdbeer-Fingerkraut, *P. sterilis* (S. 150, Fotos 1a, b)
      - Blätter fünfzählig
        → Weißes Fingerkraut, *P. alba* (S. 150, Foto 2)
    - Blüten gelb
      - Blätter (meist) dreizählig; Stängel aufrecht; Schlammbesiedler
        → Norwegisches Fingerkraut, *P. norvegica* (S. 149, Fotos 4a, b)
      - Blätter (meist) fünfzählig
        - Stängel aufrecht oder bogig aufsteigend, Blätter unterseits auffällig weißfilzig; Magerstandorte
          → Silber-Fingerkraut, *P. argentea* (S. 152, Fotos 2a, b)
        - Stängel unverzweigt, kriecht und wurzelt an den Knoten; zusätzlich lange, dünne Ausläufer; Feuchtstandorte
          → Kriech-Fingerkraut, *P. reptans* (S. 150 und Bd. 1, S. 127, Foto 3b)
        - Wuchs durch niederliegende, verzweigte Stängel teppichartig; Trockenstandorte
          → Frühlings-Fingerkraut-Gruppe, *P. verna* agg. (S. 151 und Bd. 1, S. 128)
      - Blätter (meist) siebenzählig
        - Wuchs kompakt horstig, niedrig, vom Grund an verzweigt, Pflanze 10–30 cm hoch
          → Siebenblatt-Fingerkraut, *P. heptaphylla* (S. 152, Foto 1)
        - steif aufrechter, nur oben verzweigter Stängel, Pflanze 20–70 cm hoch
          → Aufrechtes Fingerkraut, *P. recta* (S. 152, Foto 3)

## 1 Gold-Fingerkraut, *Potentilla aurea*

| | | | | | | | | |
|---|---|---|---|---|---|---|---|---|
| 5–20 cm | VI–IX | ♃ | | | G6 | h | | |

+ Blüten groß (bis 2 cm im Durchmesser), Blütenblätter leuchtend gelb, innen mit dunklerem „goldigem“ Fleck (Fotos Bd. 1, S. 129, 2b & c)
+ Blätter am Rand mit seidig glänzenden, anliegenden Haaren (s. Foto 1)
+ Blattrand von anliegenden Haaren silbrig

Auf Almen (mit sauren, aber ± nährstoffreichen, frischen, tiefen Böden).

☝ Blätter ähnlich denen des Silbermantels (S. 143, Foto 3), Fotos vergleichen!

☝ Ähnlich: Zottiges Fingerkraut, *P. crantzii*: Blüten ebenfalls groß und innen dunkler, aber Blätter niemals silbrig, unterseits (wie auch der Blattstiel) abstehend zottig behaart; selten: Kalkalpen, auf sonnigen, flachgründigen, windausgesetzten (zur Austrocknung neigenden) steinigen Böden und auf Felsen.

☝ Das Zwerg-Fingerkraut, *P. brauneana*, ist durch seine geringe Größe (2–5 cm), die kleinen Blüten, die spärlich anliegend behaarten, meist dreizähligen (!) Blätter und den speziellen Standort – Schneetälchen (hochgelegene, spät ausapernde Mulden) – charakterisiert (beide ohne Abb.).

## 2 Stein-Fingerkraut, *Potentilla rupestris (Drymocallis rupestris)*

| | | | | | | | | |
|---|---|---|---|---|---|---|---|---|
| 20–60 cm | V–VII | ♃ | | | K, W6 | s | | |

+ Grundblätter gefiedert
+ Stängel steif aufrecht, rotbraun
+ Blütenblätter kreisrund (bei den anderen Fingerkraut-Arten tropfen- oder herzförmig)

Wächst trotz des Namens niemals auf Felsen; kalkmeidende Saumpflanze an sonnigen Waldrändern.

## 3 Niedriges Fingerkraut, *Potentilla supina*

| | | | | | | | | |
|---|---|---|---|---|---|---|---|---|
| 10–40 cm | VI–IX | ⊙ bis ♃ | | | T4, S1, 2 | mh | | |

+ Wuchs niederliegend, aber keine Ausläufer
+ Blüten klein, unscheinbar: Blütenblättchen höchstens so lang wie die Kelchblätter und sehr schmal, sodass der grüne Kelch von oben zu sehen ist
+ Pflanze hellgrün

☝ Das ebenfalls fiederblättrige Gänse-Fingerkraut (Bd. 1, S. 126) wächst auf ähnlichen Standorten; seine Blätter sind aber unterseits silbrig behaart, die Blüten größer (blüht aber selten) und die Pflanze kriecht mit langen Ausläufern.

## 4 Norwegisches Fingerkraut, *Potentilla norvegica*

| | | | | | | | | |
|---|---|---|---|---|---|---|---|---|
| 20–50 cm | VI–X | ⊙ bis ♃ | | | T4 | s | | |

+ Blüten ähnlich denen des Niedrigen F., aber
+ Stängel aufrecht
+ Blätter meist dreizählig (also nicht gefiedert)

1

2a

2b

3

4a

4b

## 1 Erdbeer-Fingerkraut, *Potentilla sterilis*

| | | | | | | | | |
|---|---|---|---|---|---|---|---|---|
| 5–10 cm | IV–V | ♃ | | | G1, W1 | s | | |

+ Grundblätter dreizählig, erdbeerähnlich
+ Stängel kriecht ausläuferartig
+ Kelchblätter innen gelbgrün

Meidet Kalk: Sandstein-Wienerwald, Flyschzone.

☝ Die Pflanzen sehen (den nahe verwandten) Erdbeeren täuschend ähnlich, doch sind die Blüten kleiner, die Blütenblätter decken einander nicht, sodass der gelbe Kelch zu sehen ist; spätestens zur Fruchtreife wird die Täuschung offenbar, denn hier schwillt der Blütenboden nicht saftig rot an, es gibt bloß die trockenen, winzigen Nüsschen (daher: „sterilis").

☝ Das noch seltenere Kleinblütige Fingerkraut *(P. micrantha)* hat ebenfalls erdbeerähnliche, allerdings unterseits stark behaarte Blätter; es ist ausläuferlos; besonders auffällig ist der innen dunkelpurpurne Kelch, der hübsch zu den (sich nicht deckenden) weißen Blütenblättern kontrastiert. In lichten trockenen Wäldern und an Waldrändern der Kalkvoralpen.

## 2 Weißes Fingerkraut, *Potentilla alba*

| | | | | | | | | |
|---|---|---|---|---|---|---|---|---|
| 5–15 cm | IV–VI | ♃ | | | G1, W1 | mh | | |

+ Blätter fünfzählig gefingert
+ Blättchen schmal
+ oberseits kahl, am Rand von den Seidenhaaren der Blattunterseite weiß gesäumt

## Kriech-Fingerkraut (Kriechendes F.), *Potentilla reptans* (Bd. 1, S. 127, 3b)

+ Stängel rötlich, kriecht (aber Blätter gefingert, zum Unterschied zum Niedrigen F.)
+ wurzelt an den Knoten und bildet so Tochterpflanzen
+ Blüten groß, einzeln an aufrechten langen Stielen

1a

1b

2

**Frühlings-Fingerkraut-Gruppe, *Potentilla verna* agg.**

Nun wird es im wahrsten Sinne des Wortes haarig, denn die Behaarung dient als wesentliches Unterscheidungs- und Bestimmungsmerkmal innerhalb dieser Gruppe. Dabei geht es darum, welcher Haartyp (es gibt „Sternhaare“, und zwar symmetrische oder solche mit einem Schwanz, sozusagen „Kometenhaare“, einfache Haare und Kräuselhaare sowie Drüsenhaare) in welcher Dichte auf welchem Teil der Pflanze zu finden ist. Dabei gibt es alle denkbaren Kombinationen und Übergänge. Zum sicheren Bestimmen – soweit dies überhaupt möglich ist, auch Spezialisten haben hier Probleme – sind ein Binokularmikroskop, Fachliteratur, Übung bzw. Erfahrung und (verlässlich bestimmtes) Vergleichsherbar nötig. Die folgenden beiden Arten gehören zu dieser Gruppe.

## 3 Sand-Fingerkraut, *Potentilla incana (P. arenaria)*

| | | | | | | | | |
|---|---|---|---|---|---|---|---|---|
| 5–15 cm | IV | ♃ | | | TR, W1 | sh | | |

+ dichte, niedrige Rasen; Stängel liegen dem Boden auf, wurzeln aber nicht
+ Blätter eher mattgrün oder graugrün, zumindest auf der Unterseite grau, da ganz dicht mit Büschelhaaren besetzt, die – mit einer starken Lupe (20×) betrachtet – wie Sternchen aussehen

Sehr häufiges Frühlingsfingerkraut auf trockenen Standorten im pannonischen Raum.

## 4 Frühlings-Fingerkraut („Eigentliches F.-F.“), *Potentilla neumanniana (P. tabernaemontani)*

| | | | | | | | | |
|---|---|---|---|---|---|---|---|---|
| 5–15 cm | V–VI | ♃ | | | G1 | mh | | |

+ lockere Teppiche durch Legtriebe (Hauptstängel liegt am Boden), die bei älteren Pflanzen Wurzeln schlagen
+ Blätter hell- bis dunkelgrün, oberseits glänzend, unterseits nur mit einfachen Haaren

Außerhalb des pannonischen Raumes häufig, vor allem auf saurem Substrat (Sandstein-Wienerwald, Flyschzone, Waldviertel).

☝ Ein verbreiteter und häufiger Typ zwischen *P. incana* und *P. neumanniana* (Hybrid?) wird unter dem Namen „Flaumiges Frühlings-Fingerkraut“ *(P. pusilla)* als eigene Art geführt (ist aber formenreich und schwer verlässlich bestimmbar).

3a

3b

4

## 1 Siebenblatt-Fingerkraut, *Potentilla heptaphylla*

| | | | | | | | | |
|---|---|---|---|---|---|---|---|---|
| 5–15 cm | IV–VI | ♃ | | | G1, W6 | s | | |

+ Pflanzen kompakt, horstig (büschelig, i. U. z. Frühlings-Fingerkraut-Gruppe)
+ Blüten nicken nach dem Verblühen (bei der Frühlings-Fingerkraut-Gruppe sind sie auch nach dem Verblühen aufrecht)
+ Stängel oft rot getönt

## 2 Silber-Fingerkraut, *Potentilla argentea*

| | | | | | | | | |
|---|---|---|---|---|---|---|---|---|
| 20–30 cm | VI–X | ♃ | | | TR, G1, P1 | h | | |

+ Blätter unterseits dicht weißfilzig
+ Blättchen tief geteilt
+ Blattrand (der Stängelblätter) meist umgerollt

Auf sehr trockenen, sauren (meist sandigen oder schotterigen) Standorten.

☝ Das Silber-Fingerkraut ist vielgestaltig und es wurden daher einige (Klein-)Arten und Unterarten unterschieden. Pflanzen, die zwar ähnlich aussehen, deren Blätter aber nur graugrün filzig behaart sind und deren Rand nicht umgerollt ist, werden als „Graues Fingerkraut“ *(P. inclinata)* bezeichnet, das als „artgewordener Bastard“ zwischen Aufrechtem und Silber-Fingerkraut entstanden sein soll.

## 3 Aufrechtes Fingerkraut (Hohes F.), *Potentilla recta*

| | | | | | | | | |
|---|---|---|---|---|---|---|---|---|
| 30–70 cm | VI–VII | ♃ | | | K, G1, P1 | mh | | |

+ Stängel straff aufrecht, Pflanze dicht abstehend behaart
+ Untere Blätter meist siebenzählig gefingert
+ Blüten groß (über 2 cm breit), auffallend blass schwefelgelb

1

2a

2b

3

## Familie: Brennnesselgewächse, Urticaceae

*Blütenformel:* ✻ B4 ♂ 4, 5 ♀ 1

### SCHLÜSSEL ZU DEN GATTUNGEN UND ARTEN

A

- Pflanze ohne Brennhaare, Blätter ganzrandig; Auwaldpflanze
  → Glaskraut (Auen-G.), *Parietaria officinalis* (Bd. 1, S. 134)
- Pflanze mit Brennhaaren, Blätter grob gesägt
  - Endzahn der Blätter nicht länger als die benachbarten Zähne (Foto A, Blätter wirken dadurch vorn „rundlich"); einjährige Pflanze ohne nicht blühende Triebe und mit zarten Wurzeln, stehen ± einzeln
    → Kleine Brennnessel, *Urtica urens* (Bd. 1, S. 134)
  - Endzahn deutlich länger als seine Nachbarn; Blätter mit lang gezogener Spitze; Pflanze ausdauernd, wächst meist in Gruppen oder großen Beständen (unterirdische Ausläufer)
    → Große Brennnessel, *Urtica dioica*

### 4 Große Brennnessel, *Urtica dioica*

| | | | | | | | | |
|---|---|---|---|---|---|---|---|---|
| 30–150 cm | VI–X | ♃ | | | P2, 3, S2, W3 | sh | | |

+ *DIE* (allgemein bekannte) Brennnessel

4a

Kein „Unkraut", kommt in Ackerland praktisch nicht vor (verträgt Bodenbearbeitung nicht), in Gärten nur in „wilden Ecken", aber eine aus vieler Sicht sehr wertvolle Pflanze: Abgesehen von den vielfältigen Verwendungsmöglichkeiten (Heilpflanze, Wildgemüse, biologische Schädlingsbekämpfung, bodenverbessernd, Kompostierung fördernd, Faserpflanze – Nesseltuch wird in der Mode gesellschaftsfähig) ist die Brennnessel Futterpflanze der Raupen von etwa 40 Schmetterlingsarten und liefert Nahrung für viele andere Kleintiere. (Wer Brennnesseln bekämpft, sollte sich bewusst sein, dass er auch „Schmetterlinge" bekämpft.)

Es gibt männliche und weibliche Pflanzen (Pflanze zweihäusig = diözisch); dadurch ist in einem aus einer Pflanze durch Ausläuferwuchs entstandenen Bestand oft nur ein Geschlecht vertreten. Die männlichen Pflanzen senden zur Blütezeit Pollenwölkchen aus (hübsch im Gegenlicht), weil die Staubblätter auseinanderschnellen (Foto 4b).

4b

Blätter bzw. Kraut und unterirdische Teile der Brennnessel werden aufgrund ihrer verschiedenen Inhaltsstoffe auch in unterschiedlicher Weise als Arzneimittel verwendet: Extrakte aus Rhizom und Wurzeln bei Prostatabeschwerden, Blätter/Kraut zur Teebereitung, z. B. traditionell unterstützend bei rheumatischen Erkrankungen und als harntreibendes Mittel (zur „Durchspülungstherapie", zusammen mit anderen Teedrogen bei Harnwegsbeschwerden). In der Volksmedizin finden auch die Brennnesselfrüchte („Brennnesselsamen") und das daraus gepresste Öl vielfältige Anwendung.

### 1 Röhricht-Brennnessel (Kiew-B., Ukrainische B.), *Urtica kioviensis*

| | | | | | | | | |
|---|---|---|---|---|---|---|---|---|
| 30–70 cm | VII–VIII | ♃ | | | T2, W3 | ss | | |

+ Der Großen Brennnessel sehr ähnlich, aber auf ausgesprochen nassen Standorten
+ nur in den Auen von March und Thaya
+ Stängel kriecht, wurzelt an den Knoten und treibt aufrechte Stängel
+ im unteren Teil zwischen den Knoten etwas verdickt, hohl, zusammendrückbar (ohne Abb.).

## Familie: Schmetterlingsblütler, Fabaceae (Papilionaceae, Leguminosae)

*Blütenformel:* K(5) B3 + (2) ♂ (10) od. (9) + 1 ♀ 1

Die Schmetterlingsblütler oder Hülsenfrüchtler repräsentieren mit über hundert Arten eine wichtige einheimische Pflanzenfamilie. Sie sind aber auch international mit fast 20 000 Arten bedeutend und weltweit verbreitet; zumal sich viele Kulturpflanzen unter ihnen befinden. Bei diesen Kulturpflanzen handelt es sich vor allem um Arten mit eiweißreichen Früchten bzw. Samen; so auch bei der weltweiten Nummer 3 unter den Nutzpflanzen: der Soja-Bohne! Der Eiweißreichtum der Erbsen, Fisolen, Linsen oder Bohnen rührt dabei daher, dass Schmetterlingsblütler in Symbiose mit Luftstickstoff-fixierenden Bakterien (Rhizobien) leben. D.h., im Boden gibt es an den Wurzeln knollig verdickte Bereiche, in denen diese Bakterien leben, Luftstickstoff aufnehmen und es so den Pflanzen ermöglichen, eiweißreiche Früchte und Samen anzulegen. Da die Bakterien, die aufgrund der charakteristischen Verdickungen an den Wurzeln auch Knöllchenbakterien genannt werden, mit anderen Stoffen von der Pflanze versorgt werden, ist es ein perfektes Zusammenleben. Manchem Schmetterlingsblütler erlaubt es diese Symbiose, in sehr nährstoffarmen Lebensräumen vorzukommen; so beispielsweise der nordamerikanischen Robinie, die bestens auf den sandigen Böden des Marchfeldes zurechtkommt und so zum Teil offene, sandige Bereiche nicht nur überwächst, sondern langfristig mit Nährstoffen anreichert. Während dieses Phänomen aus naturschutzfachlicher Sicht für viele eigentlich nährstoffarme, sandige Lebensräume, in denen vorwiegend konkurrenzschwache, langsam wüchsige Arten vorkommen, ein Problem darstellt, nutzen wir in der Landwirtschaft die Anreicherung von Nährstoffen im Boden mittels Schmetterlingsblütlern: So werden z.B. Klee-Sorten *(Trifolium)* oder Luzerne *(Medicago)* zur Gründüngung eingesetzt.

Neben den typischen Hülsen, ein paar vegetativen Merkmalen, wie wechselständigen, häufig gefiederten Blättern mit Nebenblättern und manchmal mit Ranken, sind vor allem die Blüten dieser Familie sehr charakteristisch. Sie haben, wie der Name Schmetterlingsblütler schon sagt, einen klappsymmetrischen Aufbau entlang der vertikalen Achse und bieten dadurch Insekten zur Anlockung die oben stehende, meist große Fahne sowie einen Landeplatz (das Schiffchen, gesäumt von den beiden Flügeln (Bd. 1, S. 135; Foto A). Im Inneren des Schiffchens verbergen sich die zehn Staubblätter, die eine Röhre bilden, und in dieser Staubblattröhre verbirgt sich der einzelne Fruchtknoten mit Griffel und Narbe, der nach Bestäubung und Befruchtung zur Hülse heranreift. Wenn also der Pollen und die Narbe so gut im Schiffchen versteckt sind, dann wird es sicher verschiedene Möglichkeiten geben, als Bestäuber dort heranzukommen. Tatsächlich zeichnen sich die Schmetterlingsblütler durch eine Reihe unterschiedlicher Mechanismen aus, die zu einer erfolgreichen Bestäubung führen. Es gibt Arten, bei denen Schiffchen und Flügel nach unten, bei anderen zur Seite weggeklappt werden müssen (Klappmechanismus, z.B. Esparsette). Dabei wird insbesondere über das Gewicht potenzieller Bestäuber „geregelt", wer dazu in der Lage ist. Es gibt zudem Situationen, in denen die Staubgefäße und der Griffel im Schiffchen eingeklemmt sind und durch den Bestäuber einmalig aus ihrer Fixierung gelöst werden und somit abrupt nach oben schnellen (Schnellmechanismus, z.B. *Medicago*). Einen besonderen Weg der Pollenübertragung stellt der sogenannte Pumpmechanismus dar: Dabei wird der Pollen in die Schiffchenspitze abgegeben, die eine Öffnung aufweist. Wenn ein Insekt dann von oben ausreichend Druck auf das Schiffchen ausübt, wird der Pollen portionsweise aus der Schiffchenspitze freigegeben. Ein solcher Mechanismus existiert in verschiedenen Abwandlungen beispielsweise beim Hornklee *(Lotus)*, Hauhechel *(Ononis)* oder den Lupinen-Arten. Wie bei anderen artenreichen Pflanzenfamilien auch (vgl. Orchideen, S. 471) werden die vielfältigen Wege zu einer erfolgreichen Insektenbestäubung als ein wesentlicher (koevolutionärer) Grund dafür gesehen, dass sich so viele verschiedene Arten entwickeln konnten.

Die Blütenstände der Schmetterlingsblütler sind häufig Trauben (gestielte Einzelblüten stehen entlang einer blühenden Sprossachse). Dabei können die Achsen auch stark gestaucht sein, sodass kopfige Blütenstände entstehen, wie sie insbesondere vom Klee (Gattung *Trifolium*, Bd. 1, S. 136) bekannt sind. Außerdem gibt es weitere Reduktionen der Achsen der Blütenstände bzw. der Blütenanzahl, die hier benutzt werden, um in die Bestimmung einzusteigen. Alle dargestellten Vertreter sind krautig oder kleine Zwerg- oder Halbsträucher (für Bäume und Sträucher s. Bd. 4).

Eine derart nahrhafte Pflanzengruppe muss natürlich versuchen, sich vor Pflanzenfressern zu schützen. Es ist daher nicht überraschend, dass es unter den Leguminosen relativ viele Giftpflanzen gibt. Weltweit betrachtet, sind Leguminosen für zahlreiche Vergiftungen bei Mensch und Tier, ja sogar für Massenvergiftungen verantwortlich. In NÖ spielen sie in dieser Hinsicht eine geringe Rolle (abgesehen davon, dass es nützlich ist, über die Giftigkeit roher Speisebohnen Bescheid zu wissen). Alkaloide sind für die Giftigkeit von Goldregen, Ginster und Geißklee sowie der Lupine verantwortlich, die Robinie enthält eine giftige eiweißverwandte Substanz (Glykoprotein), die Steinklee-Arten enthalten Kumarine, die Bunte Kronwicke (schwache) Herzgifte. Sogar als Futterpflanzen bedeutsame Gattungen und Arten wie Klee oder Hornklee können Vergiftungen hervorrufen. Beim Hornklee gibt es „blausäurehaltige"[37] Rassen, die vor allem die frisch austreibenden Blätter wirksam vor Schneckenfraß schützen. Daher eine Warnung an Wildgemüsebegeisterte: Leguminosen sind, wenn überhaupt, mit Umsicht und Vorsicht zu genießen.

1

A

[37] Die Rassen enthalten Substanzen, die bei Zellzerstörung Blausäure abspalten.

Übersicht über die Teilschlüssel

A) Einzelne Blüten oder kleine Gruppen von Blüten (1–4) direkt in Blattachseln entlang der Stängel (Blüten daher teilweise zwischen Laubblättern verborgen) S. 157

B) Einzelne Blüten oder kleine Gruppen von Blüten (1–3) deutlich gestielt in Blattachseln entlang der Stängel S. 162

C) Gruppe von Blüten im Zentrum einer Blattrosette direkt am Boden
→ Stängelloser Tragant, *Astragalus exscapus* (Fotos 1a, b)

D) viel- (> 8) und dichtblütige, meist kugelige, manchmal etwas gestreckte Köpfchen („Klee“-Typus und ähnlich kopfige Arten anderer Gattungen) S. 165

E) vielblütige (> 5) Dolden (Blüten stehen, von oben betrachtet, im Kreis – man sieht die Blütenstiele auf einen zentralen Punkt zulaufen = „Kronleuchter“; vgl. Foto A; krautige Pflanzen S. 169

F) vielblütige (> 5) Trauben oder Ähren, d. h. lang gestreckte Blütenstände S. 171

## 1 Stängelloser Tragant, *Astragalus exscapus*

| | | | | | | | | |
|---|---|---|---|---|---|---|---|---|
| 5–10 cm | V–VI | ♃ | | | TR | ss | § | |

+ Gruppe gelber Blüten im Zentrum der Blattrosette
+ ganze Pflanze dicht abstehend behaart

Extrem seltene Trockenrasenpflanze.

A

1b

1a

## A. Einzelne Blüten oder kleine Gruppen von Blüten (1–4) direkt in Blattachseln entlang der Stängel (Blüten daher teilweise zwischen Laubblättern verborgen)

- Kleine Sträucher, d. h., die Pflanzen sind mindestens an ihrer Basis deutlich verholzt
  - Halbsträucher (d. h. nur im unteren Teil verholzt) mit rosaroten Blüten; Pflanzen mit dreiteiligen Blättern und z. T. mit Dornen; Blüten zu mehreren am Ende des Stängels zusammengedrängt
    - Rosa Blüten stehen einzeln in den Blattachseln; Pflanze i. d. R. unbedornt und niederliegend
      → Kriech-Hauhechel, *Ononis repens* (S. 159, Foto 1)
    - Rosa Blüten stehen zu 1–3 in den Blattachseln; Pflanze i. d. R. stark bedornt (Ausnahme: die seltene ssp. *austriaca* in nassen Wiesen) mit aufrechten, einreihig behaarten Stängeln
      → Dorn-Hauhechel, *Ononis spinosa* (S. 159, Foto A und Bd. 1, S. 146)
  - Zwergsträucher mit gelben Blüten und dreiteiligen Blättern
    - Fahne außen dicht seidig behaart; Stängel dicht anliegend behaart
      → Österreichischer Geißklee, *Chamaecytisus austriacus* (S. 159, Fotos 3a, b)
    - Fahne nicht dicht behaart; Stängel nur jung locker abstehend behaart; Blüten zu 1–3 in kurzen Seitentrieben sowie am Ende der Triebe in kopfigen Gruppen
      → Kopf-Geißklee, *Chamaecytisus supinus* (S. 159, Fotos 4a, b)
    - Fahne nicht dicht behaart; Stängel lang und zottig abstehend behaart; Blüten zu 1–4 in kurzen Seitentrieben (Blüten nicht am Ende der Triebe in kopfigen Gruppen); die Art kommt in NÖ wahrscheinlich nicht vor (ohne Abb.)
      → Rauhaariger Geißklee, *Chamaecytisus hirsutus*
  - Niederliegende, holzige Pflanzen (niederliegende Spaliersträucher; bis 30 cm hoch) mit gelben Blüten
    - Ungeteilte Blätter; Fahne seidig behaart; 1–2 Blüten pro Blattachsel
      → Heideginster, *Genista pilosa* (Bd. 1, S. 134)
    - Ungeteilte Blätter; Fahne kahl; Blüten etwas länger gestielt als bei der vorherigen Art (bis 1 cm)
      → Niederliegender Geißklee, *Cytisus procumbens* (S. 161, Foto 1)
    - Dreiteilige Blätter; 1–3 gelbe Blüten in kurzen Seitentrieben
      → Regensburger Geißklee, *Chamaecytisus ratisbonensis* (Bd. 1, S. 136)
- Krautige Pflanzen
  - Gelbliche Blüten
    - Gelbe Blüten; Blüten einzeln
      → Zwerg-Hauhechel, *Ononis pusilla* (S. 159, Foto 2)
    - Hellgelbe Blüten, oft an der Basis von einem Hauch violett überlaufen; die einzelnen Blütenstände zwei- bis vierblütig
      → Großblütige Wicke, *Vicia grandiflora* (S. 161, Fotos 2a, b)
    - Weißliche bis ockergelbe Blüten; die einzelnen Blütenstände ein- bis vierblütig
      → Eigentliche Pannonische Wicke, *Vicia pannonica* ssp. *pannonica* (S. 161, Fotos 3a, b)
  - Violette oder lila Blüten
    - Fahne purpurn, Schiffchen kräftiger (rötlich) gefärbt, 1–2 Blüten in den Blattachseln; Fiederblätter mit mehr als drei Fiederblättchenpaaren plus Ranke
      → Schmalblättrige Wicke, *Vicia angustifolia* (S. 161, Fotos 4a, b)

- Fahne dunkellila, Flügel und Schiffchen meist deutlich heller; Blüten i. d. R. einzeln; Fiederblätter mit 2–3 Fiederblättchenpaaren plus Spitze
  → Platterbsen-Wicke, *Vicia lathyroides* (S. 161, Foto 5)
- Blüte purpurlila, Fahne rückseitig dicht zottig behaart; die einzelnen Blütenstände ein- bis vierblütig; Fiederblätter mit 7–9 Fiederpaaren
  → Gestreifte Pannonische Wicke, *Vicia pannonica* ssp. *striata* (S. 160)
- Blüte schmutzig blaulila, die einzelnen Blütenstände ein- bis mehrblütig; Fiederblätter mit 4–7 Fiederpaaren
  → Zaun-Wicke, *Vicia sepium* (Bd. 1, S. 142)

## 1 Kriech-Hauhechel, *Ononis repens (subsp. procurrens)*

| | | | | | | | | |
|---|---|---|---|---|---|---|---|---|
| 30–60 cm | V–VIII | ♃ | | | G1, 2, M, W1 | mh | | |

+ Stängel niederliegend, kriechend oder aufsteigend
+ mit langen, unterirdischen Ausläufern
+ Blättchen vorn abgerundet bis eingedellt (nicht vorn spitz, wie beim Dorn-Hauhechel)

## 2 Zwerg-Hauhechel, *Ononis pusilla*

| | | | | | | | | |
|---|---|---|---|---|---|---|---|---|
| 5–20 cm | VI–VIII | ♃ | | | TR, G1, P4, W1 | s | | |

+ die im Juni und Juli zuerst kommenden Blüten haben eine kleine, oft verkümmerte, im Kelch eingeschlossene Krone. Wenn diese schon verblüht sind und die Hülsen zu reifen beginnen, entwickeln sich im August an der Spitze abermals Blüten, die dann wohlentwickelt sind.

Insidertipp: Wenn, dann werden Funde wohl nur im August gelingen, die ersten Blüten sind völlig unscheinbar; besonders am Alpenostrand, gern auf felsigen Trockenrasen.

## 3 Österreichischer Geißklee, *Chamaecytisus austriacus*

| | | | | | | | | |
|---|---|---|---|---|---|---|---|---|
| 30–50 cm | VII–VIII | ♃ bis ♄ | | | TR | s | | gi! |

+ Pflanze flaumig behaart
+ Blüten zitronengelb, ohne dunklen Fleck auf dem obersten Blütenblatt (= Fahne). Der Regensburger Geißklee (Bd. 1, S. 136) und der folgende haben oft einen solchen Fleck!

Meist auf Löss, insbesondere auf Lössböschungen.

## 4 Kopf-Geißklee, *Chamaecytisus supinus*

| | | | | | | | | |
|---|---|---|---|---|---|---|---|---|
| 20–60 cm | V–VII | ♃ bis ♄ | | | TR, W1 | mh | | gi! |

+ Blüten sowohl zu 1–3 an seitenständigen Kurztrieben (besonders im Frühling) als auch zu 2–6 in verkürzten Trauben am Ende der Langtriebe

An trockenen Böschungen und in lichten Eichen- und Föhrenwäldern.

1

A
Dorn-Hauhechel

2

3a

3b

4a

4b

## 1 Niederliegender Geißklee, *Cytisus procumbens*

| | | | | | | | | |
|---|---|---|---|---|---|---|---|---|
| 20–40 cm | IV–VI | ♃ bis ♄ | | | TR, W1 | s | | gi? |

+ Blütenstiele 2–3× so lang wie der Kelch – beim im Habitus ähnlichen Heide-Ginster *(Genista pilosa)* sind die Blütenstiele kaum länger als der Kelch. Der Heide-Ginster ist auch nur ungefähr halb so groß.

Auf Trockenrasen und in lichten Eichen- und Föhrenwäldern. Nur im Weinviertel, z. B. Feenhaube bei Eggenburg.

## 2 Großblütige Wicke, *Vicia grandiflora (V. sordida)*

| | | | | | | | | |
|---|---|---|---|---|---|---|---|---|
| 30–50 cm | V–VI | ⊙ | | | Ä, P3, S2, P2 | s | | |

+ Blüten hellgelb, violett überlaufen
+ Stängel liegend, aufsteigend oder klimmend
+ Blüten groß und auffallend

Im Weinviertel, im Marchfeld und im Steinfeld.

## 3 Pannonische Wicke, *Vicia pannonica*

| | | | | | | | | |
|---|---|---|---|---|---|---|---|---|
| 20–50 cm | V–VII | ① bis ⊙ | | | Ä, S3 | mh | | |

+ Zwei Unterarten: Blüten cremeweiß bis ockergelb: subsp. *pannonica* und, wenn purpurlila: subsp. *striata*

Beide kommen an Ackerrändern, auf Brachen und auf Böschungen und Wegrändern vor. Die subsp. *pannonica* ist häufig in Begrünungsmischungen (auch in Weingärten).

## 4 Schmalblättrige Wicke, *Vicia angustifolia*

| | | | | | | | | |
|---|---|---|---|---|---|---|---|---|
| 10–50 cm | V–VI | ① bis ⊙ | | | Ä, G3tr, P3, S2 | h | | |

+ meist auf ± trockenen Wiesen, auf Böschungen, auf Stoppelfeldern und an Wegrändern

Eine sehr formenreiche Art. Mehrere Unterarten, die meist schwer unterscheidbar sind (siehe FlÖ, S. 596).

## 5 Platterbsen-Wicke, *Vicia lathyroides*

| | | | | | | | | |
|---|---|---|---|---|---|---|---|---|
| 5–15 cm | IV–VI | ① bis ⊙ | | | G1, Ä, S3 | s | | |

+ nun doch ein Spezialmerkmal für angehende Spezialisten mit guter Lupe: Die Samen sind feinwarzig. (Bei allen übrigen Wicken-Arten sind sie glatt!)

Sehr kleine, aber hübsche Wicke in lückigen Rasen: auf trockenen Magerwiesen, an Böschungen und an Wegrändern, kalkmeidend.

1

2a

2b

3a

3b

4a

4b

5

**B. Einzelne Blüten oder kleine Gruppen von Blüten (1–3) deutlich gestielt in Blattachseln entlang der Stängel**

- Strauch mit 2–3 gelben Blüten pro lang gestieltem Blütenstand; Äste grün
  → Strauch-Kronwicke, *Coronilla emerus*
- Krautige Pflanzen
  - Blatt grasartig; lang gestielter Blütenstand mit 2 purpurnen Blüten
    → Gras-Platterbse, *Lathyrus nissolia*
  - 2 relativ große, breit spießförmige Nebenblätter plus Ranke; lang gestielte gelbe Blüte meist einzeln
    → Ranken-Platterbse, *Lathyrus aphaca*
  - 2 relativ große, schmale unterste Fiederblätter plus geteilter Ranke; lang gestielte violette Blüten zu 2–3; Stängel geflügelt
    → Rauhaarige Platterbse, *Lathyrus hirsutus*
  - dreifingerige Fiederblätter; hellgelbe, gestielte Blüten einzeln
    → Gelbe Spargelerbse, *Tetragonolobus maritimus* (S. 164, Fotos 1a, b)
  - Fiederblätter mit mind. 3 Seitenfiederpaaren; kleine, helllila Blüten meist zu zweit; Hülse viersamig
    → Viersamen-Wicke, *Vicia tetrasperma* (S. 164, Fotos 2a, b)

### 1 Strauch-Kronwicke, *Coronilla emerus (Hippocrepis emerus)*

| | | | | | | | | |
|---|---|---|---|---|---|---|---|---|
| 50–150 cm | IV–VI | ♃ bis ♄ | | | W1, 6 | h/mh | | gi? |

Meist in lichten Föhren- und Flaumeichenwäldern, kalkliebend; am leichtesten im Kalkwienerwald zu finden, dort h, sonst mh.

### 2 Gras-Platterbse, *Lathyrus nissolia*

| | | | | | | | | |
|---|---|---|---|---|---|---|---|---|
| 20–40 cm | V–VII | ⊙ | | | W6, G1 | ss | § | |

+ die Blätter sind grasähnlich und bestehen nur aus dem flachen Stiel und kleinen Nebenblättern

Fast nur im Sandstein-Wienerwald, meist auf Waldwiesen.

### 3 Ranken-Platterbse, *Lathyrus aphaca*

| | | | | | | | | |
|---|---|---|---|---|---|---|---|---|
| 10–40 cm | V–VII | ⊙ | | | Ä, P3 | ss | | |

Auf lehmigen, feuchten Äckern und Brachen.

### 4 Rauhaarige Platterbse, *Lathyrus hirsutus*

| | | | | | | | | |
|---|---|---|---|---|---|---|---|---|
| 30–100 cm | VI–VIII | ① bis ⊙ | | | Ä, P3, S3 | s | | |

+ Hülsen lang behaart
+ Fahne und Flügel meist blauviolett, die Fahne ist dunkler geadert, das Schiffchen weißlich

1

2

3a

3b

4

## 1 Gelbe Spargelerbse, *Tetragonolobus maritimus (Lotus maritimus)*

| | | | | | | | | |
|---|---|---|---|---|---|---|---|---|
| 10–30 cm | V–VII | ♃ | | | G3f, NaCl | mh | | |

+ die hellgelbe, gestielte, einzelne Blüte ist auffallend groß
+ Hülse vierkantig, am Rand geflügelt

Auf wechselfeuchten Wiesen und am Rand von Wassergräben. Salztolerant; im Pulkautal auf schwach salzigen Böden verbreitet.

## 2 Viersamen-Wicke, *Vicia tetrasperma*

| | | | | | | | | |
|---|---|---|---|---|---|---|---|---|
| 20–50 cm | V–VII | ⊙ bis ① | | | G1, Ä, S3 | mh | | |

+ Hülsen (meist) viersamig
+ Fieder-Blättchen sind vorn spitz

Kalkmeidend.

☝ Die ähnliche, ebenfalls zarte Zweisamen-Wicke *(V. hirsuta)* hat zahlreiche blassere Blüten, eine behaarte zweisamige Hülse und vorn quer abgeschnittene Blättchen.

1a

1b

2a

2b

## D. Viel- (>8) und dichtblütige, meist kugelige, manchmal etwas gestreckte Köpfchen („Klee"-Typus und ähnlich kopfige Arten anderer Gattungen)

- Zwergsträucher (verholzt)
  - Gelbe Blüten entlang des Stängels sowie am Ende der Triebe in kopfigen Gruppen
    - Fahne außen dicht seidig behaart; Stängel dicht anliegend behaart
      → Österreichischer Geißklee, *Chamaecytisus austriacus* (S. 159, Fotos 3a, b)
    - Fahne nicht dicht behaart; Stängel nur jung locker abstehend behaart; Blüten zu 1–3 in kurzen Seitentrieben sowie am Ende der Triebe in kopfigen Gruppen
      → Kopf-Geißklee, *Chamaecytisus supinus* (S. 159, Fotos 4a, b)
  - Hellrosa bis rötliche Blüten
    - Blüten zu 1–3 in Blattachseln, aber am Ende der Triebe stark gehäuft, dadurch dichter, ähriger Gesamtblütenstand
      → Bocks-Hauhechel, *Ononis arvensis* (S. 167, Foto 1)
    - Blüten zu 15–40 in einem dichten, deutlich abgesetzten Köpfchen, das von zwei handförmig geteilten Hüllblättern umgeben ist
      → Dinarischer Bergwundklee, *Anthyllis montana* ssp. *jacquinii* (S. 167, Fotos 2a, b)
- Krautige Pflanzen
  - Blätter dreiteilig („Klee-Blatt"); die einzelnen Fiederblättchen ohne endständiges Spitzchen
    → Gattung *Trifolium*, siehe Kasten S. 178
  - Blätter dreiteilig; Fiederblättchen mit endständigem Spitzchen
    → Gattung *Medicago*, siehe Kasten S. 181
  - Blätter fünffingerig erscheinend, da die Nebenblätter (sitzen direkt am Stängel) ähnlich groß sind wie die Seitenfiedern; Blüten weiß
    - Blättchen locker abstehend behaart; Köpfchen mit mehr als 14 Blüten
      → Vielblütiger Backenklee, *Dorycnium herbaceum* (Bd. 1, S. 144)
    - Blättchen dicht anliegend behaart; Köpfchen mit weniger als 14 Blüten
      → Seidiger Backenklee, *Dorycnium germanicum* (Bd. 1, S. 144)
  - Fiederblätter mit mind. 3 Seitenfiedernpaaren
    - Endfieder deutlich größer als Seitenfiedern; Köpfchen von zwei handförmig geteilten Hüllblättern umgeben; Blüten gelb
      → Wundklee, *Anthyllis vulneraria* agg. (Bd. 1, S. 140)
      - Gebirgspflanze; Kelch grauhaarig
        → Alpen-Wundklee, *Anthyllis vulneraria* subsp. *alpicola* (S. 167, Fotos 3a, b)
      - Steppenpflanze; Stängel unten lang abstehend behaart; Pflanze reich beblättert
        → Steppen-Wundklee, *Anthyllis vulneraria* subsp. *polyphylla* (S. 168, Fotos A, B)
      - Hügellandpflanze; Stängel vor allem im unteren Teil beblättert, wenn, dann anliegend behaart
        → Karpaten-Wundklee, *Anthyllis vulneraria* subsp. *carpatica* (S. 168, Fotos 1a, b)
    - Endfieder nicht größer als Seitenfiedern; Blütenstand anfangs dichtkopfig; Blüten blassgelb
      → Kicher-Tragant, *Astragalus cicer* (Bd. 1, S. 146)

- Endfieder nicht größer als Seitenfiedern; Blütenstand dichtkopfig; Blüten blau-violett oder purpurn
  - Gebirgspflanze; Hülse nicht gegliedert, nicht zerfallend (Fotos A, B)
    → Berg-Spitzkiel, *Oxytropis montana* agg. (Bd. 1, S. 147)
    - Blütenstiele sehr kurz (<2 mm); beblätteter Stängel vorhanden
      → Österreichischer Spitzkiel, *Oxytropis montana* s. str.
    - Blütenstiele länger (>2 mm), Pflanze ohne Stängel, daher alle Laubblätter in einer bodennahen Rosette (ohne Abb.)
      → Pyrenäen-Spitzkiel, *Oxytropis neglecta*
    - Achtung! Es gibt auch noch Hybrid-Pflanzen zwischen den beiden vorgenannten Arten
      → *Oxytropis montana × neglecta*
  - Trockenrasen-, Felsrasen-Pflanze; Stängel und Blätter dicht anliegend, silbrig behaart
    → Blasen-Tragant, *Astragalus vesicarius* (S. 168, Foto 2)
  - Trockenwiesen-Pflanze; Stängel und Blätter nur spärlich behaart; Pflanze extrem selten – nur im Pulkautal
    → Dänischer Tragant, *Astragalus danicus* (S. 168, Foto 3)

## 1 Bocks-Hauhechel, *Ononis arvensis*

| | | | | | | | | |
|---|---|---|---|---|---|---|---|---|
| 30–60 cm | VII–VIII | ♃ | | | G3f, S3 | s | § | |

+ Pflanze dornenlos, ohne Ausläufer, stets mit starkem Bocksgeruch
+ Stängel dicht abstehend behaart, zusätzlich mit Drüsenhaaren

Auf Feuchtwiesen und an Wegrändern.

## 2 Dinarischer Bergwundklee, *Anthyllis montana* subsp. *jacquinii*

| | | | | | | | | |
|---|---|---|---|---|---|---|---|---|
| 10–20 cm | V | ♃ | | | W1, TR | ss | | |

+ Fiederblätter mit 5–15 Fiederpaaren und einer Endfieder, die nicht größer als die Seitenfiedern ist
+ Spalierstrauch, d. h., die verholzten Äste wachsen niederliegend eng über den Boden oder Felsen
+ Blütenköpfchen dicht (15–40 hellrosa Blüten; s. Foto 2b), basal umgeben von zwei Hüllblättern

Neben drei Populationen in Niederösterreich[38] kommt diese Unterart in Österreich sonst nur am Südhang des Dobratsch in Kärnten vor, ist aber in den Dinarischen Gebirgen auf dem Balkan weiter verbreitet.

## Wundklee, *Anthyllis vulneraria* agg.
## 3 Alpen-Wundklee, *Anthyllis vulneraria* subsp. *alpicola*

| | | | | | | | | |
|---|---|---|---|---|---|---|---|---|
| 5–15 cm | V–VII | ♃ | | | A3, 4 | h | | |

Auf steinigen Magerrasen und Schuttfluren; kalkliebend.

[38] Vgl. Kropf (2012; International Journal of Plant Sciences) zur Situation dieser Unterart an ihrer absoluten nördlichen Verbreitungsgrenze.

## Steppen-Wundklee, *Anthyllis vulneraria* subsp. *polyphylla*

| | | | | | | | | |
|---|---|---|---|---|---|---|---|---|
| 20–60 cm | VI–VIII | ♃ | | | TR | s | | |

Auf Trockenrasen im pannonischen Gebiet (S. 168, Fotos A, B).

A

B

1

2a

2b

3a

3b

## 1 Karpaten-Wundklee, *Anthyllis vulneraria* subsp. *carpatica*

| | | | | | | | | |
|---|---|---|---|---|---|---|---|---|
| 10–30 cm | VI–VII | ① bis ♃ | | | TR, G1 | h | | |

Auf Trockenwiesen und in lichten Wäldern.

## 2 Blasen-Tragant, *Astragalus vesicarius* (subsp. *vesicarius*)

| | | | | | | | | |
|---|---|---|---|---|---|---|---|---|
| 10–15 cm | V–VI | ♃ | | | TR | ss | § | |

+ der Kelch erweitert sich nach der Blütezeit blasenförmig

Nur an wenigen Stellen im pannonischen Gebiet; oft durch Verbuschung der Trockenrasenfragmente akut gefährdet (z. B. auf dem Kronberg bei Hollenstein a. d. Schmida).

## 3 Dänischer Tragant, *Astragalus danicus*

| | | | | | | | | |
|---|---|---|---|---|---|---|---|---|
| 5–20 cm | V–VI | ♃ | | | TR, NaCl | ss | § | |

Salzertragend; nur auf der Saliterheide bei Zwingendorf im Pulkautal. Dort akut vom Aussterben bedroht.

Fotos A, B zeigen *Anthyllis vulneraria* subsp. *polyphylla* von S. 167

**E. Vielblütige (>5) Dolden (Blüten stehen, von oben betrachtet, im Kreis; vgl. Foto A, S. 156); krautige Pflanzen**

- Blätter fünfteilig, da die Nebenblätter (diese sitzen direkt am Stängel) ähnlich groß sind wie die Seitenfiedern
  → Gattung *Lotus*
  - Dolden reichblütig (>8 Blüten); Pflanze feuchter Standorte, Stängel deutlich hohl
    → Sumpf-Hornklee, *Lotus uliginosus* (Bd. 1, S. 144)
  - Dolden wenigblütig (<8 Blüten); Stängel markig
    - Fiederblättchen sehr schmal, mehrfach so lang wie breit; Pflanze feuchter (salzhaltiger) Standorte
      → Schmalblatt-Hornklee, *Lotus tenuis*
    - Fiederblättchen nur 2–3× so lang wie breit; Pflanze weit verbreitet, auch ausgesprochen trockene sowie Gebirgsstandorte
      → Wiesen-Hornklee, *Lotus corniculatus* agg. (Bd. 1, S. 144)
- Fiederblätter mit vielen Fiederblättchen und Endfieder (unpaarig)
  - Blüten weiß, rötlich oder violett
    → Bunte Kronwicke, *Securigera (Coronilla) varia* (Bd. 1, S. 142)
  - Blüten gelb
    - Schlanke Hülsen mehrfach hufeisenförmig gekrümmt
      → Hufeisenklee, *Hippocrepis comosa* (S. 170, Fotos 1a, b)
    - Schlanke Hülsen mehrfach eingeschnürt, aber nicht hufeisenförmig gekrümmt
      - Dolde vier- bis achtblütig; Nebenblätter miteinander verwachsen, fast so groß wie eine Seitenfieder
        → Scheiden-Kronwicke, *Coronilla vaginalis* (S. 170, Fotos 2a, b)
      - Dolde 10–25-blütig; Nebenblätter sehr klein, kurzlebig, bald abfallend
        → Berg-Kronwicke, *Coronilla coronata* (S. 171, Fotos 3a, b)

## 4 Schmalblatt-Hornklee, *Lotus tenuis (L. glaber)*

| | | | | | | | | |
|---|---|---|---|---|---|---|---|---|
| 20–50 cm | VI–VIII | ♃ | | | G1, NaCl | mh | | |

+ Blüten duftend

Auf wechselfeuchten Weiden, Zeiger für schwere Böden und Trittflächen; salztolerant; auch am Rand versalzener Straßen, insbes. Mittelstreifen von Autobahnen.

4

## 1 Hufeisenklee, *Hippocrepis comosa*

| | | | | | | | | |
|---|---|---|---|---|---|---|---|---|
| 10–20 cm | V–VII | ♃ | | | G1, W1, A3, 4 | mh | | |

In lichten Föhrenwäldern, auf Magerwiesen und Steinrasen; kalkliebend. Von Perchtoldsdorf bis zu den Kalkvoralpen.

## 2 Scheiden-Kronwicke, *Coronilla vaginalis*

| | | | | | | | | |
|---|---|---|---|---|---|---|---|---|
| 5–10 cm | V–VI | ♃ | | | W1, G1 | mh | | gi! |

\+ Blättchen fleischig, klein, durchscheinend berandet

In lichten Föhrenwäldern, auf steinigen Magerwiesen und auf felsigen Hängen, besonders auf Dolomit. Am Alpenostrand, vom Anninger bis zu den Kalkvoralpen.

## 3 Berg-Kronwicke, *Coronilla coronata*

| | | | | | | | | |
|---|---|---|---|---|---|---|---|---|
| 30–50 cm | V–VII | ♃ | | | W1, G1 | mh | | |

\+ Blüten wohlriechend

Gern in trocken-warmen, lichten Wäldern, besonders Flaumeichenwäldern, kalkliebend.

1a

1b

2a

2b

3a

3b

## F. Vielblütige (>5) Trauben oder Ähren, d. h. lang gestreckte Blütenstände

- Kleine Sträucher, Zwerg- und Halbsträucher
  - Ungeteilte Blätter
    - Pflanze (bis 60 cm hoch) ohne Dornen; Stängel nicht geflügelt
      → Färber-Ginster, *Genista tinctoria* (Bd. 1, S. 134)
    - Pflanze (bis 30 cm hoch) ohne Dornen; Stängel breit geflügelt
      → Flügel-Ginster, *Genista sagittalis* (S. 173, Foto 1)
    - Pflanze (bis 60 cm hoch) mit Dornen
      → Deutscher Ginster, *Genista germanica* (S. 173, Foto 2)
  - Fiederblätter dreiteilig; viele Blüten in lang gestreckten endständigen Trauben
    → Schwarz-Geißklee, *Cytisus nigricans* (Bd. 1, S. 136)
- Krautige Pflanzen
  - Fiederblätter dreiteilig; Endfieder nicht deutlich länger gestielt („Klee"-Blatt)
    - Blüten purpurrot; Blütenstand bis zu 7 cm lang; Fiederblättchen schmal
      → Purpurklee, *Trifolium rubens* (Bd. 1, S. 138)
    - Blüten blutrot; Blütenstand 2–3 × so lang wie breit; typische Klee-Blätter; als Futterpflanze angesät
      → Inkarnat-Klee, *Trifolium incarnatum* (S. 175, Fotos 1a, b)
  - Fiederblätter dreiteilig; Endfieder deutlich länger gestielt; Fiederblättchen gezähnelt; Blüten hängend; Pflanzen beim Zerreiben der Blätter mit Waldmeisterduft
    - Weiße Blüten; Pflanze kann über 1 m groß werden
      → Weißer Steinklee, *Melilotus albus* (Bd. 1, S. 140)
    - Gelbe Blüten
      - Nebenblätter am Grund mit mehreren Zähnchen; kleine Pflanze (bis 60 cm)
        → Salz-Steinklee, *Melilotus dentatus* (S. 174, ohne Abb.)

- Nebenblätter ohne deutliche Zähnchen; Hülse kahl; größere Pflanze (bis 150 cm) trockener Standorte
  → Gelber Steinklee, *Melilotus officinalis* (Bd. 1, S. 140)

- Nebenblätter ohne deutliche Zähnchen; Hülse behaart; größere Pflanze (bis 150 cm) feuchter Standorte
  → Sumpf-Steinklee, *Melilotus altissimus* (S. 174, ohne Abb.)

– Fiederblätter mit 1–3 (selten 4) Paaren von Fiederblättchen ohne Endfieder

◆ Gelbe oder gelblich weiße Blüten; manchmal an der Basis rötlich überlaufen

- Gelbe Blüten; Trauben 3–12-blütig; Fiederblätter mit nur einem Paar Fiederblättchen und einer verzweigten Ranke
  → Wiesen-Platterbse, *Lathyrus pratensis* (Bd. 1, S. 142)

- Weißlich hellgelbe Blüten, an der Basis oft rot überlaufen; Trauben vier- bis achtblütig; Fiederblätter mit 2 Paar schlanker Fiederblättchen und ohne Ranke
  → Pannonische Platterbse, *Lathyrus pannonicus* (S. 175, Fotos 2a, b)

◆ Rötliche, violette oder purpurne Blüten

- Fiederblätter mit nur einem Paar Fiederblättchen und einer Ranke

❖ Stängel und Laubblattstiele bis 2 mm breit geflügelt; Trauben 2–10-blütig
  → Wald-Platterbse, *Lathyrus sylvestris* (S. 175, Foto 3)

❖ Stängel und Laubblattstiele 2–7 mm breit geflügelt; Trauben 4–16-blütig
  → Breitblatt-Platterbse, *Lathyrus latifolius* (S. 175, Fotos 4a, b)

❖ Stängel ungeflügelt
  → Knollen-Platterbse, *Lathyrus tuberosus* (Bd. 1, S. 144)

- Fiederblätter mit 2–3 Paar Fiederblättchen und einer Ranke; wenig blütige Trauben (2–6 Blüten)
  → Sumpf-Platterbse, *Lathyrus palustris* (S. 176, Foto 1a)

- Fiederblätter mit 2–3 Paar Fiederblättchen ohne Ranke

❖ wenigblütige Trauben (3–6 Blüten); Stängel geflügelt
  → Berg-Platterbse, *Lathyrus linifolius* (S. 177, Fotos 2a, b)

❖ wenigblütige Trauben (3–8 Blüten); Blüten mit auffälligem Farbwechsel (purpurn → blau); Stängel ungeflügelt
  → Frühlings-Platterbse, *Lathyrus vernus* (Bd. 1, S. 144)

❖ vielblütige Trauben (8–25 Blüten); Stängel ungeflügelt
  → Bunt-Platterbse, *Lathyrus venetus* (S. 176, Foto 3)

– Fiederblätter mit vielen Fiederblättchen (>9)

◆ Gebirgspflanze; Hülse stark gegliedert, zerfällt in 1–4 einsamige Teile
  → Alpen-Süßklee, *Hedysarum hedysaroides* (Bd. 1, S. 146)

◆ Hülse einsamig mit dornigen Fortsätzen; Blüten rosa mit verschwindend kleinen seitlichen Flügeln

- Schlanke Trauben, da kleine Blüten; extrem trockene Standorte
  → Sand-Esparsette, *Onobrychis arenaria* (Bd. 1, S. 146)

- Breitere Trauben, da größere Blüten; häufig angesät (Böschungen)
  → Gewöhnliche Esparsette, *Onobrychis viciifolia* (Bd. 1, S. 146)

- Pflanze mit schlanken, aufrecht abstehenden Hülsen; alle Fiederblättchen in eine charakteristische grannenförmige Spitze auslaufend; Blüten lila
  → Echte Geißraute, *Galega officinalis* (S. 177, Fotos 4a, b)
- Ganze Pflanze dicht, zottig abstehend behaart; Blüten hell gelb
  → Steppen-Spitzkiel, *Oxytropis pilosa* (Bd. 1, S. 148)
- Pflanzen mit anderen Merkmalskombinationen
  - Pflanzen mit paarigen Fiederblättern, d. h. ohne Endfieder (dafür mit kurzer Spitze oder Ranke)
    → vor allem Gattung *Vicia*, siehe Kasten S. 183
  - Pflanzen mit unpaarig gefiederten Blättern, d. h. mit Endfieder
    → Gattung *Astragalus*, siehe Kasten S. 188

## 1 Flügel-Ginster, *Genista sagittalis*

| | | | | | | | | |
|---|---|---|---|---|---|---|---|---|
| 15–25 cm | V–VI | ♃ bis ♄ | | | G1 | mh | | gi! |

+ Stängel kriechend, unten verholzt

Zumeist auf trockenen, bodensauren Magerwiesen, im Gebiet des Wechsels und der Buckligen Welt.

## 2 Deutscher Ginster, *Genista germanica*

| | | | | | | | | |
|---|---|---|---|---|---|---|---|---|
| 20–60 cm | V–VI | ♃ bis ♄ | | | G1, W1 | mh | | gi! |

+ Pflanze behaart, mit Dornen (Pfeile in Foto 2)

Meist an bodensauren Waldrändern und auf Magerwiesen; kalkmeidend.

## 1 Inkarnat-Klee, *Trifolium incarnatum*

| | | | | | | | | |
|---|---|---|---|---|---|---|---|---|
| 10–50 cm | V–VIII | ① bis ⊙ | | | Ä, S3 | mh | | |

+ Kelch dicht weißlich zottig behaart

An Ackerrändern, auf Ödland und Böschungen, häufig in Begrünungsmischungen für Weingärten, selten verwildert; bevorzugt sandige Böden.

## Salz-Steinklee, *Melilotus dentatus* (ohne Abb.)

| | | | | | | | | |
|---|---|---|---|---|---|---|---|---|
| 20–50 cm | V–IX | ① bis ⊙ | | | NaCl | s | | gi? |

+ Blättchen mit 16–22 Paaren von Seitennerven (alle anderen Steinklee-Arten haben nur 6–14 Paare)

Feuchte, oft schwach salzige Wiesen im Wiener Becken, im Marchtal und im Pulkautal.

## Sumpf-Steinklee, *Melilotus altissimus* (ohne Abb.)

| | | | | | | | | |
|---|---|---|---|---|---|---|---|---|
| 70–150 cm | VII–IX | ⊙ | | | G4, W3, P1, T3 | s | | gi? |

Meist an feuchten Standorten (Feuchtwiesen, Auwälder, Ufer, feuchte Sandgruben).

☝ Der im Habitus ähnliche und sh Gelbe Steinklee *(M. officinalis)* kommt meist an trockenen Standorten vor.

## 2 Pannonische Platterbse, *Lathyrus pannonicus* subsp. *pannonicus*

| | | | | | | | | |
|---|---|---|---|---|---|---|---|---|
| 20–50 cm | V–VI | ♃ | | | G2, 4 | s | | |

+ Blütentrauben samt Stiel länger als ihr Tragblatt, Blüten weiß

Auf feuchten bis nassen Magerwiesen und Sumpfwiesen.

☝ *L. pannonicus* subsp. *collinus* ss auf trockenen Magerwiesen, nur im pannonischen Gebiet; §. Hier sind die Blütentrauben samt Stiel höchstens so lang wie ihr Tragblatt, die Blüten sind gelblich weiß. (Foto 2b; Hainburger Berge)

## 3 Wald-Platterbse, *Lathyrus sylvestris*

| | | | | | | | | |
|---|---|---|---|---|---|---|---|---|
| 1–2 m | VII–VIII | ♃ | | | W1, K, S3 | s | | gi! |

+ Nebenblätter klein

Am ehesten zu finden im Flysch-Wienerwald, fehlt im Wiener Becken und im Marchfeld.

## 4 Breitblatt-Platterbse, *Lathyrus latifolius*

| | | | | | | | | |
|---|---|---|---|---|---|---|---|---|
| 50–200 cm | VI–IX | ♃ | | | G3tr, K, H | mh | | |

+ Nebenblätter groß, fast blättchenartig

Kalk- und sandsteinliebend; am ehesten zu finden in der Umgebung von Wien, z. B. am Eichkogel bei Mödling.

1a

1b

4a

4b

2a

2b

3

## 1 Sumpf-Platterbse, *Lathyrus palustris*

| | | | | | | | | |
|---|---|---|---|---|---|---|---|---|
| 30–100 cm | VI–VII | ♃ | | | G4, W3 | ss | § | |

+ Fahne und Flügel blauviolett, Schiffchen weiß, eine herrliche Pflanze

Auf sumpfigen Wiesen und am Auwaldrand; nur im Marchfeld und in der Feuchten Ebene im Wiener Becken (Himberg und Moosbrunn).

## 2 Berg-Platterbse, *Lathyrus linifolius (L. montanus)*

| | | | | | | | | |
|---|---|---|---|---|---|---|---|---|
| 15–30 cm | IV–VI | ♃ | | | W1, 6 | ss | § | |

+ Blüten hellpurpurn, am Grund grünlich, beim Verblühen hellblau bis grünlich

Kalkmeidend; ss nur in bodensauren lichten Wäldern im Flysch-Wienerwald im Raum Rekawinkel-Riederberg.

## 3 Bunt-Platterbse, *Lathyrus venetus*

| | | | | | | | | |
|---|---|---|---|---|---|---|---|---|
| 20–40 cm | V–VI | ♃ | | | W2 | ss | | |

+ der Stiel der Blütentraube ist dicht kurzhaarig; bei der ähnlichen, weitverbreiteten Frühlings-Platterbse *(L. vernus)* ist er kahl
+ die Blüten sind viel kleiner als bei der Frühlings-Platterbse, dafür sind die Trauben viel reichblütiger

Nur an wenigen Stellen im südlichen Wienerwald (z. B. bei Groisbach) und in den nordöstlichen Voralpen.

## 4 Echte Geißraute, *Galega officinalis*

| | | | | | | | | |
|---|---|---|---|---|---|---|---|---|
| 40–100 cm | VII | ♃ | | | G2, W3, T3, H | mh | | gi! |

+ Pflanze meist völlig kahl

✐ Erinnert im Habitus an eine Wicke/*Vicia*, diese hat jedoch paarig gefiederte Blätter mit Ranke oder Granne, aber ohne Endblättchen. Die Geißraute hingegen hat unpaarig gefiederte Blätter mit deutlichem Endblättchen. Damit könnte man sie eventuell mit einer der Tragant/*Astragalus*-Arten verwechseln, die aber allesamt ± behaart sind! Aufgrund der Merkmalskombination: Habitus einer Wicke, aber unpaarig gefiederte Blätter und absolut kahl ist die Geißraute auch im nicht blühenden Zustand bestimmbar.

1a

3

1b

2a

2b

4a

4b

## Gattung: Klee, *Trifolium*

Kleine, in dicht gedrängten kopfigen Blütenständen stehende Blüten; Fiederblätter dreiteilig („Klee"-Blatt); die welken Blütenblätter fallen nicht ab, sondern hüllen die Hülse zur Fruchtreife ein.

- Früchte zur Fruchtreife charakteristisch aufgeblasen; Blüten weiß bis rosa
  → Erdbeer-Klee, *Trifolium fragiferum* (Bd. 1, S. 137)

- Blüten weiß (manchmal ein bisschen rosa)

  - Blüten reinweiß; Pflanze wächst aufrecht
    → Bergklee, *Trifolium montanum* (Bd. 1, S. 136)

  - Blüten weiß; Pflanze wächst kriechend
    → Weißklee, *Trifolium repens* (Bd. 1, S. 136)

  - Blüten weiß oder zartrosa, kaum zwischen den Kelchzipfeln hervortretend; Pflanze niederliegend bis aufsteigend
    → Kleinblüten-Klee, *Trifolium retusum* (S. 179, Fotos 1a, b)

- Blüten rosa bis rot

  - Blüten hellrosa bis purpurn; Blüten im Köpfchen andersherum orientiert, als normalerweise bei Klee-Arten; wird angesät
    → Perser-Klee, *Trifolium resupinatum* (S. 179, Fotos 2a, b)

  - Blüten hellrosa; das gestielte Blütenköpfchen stark wollig-behaart; Blütenköpfchen streckt sich mit dem Aufblühen in die Länge
    → Hasenklee, *Trifolium arvense* (S. 180, Fotos 1a, b)

  - Blüten hellrosa; das ungestielte Blütenköpfchen sitzt an der Basis in einem auffällig gestreiften Nebenblatt sitzend; weniger stark behaart, streckt sich aber auch
    → Streifenklee, *Trifolium striatum* (S. 180, Fotos 2a, b)

  - Blüten mit einer mehr oder weniger starken rosa Tönung, die über die Blühzeit intensiver wird (= bunte Blütenköpfchen); oft angesät
    → Schwedenklee, *Trifolium hybridum* (Bd. 1, S. 138)

  - Blüten rot; Blättchen mit weißem Winkelfleck (2–4 × so lang wie breit); Stängel knickig
    → Mittlerer Klee, *Trifolium medium* (Bd. 1, S. 138)

  - Blüten rot; Blättchen mit weißem Winkelfleck, aber deutlich breiter als vorgenannte Art (1–3 × so lang wie breit)
    → Wiesen-Rotklee, *Trifolium pratense* (Bd. 1, S. 138)

  - Blüten kräftig purpurrot; Blättchen ohne Winkelfleck
    → Hügelklee, *Trifolium alpestre* (Bd. 1, S. 138)

- Blüten gelb

  - Endfieder länger gestielt als die beiden Seitenfiedern; erinnert an *Medicago* (s. S. 181 Kasten), hat aber kein Spitzchen am Ende der Fiederblättchen
    → Feldklee, *Trifolium campestre* (Bd. 1, S. 138)

  - Blüten (gold)gelb; Blütenköpfchen größer als bei vorgenannter Art
    → Goldklee, *Trifolium aureum* (Bd. 1, S. 138)

  - Blüten gelb; Fahne zusammengefaltet; Blütenköpfchen kleiner als bei den beiden vorgenannten Arten
    → Fadenklee, *Trifolium dubium* (Bd. 1, S. 138)

  - Blüten gelb, werden nach der Blüte kräftig braun; die oberen Stängelblätter fast gegenständig angeordnet; Arten feuchter Standorte

- Blütenköpfchen werden zunehmend länglich zylindrisch; kalkmeidende Art
  → Moorklee, *Trifolium spadiceum* (S. 180, Fotos 3a, b)
- Blütenköpfchen kugelig bis eiförmig; basenliebende Art
  → Braunklee, *Trifolium badium* (Bd. 1, S. 138)

– Blüten hell blassgelb; Pflanze dicht weichhaarig
  → Blassgelber Klee, *Trifolium ochroleucum* (Bd. 1, S. 138)

## 1 Kleinblüten-Klee, *Trifolium retusum*

| | | | | | | | | |
|---|---|---|---|---|---|---|---|---|
| 5–30 cm | V–VII | ① | | | TR, G1, S3 | ss | § | |

+ Blütenkrone etwa so lang wie der Kelch

Auf Trockenwiesen und an Wegrändern. Nur bei Baumgarten a. d. March und auf den Saliterwiesen bei Zwingendorf im Pulkautal; häufiger im NÖ angrenzenden nördl. Burgenland (v. a. Parndorfer Platte).

## 2 Perser-Klee, *Trifolium resupinatum*

| | | | | | | | | |
|---|---|---|---|---|---|---|---|---|
| 5–20 cm | V–VII | ⊙ | | | S3, Ä | mh | | |

+ Blüten um 180° gedreht, dadurch Fahne unten in der Blüte
+ Pflanze niederliegend wachsend

Nicht ursprünglich heimisch, aber z. B. an Böschungen (und als Futterpflanze) angesät.

1a, 1b

2a

2b

## 1 Hasenklee, *Trifolium arvense*

| | | | | | | | | |
|---|---|---|---|---|---|---|---|---|
| 10–30 cm | VI–IX | ⊙ bis ① | | | P1, G1, TR, Ä | mh | | |

Auf bodensauren, sandigen Magerrasen, in Äckern und auf sandigen Brachflächen (hier oft massenhaft); kalkmeidend, am häufigsten im Marchfeld und im Waldviertel.

## 2 Streifenklee, *Trifolium striatum*

| | | | | | | | | |
|---|---|---|---|---|---|---|---|---|
| 5–30 cm | V–VI | ① bis ⊙̈ | | | G1, TR, Ä, S3 | ss | § | |

+ Blüten hellrosa, dunkler geadert

Auf sandigen Trockenrasen und Äckern; fast nur im östlichen Marchfeld.

## 3 Moorklee, *Trifolium spadiceum*

| | | | | | | | | |
|---|---|---|---|---|---|---|---|---|
| 20–40 cm | VI–VIII | ① bis ⊙̈ | | | G2 | mh | | |

Auf Moorwiesen, Waldwiesen und in Gräben, besonders auf Torf. Kalkmeidend – nur im Waldviertel.

1a

1b

2a

2b

3a

3b

### Gattung: Schneckenklee, *Medicago*

Dreiteilige Blätter, Endfieder gestielt; Fiederblättchen mit endständigem Spitzchen

- Blüten blau-violett; Pflanze wird oft angebaut (Gründüngung, Bienenweide)
  → Saat-Luzerne, *Medicago sativa* (Bd. 1, S. 140)
- Blüten bunt, d. h. gelbe, blaue, violette bis grünliche Farbtöne (da Hybridpflanze)
  → Kultur-Luzerne, *Medicago varia* (Bd. 1, S. 140)
- Blüten gelb
  - Hülse schmal, leicht sichelförmig gekrümmt
    → Sichel-Luzerne, *Medicago falcata* (Bd. 1, S. 140)
  - Hülsen im Kreis stehend aufwärts gekrümmt
    → Französischer Schneckenklee, *Medicago monspeliaca* (Foto 4)
  - Hülse kugelig
    → Hopfenluzerne, *Medicago lupulina* (Bd. 1, S. 140)
  - Hülsen schneckenförmig gewunden, ohne Stacheln
    → Niederliegender Schneckenklee, *Medicago prostrata* (S. 182, Foto 1b)
  - Hülsen schneckenförmig gewunden, mit Stacheln
    → Zwerg-Schneckenklee, *Medicago minima* (S. 182, Foto 2c)

## 4 Französischer Schneckenklee, *Medicago (Trigonella) monspeliaca*

| | | | | | | | | |
|---|---|---|---|---|---|---|---|---|
| 5–15 cm | V | ① | | | P1, TR, P4, S3 | ss | | |

+ Hülsen walzlich, aufwärts gekrümmt
+ im Habitus ähnlich dem Zwerg-Schneckenklee *(M. minima),* bei dem aber die Hülsen schneckenförmig gewunden sind

Nur im pannonischen Gebiet auf steinigen Trockenrasen, an Wegrändern und auf Böschungen.

## 1 Niederliegender Schneckenklee, *Medicago prostrata*

| | | | | | | | | |
|---|---|---|---|---|---|---|---|---|
| 10–40 cm | VI–VIII | ♃ | | | TR | ss | | |

+ Blütenstand meist nur drei- bis sechsblütig
+ Blütenstiele nach dem Verblühen abwärtsgerichtet

Nur in Kalkfelssteppen der Fischauer Berge und in Schottersteppen bei Wiener Neustadt.

☝ Verkümmerte Exemplare der Sichel-Luzerne schauen ähnlich aus, aber die Hülse ist sichelförmig; hier aber ist die Hülse schneckenförmig eingerollt.

## 2 Zwerg-Schneckenklee, *Medicago minima*

| | | | | | | | | |
|---|---|---|---|---|---|---|---|---|
| 10–30 cm | V–VI | ⊙ bis ① | | | TR, P1 | s | | |

+ Früchte kugelförmig
+ Blütenstiele kürzer als der Kelch

In lückigen Trockenrasen, in Sand- und Schottergruben oder in Weingärten mit kargen Schotter-/Sandböden.

1a

1b

2a

2c

2b

## Gattung: Wicke, *Vicia* (und Platterbsen mit auffällig vielen Fiederpaaren)

Paarige Fiederblätter mit vielen Blättchenpaaren

- Blüten fast weiß (ein Hauch von Lila an der Spitze der Fahne); Blüten klein (2–4 mm); Hülse zweisamig und behaart
  → Zweisamige Wicke, *Vicia hirsuta* (S. 185, Fotos 1a, b)
- Blüten weiß, aber mit deutlichen lila Adern auf der Fahne; lang gestielte Trauben mit 10–15 Blüten
  → Waldwicke, *Vicia sylvatica* (S. 185, Foto 4)
- Blüten gelblich
  - Gelbe Blüten in lang gestielten Trauben (10–30-blütig); Fiederblätter mit Ranke
    → Erbsen-Wicke, *Vicia pisiformis* (S. 185, Fotos 3a, b)
  - Hell gelbe Blüten in fast sitzenden Trauben (drei- bis achtblütig); Fiederblätter ohne Ranke
    → Walderbsen-Wicke, *Vicia oroboides* (S. 185, Foto 4)
- Blüten blau-violett, rötlich oder purpurn
  - Pflanze sehr reichblütig (>15 Blüten pro Traube)
    → die folgenden Arten sind z. T. schwierig auseinanderzuhalten (vgl. FlÖ, S. 597–599)
    - Kelch am Grund bauchig, d. h. nach unten zu ausgebeult
      - Pflanze dicht, abstehend zottig behaart
        → Zottelwicke, *Vicia villosa* (S. 185, Foto 5)
      - Pflanze kahl oder nur spärlich anliegend behaart
        → Kahle Wicke, *Vicia glabrescens* (S. 187, Foto 1b)
    - Kelch am Grund nicht bauchig, d. h. nicht nach unten zu ausgebeult
      - Fiederblättchen elliptisch (höchstens 3 × so lang wie breit)
        → Kaschuben-Wicke, *Vicia cassubica* (S. 187, Foto 2a)
      - Fiederblättchen schmal (mind. 4 × so lang wie breit); Blütentraube inkl. Stiel meist kürzer als das dazugehörige Fiederblatt; Blüten klein (7–12 mm)
        → Vogelwicke, *Vicia cracca* (Bd. 1, S. 142)
      - Fiederblättchen schmal (mind. 4 × so lang wie breit); Blütentraube inkl. Stiel deutlich länger als das dazugehörige Fiederblatt; Blüten groß (12–15 mm)
        → Feinblatt-Wicke, *Vicia tenuifolia* (Bd. 1, S. 142)
  - Pflanze im Vergleich eher wenigblütig (< 12 Blüten)
    - Sitzende, zwei- bis sechsblütige Trauben
      - Blüten schmutzig violett; weit verbreitete Art mit in ihrer Form charakteristischen Fiederblättchen
        → Zaunwicke, *Vicia sepium* (Bd. 1, S. 142)
      - Blüten dunkel, schwärzlich purpurn; Fiederblättchen scharf gesägt; nur im Wiener Becken
        → Sägeblatt-Wicke, *Vicia serratifolia* (S. 187, Foto 3)
    - Lang gestielte, 4–10-blütige Trauben; Arten lichter Wälder
      - Blüten purpurrot; Art lichter Laubmischwälder
        → Hain-Wicke, *Vicia dumetorum* (S. 187, Foto 4)
      - Blüten trüb-purpurn bis violett; Pflanze verfärbt sich beim Trocknen schwarz; Art warmtrockener Eichenwälder
        → Schwarzwerdende Platterbse, *Lathyrus niger* (S. 187, Foto 5)

## 1 Zweisamige Wicke, *Vicia hirsuta*

| | | | | | | | | |
|---|---|---|---|---|---|---|---|---|
| 20–60 cm | V–VII | ☉ bis ① | | | G3tr, Ä, P3, S3 | h | | |

+ behaarte Hülse zweisamig
+ Blättchen vorn quer abgeschnitten

Auf Trockenwiesen, sandigen und lehmigen Äckern, an Wegrändern und auf Schuttplätzen.

## 2 Waldwicke, *Vicia sylvatica*

| | | | | | | | | |
|---|---|---|---|---|---|---|---|---|
| 50–200 cm | VI–VII | ♃ | | | W, M, W6 | mh | | |

+ Stängel kahl, kletternd

In Wäldern, an Waldrändern und auf Holzschlägen. Im Hügelland des Waldviertels und des Weinviertels mh, im Voralpengebiet nur punktuell und s. Fehlt im Wienerwald, im Wiener Becken, im Marchfeld und in den Hainburger Bergen. Am leichtesten zu finden und am eindrucksvollsten: am Semmelberg, südlich vom Schloss Ernstbrunn.

## 3 Erbsen-Wicke, *Vicia pisiformis*

| | | | | | | | | |
|---|---|---|---|---|---|---|---|---|
| 1–2 m | V–VII | ♃ | | | W1, M, W6 | s | | |

+ das unterste Fiederpaar liegt dem Stängel an und verdeckt dadurch die Nebenblätter

Am ehesten am Alpenostrand, insbes. im Raum Perchtoldsdorf-Gießhübl zu finden.

☝ Im Habitus ähnlich dem häufigen Süßblatt-Tragant *(Astragalus glycyphyllos)*, aber durch die Ranken der Erbsen-Wicke leicht zu unterscheiden.

## 4 Walderbsen-Wicke, *Vicia oroboides*

| | | | | | | | | |
|---|---|---|---|---|---|---|---|---|
| 25–40 cm | V–VI | ♃ | | | W, A5, 2 | s | | |

☝ Im nicht blühenden Zustand der Frühlings-Platterbse *(Lathyrus vernus)* täuschend ähnlich.

Bei dieser zweigen die Seitennerven der Blättchen alle vom Blättchengrund ab, während die Blättchen der Walderbsen-Wicke ein „normal" gefiedertes Nervennetz haben.

In Buchenwäldern, an Waldrändern und auf Waldwiesen der östlichen Kalkvoralpen um den Schneeberg. Am ehesten am Unterberg zu finden.

## 5 Zottelwicke, *Vicia villosa* s. str.

| | | | | | | | | |
|---|---|---|---|---|---|---|---|---|
| 30–120 cm | VI–VII | ☉ bis ① | | | Ä, P3, S3 | mh | | |

+ Kelchzähne 2–5 mm lang, lang bewimpert

Kulturpflanze; auch auf Äckern, Brachen, an Wegrändern und auf Ödland. Siehe auch Bd. 1, S. 142.

1a

1b

2a

2b

3a

3b

4

5

## 1 Kahle Wicke, *Vicia glabrescens*

| | | | | | | | | |
|---|---|---|---|---|---|---|---|---|
| 30–120 cm | VI–VII | ⊙ bis ① | | | Ä, P3, S3 | s | | |

+ Kelchzähne nur 1–2 mm lang, kurzhaarig oder kahl

Auf Getreideäckern, an Wegrändern und auf Ödland; sehr häufig zur Bodenverbesserung und als Futter angebaut. Siehe auch Bd. 1, S. 142.

## 2 Kaschuben-Wicke, *Vicia cassubica*

| | | | | | | | | |
|---|---|---|---|---|---|---|---|---|
| 30–60 cm | VI–VII | ♃ | | | W1, 6, K | mh | | |

+ Fiederblättchen elliptisch, die Seitennerven zweigen im stumpfen Winkel von 45–60° vom Hauptnerv ab

Kalkmeidend; meist auf Sandstein. Am häufigsten im Wienerwald.

☝ Sowohl Vogelwicke *(V. cracca)* als auch die Feinblatt-Wicke *(V. tenuifolia)* haben längliche Fiederblättchen, bei denen die Seitennerven in sehr spitzem Winkel von ca. 30° abzweigen.

## 3 Sägeblatt-Wicke (Schwarze Ackerbohne), *Vicia serratifolia*

| | | | | | | | | |
|---|---|---|---|---|---|---|---|---|
| 30–60 cm | IV–VI | ⊙ | | | W1, 6 | ss | | |

+ Blüte groß, 15–30 mm lang
+ Frucht dicht borstig bewimpert, später verkahlend

Nur in lichten, trockenen Wäldern bei Schwadorf, Fischamend, Gallbrunn und Sommerein.

## 4 Hain-Wicke, *Vicia dumetorum*

| | | | | | | | | |
|---|---|---|---|---|---|---|---|---|
| 1–1,5 m | VI–VIII | ♃ | | | W1, 6, K | mh | | |

+ wenn verblüht, der Erbsen-Wicke *(V. pisiformis)* sehr ähnlich, aber bei der Hain-Wicke sind die Blättchen kleiner und das unterste Fiederpaar verdeckt die Nebenblätter nicht

Am ehesten im Wienerwald zu finden.

## 5 Schwarzwerdende Platterbse, *Lathyrus niger*

| | | | | | | | | |
|---|---|---|---|---|---|---|---|---|
| 30–90 cm | VI–VII | ♃ | | | W1, 6, K | mh | | |

+ Stängel ungeflügelt
+ Fiederblätter ohne Ranken
+ Pflanze wird beim Trocknen vollständig schwarz

Wärmeliebende Art lichter Wälder.

1a

1b

2a

2b

3

4

5

### Gattung: Tragant, *Astragalus*

(Hier ohne die Arten mit deutlich kopfigen Blütenständen, s. S. 168, sowie dem bodennah blühenden Stängellosen Tragant, s. S. 156.)

Unpaarige Fiederblätter mit vielen Blättchenpaaren; Fiederblättchen symmetrisch

- Blüten blau-violett bis purpurlila
  - Blüten klein (kürzer als 1 cm); niederliegende Pflanze, die kaum 30 cm hoch wird
    → Österreichischer Tragant, *Astragalus austriacus* (Fotos 1a, b)
  - Blüten klein (kürzer als 1 cm); aufrechte Pflanze, die 30–80 cm hoch wird
    → Furchen-Tragant, *Astragalus sulcatus* (Fotos 2a, b)
  - Blüten groß, meist um die 2 cm lang; Fahne deutlich länger als die Flügel
    → Esparsetten-Tragant, *Astragalus onobrychis* (Bd. 1, S. 146)
- Blüten gelb
  - Pflanze (Stängel) aufrecht wachsend
    - Gebirgspflanze; Blüten hellgelb
      → Gletscher-Tragant, *Astragalus frigidus* (Foto 3b)
    - Pannonische Tiefland-Art; Blüten gelb; Blütenstand reichblütig, schmal und lang gestreckt
      → Rauer Tragant, *Astragalus asper* (S. 190, Fotos 1a, b)
  - Pflanze niederliegend
    - Blüten blassgelb; Blütenstand dichtkopfig (zur Fruchtreife gestreckt); Früchte aufgeblasen, kugelig und stark behaart
      → Kicher-Tragant, *Astragalus cicer* (Bd. 1, S. 146)
    - Blüten grün-gelb; charakteristische längliche, gekrümmte Hülsen (4 cm lang)
      → Süßblatt-Tragant, *Astragalus glycyphyllos* (S. 190, Foto 2)

## 1 Österreichischer Tragant, *Astragalus austriacus*

| | | | | | | | | |
|---|---|---|---|---|---|---|---|---|
| 20–30 cm | V–VI | ♃ | | | TR | mh | | |

+ kleine Blüten (5–8 mm lang), diese hellblau-lila
+ Blütenstand lockerblütig (5–25 Blüten)
+ Pflanze niederliegend

Pannonische Halbtrockenrasen-Art.

## 2 Furchen-Tragant, *Astragalus sulcatus*

| | | | | | | | | |
|---|---|---|---|---|---|---|---|---|
| 30–80 cm | V–VII | ♃ | | | TR, S3 | ss | § | |

+ kleine Blüten (5–8 mm lang), diese hellblau-lila
+ Blütenstand lockerblütig (5–25 Blüten)
+ Pflanze aufrecht, fast einen Meter hoch aufwachsend; in der Kombination hohe Pflanze und kleine Blüten unverwechselbar

Sehr seltene pannonische Art.

## 3 Gletscher-Tragant, *Astragalus frigidus*

| | | | | | | | | |
|---|---|---|---|---|---|---|---|---|
| 10–30 cm | VII–VIII | ♃ | | | A2 | s | | |

+ unverzweigte, kahle Stängel
+ hellgelbe, hängende Blüten

Art alpiner Magerrasen über Kalk; nur am Schneeberg.

1a

1b

2a

2b

3a

3b

## 1 Rauer Tragant, *Astragalus asper*

| | | | | | | | | |
|---|---|---|---|---|---|---|---|---|
| 30–60 cm | V–VI | ♃ | | | G3tr, TR, S3, | ss | § | |

+ aufrechte, kaum verzweigte Pflanze
+ gelbe Blüten in dichten, lang gestreckten Blütenständen

Pannonische Halbtrockenrasen-Art (Wiesensteppenpflanze).

## 2 Süßblatt-Tragant, *Astragalus glycyphyllos*

| | | | | | | | | |
|---|---|---|---|---|---|---|---|---|
| 40–80 cm | V–VI | ♃ | | | W1, K, S3, P3 | h | | |

+ weitverbreitete Art lichter Wälder, die auch in Siedlungen auftritt
+ Pflanze niederliegend, relativ große Flecken überwachsend
+ Laubblätter schmecken süß

1a

1b

2

## Familie: Kreuzblumengewächse, Polygalaceae

Die Kreuzblumengewächse als kleine Schwester der Schmetterlingsblütler weisen relativ ähnliche Blüten („Schmetterlingsblüten") auf, die allerdings im Detail in der Anzahl und Form ihrer Blütenorgane von deren Bau abweichen. Besonders auffällig ist hier das zentrale „Schiffchen", dessen Bugspitze gefranst ist (s. Foto A). Neben einem holzigen, immergrünen Zwergstrauch, dem Zwergbuchs *(Polygala chamaebuxus)*, der bereits in Band 1 (S. 148) behandelt wurde, gibt es in Niederösterreich insgesamt fünf krautige, sommergrüne Vertreter der Gattung *Polygala*. Bei diesen Arten dominieren blaue und violette Blütenfarben; es können aber bei allen Arten auch reinweißblütige Pflanzen auftreten.

- Blütenstände an der Spitze mit kleinen, spitzen Blättchen (Tragblätter der Blüten), die die Knospen deutlich überragen (s. Foto A)
  → Schopf-Kreuzblume, *Polygala comosa* (S. 193, Foto 1)
- Knospen in den Blütenständen nicht von ihren Tragblättern überragt
  - Große Blüten (> 1 cm)
    → Große Kreuzblume, *Polygala major* (S. 193, Foto 2)
  - Kleine Blüten (< 1 cm)
    - Pflanzen zur Blütezeit ohne eine grundständige Rosette
      → Wiesen-Kreuzblume, *Polygala vulgaris* (S. 193, Foto 3)
    - Pflanzen zur Blütezeit mit grundständiger Rosette (s. Foto B)
      - Pflanze (wechsel-)feuchter Standorte; Blüten hellblau bis weißlich
        → Sumpf-Kreuzblume, *Polygala amarella* (S. 193, Foto 4)
      - Pflanze trockener Standorte über Kalk; Blüten meist kräftig blau (selten violett)
        → Bittere Kreuzblume, *Polygala amara* (S. 193, Fotos 5a, b)

## 1 Schopf-Kreuzblume, *Polygala comosa*

| | | | | | | | | |
|---|---|---|---|---|---|---|---|---|
| 10–30 cm | V–VI | ♃ | | | TR | h | | |

+ Tragblätter überragen insbesondere die Knospen an der Spitze des Blütenstandes deutlich (s. S. 191, Foto A)
+ mittelgroße Blüten (5–8 mm lang), diese häufig violett (seltener blau)

Trockene Magerrasen, gern über Kalk.

## 2 Große Kreuzblume, *Polygala major*

| | | | | | | | | |
|---|---|---|---|---|---|---|---|---|
| 10–50 cm | VI–VII | ♃ | | | TR | s | | |

+ große Blüten (10–15 mm lang)
+ die größte *Polygala*-Art; die blütenreichen Blütenstände bis zu einem halben Meter hoch

Charakteristische Art pannonischer Trockenstandorte wie trockene Magerrasen.

## 3 Wiesen-Kreuzblume, *Polygala vulgaris*

| | | | | | | | | |
|---|---|---|---|---|---|---|---|---|
| 5–25 cm | V–VIII | ♃ | | | W1, G1, 2 | h | | |

+ mittelgroße Blüten (6–9 mm lang), diese häufig blau (seltener violett)

Häufigste *Polygala*-Art, die in verschiedenen Lebensräumen vorkommt; allerdings nicht über Kalk.

☝ Es werden zwei Unterarten unterschieden, die sich in Blütenfarbe und ihrer Ökologie unterscheiden sollen (s. hierzu FlÖ S. 605).

## 4 Sumpf-Kreuzblume, *Polygala amarella*

| | | | | | | | | |
|---|---|---|---|---|---|---|---|---|
| 5–15 cm | IV–VI | ♃ | | | G1, 2 | mh | | |

+ kleine Blüten (3,5–5,5 mm lang), diese hellblau bis weißlich
+ der Blütenstand entspringt aus der Mitte der Grundblattrosette (s. S. 191, Foto B)
+ Blätter schmecken bitter

Meist (wechsel-)feuchte Standorte, wie Feuchtwiesen, Niedermoore; auch in Auen.

## 5 Bittere Kreuzblume, *Polygala amara*

| | | | | | | | | |
|---|---|---|---|---|---|---|---|---|
| 5–20 cm | V–VI | ♃ | | | W1, TR, G1 | mh | | |

+ mittelgroße Blüten (5–9 mm lang), diese kräftig blau (seltener violett)
+ Blütenstand mittig der Grundblattrosette entspringend
+ Blätter schmecken bitter

Über Kalk, in trockenen Föhrenwäldern, Magerrasen und Felsfluren.

☝ Es werden zwei Unterarten unterschieden, die sich in der Größe der Blüten sowie ihrer Höhenverbreitung unterscheiden sollen (s. hierzu FlÖ S. 604).

1

2a

2b

3

4

5a

5b

## Familie: Zistrosengewächse, Cistaceae

*Blütenformel:* ✻ K2 + 3 B5 ♂ viele ♀ (3–5)

Zistrosen sind Ihnen vielleicht von Reisen in den Süden oder von den neuerdings propagierten antiviral wirksamen Präparaten aus der Zistrose *(Cistus incanus)* her bekannt: Kleine Sträucher mit auffallenden, großen purpurnen, rosa, weißen oder gelben Blüten. Ein gut sichtbares Erkennungsmerkmal für die beiden viel unscheinbareren bei uns heimischen Gattungen der Familie ist, dass die beiden äußeren Kelchblätter viel kleiner sind als die inneren (Foto 2c, Bd. 1, S. 151). Die Blütenblätter sind wie bei den Malvengewächsen in den Knospen eingedreht. Beim Entfalten schauen sie eine Weile zerknittert aus. Der Name „Sonnenröschen" ist gut gewählt. Die zahlreichen sonnenstrahlenartigen Staubblätter (Foto A) erinnern an die der Johanniskräuter. Sonnen- und Nadelröschen sind kleine, meist niederliegend wachsende (unten verholzte) immergrüne Zwergsträucher.

### SCHLÜSSEL ZU DEN GATTUNGEN UND ARTEN

- Blätter nadelförmig
  → Nadelröschen, *Fumana procumbens*
- Blätter nicht nadelförmig
  - Nebenblätter vorhanden (Foto B)
    → (Gewöhnliches) Sonnenröschen, *Helianthemum nummularium*
  - Nebenblätter fehlen
    - Trockenrasenpflanze (v. a. im pannonischen Raum)
      → Graues Sonnenröschen, *H. canum* (S. 196, Foto 1)
    - Alpenpflanze
      → Alpen-Sonnenröschen, *H. alpestre* (S. 196, Foto 2)

A

### 1 Nadelröschen, *Fumana procumbens*

| | | | | | | | | |
|---|---|---|---|---|---|---|---|---|
| 2–5 cm | VI–VIII | ♄ | | | TR, W1 | mh | | |

+ der verholzte Stängel liegt am Boden
+ Blüten selten zu sehen (meist nur vormittags, die goldgelben Blütenblätter fallen bald ab)

Die unauffällige Pflanze findet man am ehesten an besonders kargen, flachgründigen Stellen von Kalk-Felssteppen am Alpenostrand.

### 2 Sonnenröschen[39] (Gewöhnlich-S.), *Helianthemum nummularium*

| | | | | | | | | |
|---|---|---|---|---|---|---|---|---|
| 5–20 cm | V–IX | ♄ | | | TR, G1, W1 | h | | |

+ Anhand der Nebenblätter (s. Foto B) sicher erkennbar
+ Kronblätter 8–16 mm lang

Vielfältige Art, was die Behaarung der Blätter, v. a. deren Unterseite und die Blütengröße, betrifft. Bis vor Kurzem wurden hier in NÖ noch drei Arten unterschieden, und es war ein mühseliges Unterfangen, mit der Lupe die Behaarung der Blattunterseite zu studieren, um einen Namen zustande zu bringen. Das Ergebnis längeren

Grübelns war aber oft frustrierend, da die konkrete Pflanze in der Hand einfach nicht in das Schema im Buch passte. Für Pflanzenfreunde (und Geländebotaniker) war es daher eine Erleichterung, als man sich entschloss, die ehemaligen Arten nun als Unterarten anzusehen, da zwischen ihnen Übergänge in den Merkmalen bzw. Hybriden häufig sind.

- Blätter unterseits weiß- oder graufilzig, so stark behaart, dass die grüne Blattoberfläche nicht durchschimmert; in Trockenrasen, v. a. in der Wachau, häufig
  → Zweifarbiges Sonnenröschen, *H. nummularium* subsp. *nummularium* (ohne Abb.)
- Blätter unterseits kahl oder so locker behaart, dass die grüne Blattoberfläche zu sehen ist
  - Alpenpflanze (subalpine, sonnseitige Felsrasen über Kalk)
    → Großblütiges Sonnenröschen[40], *H. nummularium* subsp. *grandiflorum* (Bd. 1, S. 152, Foto 2a)
  - Pflanze tieferer Lagen, häufig auf unterschiedlichsten trockenen, lichten Wuchsorten
    → Grünes S. (Trübgrünes Gewöhnlich-S.), *H. nummularium* subsp. *obscurum* (Foto 2)

1

B

2

[39] Der Name „Sonnenröschen“ allein genügt eigentlich, um auszudrücken, dass es sich weder um das Alpen-S. noch das Graue S. handelt. So „gewöhnlich“ ist die Art ja gar nicht. Wenn man ausdrücken will, dass nicht die Gattung, sondern die spezielle Art gemeint ist, kann man ja „Gewöhnliches S.“ sagen. Früher verwendete man in so einem Fall „gemein“ (Gemeines S.); „gemein“ war nicht negativ, sondern im Sinne von (allgemein) verbreitet gedacht. Mit der oben vorgeschlagenen Vereinfachung erspart man sich dann auch Bezeichnungen wie „Trübgrünes Gewöhnlich-Sonnenröschen“ für die Unterarten.

[40] Es hat kaum größere Blüten als die anderen Unterarten. „Großblütig“ bezeichnet den Unterschied zum Alpen-Sonnenröschen, mit dem es gemeinsam vorkommt.

### 1 Graues Sonnenröschen, *Helianthemum canum*

| | | | | | | | | |
|---|---|---|---|---|---|---|---|---|
| 3–10 cm | V–VI | ♄ | | | TR | mh | | |

+ Blüten klein (Kronblätter 5–8 mm lang)
+ Blätter unterseits graufilzig

In sehr kurzrasigen Kalktrockenrasen über flachgründigen Böden des pannonischen Raumes.

### 2 Alpen-Sonnenröschen, *Helianthemum alpestre*

| | | | | | | | | |
|---|---|---|---|---|---|---|---|---|
| 3–12 cm | V–IX | ♄ | | | A3 | h | | |

+ Blüten klein (Kronblätter 6–10 mm lang i. U. z. Großblütigen S.)
+ Pflanze wächst gern dichtrasig

Auch auf windexponierten (im Winter schneefreien) oder teilweise beschatteten Standorten (wo das empfindlichere bzw. anspruchsvollere Großblütige S. nicht gedeihen kann).

1

2

## Familie: Malvengewächse, Malvaceae

*Blütenformel:* ✻ K(5) B5 ♂ (∞[41]) ♀ 3 bis ∞

Auffälligste Familienmerkmale sind die in der Knospenlage eingedrehten Blütenkronblätter (Foto A) und die zu zahlreichen, unten zu einem, den Griffel umschließenden, Säulchen verwachsenen Staubblätter, die oben springbrunnenartig ausgebreitet sind. Aus der Mitte dieses „Brunnens“ ragen die Narben heraus (Foto B). (Dieses elegante Gebilde macht den besonderen Reiz der Hibiskusblüten aus.) Der verwachsene Kelch trägt meist Außenkelchblätter (Foto C), die für das Unterscheiden der Gattungen wichtig sind. Auch die Früchte sind charakteristisch: Ihre zahlreichen (entsprechend der Zahl der Fruchtblätter) einsamigen Teilfrüchte sind sternförmig (wie Mandarinenspalten) angeordnet (Ausnahme: Stundenblume, s. u.) und trennen sich bei der Reife voneinander.

In der Familie gibt es keine giftigen Arten, im Gegenteil: Einige unter ihnen sind, v. a. wegen ihres Schleimgehalts, wertvolle Heilpflanzen (Eibisch, Käspappel) und auch als Gemüse geeignet.

[41] ∞ bedeutet „zahlreich“.

## SCHLÜSSEL ZU DEN GATTUNGEN UND ARTEN

- Blüten gelb, relativ klein (Kronblätter ca. 1 cm lang); Kelch ohne Außenkelch, Früchte: zahlreich, strahlenförmig angeordnet (Foto 3b, Bd. 1, S. 153); Pflanze gern in Maisäckern, in NÖ noch selten → Samtpappel, *Abutilon theophrasti* (Bd. 1, S. 153, Foto 3a)

- Kelch mit Außenkelch

  - Blüten hellgelb bis weißlich mit violettem Zentrum, darin das gelbe Staubblattbüschel, das die blutroten Narben umgibt, groß (Kronblätter 1,5–2 cm lang), Frucht eine dünnhäutige Kapsel; eine sehr hübsche Rarität, v. a. in Maisäckern und Weingärten im Pannonicum; sehr selten (†?) → Stundenblume[42] (Stundeneibisch), *Hibiscus trionum* (Bd. 1, S. 153, Foto 2)

  - Blüten ± rosa, Früchte: die für die Familie typischen (Mandarinenspalten-)Zerfallfrüchte (s. Einleitung)

    ◆ 3 Außenkelchblätter

    ▪ Außenkelchblätter miteinander verwachsen, breit (Foto 5b, Bd. 1, S. 153), Blüten hellrosa, groß (∅ ca. 7 cm), kräftige, meist mehrstängelige aufrechte (ausdauernde) Staude, nur im pannonischen Raum
    → Strauchpappel (Thüringen-Lavatere), *Lavatera thuringiaca* (Bd. 1, S. 152)

    ▪ Außenkelchblätter nicht miteinander, sondern nur am Grund mit dem Kelch verwachsen (Foto 4c, Bd. 1, S. 151)

    ❖ Stängelblätter handförmig geteilt oder gespalten (Foto 4b, Bd. 1, S. 151)

    ❊ Außenkelchblätter eiförmig, am Grund verbreitert; Früchte kahl
    → Sigmarskraut (Spitzblatt-M.), *Malva alcea* (Bd. 1, S. 152)

    ❊ Außenkelchblätter schmal, am Grund verschmälert; Früchte behaart
    → Moschus-Malve, *Malva moschata* (Bd. 1, S. 150)

[42] Der Name weist auf die kurze Öffnungsdauer der Blüte um die Mittagszeit hin.

❖ Stängelblätter nur gelappt

❄ Blüten groß (Kronblätter 2–3 cm lang), hell- bis dunkelpurpurn mit dunklerer Äderung; Pflanze meist aufrecht und hochwüchsig
→ Große Käsepappel (Wild-Malve), *Malva sylvestris* (Fotos 1a, b)

❄ Blüten deutlich kleiner, hellrosa bis weiß; Pflanze niederliegend

☆ Kronblätter (5–)9–13 mm lang, etwa doppelt so lang wie der Kelch, an der Spitze (meist!) mit tiefer Bucht; sehr häufige Art, besonders an (Feld-)Wegrändern, an warmen sonnseitigen Mauerfüßen, in Hühnerausläufen[43], in Parkrasen und Baumscheiben
→ Kleine Käsepappel (Weg-Malve), *Malva neglecta* (Bd. 1, S. 150)

☆ Kronblätter 4–5 mm lang, etwa so lang wie der Kelch, vorn mit seichter Bucht, weißlich; sehr seltene Art
→ Kleinblütige Malve (Nordische M.), *Malva pusilla*

◆ Mehr als 3 Außenkelchblätter (6–9)

▪ Blüten sehr groß (Kronblätter 3–5 cm lang); sehr seltene Art
→ Blasse Pappelrose, *Alcea biennis* (Fotos 2a, b)

▪ Blüten mittelgroß (Kronblätter 1–2 cm lang)

❖ Pflanze nasser Standorte (Grabenufer, Sümpfe, Feuchtwiesenbrachen), auch aus Gärten verwildert; hochwüchsig (60–120 cm hoch), mehrstängelig, oft auch mit nicht blühenden Trieben (ausdauernde Art); Blüten weiß bis hellrosa
→ Eibisch (Echter E.), *Althaea officinalis* (Bd. 1, S. 152)

❖ Einjährige, sehr seltene Pionierpflanze offener Böden in warmen Lagen; Stängel bis maximal $^1/_2$ m hoch; Blüten rosa
→ Raueibisch, *Dinacrusa hirsuta* (Foto 3)

## 1 Große Käsepappel (Wild-Malve), *Malva sylvestris*

| | | | | | | | | |
|---|---|---|---|---|---|---|---|---|
| 25–100 cm | VI–X | ⊙ bis ♃ | | | P2, S2 | s | | |

+ Stängel fast stets aufrecht
+ Blüten groß mit dunklen Adern

Immer nur in und um Siedlungen herum auf Schuttplätzen, an Mauerfüßen, im „Hintaus“, in „wilden Ecken“, ehemals häufige „Dorfpflanze“, nun sehr selten geworden. Es gibt Ziersorten (mit ganz dunklen oder stark gestreiften Blüten).

## Kleinblütige Malve (Nordische M.), *Malva pusilla* (ohne Abb.)

| | | | | | | | | |
|---|---|---|---|---|---|---|---|---|
| 5–25 cm | VI–IX | ⊙ | | | P2, S2, Ä | ss | | |

Das einzige wirklich verlässliche Unterscheidungsmerkmal zur Weg-Malve ist nur an reifen Früchten und mit einer guten Lupe feststellbar: Teilfrucht mit scharf berandeten Kanten, am Rücken grubig-runzelig (Weg-Malve: Kanten nicht scharf berandet, Rücken fast glatt, meist dicht kurzhaarig).

[43] Die Weg-Malve liebt wie die Hühner lockeren Boden und sonnig warme Orte; sie schätzt den aufgekratzten, offenen Boden und den Dünger des Federviehs.

## 2 Blasse Pappelrose, *Alcea biennis*

| | | | | | | | | | |
|---|---|---|---|---|---|---|---|---|---|
| 30–120 cm | VII–IX | ⊙ bis ♃ | | | | P3 | ss | § | |

+ Blüten blassrosa bis helllila, am Grund grünlich gelb
+ Blüten kurz gestielt, in einem langen, schlanken Blütenstand

(ähnlich dem der Gartenpflanze „Stockrose", die wahrscheinlich von ihr abstammt); gern auf Lössrohboden, nur im pannonischen Raum.

## 3 Raueibisch, *Dinacrusa hirsuta*

| | | | | | | | | | |
|---|---|---|---|---|---|---|---|---|---|
| 15–50 cm | V–VI | ⊙ | | | | Ä, P2 | ss | | |

+ Obere Blätter drei- bis fünfzählig tief eingeschnitten, untere handförmig gelappt

Kann also nicht mit dem Eibisch verwechselt werden. Im pannonischen Raum und nur südlich der Donau auf Schuttplätzen, in Weingärten und Äckern.

1a

1b

2a

3

2b

## Familie: Kreuzblütler, Brassicaceae (Cruciferae) (Bd. 1, S. 154)

*Blütenformel:* ✻ K4 B4 ♂ 2 + 4 ♀ (2)

Eine artenreiche Familie – trotz der Vielzahl an Gattungen und Arten sehen die (von oben betrachtet kreuzförmigen) Blüten sehr einheitlich aus. Dies macht das Bestimmen der Arten nicht leicht; in vielen Fällen muss man auf die Fruchtreife warten (s. auch Ergänzung auf S. 497 im Anhang). Chemisch sind die Kreuzblütler durch ihren Gehalt an schwefelhaltigen Senföl-Glykosiden (Glucosinolaten) charakterisiert, Ausgangssubstanzen für stechend riechende und scharf schmeckende Stoffe („Senföle")[44], die zur Verwendung als scharfes Gemüse oder Gewürz (Kren, Senf, Kresse ...) geführt haben. Die Samen enthalten oft reichlich wertvolles Öl (z. B. Raps, Leindotter).

Die Aufgabe der Scharfstoffe ist wohl, die Pflanzen vor dem Gefressenwerden zu schützen. Das funktioniert aber nur teilweise, denn manche Tierarten haben sich darauf spezialisiert, gerade Kreuzblütler zu verzehren (z. B. die Raupen des Kohlweißlings oder des Aurorafalters, Letzterer liebt Wiesenschaumkraut oder Knoblauchrauke[45]). Die unter anderem im Raps, hier vor allem in den Samen enthaltene giftige Erucasäure[46] war der Grund, warum Rapsöl nicht direkt als Speiseöl verwendet werden konnte). Inzwischen baut man „00-Sorten" an, die nur noch geringe Gehalte an Erucasäure und Glucosinolaten haben.
Herzgifte enthält die Gattung Schotendotter bzw. Goldlack *(Erysimum)*. Vergiftungsfälle kommen aber kaum vor. Die Kreuzblütler sind also eine weitgehend „ungiftige Familie".

Kreuzblütler gehören zu den Pflanzen, die am höchsten ins Gebirge aufsteigen, am weitesten in die Antarktis vorstoßen, aber auch in heißen, trockenen Wüsten zu finden sind. Ähnlich wie die Gänsefußgewächse sind viele Arten genetisch sehr vielfältig, d. h., sie enthalten eine Unzahl genetisch unterschiedlicher Rassen, die sich untereinander kreuzen können, sodass immer wieder neue Formen entstehen. Daher zeigen viele Familienmitglieder eine hohe Anpassungsfähigkeit an neue Standortbedingungen. Diese Fähigkeit, kombiniert mit Kurzlebigkeit, führt dazu, dass es in der Familie viele Pionierpflanzen gibt, die dazu befähigt sind, offene Bodenstellen rasch zu erobern. Nicht wenige darunter sind fast weltweit verbreitet (z. B. das Hirtentäschel). Aus menschlicher Sicht bedeutet das „viele problematische Unkräuter". Andererseits bietet die genetische Plastizität, kombiniert mit kurzer Lebensdauer, einen enormen Vorteil: Man kann mit solchen Pflanzen leicht und rasch züchten. So gelang es z. B., aus einer einzigen Art der Gattung *Brassica*, die an Felsen der Meeresküsten wächst, die ganze Fülle der Kohlgemüse (Markstammkohl, Blumenkohl, Broccoli, Kohlrabi, Rosenkohl, Krautkopf ...) zu züchten.

### Wegweiser zu den Schlüsseln:

- Frucht höchstens 3 × so lang wie breit = Schötchen
  - Blüte weiß
    → Schlüssel A1, S. 202
    - Frucht oben eingedellt
      → Schlüssel A1a, S. 203

[44] Die scharfen „Senföle" entstehen erst beim Zerstören der Zellen (z. B. durch Zerdrücken oder Zerkauen der Blätter), wodurch Enzyme („Myrosinasen"), die in der intakten Pflanze getrennt von den Glykosiden „aufbewahrt" werden, mit diesen in Kontakt kommen und sie aufspalten.

[45] Sie riecht interessanterweise ähnlich wie Lauch, obwohl sie mit dieser Gattung nicht verwandt ist und obwohl die scharfen Komponenten chemisch völlig unterschiedlich sind – bis auf den Umstand, dass sie auch Schwefel enthalten.

[46] Benannt nach der Gattung *Eruca*, Rauke oder Rucola.

- ◆ Frucht oben nicht eingedellt und rund
  → Schlüssel A1b, S. 206
- ◆ Frucht oben nicht eingedellt und elliptisch
  → Schlüssel A1c, S. 208

– Blüte purpurn, lila oder violett (selten weiß und purpurn geadert)
  → Schlüssel A2, S. 210

– Blüte gelb (gelblich)
  → Schlüssel A3, S. 212

– Kronblütenblätter fehlen

- ◆ Frucht dreieckig, verkehrt herzförmig (Foto A)
  → Hirtentäschel, *Capsella bursa-pastoris* (Bd. 1, S. 158)
- ◆ Frucht rundlich, oben eingedellt
  → Stinkende Kresse, *Lepidium ruderale* (Foto 1)

A

• Frucht mindestens 3 × so lang wie breit = eine Schote

– Blüte weiß, rosa, lila, purpurn

- ◆ Blätter (zumindest die Grundblätter) gefiedert oder fiederförmig geteilt
  → Schlüssel B1a, S. 216
- ◆ Alle Blätter einfach und ungeteilt
  → Schlüssel B1b, S. 220
  - ▪ Stängelblätter mit verschmälertem Grund sitzend oder kurz gestielt
    → Schlüssel B1b1, S. 224
  - ▪ Stängelblätter mit herzförmigem Grund ± stängelumfassend
    → Schlüssel B1b2, S. 225

– Blüte gelb, gelblich weiß

- ◆ Blätter (zumindest die Grundblätter) gefiedert oder fiederförmig geteilt
  → Schlüssel B2a, S. 226
- ◆ Blätter (auch die Grundblätter) einfach und ungeteilt (höchstens seicht gelappt)
  → Schlüssel B2b, S. 232

## 1 Stinkende Kresse (Ruderal-Kresse), *Lepidium ruderale*

| | | | | | | | | |
|---|---|---|---|---|---|---|---|---|
| 10–30 cm | V–IX | ① bis ⊙ | | | S1–4, P5 | h | | |

+ Pflanze riecht beim Zerdrücken widerlich
+ sehr oft in Pflasterritzen und an Mauerfüßen
+ untere Blätter tief fiederteilig, obere Blätter ganzrandig

☝ Die Virginische Kresse *(L. virginicum)* hat meist weiße Blütenkronblätter. Sie kommt vor allem in Städten und auf Bahnanlagen im westlichen NÖ vor. Bei der Dichtblütigen Kresse *(L. densiflorum)* sind die Kronblätter entweder verkümmert (winzig, fadenförmig) oder fehlen ganz. Sie kommt vor allem auf Bahnhöfen und auf Truppenübungsplätzen (Wr. Neustadt und Zwölfaxing) vor. Beide Arten sind Neueinwanderer aus Nordamerika.

1

## SCHLÜSSEL A1: Schötchen, weiße Blüte

- Frucht verkehrt dreieckig bis verkehrt herzförmig, erinnert an eine Pistolentasche (s. Foto A, S. 201)
  → Hirtentäschel, *Capsella bursa-pastoris* (Bd. 1, S. 158)
- Frucht nierenförmig, am Rand mit scharfen Zacken, springt (im Gegensatz zu den meisten Kreuzblütlern nicht auf (= warzige Nuss)
  → Warziger Krähenfuß, *Coronopus squamatus* (Fotos 1a, b)
- Frucht herzförmig (Foto A)
  → Pfeilkresse, *Cardaria draba* (Fotos 2a, b)
- Frucht (rundlich bis eiförmig) oben ± eingedellt (Fotos B, C)
  → Schlüssel A1a
- Frucht oben nicht eingedellt und rund (= kugel- oder scheibenförmig – abgeflacht)
  → Schlüssel A1b
- Frucht oben nicht eingedellt und elliptisch (abgeflacht oder nicht abgeflacht)
  → Schlüssel A1c

A

B

C

### 1 Warziger Krähenfuß, *Coronopus squamatus (Lepidium squamatum)*

| | | | | | | | | |
|---|---|---|---|---|---|---|---|---|
| 5–20 cm | V–VIII | ⊙ | | | S1, 2 | s | § | |

\+ Blätter fiederschnittig, Pflanze niederliegend

Auf feuchtem Ödland, auf Wegen und in Pflasterritzen.

### 2 Pfeilkresse (Herzkresse), *Cardaria draba (Lepidium draba)*

| | | | | | | | | |
|---|---|---|---|---|---|---|---|---|
| 20–50 cm | IV–VI | ♃ | | | P2, Ä, S2, P5 | sh | | |

\+ obere Blätter pfeilförmig, stängelumfassend, grauflaumig
\+ Gesamtblütenstand schirmförmig, aus mehreren Trauben zusammengesetzt

Ursprünglich Steppenpflanze, heutzutage auf Straßenböschungen, in lückigen Rasen, auf Schuttplätzen und anderem Ödland; in trockenen Äckern und vor allem in Weingärten wegen seiner Regenerationsfähigkeit lästig (durch Bodenbearbeitung abgetrennte Stückchen wachsen wieder zu ganzen Pflanzen aus); vor allem im pannonischen Gebiet.

## SCHLÜSSEL A1a: Frucht oben eingedellt

- Kronblütenblätter auffallend ungleich groß (die 2 von der Blütenstandsachse abgewandten bedeutend größer) (Foto D)
  - Fast alle Blätter in grundständiger Rosette; Stängel blattlos oder höchstens mit 1–3 winzigen Blättchen; ss, auf ausgesprochen sauren trockenen Wuchsorten nur im Waldviertel
    → Bauernsenf, *Teesdalia nudicaulis* (S. 205, Fotos 4a, b)
  - Blätter am Stängel verteilt; s, auf Kalkschotter im Steinfeld
    → Gefiederte Schleifenblume, *Iberis pinnata* (S. 205, Foto 5)
- Kronblütenblätter alle gleich groß
  - (Einjährige) Besiedler offener Böden
    Dabei handelt es sich um 3 leicht kenntliche Arten. Wenn die Merkmale nicht passen, immer zum nächsten Punkt weitergehen. Wenn es dann noch immer nicht passt, kann es sich nur noch um die schwierige Gattung Täschelkraut *(Noccaea* = *Thlaspi* s. l.[47]) handeln. Man benütze dann den anschließenden Schlüssel.
    - ◆ Stängel kantig; Pflanze riecht beim Zerdrücken etwas nach Knoblauch; sh
      → Acker-Hellerkraut, *Thlaspi arvense* (S. 202, Foto C und Bd. 1, S. 158)
    - ◆ Stängel rund; Grundblätter bläulich bereift; Stängelblätter kahl, stängelumfassend
      → Stängelumfassendes Hellerkraut, *Thlaspi perfoliatum* (Bd. 1, S. 158)
    - ◆ Stängel rund, weich flaumig behaart, dicht beblättert, oberwärts mit bogig aufsteigenden Ästen (daher der Name!)
      → Kandelaberkresse, *Lepidium campestre* (S. 207, Foto 1 und S. 202, Foto B)

[47] Wir haben die konservative, weite Fassung der Gattung *Thlaspi* beibehalten.

- (Ausdauernde) Pflanze in geschlossener Vegetation (Wälder, Rasen ...):
  → Täschelkraut *(Noccaea, Thlaspi* s. l., siehe auch S. 210*)*

  - Blüten klein (Kronblätter 1–4 mm lang, 1–2 × so lang wie der Kelch), Pflanze ohne Ausläufer
    → Voralpen-Täschelkraut, *Thlaspi caerulescens* (Foto 1)

  - Blüten größer (Kronblätter 5–8 mm lang, 2 ½–3 × so lang wie der Kelch)

    - Rhizom (meist) ohne kurze Ausläufer, Blattrosetten daher dicht gedrängt; auf lichten, grasigen Stellen in Schwarzföhrenwäldern über Dolomitgestein, Vorkommen nur ganz lokal, besonders auf dem Gösing und der Flatzer Wand bei Ternitz
      → Gösing-Täschelkraut, *Thlaspi goesingense* (ohne Abb.)

    - Rhizom (meist) mit kurzen Ausläufern, die am Ende rosettig beblättert sind (Rosettenblätter daher nicht dicht gedrängt)

      - Pflanze in lichten, trockenen Wäldern der oberen Hügelstufe und der Bergstufe; Frucht rundlich, am Grund abgerundet
        → Berg-Täschelkraut, *Thlaspi montanum* (Foto 2)

      - Pflanze der subalpinen bis alpinen Stufe; Frucht länglich, am Grund keilförmig
        → Alpen-Täschelkraut, *Thlaspi alpestre* (Foto 3)

### 1 Voralpen-Täschelkraut, *Thlaspi caerulescens (Noccaea c.)*

| | | | | | | | | |
|---|---|---|---|---|---|---|---|---|
| 10–30 cm | IV–VI | ♃ | | | G1, K | mh | | |

Eher kalkmeidend; auf mageren Wiesen und Böschungen im Waldviertel und im Flysch-Wienerwald.

### 2 Berg-Täschelkraut, *Thlaspi montanum (Noccaea montana)*

| | | | | | | | | |
|---|---|---|---|---|---|---|---|---|
| 10–25 cm | III–V | ♃ | | | W1 | mh | | |

Bevorzugt Kalkgestein; in Schwarzföhrenwäldern, am häufigsten am Alpenostrand von Perchtoldsdorf bis zum Triestingtal; aber auch in schütterem Rotföhrenwald über Serpentingestein (Gurhofgraben b. Aggsbach, Dunkelsteinerwald).

### 3 Alpen-Täschelkraut (Ostalpen-T.), *Thlaspi alpestre (Noccaea crantzii)*

| | | | | | | | | |
|---|---|---|---|---|---|---|---|---|
| 5–15 cm | VI–VII | ♃ | | | A3, 7 | mh | | |

Auf steinigen, schneereichen Rasen und Schneeböden; kommt nur in den nordöstlichen Kalkalpen Österreichs vor (in NÖ, OÖ, Stmk.).

### 4 Bauernsenf (Rahle), *Teesdalia nudicaulis*

| | | | | | | | | |
|---|---|---|---|---|---|---|---|---|
| 8–15 cm | IV–V | ① | | | Ä, P1 | ss | | |

\+ Blätter fiederspaltig

Auf Silikatgrus (Weg- und Straßenböschungen) und in bodensauren, lückigen, sandigen Äckern im NW Waldviertel (im Raum Gmünd – Weitra – Bad Harbach).

## 5 Gefiederte Schleifenblume, *Iberis pinnata*

| | | | | | | | | |
|---|---|---|---|---|---|---|---|---|
| 10–30 cm | V–VII | ① | | | P1, Ä | s | | |

Zierpflanze; im pannonischen Gebiet in Schottertrockenrasen und als Ackerkraut auf Kalkschotterböden eingebürgert (S. 203, Foto D).

1

2

3

4a

4b

5

## 1 Kandelaberkresse, *Lepidium campestre*

| | | | | | | | | |
|---|---|---|---|---|---|---|---|---|
| 20–60 cm | V–VII | ① bis ⊙ | | | Ä, P3, TR, H | mh | | |

+ Pflanze grauflaumig
+ obere Stängelblätter stängelumfassend, aber behaart (i. U. z. Stängelumfassenden Hellerkraut)

Im pannonischen Gebiet mh, sonst s.

### SCHLÜSSEL A1b: Frucht oben nicht eingedellt und rund

- Frucht fast kreisrund, abgeflacht, geflügelt, hängend
  → Scheibenschötchen, *Peltaria alliacea* (Foto 2b)
- Frucht kugelig
  - Pflanze 10–30 cm hoch, auf Kalkfelsen und auf Kalkschutt
    → Kugelschötchen, *Kernera saxatilis* (Fotos 3a, b)
  - Frucht besteht aus einem kugeligen oberen Glied und einem stielartigen unteren Glied; ss
    → Meerkohl, *Crambe tataria* (Foto 4)
  - Frucht kugelig, ohne stielartiges unteres Glied; h
    → Kren, *Armoracia rusticana* (Fotos 5a, b)

## 2 Scheibenschötchen, *Peltaria alliacea*

| | | | | | | | | |
|---|---|---|---|---|---|---|---|---|
| 30–60 cm | V–VII | ♃ | | | P5, W6 | mh | | |

+ Frucht scheibenförmig, abgeflacht
+ Pflanze beim Zerreiben mit Lauchgeruch

Im Gebiet von Schneeberg, Hohe und Dürre Wand bis zu den Fischauer Vorbergen.

## 3 Kugelschötchen, *Kernera saxatilis*

| | | | | | | | | |
|---|---|---|---|---|---|---|---|---|
| 10–30 cm | V–VII | ♃ | | | A3, 4 | h | | |

+ Blätter in einer Grundrosette
+ Stängel unten behaart, oft von der Basis an verzweigt

Nur auf Kalkfelsen und in Kalkgeröll.

## 4 Meerkohl (Tátorján-Meerkohl), *Crambe tataria*

| | | | | | | | | |
|---|---|---|---|---|---|---|---|---|
| 60–90 cm | IV–V | ♃ | | | TR, S3 | ss | | FFH |

+ Grundblätter 2–3 × fiederlappig, dicklich, fleischig, auffallend groß
+ Steppenroller
+ sehr frühe Blütezeit, die Pflanze ist dann schon von Weitem zu sehen!

Nur auf den Trockenrasen auf Löss am Zeiselberg, westlich von Ottenthal; vereinzelt auch auf der Straßenböschung vor Ottenthal; Kältesteppenrelikt: nächste Fundorte in Südmähren.

## 5 Kren (Meerrettich), *Armoracia rusticana*

| | | | | | | | | |
|---|---|---|---|---|---|---|---|---|
| 60–125 cm | V–VI | ♃ | | | P3, S2, S3, G3 | h | | |

+ Pflanze erinnert (nicht blühend) an die großen Ampfer-Arten
+ Blätter sehr unterschiedlich: Grundblätter mit gekerbtem Rand, breit, bis 1 m lang, untere Stängelblätter gelappt bis fiederschnittig, obere wieder ganzrandig und schmal

In NÖ „Kren" (Chren, ein slawisches Wort) genannt (sonst meist Meerrettich); als Gewürzpflanze (Wurzel) kultiviert, alteingebürgert auf Weg- und Straßenrändern, Schuttplätzen, Brachen, an Grabenrändern und in Fettwiesen. Da die Kulturpflanze kaum Samen ausbildet, Verbreitung durch Wurzelstücke (z. B. mit Gartenabfällen).

## SCHLÜSSEL A1c: Frucht oben nicht eingedellt und elliptisch

- Blätter fleischig; nur an sehr feuchten Standorten (Quellaustritte, Bachufer)
  → Pyrenäen-Löffelkraut, *Cochlearia pyrenaica* (Foto 1a)
- Blätter gefiedert oder fiederteilig
  - Von der subalpinen bis zur alpinen Stufe, winziger Kalkfels- oder Schuttbesiedler
    → Gämskresse, *Hornungia alpina* (Foto 2)
  - In tieferen Lagen in lückigen Trockenrasen
    → Steppenkresse, *Hornungia petraea* (Foto 3)
- Blätter ungeteilt (ganzrandig oder gezähnt)
  - Kronblütenblätter tief zweiteilig (gespalten)
    - Alle Blätter in grundständiger Rosette
      → Hungerblümchen, *Erophila verna* agg. (Bd. 1, S. 154–155)
    - Stängel ± dicht beblättert
      → Graukresse, *Berteroa incana* (Foto 4)
  - Kronblütenblätter ungeteilt
    - Stängelblätter zahlreich (mindestens 5); Pflanze tieferer Lagen
      → Mauer-Felsenblümchen, *Draba muralis* (S. 211, Foto 1)
    - Stängelblätter höchstens 3; Alpenpflanze
      → Sternhaariges Felsenblümchen, *Draba stellata* (S. 211, Foto 2)

### 1 Pyrenäen-Löffelkraut, *Cochlearia pyrenaica*

| | | | | | | | | |
|---|---|---|---|---|---|---|---|---|
| 15–30 cm | IV–V | ⊙ bis ♃ | | | T3 | s | | |

In und an (Tuff-)Quellen und Bächen, nur in reinstem Wasser und nur über Karbonatgestein; in den Quellgebieten von Schwarza, Piesting, Traisen und Ybbs.

☝ Das Dickwurzelige Löffelkraut *(C. macrorrhiza)*, das früher in der Feuchten Ebene bei Moosbrunn in Quellaustritten in Niedermooren mh war, ist heute vermutlich ausgestorben; § (historisches Foto 1b).

### 2 Gämskresse, *Hornungia alpina (Hutchinsia alpina)*

| | | | | | | | | |
|---|---|---|---|---|---|---|---|---|
| 3–12 cm | V–VIII | ♃ | | | A3 | mh | | |

+ Blütenstand nach dem Blühen verlängert

In sickerfrischen Kalkfelsschuttfluren und Felsspalten; manchmal auch im Flussgeschiebe in der montanen Stufe.

### 3 Steppenkresse, *Hornungia petraea*

| | | | | | | | | |
|---|---|---|---|---|---|---|---|---|
| 2–15 cm | III–V | ① | | | TR, P4 | s | | |

+ ein kleines, zartes, unscheinbares Pflänzchen mit winzigen Blüten

Vor allem in lückigen, sandigen, steinigen Trockenrasen, aber auch auf Kalkfelsen; am Alpenostrand, im Steinfeld und auf den Hainburger Bergen.

### 4 Graukresse, *Berteroa incana*

| | | | | | | | | |
|---|---|---|---|---|---|---|---|---|
| 25–60 cm | VI–X | ① bis ⊙ | | | P1, 3, 5, S1, 2 | sh | | |

+ ganze Pflanze grau-sternhaarig (Lupe!)

Besonders im pannonischen Gebiet.

1a

1b

2

3

4

## 1 Mauer-Felsenblümchen, *Draba muralis*

| | | | | | | | | |
|---|---|---|---|---|---|---|---|---|
| 10–30 cm | IV–V | ① bis ⊙ | | | P1, 5, S3 | s | | |

+ Stängel oft verzweigt
+ Rand der Stängelblätter grob gesägt

Oft in lückigen Rasen an Wegrändern und Böschungen; Neubürger, in Ausbreitung begriffen.

## 2 Sternhaariges Felsenblümchen, *Draba stellata*

| | | | | | | | | |
|---|---|---|---|---|---|---|---|---|
| 3–10 cm | VI–VII | ♃ | | | A3, 7 | mh | | |

+ Griffel deutlich ausgebildet, 1–1,5 mm lang
+ Kronblütenblätter 5–8 mm lang
+ Blätter vorn mit 3 Zipfeln

Auf Rax, Schneeberg, Ötscher und Dürrenstein, auf Schneeböden und Gesteinsfluren, kalkliebend.

Das Norwegische Felsenblümchen *(D. norvegica)* hat fast sitzende Narben, nur 3 mm lange Kronblütenblätter und behaarte Stängel. Es kommt (kam?) ss im Rax-Schneeberg-Gebiet vor.

**SCHLÜSSEL A2: Früchte = Schötchen; Blüte purpurn, lila oder violett, selten weiß und purpurn geadert**

- Frucht oben eingedellt
  → Steintäschel, *Aëthionema saxatile* (Foto 3)
- Frucht oben nicht eingedellt
  - Wächst in der Bergstufe, v. a. in Schluchtwäldern
    → Mondviole, *Lunaria rediviva* (Bd. 1, S. 158)
  - Verwilderte Zierpflanze (Foto A), in lichten Wäldern und unter Gebüsch (Siedlungsnähe), auf Straßenböschungen ...
    → Garten-Mondviole, *Lunaria annua*
  - Wachsen von der subalpinen bis in die alpine Stufe
    - Blätter ungeteilt; Wuchs ausgebreitet
      → Rundblättriges Täschelkraut, *Thlaspi rotundifolium* (ohne Abb.)
    - Blätter vorn drei- bis fünfspaltig; Polsterpflanze
      → Steinschmückel, *Petrocallis pyrenaica* (Bd. 1, S. 154)

## 3 Steintäschel, *Aëthionema saxatile*

+ Blüte erst weiß, purpurn geadert, später purpurn
+ Frucht zweigestaltig: neben breit geflügelten, oben eingedellten Schötchen auch kleine Nüsse

Von Bad Vöslau bis in die Voralpen besonders auf Dolomitgestein.

## Rundblättriges Täschelkraut, *Thlaspi rotundifolium (Noccaea rotundifolia)* (ohne Abb.)

| | | | | | | | | |
|---|---|---|---|---|---|---|---|---|
| 5–12 cm | V–VIII | ♃ | | | A4 | ss | | |

+ Teppichbildender Schuttkriecher

Auf Kalkschuttfluren, nur an wenigen Stellen auf Rax und Schneeberg.

1

A

3b

2

3a

## SCHLÜSSEL A3: Früchte = Schötchen; Blüte gelb (gelblich)

- Frucht besteht aus 2 scheibenförmigen Fächern, dadurch brillenähnlich
  → Brillenschötchen, *Biscutella laevigata* (Bd. 1, S. 156)

- Frucht zweigliedrig bzw. Form eines Zwiebelturms: Das untere Glied walzlich, das obere ± kugelig (s. Bd. 1, S. 157, Foto 5b)

  - Wuchs kugelförmig
    → Rapsdotter, *Rapistrum perenne* (Bd. 1, S. 156)

  - Wuchs schlank aufrecht; ss nur im Wiener Becken und evtl. im Marchfeld (Fotos A, 1)
    → Hohldotter, *Myagrum perfoliatum*

- Frucht schief eiförmig und mit Pusteln (Foto B); Wuchs kandelaberartig (Foto C)
  → Orient-Zackenschötchen, *Bunias orientalis* (Bd. 1, S. 156)

- Frucht hängend, geflügelt, zur Reife schwarz (Foto D)
  → Färberwaid, *Isatis tinctoria* (S. 215, Fotos 1a, b)

- Frucht walzlich, oft schwach gekrümmt
  → Kleinblütige Sumpfkresse, *Rorippa palustris* (S. 215, Foto 2)

- Frucht birnenförmig mit deutlich hervortretenden Mittelnerven (Foto E)
  → Wilder Leindotter, *Camelina microcarpa* (Bd. 1, S. 156)

- Frucht kugelig

  - Ackerwildkraut und Erstbesiedler auf offenen Böden, einjährig; Blätter mit pfeilförmigem Grund sitzend, ganzrandig oder schwach gezähnt
    → Finkensame, *Neslia paniculata* (Bd. 1, S. 156)

  - Ausdauernde Pflanze auf Feuchtstandorten; Blätter mit geöhrtem Grund stängelumfassend, deutlich gezähnt
    → Österreichische Sumpfkresse, *Rorippa austriaca* (S. 215, Foto 3)

- Frucht elliptisch oder rundlich

  - Auf feuchten Standorten
    → Ufer-Sumpfkresse, *Rorippa amphibia* (S. 215, Foto 4)

  - Auf trockenen Standorten

    - ◆ Frucht elliptisch; Alpenpflanze
      → Immergrünes Felsenblümchen, *Draba aizoides* (S. 215, Foto 5)

    - ◆ Frucht rundlich (oben und unten abgerundet)

      - ▪ kurzlebige kleine Pionierpflanze auf kargen Böden; Blüten blass, beim Verblühen weißlich (Foto F)
        → Kelch-Steinkraut, *Alyssum alyssoides* (Bd. 1, S. 154)

      - ▪ Pflanze ausdauernd

        - ❖ Frucht kahl; Mauerbewohner
          → Felsensteinkraut, *Aurinia saxatilis* (Bd. 1, S. 154)

        - ❖ Frucht behaart (dicht mit Sternhaaren bedeckt, dadurch grau); Blüten goldgelb; Trockenrasenpflanze
          → Berg-Steinkraut, *Alyssum montanum* (Bd. 1, S. 154)

## 1 Hohldotter, *Myagrum perfoliatum*

| | | | | | | | | |
|---|---|---|---|---|---|---|---|---|
| 20–50 cm | V–VII | ⊙ | | | P2, Ä | ss | | |

+ Fruchtform unverwechselbar (Foto A)
+ Fruchtstiele verdickt, dem Stängel angedrückt
+ Pflanze hellblaugrün (Foto 1)

A

B

C

D

F

E

1

## 1 Färberwaid, *Isatis tinctoria*

| | | | | | | | | |
|---|---|---|---|---|---|---|---|---|
| 60–150 cm | IV–V | ⊙ | | | P4, S3 | mh | | |

+ Pflanze oben bläulich grün bereift
+ auffälliger, hoher, hellgelb blühender Frühlingsblüher

Früher Färbepflanze: Blau („Deutscher Indigo"), eingebürgertes Kulturrelikt; sehr schön auf Felsen und Böschungen (Bahn, Straße) in der Wachau.

## 2 Kleinblütige Sumpfkresse (Gewöhnlich-Sumpfkresse), *Rorippa palustris*

| | | | | | | | | |
|---|---|---|---|---|---|---|---|---|
| 10–60 cm | VI–VII | ① bis ⊙ | | | T3, 4, Ä | sh | | |

+ Kronblütenblätter ca. 2 mm lang

Im Herbst ist die ganze Pflanze oft rötlich überlaufen; vor allem in Wassergräben, feuchten Äckern und Brachen; vor allem im Waldviertel (vergleiche die ausdauernde Wilde Sumpfkresse, S. 227).

## 3 Österreichische Sumpfkresse, *Rorippa austriaca*

| | | | | | | | | |
|---|---|---|---|---|---|---|---|---|
| 40–100 cm | VI–VII | ♃ | | | G4, S3, T3, W3 | mh | | |

An zeitweise überschwemmten Flussufern; auch auf Böschungen und Wiesen, bildet dort mit ihren unterirdischen Ausläufern dichte Bestände.

## 4 Ufer-Sumpfkresse, *Rorippa amphibia*

| | | | | | | | | |
|---|---|---|---|---|---|---|---|---|
| 40–120 cm | V–VI | ♃ | | | T3, 4 | s | | |

+ Blätter sitzen, nicht stängelumfassend

An Teichrändern und Altwässern, verbreitet im Marchtal, am leichtesten zu finden an den Ufern des Marchfeldkanals.

## 5 Immergrünes Felsenblümchen, *Draba aizoides*

| | | | | | | | | |
|---|---|---|---|---|---|---|---|---|
| 5–10 cm | V–VI | ♃ | | | A3 | h | | |

In Kalkfelsspalten und steinigen Rasen.

- Die Unterart *beckeri* in tieferen Lagen an Felsen nordöstlich von Ötscher und Schneeberg blüht bereits III–IV.
- Das Karpaten-Felsenblümchen *(D. lasiocarpa)* kommt ss nur in der Mödlinger Klause und auf dem Teufelstein bei Perchtoldsdorf vor. Es hat borstenhaarige Früchte.
- Das Hain-Felsenblümchen *(D. nemorosa)* hat eingedellte Kronblütenblätter. Es kommt recht s auf lückigen Magerwiesen, an Straßenrändern und auf Bahngelände vor.

1a

1b

3

2

4

5

## SCHLÜSSEL B1a: Früchte sind Schoten; Blätter gefiedert

- Dunkelviolette Brutknöllchen in den Achseln der oberen Blätter; Blüte blasslila, selten weiß; Waldpflanze
  → Zwiebeltragende Zahnwurz, *Dentaria bulbifera* (Bd. 1, S. 162)
- Früchte leicht perlschnurartig eingeschnürt; Blütenkrone weiß oder hellgelb mit violetter Aderung; Ackerwildkraut (Foto Bd. 1, S. 165, Foto 4a)
  → Hederich, *Raphanus raphanistrum* (Bd. 1, S. 164)
- Man prüfe die Stängelblätter:
  - Stängelblätter ungeteilt; Grünlandpflanze (bevorzugt Kalkgebiete)
    → Kriechkresse, *Cardaminopsis halleri* (Foto 1)
  - Stängelblätter fiederspaltig (Foto A); Pionierpflanze an Böschungen, Sandhaufen ...
    → Sandkresse, *Cardaminopsis arenosa* (Bd. 1, S. 162)
  - Stängelblätter gefiedert (selten dreizählig)
    - In Fließgewässern; Stängel am Grund kriechend
      → Brunnenkresse, *Nasturtium officinale* (s. auch Bd. 1, S. 160)
    - Stängel aufrecht
      → Schaumkraut, *Cardamine*, s. Schlüssel S. 217

### 1 Kriechkresse (Kriech-Schaumkresse), *Cardaminopsis halleri (Arabidopsis halleri)*

| | | | | | | | | |
|---|---|---|---|---|---|---|---|---|
| 10–40 cm | IV–VI | ♃ | | | G3f, M, S3 | mh | | |

+ Pflanze mit am Boden liegenden, wurzelnden Trieben (zusätzlich zu den aufrechten)

In feuchten Wiesen und Weiderasen (auch auf feuchtem Ödland, an Wegrändern und auf oft gegossenen Grabhügeln).

### Brunnenkresse (Echt-Brunnenkresse), *Nasturtium officinale* (Foto 4c, Bd. 1, S. 161)

| | | | | | | | | |
|---|---|---|---|---|---|---|---|---|
| 20–60 cm | V–VII | ♃ | | | T3 | ss | | |

+ Staubblätter gelb
+ Frucht 2–2,5 mm breit, meist gerade
+ Blätter bleiben im Herbst grün

In sauberen Fließgewässern in tiefen Lagen (da dieser Wuchsort selten, ist auch die Art ss geworden); als Wildsalat verwendet (aber wegen der Seltenheit nicht mehr sammeln!), auch kultiviert.

☝ Sehr (!) ähnlich (und ebenfalls schmackhaft): Bitteres Schaumkraut *(Cardamine amara)* (Bd. 1, S. 160): Blätter nicht geöhrt, Staubblätter purpurviolett.

☝ Die Kleinblättrige Brunnenkresse *(N. microphyllum)* hat nur 1–2 mm breite und meist gebogene Früchte. Ihre Blätter werden im Herbst purpurn bis bronzefarben. Sie ist in NÖ noch nicht sicher nachgewiesen (hier wäre also noch ein Neufund möglich!).

A

1

## Gattung: Schaumkraut, *Cardamine*

B

- Ältere Grundblätter ungeteilt, jüngere dreiteilig; in der subalpinen Stufe
  → Reseda-Schaumkraut, *Cardamine resedifolia* (S. 219, Foto 1)
- Blätter alle dreizählig; Waldpflanze in der Bergstufe
  → Kleeblatt-Schaumkraut, *Cardamine trifolia* (S. 219, Foto 2)
- Blätter gefiedert oder fiederschnittig
  - Kronblütenblätter aufrecht, nur 2–4 mm lang, Pflanze ⊙/①
    - Blätter am Grund geöhrt (mit 2 schmalen Zipfeln stängelumfassend) (Foto B)
      → Spring-Schaumkraut, *Cardamine impatiens* (S. 219, Fotos 3a, b)
    - Blätter am Grund ohne Öhrchen
      - Stängel unten stark behaart; Pflanze schattiger, feuchter Wälder
        → Wald-Schaumkraut, *Cardamine flexuosa* (S. 220)
      - Stängel kahl oder zerstreut behaart; Pionierpflanze in Gärten, Friedhöfen …
        → Garten-Schaumkraut, *Cardamine hirsuta* (S. 221, Fotos 1a, b)
  - Kronblütenblätter 5–20 mm lang, ausgebreitet
    - Ausläufer treibend, grundständige Blätter nicht rosettig, teilweise im Wasser untergetaucht; Uferpflanze; Staubblätter purpurviolett (i. U. z. Brunnenkresse) (Foto C)
      → Bitteres Schaumkraut, *Cardamine amara* (Bd. 1, S. 160)
    - ohne Ausläufer, grundständige Blätter oft rosettig angeordnet; häufige und verbreitete Grünlandpflanze
      → Wiesenschaumkraut, *Cardamine pratensis* agg. (Bd. 1, S. 160)

C

- Das formenreiche Wiesenschaumkraut wird heute in mehrere Arten unterteilt. Für diejenigen, die dies interessiert und in Erfüllung unseres Versprechens auf S. 161 in Bd. 1:

  - Kronblütenblätter klein, 5–9 mm lang, stets weiß; Pflanze meist schon am Grund verzweigt (mehrstängelig); auf Feuchtwiesen, Niedermooren und in Verlandungsgesellschaften
    → Weißes Wiesenschaumkraut, *Cardamine matthioli* (Bd. 1, S. 161, Foto 5)

  - Kronblütenblätter 7–12 mm lang, helllila bis weiß; Stängel oft aufsteigend; Rosettenblätter verwelken früh; auf nährstoffarmen Moorwiesen und Bachauwiesen
    → Morast-Wiesenschaumkraut, *Cardamine udicola*

  - Kronblütenblätter 8–13 mm lang, lila, selten weiß; auf frischen bis feuchten Fettwiesen. Im Gegensatz zu den anderen Arten wird diese Art durch intensive Bewirtschaftung der Wiesen gefördert
    → Wiesenschaumkraut, *Cardamine pratensis* s. str. (Fotos D, E)

  - Kronblütenblätter groß, 12–16 mm lang, meist weiß; Teilblättchen der Stängelblätter kurz gestielt, oft gezähnt; blüht 2 Wochen später als das obige. Auf feuchten Wiesen und in Ufer-Verlandungsgesellschaften
    → Gezähntblättriges Wiesenschaumkraut, *Cardamine dentata*

D

E

## 1 Reseda-Schaumkraut, *Cardamine resedifolia*

| | | | | | | | | |
|---|---|---|---|---|---|---|---|---|
| 2–15 cm | V–VIII | ♃ | | | A7, 3 | ss | | |

+ Stängelblätter zwei- bis dreipaarig fiederschnittig
+ Blattstiel am Grund geöhrt

Durch den gleitenden Übergang von unzerteilten zu fiederschnittigen Blättern entstehen eigenartige Blattformen (Foto 1). Kalkmeidend; in den Kalkalpen nur an kalkarmen Stellen, auf der Rax und am Schneeberg.

## 2 Kleeblatt-Schaumkraut, *Cardamine trifolia*

| | | | | | | | | |
|---|---|---|---|---|---|---|---|---|
| 20–30 cm | IV–VI | ♃ | | | W2 | mh | | |

+ Blüten groß (Blütenkronblätter 8–11 mm lang), weiß, im zeitigen Frühjahr sehr auffällig

In feuchten, schattigen Wäldern (meist Buchenwäldern); meist über Kalk.

## 3 Springfrucht-Schaumkraut (Spring-S.)[48], *Cardamine impatiens*

| | | | | | | | | |
|---|---|---|---|---|---|---|---|---|
| 10–70 cm | V–VI | ⊙ bis ① | | | W3, 4, 6, S3 | h | | |

+ Blütenkronblätter fehlen oft
+ an den auffallenden Öhrchen zu erkennen (S. 217, Foto B)

In schattigen Wäldern, meist auf „Störstellen"-Holzlagerplätze, Wege (Klebsamen), aufgerissenen Böden ... auch auf Bahngelände.

1

3a

2

3b

[48] Der Name kommt von dem Schleudermechanismus (aller Arten der Gattung), mit dem die Früchte ihre Samen wegschleudern; das Springfrucht-S. reagiert schon auf leichte Berührungen.

## 1 Garten-Schaumkraut (Ruderal-S., Viermänniges S.[49]), *Cardamine hirsuta*

| | | | | | | | | |
|---|---|---|---|---|---|---|---|---|
| 10–20 cm | III–X | ① bis ⊙ | | | P1, S1, 2 | mh | | |

+ Pflanze am Grund verzweigt
+ Blattstiele am Grund auffallend lang bewimpert, sonst ± kahl

Bevorzugt offene, frische bis feuchte Böden in feuchter Klimalage, daher im pannonischen Raum eher an halbschattigen Wuchsorten; sehr häufig in Gärtnereien (wird mit Baumschulmaterial und Zierstauden verbreitet), tritt daher oft in Blumentöpfen und -kistchen auf, ansonsten in Pflasterritzen (klebrige Samen), zwischen Betonsteinen vor Garagen, im Kies von Friedhofswegen, in Gartenbeeten usw.

## 2 Wald-Schaumkraut, *Cardamine flexuosa* (ohne Abb.)

| | | | | | | | | |
|---|---|---|---|---|---|---|---|---|
| 10–50 cm | IV–VI | ① bis ⊙ | | | W2, 4, 6 | h | | |

+ Stängel unten reich behaart, mit 4–10 Blättern
+ Stängel hin und her gebogen

In schattigen, feuchten Laubwäldern.

☝ Das Kleinblütige Schaumkraut *(C. parviflora)* hat kahle Blätter und Stängel. Es kommt ss nur in den Marchauen an Ufern, auf überschwemmten Böden und feuchten Sandböden vor; §.

## SCHLÜSSEL B1b: Früchte sind Schoten, Blätter einfach und ungeteilt

- Blüte purpurn, helllila oder violett
  - Wächst in Schneetälchen der alpinen Stufe
    → Blaue Gänsekresse, *Arabis caerulea* (S. 222)
  - Wächst nicht in Schneetälchen der alpinen Stufe
    - ◆ Mittlere und obere Stängelblätter sitzend und ± stängelumfassend
      → Wilde Nachtviole, *Hesperis sylvestris* (S. 223, Foto 1)
    - ◆ Mittlere und obere Stängelblätter ± kurz gestielt, nie stängelumfassend
      → Garten-Nachtviole, *Hesperis matronalis* (S. 223, Foto 2)
- Blüte weiß
  - Blätter gestielt und deutlich herzförmig, Blätter riechen zerdrückt nach Knoblauch
    → Knoblauchsrauke, *Alliaria petiolata* (Bd. 1, S. 158)
  - Blätter nicht gestielt und gleichzeitig deutlich herzförmig; Blätter nicht nach Knoblauch riechend
    - ◆ Stängel und Blätter (fast) völlig kahl
      - ▪ Pflanze der subalpinen und alpinen Stufe in Quellfluren und auf überrieselten Felsen; Stängelblätter sitzend
        → Bach-Gänsekresse, *Arabis soyeri* (S. 223, Fotos 3a, b)
      - ▪ Pflanze tieferer Lagen in trockenen, lichten (Flaum-)Eichenwäldern; Blätter sitzen mit herzförmiger Basis am Stängel
        → Armblütige Gänsekresse, *Arabis pauciflora* (S. 223, Fotos 4a, b)

[49] „Viermännig", da 4 Staubblätter.

- Pflanze der alpinen Stufe in Schneetälchen und auf feuchten, erdigen Stellen; Stängelblätter ± gestielt
  → Alpen-Schaumkraut, *Cardamine alpina* (S. 223, Foto 5)

- Pflanze in lichten, trockenen, felsigen Wäldern und auf Felsen (vor allem auf Dolomit, in der Wachau auch häufig auf Gneis) (Fotos A, B)
  → Felsenkresse, *Cardaminopsis petraea* (Bd. 1, S. 162). Leicht zu verwechseln mit der Sandkresse (*C. arenosa* (S. 217, Foto A und Bd. 1, S. 162)): Diese mit fiederspaltigen Grundblättern und behaarten, fiederspaltigen (zumindest die untersten) Stängelblättern. Die Felsenkresse hat höchstens schwach gezähnte Grundblätter und kahle, ganzrandige Stängelblätter. Beide Arten sind standörtlich getrennt: Die Sandkresse ist Pionier auf Sand- und Schotterhaufen, Straßenbanketten, an Mauerfüßen ... Die Felsenkresse wächst an unberührten („naturnahen“) Wuchsorten.

- Pflanze der Bergstufe; auf feuchten Wiesen; Stängelblätter leicht gestielt; Legtriebe
  → Kriechkresse, *Cardaminopsis halleri* (S. 217, Foto 1)

◆ Stängel und Blätter zumindest etwas behaart

- Stängelblätter mit verschmälertem Grund sitzend oder kurz gestielt
  → Schlüssel B1b1, S. 224

- Stängelblätter mit herzförmigem Grund sitzend und ± stängelumfassend
  → Schlüssel B1b2, S. 225

A

B

1a

1b

## Blaue Gänsekresse, *Arabis caerulea* (ohne Abb.)

| | | | | | | | | |
|---|---|---|---|---|---|---|---|---|
| 2–12 cm | VII–VIII | ♃ | | | A7, 4 | ss | | |

+ die unreifen Früchte meist blau überlaufen

In Schneetälchen und feuchten Felsschuttfluren; nur auf Kalk; im Saugraben und am oberen Ochsenboden des Schneeberges und auf der Rax.

## 1 Wilde Nachtviole, *Hesperis sylvestris*

| | | | | | | | | |
|---|---|---|---|---|---|---|---|---|
| 40–80 cm | VI–VII | ⊙ bis ♃ | | | W1, 6, M, K | ss | | |

+ im oberen Stängelbereich und im Blütenstand stets mit Drüsenborsten
+ Blüte helllila

Am Alpenostrand und im Weinviertel, ss.

## 2 Garten-Nachtviole, *Hesperis matronalis*

| | | | | | | | | |
|---|---|---|---|---|---|---|---|---|
| 40–100 cm | V–VIII | ⊙ bis ♃ | | | W3, M, S3, 1 | mh | | |

+ Kronblütenblätter 20–25 mm lang
+ Blüte purpurn, blasslila oder violett

Zierpflanze, verwildert leicht und häufig in Auen und auf Ödland. Sieht von fern der Garten-Mondviole ähnlich, deren Blätter aber am Grund herzförmig sind (Foto A im Schlüssel A2, S. 211).

✍ Die Afrikanische Meerviole *(Malcolmia africana)* wird nur 10–20 cm hoch und ihre violetten Kronblütenblätter sind winzig (nur 8–10 mm lang). Die sparrig abstehenden Früchte sind bei der Meerviole auffallend dicht behaart. Ihre Heimat ist Nordwestafrika, sie kommt seit Langem an Ackerrändern und Wegböschungen zwischen Hundsheim und Edelstal vor.

## 3 Bach-Gänsekresse, *Arabis soyeri*

| | | | | | | | | |
|---|---|---|---|---|---|---|---|---|
| 15–30 cm | IV–V | ♃ | | | T3 | mh | | |

+ Blätter dicklich, saftig, stark glänzend

In Quellfluren, an Wasserfällen und in Schluchten, kalkliebend; in den höher gelegenen Teilen der Flussgebiete von Schwarza (schön im Höllental!), Triesting, Traisen, Erlauf, Ybbs, Salza und Stiller Mürz.

## 4 Armblütige Gänsekresse (Wenigblüten-Kohlkresse), *Arabis pauciflora (Fourraea alpina)*

| | | | | | | | | |
|---|---|---|---|---|---|---|---|---|
| 30–100 cm | V–VI | ♃ | | | W1 | mh | | |

+ Stängelblätter bläulich grün bereift, mit deutlich entwickelten stängelumfassenden Öhrchen
+ Schoten stehen locker, schief aufrecht

Am Alpenostrand von Perchtoldsdorf bis Gloggnitz, am leichtesten zu finden auf den Jurakalkhügeln bei Gießhübl, z. B. am Nackten Sattel, s auch im südlichen Waldviertel.

## 5 Alpen-Schaumkraut, *Cardamine alpina*

| | | | | | | | | |
|---|---|---|---|---|---|---|---|---|
| 2–12 cm | VII–VIII | 2 4 | | | A7, 3 | ss | | |

Kalkmeidend, in NÖ ss; alte Angaben von Ötscher und Dürrenstein; auch heute noch?

1

3a

2

4a

4b

3b

5

## SCHLÜSSEL B1b1: Stängelblätter mit verschmälertem Grund sitzend oder kurz gestielt

- Stängelblätter kurz gestielt
  - Pflanze mit oberirdischen Ausläufern (eigentlich Legtriebe); frische bis feuchte Standorte
    → Kriechkresse, *Cardaminopsis halleri* (S. 217, Foto 1)
  - Pflanze ohne Ausläufer; Trockenstandorte
    → Felsenkresse, *Cardaminopsis petraea* (S. 221, Fotos A, B und Bd. 1, S. 162)
- Stängelblätter sitzen mit verschmälertem Grund
  - Pflanze in der Hügel- bis Bergstufe, auf sandigen offenen Böden in lückigen, bodensauren Magerrasen, in Pflasterritzen und in Äckern
    → Schmalwand, *Arabidopsis thaliana* (Fotos 1a, b)
  - Pflanze der subalpinen und alpinen Stufe
    - Blütenstand dicht, 15–25-blütig, Kronblütenblätter nur 4–5 mm lang, Samen ungeflügelt (Lupe!)
      → Voralpen-Gänsekresse, *Arabis ciliata*
    - Blütenstand locker, 5–15-blütig, Kronblütenblätter 5–8 mm lang, Samen rundum häutig geflügelt
      → Zwerg-Gänsekresse (Artengr.), *Arabis pumila* agg. (Fotos 2a, b)

### 1 Schmalwand, *Arabidopsis thaliana*

| | | | | | | | | |
|---|---|---|---|---|---|---|---|---|
| 5–30 cm | IV–VI | ① | | | S1–3, Ä, G1 | h | | |

Typischer Vertreter der Vorfrühlingsflora (s. Hungerblümchen, Bd. 1, S. 155); kalkmeidend, dadurch in kalkreichen Gebieten eher selten. Aufgrund ihrer kurzen Generationszeit von nur 8–12 Wochen vom Keimling bis zur Blüte, ihrer geringen Größe, der großen Samenanzahl und der kleinen Genomgröße ist diese Art die Lieblingspflanze der Genetiker, die als Modellorganismus wohl die am besten erforschte Gefäßpflanzenart ist.

### Voralpen-Gänsekresse (Schirm-Gänsekresse), *Arabis ciliata* (ohne Abb.)

| | | | | | | | | |
|---|---|---|---|---|---|---|---|---|
| 8–20 cm | V–VI | ⊙ bis ♃ | | | A3, 2 | mh | | |

Auf trockenen Wiesen und an steinigen Stellen der Voralpen, Schneeberg-Rax-Gebiet, Semmering-Gebiet, Unterberg, Ötscher, Dürrenstein.

### 2 Zwerg-Gänsekresse, *Arabis pumila* agg.

| | | | | | | | | |
|---|---|---|---|---|---|---|---|---|
| 5–20 cm | VI–VIII | ♃ | | | A3, A4 | h | | |

Hier werden zwei Arten unterschieden. Dazu ist aber eine gute Lupe notwendig:

Sternhaar-Gänsekresse *(A. stellulata)*: Grundblätter auf der Fläche überwiegend mit drei- bis fünfstrahligen Haaren (= Sternhaaren); meist nur 5–10 cm hoch; wächst meist in Kalkfelsspalten.

Gabelhaarige Gänsekresse *(A. bellidifolia)*: Grundblätter auf der Fläche überwiegend mit zweistrahligen Haaren (= Kompassnadelhaaren = Gabelhaaren); wird 10–20 cm hoch; wächst in feuchten, feinerdereichen Kalkschuttfluren.

**SCHLÜSSEL B1b2: Stängelblätter mit herzförmigem Grund ± stängelumfassend**

- Meist in der subalpinen Stufe in feuchten Felsschuttfluren, oft an Felsfüßen; wächst mit kriechenden Stängeln und nicht blühenden Blattrosetten in Gruppen.
  → Alpen-Gänsekresse, *Arabis alpina* (Bd. 1, S. 160)

- Meist in tieferen Lagen und ohne kriechende Stängel
  - Früchte stehen schräg nach oben
    → Öhrchen-Gänsekresse, *Arabis auriculata* (Bd. 1, S. 160)
  - Reife Früchte steif aufrecht, dem Stängel nahe oder sogar angedrückt
    → Behaarte Gänsekresse, *Arabis hirsuta* agg. (Bd. 1, S. 160)

Achtung! Haarspaltereien: Die einzelnen Arten dieser Gruppe sind nur mit einer guten (!) Lupe (besser mit einem Binokular oder Mikroskop) bestimmbar:

- Stängel im unteren Teil überwiegend mit 2(4)-strahligen, fast ungestielten, anliegenden, daher kompassnadelartigen Haaren; Stängelblätter 30–60, stehen auffallend dicht; Öhrchen der Stängelblätter 2–4 mm lang, oft auffallend, wie Frackschößel abstehend; meist in ± gestörten Feuchtwiesen in und am Rand von Auen, mh bis ss; §; im Wiener Becken (Feuchte Ebene) und in den Donau-, March- und Leitha-Auen
  → Auen-Gänsekresse, *Arabis nemorensis*

- Stängel im unteren Teil überwiegend mit langen einfachen oder zweistrahligen, deutlich gestielten Haaren
  - Schoten stehen dicht, steif aufrecht, parallel zueinander und sind dem Stängel angedrückt; Stängelblätter 12–50, stängelumfassend mit 1–2 mm langen Öhrchen; auf lückigen Magerwiesen und Böschungen; mh bis s, fast nur im pannonischen Gebiet
    → Pfeil-Gänsekresse, *Arabis sagittata*
  - Schoten stehen locker, nicht steif aufrecht und nicht streng parallel zueinander, vom Stängel etwas abstehend; Stängelblätter 6–25, mit 0,5–1 mm langen Öhrchen halbstängelumfassend oder mit breitem Grund sitzend; auf lückigen Magerwiesen, Trockenrasen, Böschungen und an Wegrändern; h
    → Behaarte Gänsekresse, *Arabis hirsuta*

## SCHLÜSSEL B2a: Blätter gefiedert

- Blätter 2–3 × fein gefiedert, grauhaarig
  → Besenrauke, *Descurainia sophia* (Foto 1b)
- 3 Blätter stehen im Quirl und sind jeweils wieder dreigeteilt
  → Neunblättrige Zahnwurz, *Dentaria enneaphyllos* (Bd. 1, S. 162)
- Blätter duften beim Zerreiben nach Schweinsbraten bzw. Rucola
  → Doppelrauke, *Diplotaxis tenuifolia* (Bd. 1, S. 164)
- Mittlere und obere Stängelblätter mit geöhrtem Grund stängelumfassend
  - Stängelblätter meist ungeteilt und ganzrandig
    → Raps und Rübsen, *Brassica napus* und *Brassica rapa*
    Kulturpflanzen, die auf Straßen und an Ackerrändern mh verwildert auftreten
  - Stängelblätter fiederspaltig oder gezähnt (Foto C im Anhang, S. 497)
    → Barbarakraut, *Barbarea vulgaris* (Bd. 1, S. 162)
    ☝ Beim Mittleren Barbarakraut *(B. intermedia)* sind auch die obersten Blätter gefiedert.
    ☝ Das Steife Barbarakraut *(B. stricta)* hat steif aufrechte, dem Stängel anliegende Früchte. Es kommt s vor – vor allem in den Marchauen (Foto D im Anhang auf S. 497).
- Wenn bisher nichts gepasst hat, weiter im Schlüssel:
  Anders als die ersten 4 Arten und Blätter nicht stängelumfassend:
  - Früchte mit Schnabel
    - Schnabel schwertförmig abgeflacht
      → Ackersenf, *Sinapis arvensis* (Bd. 1, S. 164)
    - Schnabel nicht abgeflacht
      - Früchte leicht perlschnurartig eingeschnürt
        → Hederich, *Raphanus raphanistrum* (Bd. 1, S. 164)
      - Früchte nicht perlschnurartig eingeschnürt
        → Kresseblättrige Hundsrauke, *Erucastrum nasturtiifolium* (Fotos 2a, b)
  - Früchte ohne Schnabel
    - Früchte 1–1,5 × so lang wie ihre Stiele; Pflanze mit Ausläufern (ausdauernd) auf feuchten Böden
      → Wilde Sumpfkresse, *Rorippa sylvestris* (Foto 3)
    - Früchte 3–10 × so lang wie ihre Stiele; Pflanze ohne Ausläufer (einjährig) und auf ± trockenen Wuchsorten
      → Rauke, *Sisymbrium*, s. Schlüssel S. 228

### 1 Besenrauke, *Descurainia sophia*

| | | | | | | | | |
|---|---|---|---|---|---|---|---|---|
| 20–70 cm | V–IX | ⊙ bis ① | | | Ä, S1–3, P2, 5 | sh | | |

+ Kronblütenblätter winzig, nur 1–2 mm lang, blassgelb

Am eleganten, feinen Blattschnitt leicht zu erkennen. Auf Äckern, in Weingärten, auf lückigen Böschungen und anderen offenen Bodenstellen.

## 2 Kresseblättrige Hundsrauke (Stumpfkantige H.), *Erucastrum nasturtiifolium*

| | | | | | | | | |
|---|---|---|---|---|---|---|---|---|
| 40–80 cm | V–VIII | ⊙ bis ♃ | | | P2, S2, 3, P4 | h | | |

+ Blütenstand fast stets ohne Blätter
+ Kronblütenblätter leuchtend hellgelb
+ charakteristischer Blattschnitt

In lückigen Trockenrasen, aufgelassenen Steinbrüchen, auf anderen trockenen Plätzen mit offenem Boden.

✍ Bei der Französischen Hundsrauke *(E. gallicum)* haben die unteren Blüten Deckblätter und die Kronblütenblätter sind weißlich gelb, grünlich geadert. Sie kommt nur s an Ufern (und Wegrändern) vor.

## 3 Wilde Sumpfkresse, *Rorippa sylvestris*

| | | | | | | | | |
|---|---|---|---|---|---|---|---|---|
| 15–40 cm | V–IX | ♃ | | | T3, Ä, P2, S2 | h | | |

+ flach streichende Wurzelausläufer, dadurch teppichartiger Wuchs
+ blühende Triebe bogig aufsteigend

An Ufern, in nassen Äckern und auf anderen feuchten, offenen Bodenstellen.

✍ Die Gewöhnliche Sumpfkresse *(R. palustris)* hat Stängelblätter mit deutlich stängelumfassenden Öhrchen, sie wächst ± aufrecht und bildet als einjährige Pflanze keine Ausläufer (S. 214).

## Gattung: Rauke, *Sisymbrium*

- Früchte dem Stängel dicht angedrückt; h
  → Weg-Rauke, *Sisymbrium officinale* (Fotos 1a, b)
- Früchte aufrecht abstehend bis abstehend
  - Fruchtstiele etwa so dick wie die Früchte
    - Pflanze grauhaarig, obere Blätter gestielt; sh
      → Orient-Rauke, *Sisymbrium orientale* (Fotos 2a–c)
    - Pflanze grün, obere Blätter sitzen meist; mh
      → Hohe Rauke, *Sisymbrium altissimum* (S. 231, Fotos 1a–c)
  - Fruchtstiele dünner als die Früchte
    - Die jungen Früchte überragen die Blüten ihres Blütenstandes weit; mh
      → Glanz-Rauke, *Sisymbrium irio* (S. 231, Foto 2)
    - Die jungen Früchte überragen die Blüten ihres Blütenstandes nicht oder kaum
      - Pflanze ausdauernd, mit kriechendem Rhizom, Kronblütenblätter groß, 7–9 mm lang; s
        → Wolga-Rauke, *Sisymbrium volgense* (S. 230, ohne Abb.)
      - Pflanze kurzlebig, ohne kriechendes Rhizom
        - sehr häufige Pionierpflanze v. a. in Städten und Dörfern; Stängel unten meist dicht rauhaarig mit abstehenden oder abwärtsgerichteten Haaren, selten ganz kahl
          → Wiener Rauke, *Sisymbrium loeselii* (S. 231, Fotos 3a, b)
        - seltene (Wild-)Lägerpflanze im Gebirge; Stängel unten kahl oder mit aufwärtsgebogenen Haaren; s
          → Österreichische Rauke, *Sisymbrium austriacum* (S. 231, Foto 4)

*Naturgartentipp: Sisymbrium*-Arten sind typische „Gstätt'npflanzen", also Pioniere, die darauf spezialisiert sind, offene Böden zu erobern. Für Wildbienen und andere Blütenbesucher sind „wilde" Raine, Säume und Brachen v. a. im Siedlungsgebiet eine wichtige Nahrungsquelle. Foto A zeigt die Rote Sandbiene *(Andrena scita)*, die auf Pollen von gelben Kreuzblütlern spezialisiert ist. Die wärmeliebende Art kommt in Österreich nur in Wien, NÖ und Burgenland vor. Da kleine „Wildnisse" in unseren Siedlungen durch übertriebene „Ordnungsliebe" selten geworden sind, geraten Arten wie diese in Not. Man kann ihnen helfen (und sich dabei eine Freude bereiten), wenn man eine Naturgartenecke mit Rauke-Arten gestaltet. Sie brauchen offenen Boden, mehr nicht; Sand, Schotter oder Bauschutt sind ihnen auch sehr recht. Vor allem die Hohe Rauke ist eine prächtige Pflanze, aber auch die Wiener Rauke und die Orient-Rauke sind naturgartenwürdig. Sie überwintern als Rosette und blühen meist erst im zweiten Jahr. Dann kann man der Sandbiene und anderen Wildbienenarten – es gibt etwa 600 Arten bei uns und sie sind wichtige Bestäuber von Obstbäumen – bei der Pollenernte zusehen. Ebenfalls auf gelbe Kreuzblütler angewiesen ist der auf dem Foto (Foto B) abgebildete kleine Bockkäfer *(Phytoecia caerulea)*, dessen Larven sich in den Stängeln entwickeln.

## 1 Weg-Rauke, *Sisymbrium officinale*

| | | | | | | | | |
|---|---|---|---|---|---|---|---|---|
| 30–60 cm | V–IX | ⊙ | | | P2, Ä, S1–3, P4 | sh | | |

+ Wuchs sparrig verzweigt

Unverwechselbar: Eng anliegende Schoten, breit ausladender Wuchs; Stickstoffzeiger: Vor allem in Dörfern, auf dem Gänseanger – so noch vorhanden – und am Fuß von städtischen Hausmauern.

## 2 Orient-Rauke, *Sisymbrium orientale*

| | | | | | | | | |
|---|---|---|---|---|---|---|---|---|
| 30–60 cm | V–VII | ① | | | Ä, P2, S3 | sh | | |

+ die ganze Pflanze grau behaart
+ Blüten blassgelb
+ Stängel bis oben weichhaarig

A

B

1a

2a

2b

1b

2c

## 1 Hohe Rauke, *Sisymbrium altissimum*

| | | | | | | | | |
|---|---|---|---|---|---|---|---|---|
| 30–100 cm | V–VII | ① bis ⊙ | | | P1 | mh | | |

+ obere Blätter von den unteren auffallend verschieden
+ Stängel unten borstig behaart
+ Wuchs (bei Freistand) ausladend (Steppenroller)

Bevorzugt offene Sandböden.

## 2 Glanz-Rauke, *Sisymbrium irio*

| | | | | | | | | |
|---|---|---|---|---|---|---|---|---|
| 10–50 cm | V–VIII | ⊙ bis ① | | | S1 | mh | | |

+ Blüten klein, blassgelb
+ Stängel (fast) kahl

Fast nur in Städten am Südrand von Wien, an sonnigen Mauerfüßen in Beserlparks und am Rand gepflasterter Straßen.

## Wolga-Rauke, *Sisymbrium volgense* (ohne Abb.)

| | | | | | | | | |
|---|---|---|---|---|---|---|---|---|
| 30–75 cm | V–VIII | ♃ | | | P1 | s | | |

+ Pflanze blaugrün, fast kahl

Auf Schuttplätzen, Böschungen, in alten Sandgruben und Ruinengelände; Heimat Südrussland; im Ruinengelände Wöllersdorf bis Wiener Neustadt und in Sandgruben bei Gerasdorf zu finden.

## 3 Wiener Rauke (Stadt-Rauke), *Sisymbrium loeselii*

| | | | | | | | | |
|---|---|---|---|---|---|---|---|---|
| 30–70 cm | IV–XI | ① | | | P2, 5, S1–3 | sh | | |

An Mauerfüßen, auf Schuttplätzen, Mülldeponien, Erdhaufen; in Wien sh, im Umland mh. Die beiden häufigsten Rauken sind, wenn man sich einmal eingeschaut hat, trotz ähnlicher Wuchs- und Blattform leicht zu unterscheiden: Die Blüten der Wiener R. sind kräftig gelb; die Pflanze wirkt grün (nicht hellgraugrün wie die Orient-R.); ihr Stängel ist unten ± abstehend behaart oder ganz kahl. Während die bevorzugten Lebensräume der Orient-R. Äcker und Weingärten sind und sie auf den pannonischen Raum beschränkt ist, so hält sich die Wiener R. am liebsten in Siedlungen auf.

## 4 Österreichische Rauke, *Sisymbrium austriacum*

| | | | | | | | | |
|---|---|---|---|---|---|---|---|---|
| 30–60 cm | V–VI | ⊙̈ bis ♃ | | | A3, 4, P1 | s | | |

Lägerpflanze: auf Lagerplätzen von Wild (v. a. Gämsen), unter überhängenden Felsen (= Balmen), aber auch an Wegrändern; im Gebiet von Rax, Schneeberg, Semmering (Adlitzgräben) und Hoher Wand.

1a

1b

1c

2

3a

4

3b

### „Pionierpflanzen“[50]

Mancher Leserin und manchem Leser (oder besser Benutzer/-in, denn das Buch ist ja nicht zum Lesen, sondern zum Arbeiten gedacht) wird schon aufgefallen sein, dass wir das Wort „Pionierpflanzen“ recht oft verwendet haben, in der Hoffnung, dass es selbsterklärend ist. Falls dem nicht so sein sollte, eine Erklärung:

Wir verstehen darunter Pflanzen, die darauf spezialisiert sind, offenes (d. h. vegetationsfreies) Substrat zu erobern – es muss nicht Boden sein, sondern es kann sich auch um Sand, Schotter, Schutt, Schlacke oder Schlamm handeln – und dieses auf kurze oder etwas längere Dauer zu besiedeln. Im Englischen sagt man noch etwas prägnanter Kolonisten („colonizing species“). Es gibt ganz unterschiedliche Kombinationen von Eigenschaften, die Pflanzen dazu befähigen, offene Flächen zu erobern, die wir hier leider nicht vollständig aufzählen können; nur ein paar Beispiele:

Zunächst ist es für Pioniere wichtig, dass ihre Samen möglichst rasch zur Stelle sind, wenn irgendwo ein „Platz frei wird“. Fallschirmpioniere, wie etwa die Weidenröschen, haben weit fliegende Samen, Spezialisten für aufgetretene oder zerwühlte Bodenstellen in Weideland benutzen die Tiere als Transporteure (z. B. die Hundszunge). Klebrige Samen, wie die des Hirtentäschels oder des Breitwegerichs, heften sich an Hufe, Schuhsohlen oder Reifen. Das können übrigens auch die harten, spitzen Nüsschen der Knöteriche sehr gut, allen voran die des Vogelknöterichs, für den Profilsohlen eigens erfunden wurden. Schlammbesiedler schicken ihre Samen Wasservögeln mit auf die Reise.

Eine andere, sehr effektive und daher bei Pionieren beliebte Möglichkeit ist „Fernverbreitung nicht im Raum, sondern in der Zeit“, mit einfachen Worten: langlebige Samen, die Jahrhunderte im Boden keimfähig überdauern können. So liegen etwa die Samen der Königskerze in der Samenbank des Bodens und warten auf ihre Chance, bis sie wieder ans Licht kommen (Bd. 1, S. 206). An vielen Orten liegen Samen der Pioniere startbereit im Boden. Das Hirtentäschel sorgt dafür, dass immer nur ein Teil seiner Samenpopulation keimbereit ist. Der Rest bleibt in Reserve, falls eine Keimlingswelle durch Dürre oder Bodenbearbeitung vernichtet wird.

Viele Pionierpflanzen sind kurzlebig. Sie rechnen damit, dass sie bald von Arten verdrängt werden, die zwar zögernder ankommen und sich langsamer entwickeln, ihnen aber auf die Dauer doch überlegen sind. Einige langlebige Pioniere haben aber Strategien entwickelt, die es ihnen ermöglichen, den einmal eroberten Standort lange besetzt zu halten, wie das Schmalblatt-Weidenröschen (S. 118) oder die Kanadische Goldrute (S. 442).

## SCHLÜSSEL B2b: Blätter einfach und ungeteilt

- Blätter mit herz- oder pfeilförmigem Grund stängelumfassend (Foto A)
  - Blätter am Rand seicht gezähnt, Früchte bogenförmig überhängend
    → Bogenkresse, *Arabis turrita* (Bd. 1, S. 160)
  - Blätter ganzrandig, Früchte nicht bogenförmig überhängend
    - Stängel ganz unten behaart, sonst kahl (Foto B)
      → Turmkraut, *Turritis glabra* (Bd. 1, S. 162)
    - Stängel auch ganz unten kahl; s
      → Ackerkohl, *Conringia orientalis* (Foto 1a)
- Blätter gestielt oder sitzend, nicht stängelumfassend
  - Früchte mit abgeflachtem Schnabel; Wuchs ausladend (Foto C); sh; in Äckern, Weingärten etc.
    → Ackersenf, *Sinapis arvensis* (Bd. 1, S. 164)
  - Früchte ohne Schnabel

[50] Wir vermeiden den Begriff „ruderal“, weil er oft abwertend gemeint ist, d. h. mit einer abwertenden Aussage verbunden ist. Als Standortbeschreibung ist er zu wenig aussagescharf, denn er umfasst vom Menschen geschaffene Standorte aller Art. Außerdem gibt es Pionierpflanzen, die kaum auf Ruderalstandorten vorkommen, und Ruderalpflanzen, die kaum Pioniereigenschaften haben.

- Blüte gelblich grün mit braunviolettem Adernetz; Trockenrasen (Foto D)
  → Trauer-Nachtviole, *Hesperis tristis* (Bd. 1, S. 164)

- Blüte gelb

  - Früchte im ∅ rund, Blätter breit
    → Steife Rauke, *Sisymbrium strictissimum* (S. 235, Fotos 1a, b)

  - Früchte vierkantig, Blätter schmal
    → Schotendotter, *Erysimum* spp. (Bd. 1, S. 164)

Verwenden Sie den Schlüssel auf S. 234, wenn Sie auch noch die Arten bestimmen möchten; eine gute Lupe ist dafür allerdings Voraussetzung, denn die angedrückten „*Erysimum*-Haare“ sind ein unverzichtbares Unterscheidungskriterium!

## 1 Ackerkohl (Ost-Ackerkohl), *Conringia orientalis*

| | | | | | | | | |
|---|---|---|---|---|---|---|---|---|
| 10–50 cm | V–VII | ⊙ bis ① | | | Ä, P3, S3 | s | | |

+ Blüte gelblich bis grünlich weiß
+ Frucht vierkantig

In steinigen, lückigen Äckern, auf Brachäckern und auf steinigen Stellen, am ehesten noch im Steinfeld zu finden.
☝ Der Österreichische Ackerkohl *(C. austriaca)* hat schön zitronengelbe Blüten. Seine Früchte sind achtkantig. Er ist ss und kommt nur in offenen, steinigen und felsigen Rasen oberhalb von Gumpoldskirchen vor (Foto 1b).

A

B

1a

C

D

1b

## 1 Steife Rauke, *Sisymbrium strictissimum*

| | | | | | | | | |
|---|---|---|---|---|---|---|---|---|
| 80–200 cm | VI–VII | ♃ | | | K, H, W3, 6 | mh | | |

+ Stängel steif, starr, reichblütig

Meist an steinigen Stellen und am Saum oder zwischen Gebüschen (nur an solchen geschützten Stellen ist ein so hoher und üppiger Wuchs möglich!), zumeist am Alpenostrand, z. B. am Eichkogel bei Mödling.

### Gattung: Schotendotter (Schöterich, Goldlack), *Erysimum*

- Pflanze einjährig, daher ohne dürre Blattreste an der Stängelbasis, Früchte abstehend bis waagrecht abstehend (Winkel von 40–90°)
  - Fruchtstiele 6–12 mm lang, Früchte im ∅ vierkantig, 10–30 mm lang, 2–3× so lang wie ihr Stiel; feuchtigkeitsliebend
    → Acker-Schotendotter, *Erysimum cheiranthoides* (Fotos 2a, b)
  - Fruchtstiele 2–5 mm lang, Früchte im ∅ rundlich, 30–90 mm lang, mindestens 5× so lang wie ihr Stiel
    → Spreiz-Schotendotter, *Erysimum repandum* (Fotos 3a, b)
- Pflanze zweijährig bis ausdauernd, daher mit dürren, vorjährigen Blattresten an der Stängelbasis, Früchte aufrecht bis aufrecht abstehend (Winkel von 0–40°)
  - Blätter mit hauptsächlich zweiteiligen (kompassnadelförmigen) Haaren
    - ◆ Kronblütenblätter 16–23 mm lang, Pflanze ausdauernd
      → Felsen-Schotendotter, *Erysimum sylvestre* (S. 237, Foto 1)
    - ◆ Kronblütenblätter 9–14 mm lang, Pflanze zweijährig
      → Grauer Schotendotter, *Erysimum diffusum* (S. 237, Foto 2)
  - Blätter mit hauptsächlich dreiteiligen Haaren
    - ◆ Blütenstiele $\frac{1}{3}$–$\frac{1}{2}$ so lang wie der Kelch, Kronblütenblätter 13–16 mm lang
      → Duft-Schotendotter, *Erysimum odoratum* (S. 237, Fotos 3a, b)
    - ◆ Blütenstiele ungefähr so lang wie der Kelch, Kronblütenblätter 6–12 mm lang
      - ▪ Kronblütenblätter 6–8 mm lang, Blüten duften nicht; Pflanze graugrün
        → Harter Schotendotter, *Erysimum marschallianum* (S. 237, Foto 4)
      - ▪ Kronblütenblätter 9–12 mm lang, Blüten duften schwach; Pflanze grasgrün
        → Ruten-Schotendotter, *Erysimum virgatum* (S. 236, ohne Abb.)

## 2 Acker-Schotendotter, *Erysimum cheiranthoides*

| | | | | | | | | |
|---|---|---|---|---|---|---|---|---|
| 10–90 cm | V–IX | ⊙ bis ① | | | Ä, W3, P2, T3, P3 | mh | | gi! |

+ Kronblütenblätter nur 3–5 mm lang
+ durch die auffallend lang gestielten und relativ kurzen Schoten und die Standortansprüche (s. u.) von allen anderen Schotendotter-Arten verschieden

Liebt gut mit Wasser und Nährstoffen versorgte Böden (während die anderen Arten der Gattung „trocken stehen") und tritt vor allem im Aubereich (auch in Äckern) stärker auf; auch auf feuchten Erdhaufen, in Gärten und an Ufern.

## 3 Spreiz-Schotendotter, *Erysimum repandum*

| | | | | | | | | | |
|---|---|---|---|---|---|---|---|---|---|
| 10–30 cm | IV–VI | ⊙ | | | | Ä, P3, TR | s | | gi! |

\+ auffallend durch die weit ausgespreizten, langen Früchte auf gleich dicken, kurzen Stielen

Typischer Pionier offener Steppenstellen.

☝ Spitzer Schotendotter *(E. cuspidatum)*: Frucht stark seitlich zusammengedrückt; Früchte der Traubenachse auffallend anliegend. Auf Bahnanlagen, Bahndämmen und in Sandgruben; eingebürgert im Tullnerfeld zwischen Eggendorf am Wagram und Hausleiten, am leichtesten zu finden beim Bahnhof Gaisruck.

## 1 Felsen-Schotendotter, *Erysimum sylvestre*

| | | | | | | | | |
|---|---|---|---|---|---|---|---|---|
| 8–40 cm | IV–VI | ♃ | | | W1, A3, K | mh | | gi! |

+ hat die größten Blüten der Gattung!

Auf Felsen, sonnigen Hängen, in lichten Föhrenwäldern, an Waldrändern; vom Anninger über Rax-Schneeberg-Gebiet bis zur Enns und in den Hainburger Bergen.

Der Goldlack *(Erysimum cheiri)* wird häufig als Zierpflanze kultiviert und verwildert recht oft an Felsen und alten Gemäuern (Burgen und Klöster). Sein Stängel ist am Grund oft ± verholzt und seine Früchte sind seitlich zusammengedrückt (zweikantig) wie beim Spitzen Schotendotter. Alle anderen Arten der Gattung Schotendotter haben vierkantige Früchte.

## 2 Grauer Schotendotter, *Erysimum diffusum (E. canescens)*

| | | | | | | | | |
|---|---|---|---|---|---|---|---|---|
| 30–100 cm | V–VII | ⊙ | | | TR, S3 | mh | | gi! |

+ Kronblütenblätter 9–10 mm lang, hellgelb
+ Frucht 30–55 mm lang

Auf Trockenrasen, aber auch auf Bahndämmen und an Wegrändern.

Der Andrzejowski-Schotendotter *(E. andrzejovskianum)* hat 11–14 mm lange, dunkelgelbe Kronblütenblätter und 55–80 mm lange Früchte. Er kommt s in halbschattigen Waldsteppensäumen vor (also an naturnäheren, weniger „gestörten" Wuchsorten als die vorige Art).

## 3 Duft-Schotendotter (Pannonien-Goldlack), *Eysium odoratum (E. pannonicum)*

| | | | | | | | | |
|---|---|---|---|---|---|---|---|---|
| 20–90 cm | VI–VII | ⊙ | | | K, TR, W1 | mh | | gi! |

+ relativ großblütig
+ Blüten riechen schwach, aber angenehm

In lichten Flaumeichenwäldern und an deren Säumen, besonders in der Nähe von Weingärten.

## 4 Harter Schotendotter, *Erysimum marschallianum*

| | | | | | | | | |
|---|---|---|---|---|---|---|---|---|
| 20–90 cm | VI–IX | ⊙ | | | TR | s | | gi! |

+ die Früchte sind der Traubenachse auffallend dicht anliegend (Winkel zwischen Früchten und Traubenachse 0°)

Nur auf Trockenrasen im pannonischen Gebiet.

## Ruten-Schotendotter, *Erysimum virgatum* (ohne Abb.)

| | | | | | | | | |
|---|---|---|---|---|---|---|---|---|
| 40–100 cm | V–VI | ⊙ | | | W3, 6, P1, S3 | mh | | gi! |

+ die Früchte sind der Traubenachse nicht ganz dicht anliegend (Winkel zwischen Früchten und Traubenachse ca. 10°)
+ Trauben zur Fruchtzeit stark verlängert

An Auwaldrändern, auf Waldschlägen, auf Forststraßenböschungen und in Ödland.

1

2

3a

3b

4

## Familie: Resedagewächse, Resedaceae

*Blütenformel:* ↑ K4 od. 6 B4 od. 6 ♂ 7–25 ♀(3–6)[51]

Genau betrachtet wirken die Blüten mit ihren tief zerschlitzten Kronblättern (Foto A) und den vielen Staubblättern verwirrend exotisch. Zum Bestimmen der drei Arten, die es in NÖ gibt, sind Blütenmerkmale aber nicht notwendig.

### Gattung: Resede, *Reseda*

- Alle Blätter tief geteilt (Foto B, C und 1a links)
  → Gelbe Resede (Ruderal-R.), *R. lutea* (Bd. 1, S. 166)
- Zumindest die unteren Blätter ungeteilt
  - Blüten hellgelb, Früchte aufrecht, fast kugelförmig
    → Färber-Resede, *R. luteola* (Foto 1a rechts)
  - Blüten fast weiß, Früchte walzenförmig, hängen herab
    → Kleine Resede, *R. phyteuma* (Fotos 2a, b)

B

A

C

### 1 Färber-Resede (Färber-Wau), *Reseda luteola*

| | | | | | | | | |
|---|---|---|---|---|---|---|---|---|
| 50–120 cm | VI–IX | ① bis ⊙ | | | P1, W6 | mh | | |

+ Blütenstand schlank, steif aufrecht (im Foto rechts, links die Gelbe Resede)
+ Rosettenblätter gewellt

Verwilderte ehemalige Färbepflanze (gelbe Farbe).

### 2 Kleine Resede, *Reseda phyteuma*

| | | | | | | | | |
|---|---|---|---|---|---|---|---|---|
| 10–20 cm | VI–IX | ⊙ | | | Ä, P2 | ss | | |

+ Kelchblätter zur Fruchtreife stark verlängert
+ Stängel oft niederliegend

Fotos: Weingartenmauern bei Dürnstein, Wachau.

[51] Nur teilweise verwachsen, daher ist oben schon bei der jungen Frucht eine Öffnung.

## Familie: Heidekrautgewächse, Ericaceae (Bd. 1, S. 168)

*Blütenformel:* ✻ K(4–5) od. K4–5 B(4–5) ♂ 5 od. 10 ♀(4–5)

Eine kleine, aber feine Familie, die beliebtes Beerenobst bietet. Das auffälligste Familienmerkmal ist, dass alle Mitglieder verholzt sind; entweder sind sie aufrechte Zwergsträucher oder liegende Spaliersträucher[52].

Einige Arten treten, in NÖ vor allem im Gebirge, flächendeckend auf und prägen das Aussehen ganzer Landschaften. Die einzige Art der Gattung *Erica*, die in NÖ vorkommt, kann vor allem zur Blütezeit im Vorfrühling („Schneeheide“) in lichten Bergwäldern (vor allem solchen mit Rot- und Schwarzföhren über Kalk- oder Dolomitgestein) beherrschend werden.

Im Bd. 1 wurde bereits erwähnt, dass die meisten Arten der Familie auf kalkfreie, bodensaure Gegenden beschränkt sind. Zwergstrauchheiden mit vorherrschendem Heidekraut, wie sie aus Westeuropa bekannt sind, dürfte es einst auch im Waldviertel gegeben haben. Sie sind bis auf minimale Reste verschwunden. Den pannonischen Raum meiden Ericaceen entweder ganz oder sie sind hier auf Wälder beschränkt. Die kleinen Heidekrautbestände im Weinviertel (z. B. bei Retz) und in der Wachau sind daher ganz besondere, erhaltenswerte Raritäten. Ausgedehnte subalpine Zwergstrauchheiden mit Heidekraut, Moorbeere, Krähenbeere und Preiselbeere gibt es in NÖ auf dem Wechsel. Sie sind – wie auch die Tieflagenheiden – Ersatzvegetation für ehemaligen Wald, in dessen Unterwuchs sie vorherrschten. Dies gilt auch für die Behaarte Alpenrose der Kalkalpen, die vor allem Hänge mit guter Schneedecke bevorzugt. Als wintergrüner Strauch braucht sie diesen Schutz vor der (spätwinterlichen) Sonne, die die Blätter erwärmen könnte, wo-

52 „Zwergstrauch“ ist ein Fachausdruck und bezeichnet Holzpflanzen, die nicht höher als etwa 50 cm werden. „Spalierstrauch“ (oder „Teppichstrauch“) nennt man Zwergsträucher mit an den Boden gedrücktem Wuchs, wie z. B. die Gämsheide, Bd. 1, S. 168.

A

durch die Pflanze Feuchtigkeit verlieren würde. Falls der Boden zu dieser Zeit gefroren ist, kann sie kein Wasser aufnehmen und vertrocknet („Frosttrocknis"). Die Gämsheide, ein ebenfalls immergrüner Spalierstrauch (Bd. 1, S. 168), wächst hingegen ausgerechnet auf windverblasenen Rücken, die im Winter praktisch schneefrei sind. Ihre Blätter haben auf der Unterseite Rinnen (Foto A), in denen sich ein Schmelzwasserfilm hält. Die Pflanzen können dieses Wasser direkt durch die Blätter, statt wie üblich durch die Wurzeln, aufnehmen. Dadurch können sie Flächen besiedeln, auf die höherwüchsige Pflanzen, die ihnen Konkurrenz machen könnten, nicht mitkommen.

Eine wichtige Domäne der Familie sind die Hochmoore; hier haben sie einerseits in dem sehr sauren Milieu keine Probleme mit Kalk. Andererseits können sie hier ihre besondere „Begabung" einer intensiven Symbiose ihrer Wurzeln mit Pilzen (Mykorrhiza) nützen. Die Pilze vermögen organisches Material abzubauen und versorgen ihre Partner mit Nährstoffen. Nur wenige Pflanzen können auf dem praktisch nährstofffreien Moor überleben, darunter eine ganze Reihe von Heidekrautgewächsen. Drei davon sind sogar Hochmoorspezialisten, d. h., sie kommen außerhalb von diesen in NÖ nicht vor. Einen davon haben wir schon in Bd. 1 vorgestellt, die Moosbeere (S. 170); zwei weitere folgen sogleich:

## 1 Moorporst (Sumpfporst), *Rhododendron tomentosum (Ledum palustre)*

| | | | | | | | | |
|---|---|---|---|---|---|---|---|---|
| 50–120 cm | V–VI | ♄ | | | HM | s | § | gi!! |

+ Blätter oberseits dunkelgrün, unterseits rostrot filzig, ihr Rand umgerollt
+ Blüten duften

Bei uns eine Rarität, in Nord-Europa massenhaft; gilt bei uns als Relikt aus der Eiszeit (so wie insgesamt Hochmoore als (nach-)eiszeitliche Lebensräume angesehen werden können).

## 2 Rosmarinheide, *Andromeda polifolia*

| | | | | | | | | |
|---|---|---|---|---|---|---|---|---|
| 10–20 cm | V–VI | ♃ bis ♄ | | | HM | h | | |

+ Blätter unterseits weißlich, Blattrand umgerollt
+ Blüten purpurrosa, kugelig, nicken

Immergrüner Zwergstrauch mit unterirdischen Ausläufern; findet sich praktisch auf jedem Hochmoor (meist gemeinsam mit der Moosbeere).

## 3 Alpen-Bärentraube, *Arctostaphylos alpinus*

| | | | | | | | | |
|---|---|---|---|---|---|---|---|---|
| 5–10 cm | V–VI | ♃ bis ♄ | | | A3 | mh | | |

+ Blätter am Rand fein gesägt, gegen den Grund zu mit langen Wimpern
+ reife Früchte schwarz (i. U. z. nächsten Art)
+ sehr auffällige, weithin sichtbare purpurrote Herbstfärbung

Sommergrüner Spalierstrauch, legt sich gern teppichartig über Felsen.

## 4 (Echte) Bärentraube (Arznei-B.), *Arctostaphylos uva-ursi*

| | | | | | | | | |
|---|---|---|---|---|---|---|---|---|
| 5–10 cm | V–VII | ♃ bis ♄ | | | A6, W5 | s | | |

+ Immergrüne, ganzrandige Blätter (Foto 4a)
+ reife Beeren rot (Foto 4b)
+ lang kriechender Spalierstrauch, auch im Herbst grün

Die Blätter sehen denen der Preiselbeere zum Verwechseln ähnlich, haben aber i. U. z. dieser keine Pünktchen auf der Blattunterseite (Foto 4b). Die getrockneten Blätter beider Arten werden als Arzneitees wegen ihrer antibakteriellen Wirkung bei Harnwegsinfekten verwendet. Die früher empfohlene, gleichzeitige Gabe von Natriumbicarbonat zum Alkalisieren des Harns ist nach neuen Untersuchungen nicht notwendig.

1a

1b

2

3

4a

4b

Links Bärentraube, rechts Preiselbeere

## Familie: Wintergrüngewächse, Pyrolaceae (Bd. 1, S. 172)

- Pflanze vollständig bleich
  → Fichtenspargel, *Monotropa hypopitys* s. l. (Bd. 1, S. 174)
- Pflanze mit grünen Blättern
  - Blüten einzeln
    → Moosauge, *Moneses uniflora* (Fotos 1a, b)
  - Blüten in endständiger Dolde
    → Winterlieb, *Chimaphila umbellata* (Bd. 1, S. 172)
  - Blüten in langen Blütenständen (Trauben)
    - Blütenstand einseitswendig
      → Birngrün, *Orthilia secunda* (Fotos 2a, b)
    - Blütenstand allseitswendig
      → Wintergrün, *Pyrola* (Foto 3)

1a

1b

2a

2b

3

## 1 Moosauge, *Moneses uniflora*

| | | | | | | | | |
|---|---|---|---|---|---|---|---|---|
| 5–10 cm | V–VII | ♃ | | | W2, 7 | s | | |

+ Unverwechselbar!

Blätter immergrün; Blüten weiß, mit Maiglöckchenduft.

## 2 Birngrün, *Orthilia secunda*

| | | | | | | | | |
|---|---|---|---|---|---|---|---|---|
| 5–25 cm | VI–VII | ♃ bis ♄ | | | W1 | s | | |

+ Blüten glockig bis halbkugelig, grünlich weiß
+ Blütenstand einseitswendig, bogig überhängend (Foto 2a)
+ Blattrand bogig-wellig gesägt (Foto 2b)

Immergüner Zwergstrauch mit unterirdischen Ausläufern.

## 3 Wintergrün, *Pyrola* spp.

In NÖ vier Arten, die in bodensauren (Gebirgs-)Wäldern, besonders Nadelwäldern, vorkommen. Sie werden durch nicht immer und nicht leicht erkennbare Merkmale, v. a. Länge und Form des Griffels (Foto 3) voneinander unterschieden. Da sie außerdem recht selten sind, verzichten wir hier auf eine Aufschlüsselung – eine bloße Aufzählung hätte ja keinen Sinn. Als Vertreter dieser Gruppe haben wir die häufigste Art, das Große Wintergrün *(P. rotundifolia)* in Bd. 1 (S. 172) vorgestellt und abgebildet.

## Familie: Primelgewächse, Primulaceae (incl. Myrsinaceae, Samolaceae) (Bd. 1, S. 174)

*Blütenformel:* ✻ K(5) [B(5) ♂ 5] ♀(5̲)

Die eckigen Klammern weisen darauf hin, dass die Staubblätter in der Röhre der miteinander verwachsenen Blütenblätter angewachsen sind (ähnlich wie es bei den Lippenblütlern, Raublattgewächsen und Rötegewächsen der Fall ist). Die Familienzugehörigkeit ist bei manchen Gattungen an der fünfzipfeligen Kronröhre leicht zu erkennen[53]; bei anderen muss man das den Botanikern sozusagen „glauben“. Dass z. B. die Zyklame ein Primelgewächs ist, musste man bisher schon „auswendig lernen“. Dass sie und ein weiterer Teil der Familienmitglieder nun zu anderen Familien (Myrsinengewächse oder gar Theophrastaceae) gestellt werden, ist für Außenstehende allerdings auch nicht direkt nachvollziehbar[54]. Pflanzen, wie Wasserfeder oder Zyklame, wird man als „Einsteiger“ in die Botanik nach der Bilderbuchmethode bestimmen müssen.

Die Zyklame tanzt auch insofern aus der Reihe, als sie die einzige gefährliche Giftpflanze in der Verwandtschaft ist. Das ist wichtig zu wissen, da ihre großen Knollen zum Verzehr reizen könnten. Auch Gauchheil *(Anagallis)* dürfte schwach giftig sein; dies ebenfalls als Warnung – für diejenigen, die dem Trend „essbare Natur“ folgen.

[53] Die ähnlichen Blüten der Raublattgewächse verraten sich durch den, wie bei den Lippenblütlern, vierteiligen Fruchtknoten, der leicht zu sehen ist, wenn man die Blütenröhre (samt den damit verwachsenen Staubblättern) aus dem Kelch zupft. Die Früchte der Primelgewächse sind meist kugelige oder längliche Kapseln, also einfach und nicht vierteilig.

[54] So kann man es auch sagen: *„Die Aufteilung der hier im traditionellen Sinn gefassten (paraphyletischen) Familie ist morphologisch kaum zu begründen.“* (Rothmaler-Exkursionsflora von Deutschland. Gefäßpflanzen-Grundband. 20. Aufl., 2011, S. 613)

## SCHLÜSSEL ZU DEN GATTUNGEN UND ARTEN

Die Wasserfeder, *Hottonia palustris* wird im Band 4 bei den Wasserpflanzen vorgestellt.

- Alle Blätter in einer grundständigen Rosette
  - Blätter rundlich, ganzrandig, lederig derb
    - Blütenzipfel zurückgebogen, Blüten rosarot, duftend
      → Zyklame, *Cyclamen purpurascens* (Bd. 1, S. 174)
    - Blüten röhrig oder trichterförmig, ihre Zipfel mit Fransen, ± violett, blau, blasslila bis weiß
      → Soldanelle, *Soldanella* (S. 245–246)
  - Blätter rundlich, weich, ihr Rand mit tiefen Lappen; seltene Alpenpflanze
    → Heilglöckel, *Primula matthioli* (S. 249, Fotos 1a, b)
  - Blätter nicht rundlich (sondern eiförmig bzw. länglich)
    - Blüten weiß, Alpenpflanze oder kleine Pionierpflanzen auf offenen, trockenen Böden
      → Mannsschild, *Androsace* (Fotos 246–247)
    - Blüten gelb oder „rot“ (purpurn bis rosa und lila)
      → Primel, *Primula* (S. 248)
- Stängel beblättert
  - Winzige (wenige cm hohe), zarte Einjährige auf oberflächlich vernässten Böden; Früchte ganz kurz gestielt, kugelig, Blätter wechselständig; Pflanze erinnert stark (v. a. ohne Blüten und Früchte) an eine (verkümmerte) Vogelmiere (*Stellaria media* (Bd. 1, S. 82)), bei dieser sind aber die Blätter gegenständig (Nelkengewächs)
    → Kleinling, *Centunculus minimus* (Bd. 1, S. 180)
  - Pflanze anders, Blüten weiß
    - Moorpflanze d. Berglandes, ss; Blüten meist siebenzählig (Foto 2, Bd. 1, S. 177), obere Blätter in einem Quirl, untere viel kleiner (Foto A)
      → Siebenstern, *Trientalis europaea* (Bd. 1, S. 176)
    - Pflanze feuchter Wiesen und Gräben im Pannonicum, s; Blüten klein, weiß, ihre Stiele mit einem Knick (mit einem Blättchen an der Knickstelle (Foto B)), die Blätter werden von unten nach oben allmählich kleiner (Foto C)
      → Salzbunge, *Samolus valerandi* (Bd. 1, S. 182)
  - Pflanze anders, Blüten nicht weiß
    - ss Salzbodenpflanze; Blüten winzig, rosa, Blätter fleischig, Wuchs an den Boden gedrückt
      → Strandmilchkraut, *Glaux maritima* (Bd. 1, S. 182)
    - Blüten gelb
      → Gilbweiderich, *Lysimachia* (S. 250–251)
    - Blüten mennigrot bzw. zinnoberrot oder blau (selten lila)
      → Gauchheil, *Anagallis* (S. 250, Foto B)

C

B

A

## Gattung: Soldanelle (Alpenglöckchen), *Soldanella*

- Stängel einblütig, Blüten blasspurpurn bis weiß
  → Österreichische Soldanelle, *S. austriaca* (Fotos 1a, b)
- Stängel (meist) mehrblütig, Blüten blauviolett
  - Blätter dick, ganzrandig (höchstens ganz seicht gekerbt), Fransen der Blütenkrone gleich lang; Pflanze subalpin-alpiner Flächen mit lang andauernder Schneebedeckung
    → Alpen-Soldanelle, *S. alpina* (S. 246, Foto 1)
  - Blätter dünner, deutlicher gekerbt (Foto D), Fransen der Blütenkrone ungleich lang; im Wesentlichen Waldpflanzen
    → Wald-Soldanelle, *S. montana* agg. (S. 246, Fotos 2a, b)

D

## 1 Österreichische Soldanelle, *Soldanella austriaca*

| | | | | | | | | |
|---|---|---|---|---|---|---|---|---|
| 2–10 cm | V–VII | ♃ | | | A7 | mh | | |

+ Krone weniger tief zerschlitzt (höchstens zu $\frac{1}{3}$ ihrer Länge) als die ihrer größeren Verwandten
+ Fransen der Blütenkrone ungleich lang
+ Blätter sehr klein (4–10 mm breit)

1b

1a

## 1 Alpen-Soldanelle, *Soldanella alpina*

| | | | | | | | | |
|---|---|---|---|---|---|---|---|---|
| 5–15 cm | IV–VII | ♃ | | | A7, 1 | h | | |

An den dunkleren, größeren Blüten und den größeren Blättern leicht von der im gleichen Lebensraum vorkommenden Österr. Soldanelle zu unterscheiden.

## 2 Wald-Soldanelle (Berg-S.), *Soldanella montana* agg.

| | | | | | | | | |
|---|---|---|---|---|---|---|---|---|
| 10–25 cm | V–VI | ♃ | | | W5, 7 | mh | | |

Einst als Unterarten angesehene Typen werden nun in der FlÖ als Arten geführt:

Wald-S. (im engeren Sinne; *S. montana*), in schattig feuchten, bodensauren Wäldern, v. a. im Waldviertel, verbreitet und gebietsweise häufig und Ungarn-S. *(S. major)* ebenfalls auf sauren Böden, aber in höheren Lagen (am Wechsel?). Um die wesentlichen Unterscheidungsmerkmale, die in dieser Exkursions(!)flora angegeben werden, feststellen zu können, ist ein gutes Mikroskop mit Messvorrichtung notwendig. Wer ein solches bei seinen/ihren Ausflügen im Rucksack mit dabei hat, dem/der wird auch die entsprechend hochkarätige Bestimmungsliteratur nicht zu schwer sein. Wir anderen begnügen uns mit dem leicht festzumachenden Namen „Wald-Soldanelle“ für beide.

1

2a

2b

### Gattung: Mannsschild, *Androsace*

(Alle Arten bereits in Bd. 1, S. 180, hier nur der Schlüssel und zusätzliche Fotos)

- Alpenpflanze; Pflanze ausdauernd, mit nicht blühenden Blattrosetten
  - Blüten lang gestielt, Pflanze in lockeren Polstern, ± kahl
    → Milchweißer Mannsschild, *A. lactea* (Foto S. 8 und Bd. 1, S. 180)
  - Blüten kurz gestielt, daher zu mehreren in dichten, doldenartigen Blütenständen
    - Blattrand mit langen Wimpern, Blätter spitz, die oft dichte Blattrosette erinnert an die einer Hauswurz; sh
      → Wimpern-Mannsschild (Zwerg-M.), *A. chamaejasme* (Foto A und Bd. 1, S. 180)

- ◆ Blattrand nur ganz kurz behaart, Blätter stumpf, Rosetten lockerer, Blüten etwas länger gestielt; Hauptverbreitung in den Zentralalpen, auf Rax und Schneeberg nur ss (Foto B)
  → Stumpfblatt-Mannsschild, *A. obtusifolia*

- Besiedler offener Böden (Pioniere), einjährig, daher ohne nicht blühende Blattrosetten; praktisch nur im Pannonicum

  – Blüten so kurz gestielt, dass die Dolde von einem Hüllblattkranz umgeben ist (Blütenstiele maximal so lang wie die Hüllblätter); Stängel derb, Blattrosette lederig
  → Acker-Mannsschild (Riesen-M.), *A. maxima* (Foto C und Bd. 1, S. 180)

  – Hüllblätter der Dolden viel kürzer als die Blütenstiele, Stängel zart, Rosettenblätter dünn
  → Steppen-Mannsschild, *A. elongata* (Foto 3)

A B C

## 3 Steppen-Mannsschild (Langstieliger M.), *Androsace elongata*

| | | | | | | | | |
|---|---|---|---|---|---|---|---|---|
| 4–10 cm | IV–V | ⊙ | | | TR, P1 | s | | |

+ Unverwechselbar
+ Blütenkrone (fällt rasch ab) und Frucht sind kürzer als der Kelch,
+ da dieser immerhin 3,5–5 mm lang ist

In der Frühlingsflora sehr lückiger Mager- und Trockenrasen auf Silikatböden, auf Silikatgrusböschungen.

☝ Nordischer Mannsschild *(A. septentrionalis)*: sehr ähnlich, aber Blüte und Frucht länger als der 2,5–3,5 mm lange Kelch; lichte, steinige Stellen im Wald – nur auf dem Hohen Lindkogel (Wienerwald).

3

### Gattung: Primel, *Primula*

- Blätter rundlich, gelappt, mit herzförmigem Grund; Blüten purpurrosa
  → Heilglöckel, *P. matthioli* (Fotos 1a, b)
- Blätter anders
  - Blüten gelb
    - Blätter lederig, am Rand etwas entfernt gezähnt, Blattfläche weiß bemehlt; Pflanze südseitiger Kalkfelsen und vollsonniger Steinrasen
      → Petergstamm, *P. auricula* (Bd. 1, S. 176)
    - Blätter runzelig
      - Blüten entspringen einzeln aus der Mitte der Blattrosette (Blütenstand eine „ungestielte Dolde“), Blätter beiderseits kahl
        → Erdprimel (Stängellose P., Schaftlose P.[55]), *P. vulgaris* (Bd. 1, S. 179)
      - Blüten in lang gestielten Dolden
        - Blüten hellgelb, Saum der Krone flach (tellerförmig), Kelch eng anliegend
          → Hohe Primel, *P. elatior* (Bd. 1, S. 179)
        - Blüten dottergelb, Saum der Krone schüsselförmig, Kelch bauchig
          → Gold-Schlüsselblume, *P. veris* (Bd. 1., S. 179)
  - Blüten purpurn, rosa oder lila
    - Blätter lederig, ähnlich denen des Petergstamms, am Rand nicht gezähnt, aber sehr kurz bewimpert, nicht bemehlt, sondern grün, Blüten purpurrosa, beim Verblühen lila; Pflanze feuchter (sub)-alpiner Rasen und schattiger (nordseitiger) Kalkfelsen
      → Clusius-Primel, *P. clusiana* (Foto 2)
    - Blätter etwas lederig, keilförmig, vorn mit groben Sägezähnen (Foto 1, Bd. 1, S. 179), Blüten leuchtend purpurrosa; subalpine Rasen auf saurem, schwerem, schwer wasserdurchlässigem Boden (Kalksteinbraunlehm), Schneetälchen
      → Zwergprimel, *P. minima* (Bd. 1, S. 178)
    - Blätter dünn, deutlich nervig, unterseits dicht mehlig; Blüten relativ (zu den vorigen) klein, in Dolden auf langem Stiel; Pflanze der Flachmoore und Quellfluren
      → Mehlprimel, *P. farinosa* (Foto 3)

## 1 Heilglöckel, *Primula matthioli*

| | | | | | | | | |
|---|---|---|---|---|---|---|---|---|
| 20–40 cm | VI–VIII | ♃ | | | W5, A2, 5 | s | § | |

+ Blattform eindeutig
+ Blüten glockig, nicken
+ auf langen Stielen in mehrblütiger, lang gestielter Dolde

In Steilhängen mit Sickerwasser, an schattigen Felsfüßen, unter Grünerlen-Krummholz.

[55] Der bei dieser Art fehlende Stiel der Dolde wird als „Schaft“ bezeichnet. „Stängellos“ bezieht sich ebenso auf den Stiel der Dolden, nicht auf den der einzelnen Blüten, die sehr wohl gestielt sind.

## 2 Clusius-Primel, *Primula clusiana*

| | | | | | | | | |
|---|---|---|---|---|---|---|---|---|
| 2–10 cm | V–VI | ♃ | | | A1, 3, P4 | sh | § | |

Steigt an nordseitigen Felsen bis in die Bergstufe hinunter.

## 3 Mehlprimel, *Primula farinosa*

| | | | | | | | | |
|---|---|---|---|---|---|---|---|---|
| 5–20 cm | IV–VI | ♃ | | | G2, T3 | s | § | |

Auch in Feuchtwiesen im Wiener Becken (Feuchte Ebene und weiter südlich); sehr selten geworden durch Verlust der Lebensräume (Aufforstung, Zuwachsen durch Nichtmehrnutzung, Trockenlegung).

1a

2

1b

3a

3b

A

### Gattung: Gilbweiderich, *Lysimachia*

- Stängel kriecht und wurzelt
  - Blätter eiförmig, spitz
    → Hain-Gilbweiderich, *L. nemorum* (Fotos 1a, b)
  - Blätter rundlich, stumpf
    → Pfennigkraut, *L. nummularia* (Bd. 1, S. 174)
- Stängel aufrecht
  - Blüten (relativ) klein (∅ 8–15 mm), in mehreren dichten, blattachselständigen Trauben; Kronzipfel schmal, 6–7 (statt 5), Krone tief eingeschnitten; Pflanze saurer, nährstoffarmer Nassstandorte
    → Strauß-Gilbweiderich, *L. thyrsiflora* (Fotos 2a, b)
  - Blüten größer, in endständigen Blütenständen; Blüten in breitem, unten beblättertem, reich verzweigtem Blütenstand (Rispe), Kelchzipfel mit rötlichem Rand (Foto A); Pflanze nährstoffreicher Nassstandorte
    → Rispen-Gilbweiderich, *L. vulgaris* (Bd. 1, S. 176)
  - Blüten in schlanker, beblätterter, quirliger Traube, Kelchzipfel grün, Blütenkrone mit roten Punkten
    → Pünktchen-Gilbweiderich, *L. punctata* (Bd. 1, S. 177)

## 1 Hain-Gilbweiderich (Wald-G.), *Lysimachia nemorum*

| | | | | | | | | |
|---|---|---|---|---|---|---|---|---|
| 15–30 cm lang | V–VIII | ♃ | | | W4, T3 | mh | | |

## 2 Strauß-Gilbweiderich, *Lysimachia thyrsiflora*

| | | | | | | | | |
|---|---|---|---|---|---|---|---|---|
| 30–70 cm | V–VII | ♃ | | | T3, G2 | s | | |

### Gattung: Gauchheil, *Anagallis*

B

- Blüten mennig- bzw. zinnoberrot, selten auch blasser oder blau, 10–14 mm ∅; Fruchtstiel 2–3 cm lang; allgemein verbreitet und häufig (die blau blühende Form wächst meist auf derselben Fläche wie „normalfarbige“ Exemplare und ist außerdem recht selten)
  → Acker-Gauchheil, *A. arvensis* (Bd. 1, S. 176)
- Blüten leuchtend azurblau, 8–12 mm ∅; Fruchtstiel kürzer (1–1,5 cm lang), Blütenblätter vorn deutlich unregelmäßig gesägt; auf trockenen, steinigen (meist kalkhaltigen) Böden (Getreideäcker, Brachen, Weingärten), meist in Reinbeständen (also ohne Exemplare des Acker-Gauchheils, daher Verwechslungsgefahr mit dessen blauer Form gering); im pannonischen Raum mh, sonst ss (Foto B)
  → Blauer Gauchheil, *A. foemina*

## Familie: Raublattgewächse, Boraginaceae

*Blütenformel:* ✻ (↑[56]) K(5) [B(5) ♂ (5)] ♀ (2)[57]

Wissenschaftlich ist die Familie nach der Gattung *Borago* (Borretsch oder Gurkenkraut) benannt. Die deutsche Bezeichnung weist auf ein wichtiges Familienmerkmal hin: Die Blätter praktisch aller Arten (Ausnahme Wachsblume) sind rau behaart, annäherungsweise zungenförmig (daher die Namen Hundszunge und Ochsenzunge) und ganzrandig. An diesen einfach gebauten Blättern kann man die Familienmitglieder auch ohne Blüten erkennen. Bei einigen Arten ändert sich Blütenfarbe im Lauf der Blütezeit (weil der Farbstoff auf die Änderung des pH-Wertes reagiert). Die verblüffende Kombination von roten und blauen Blüten in einem Blütenstand hat z. B. dem Lungenkraut den Spitznamen „Hänsel und Gretel“ eingetragen.

In einigen Gattungen hat man heimtückische Giftstoffe[58] festgestellt, die mit denen in den Greiskräutern verwandt sind (Bd. 1, S. 289). Dadurch ist der seit alten Zeiten als Heilpflanze hochgeschätzte Beinwell in Verruf geraten. Beinwellpräparate (wie z. B. Salben) dürfen daher nicht mehr, bzw. nur wenn bestimmte Bedingungen erfüllt sind, verkauft werden. Gegen den

[56] Ausnahme: Natternkopf

[57] Die vier Früchte, die z. B. beim Steinsamen gut zu sehen sind, entstehen dadurch, dass sich jedes der beiden Fruchtblätter teilt.

[58] Pyrrolizidinalkaloide (PAs)

Eigengebrauch ist nichts einzuwenden, wenn die Verwendung überlegt (z. B. nur äußerlich) und maßvoll (nur über begrenzte Zeit) stattfindet. Wildgemüsefreaks betrachten sicherheitshalber alle Vertreter der Familie als verdächtig und verzehren sie, wenn es unbedingt sein muss, nur in geringen Mengen und nicht regelmäßig (die Giftstoffe werden nicht ausgeschieden, sondern häufen sich im Körper an; Symptome einer Vergiftung treten erst auf, wenn ein gewisser Pegel erreicht ist. Dann kann es für eine Behandlung schon zu spät sein). Weidepflanzen, wie etwa die Hundszunge, profitieren von diesem Fraßschutz (zusätzlich zu den rau behaarten Blättern). Konsequenterweise nützen sie die Weidetiere gleich als Verbreiter ihrer Klettfrüchte aus.

- Blühende Pflanzen erinnern an Vergissmeinnicht
  - Früchte dreikantig und bestachelt (Foto A)
    → Igelsame, *Lappula squarrosa* (S. 254, Foto 1a und S. 255, Foto 1b)
  - Kelch zweiteilig, vergößert sich stark nach der Blüte und wird zu einem flachen, zackigen Gebilde (Foto B)
    → Scharfkraut, *Asperugo procumbens* (Bd. 1, S. 184, Abb. 5)
  - Früchte (3–)4 Näpfchen (Bd. 1, S. 187, Foto 4b)
    → Nabelnüsschen, *Omphalodes scorpioides* (Bd. 1, S. 186)
  - Früchte unauffällige kleine, eiförmige Nüsschen
    → Vergissmeinnicht, *Myosotis*, s. Kasten S. 256
- Pflanze meist größer und derber und/oder Blütenfarben anders
  - Blüten ↑ (erinnern an züngelnde Schlangen) (Foto C mit Schaumzikaden), Stängel mit stechenden Haaren auf schwarzen oder weißen Knötchen
    → Natternkopf, *Echium vulgare* (Bd. 1, S. 184)
  - Blütenkrone röhrenförmig, Blüten nicken
    - Pflanze ± kahl (die Ausnahme unter den Raublattgewächsen), obere Blätter umfassen den Stängel
      → Wachsblume, *Cerinthe minor* (Bd. 1, S. 184)
    - Pflanze rau behaart, Blätter breit zungenförmig; Pflanze auf Feuchtstandorten oder in Wäldern; sh
      → Beinwell, *Symphytum* (Bd. 1, S. 186)
    - Pflanze rau behaart, mit Blattrosette, Blätter schmal; Pflanze auf warm-trockenen Standorten; ss
      → Lotwurz, *Onosma* (S. 254, Fotos 255, 2a–f)
  - Blütenkrone trichterig, radförmig oder tellerförmig, nicht nickend
    - Früchte mit widerhakigen Stacheln (Foto D) (wenn sie sich einmal an der Kleidung festgekrallt haben, lassen sie sich nur mit Mühe wieder entfernen), Wuchs (königs-)kerzenartig
      → Hundszunge, *Cynoglossum* (Bd. 1, S. 184)
    - Blütenstand lang gezogen, schwungvoll eingerollt, rollt sich beim Aufblühen allmählich auf (Foto E), Blüten weiß, innen gelb[60]; ss in Hackfruchtäckern, Weingärten und auf Erdhaufen im pannonischen Raum
      → Sonnenwende, *Heliotropium europaeum*
    - Eingang in die Blütenkrone durch Lappen (Schlundschuppen) verschlossen (Foto 4a, Bd. 1, S. 183)
      → Ochsenzunge und Krummhals, *Anchusa* (Bd. 1, S. 182–184)

[59] Bei blühenden Pflanzen sind meist auch schon Früchte entwickelt.

[60] Beim etwas ähnlichen Bunten Vergissmeinnicht *(M. discolor)* verfärben sich die Blüten von Gelb nach Blau.

- Eingang in die Blütenkrone nicht verschlossen
  - Kelchröhre nur wenig gespalten (fünfzipfelig), nach der Blüte vergrößert sich der Kelch (und wirkt etwas aufgeblasen)
    - Sommerblüher, Weidesteppenpflanze, auf Trockenrasen im pannonischen Raum; Blüten dunkelbraunrot (Foto F)
      → Runzelnüsschen, *Nonea pulla* (Bd. 1, S. 184)

A

B

C

D

F

E

- ❖ Frühlingsblüher, Pflanzen in feuchten bis wechselfeuchten Wäldern, an deren Rändern und unter Gebüsch; Kelch fünfkantig (Foto F); Blüten nach dem Aufblühen purpurrosa, später blau bis violett (Foto G)
  → Lungenkraut, *Pulmonaria*, s. Kasten S. 259

- ▪ Kelch fast bis zum Grund gespalten (Foto H), spreizt bei der Fruchtreife nach außen, sodass die Früchte in einem sternförmigen Teller liegen (Foto I)
  → Steinsame, *Lithospermum* (Bd. 1, S. 182)

## 1 Igelsame (Gewöhnlich-I.), *Lappula squarrosa*

| | | | | | | | | |
|---|---|---|---|---|---|---|---|---|
| 10–40 cm | VI–VIII | ① | | | P1, Ä | mh | | |

+ sieht blühend einem Vergissmeinnicht sehr ähnlich
+ die Klettfrüchte sind aber an den älteren Blüten schon zu erkennen

Schwerpunkt der Verbreitung im pannonischen Raum (in Weingärten, Ackerrändern, an Straßenböschungen auf trockenen, steinigen Böden).

☝ Beim sehr ähnlichen Klettenkraut *(Hackelia deflexa)* sitzen die Früchte an langen, schlanken, nach unten gebogenen Fruchtstielen (beim Igelsamen sind sie aufrecht, kurz und dick). Die Pflanze wächst an Stellen, wo sich Wild und Weidevieh oft aufhalten, z. B.: in den Kalkalpen unter überhängenden Felsen, s.

## 2 Sand-Lotwurz, *Onosma arenaria*

| | | | | | | | | |
|---|---|---|---|---|---|---|---|---|
| 30–70 cm | V–VI | ⊙ bis ∞ | | | TR, P3 | ss | § | |

+ neben der den Blütenstand treibenden (und früh vertrocknenden) Blattrosette seitliche, gestielte Rosetten
+ Wuchsform breit, halbkugelig: Steppenroller

In offenen Bodenstellen von Trockenrasen und in Ackerbrachen.

☝ Wachauer Lotwurz (Schweizer L., *O. helvetica* s. l.): Blüten hellgelb, größer (15–25 mm lang); in sehr trockenen, sommerwarmen Trockenrasenhängen zwischen Dürnstein und Krems. (Foto 2c)

☝ Dalmatinische Lotwurz *(O. visianii)*: Blüten anfangs weiß, später hellgelb, ein Teil der Kelchblätter miteinander verwachsen; in Felssteppen und lichten Schwarzföhrenwäldern über Kalk, am ehesten zu finden entlang der „Thermenlinie“ zwischen Mödling und Bad Vöslau (Fotos: Einöd bei Pfaffstätten). (Fotos 2d–f)

H

I

1a

F

G

1b

2e

Dalmatinische Lotwurz

2f

Dalmatinische Lotwurz

2a

2b

2c

Wachauer Lotwurz

2d

Dalmatinische Lotwurz

### Gattung: Vergissmeinnicht, *Myosotis*

- Standort ausgesprochen nass (z. T. im Wasser) oder feucht (Ufer, Gräben, Nassgallen in Wäldern, Quellfluren)
→ (Artengruppe[61]) Sumpf-Vergissmeinnicht, *Myosotis palustris* agg. (Foto 1)
- Nicht auf ausgesprochen nassen Standorten
  - Blüten relativ weit voneinander entfernt, Blütenstand dadurch sehr locker
  → Lockerblütiges Vergissmeinnicht, *M. sparsiflora* (Foto 2)
  - Blütenkrone relativ groß (∅ > 6 mm), flach ausgebreitet, lebhaft blau (sozusagen der Muttertagstyp der Gattung); Verbreitungsschwerpunkt in Berglagen
  → (Artengr.) Wald-Vergissmeinnicht, *M. sylvatica* agg. (Fotos 3a–c)
  - Kleine Pflanze auf Trockenstandorten; Blüten klein (∅ der Krone 1–2 mm), Fruchtstiele kürzer oder wenig länger als der Kelch
    - Blütenkrone eng trichterförmig, ihre Zipfel ragen nur wenig aus dem Kelch hervor, Blütenstiele ganz kurz (ca. 1 mm), die Kelche sind zur Fruchtzeit geschlossen und stehen steil nach oben
    → Sand-Vergissmeinnicht, *M. stricta* (S. 258, Foto 1)
    - Blütenkrone weit trichterförmig bis fast tellerförmig flach, Fruchtstiele etwas länger (1,5–5 mm), stehen schräg oder sogar waagrecht vom Stängel ab
      - Blüten blau, Kelch zur Fruchtzeit offen; häufig
      → Hügel-Vergissmeinnicht, *M. ramosissima* (S. 258, Fotos 2a, b)
      - Blüten anfangs gelb, später rötlich und schließlich blauviolett, gleichzeitig verlängert sich die Kronröhre und ragt weit aus dem Kelch heraus, dieser ist zur Fruchtzeit geschlossen; seltene, einjährige Art in lückigen Trockenrasen auf Sand oder Silikatgrus (kalkmeidend), auch in Sandgruben und am Rand sandiger Äcker; ss (Foto A)
      → Buntes Vergissmeinnicht, *M. discolor*

  - Sehr häufig und verbreitet (in vielen Gebieten das einzige Vergissmeinnicht) auf mäßig trockenen bis frischen, nährstoffreichen Böden; Blüten größer (3–5 mm), Stiele der fruchtenden und dann geschlossenen Kelche lang (2–3 × so lang wie der Kelch)
  → Acker-Vergissmeinnicht, *M. arvensis* (S. 258, Fotos 3a, b)

## 1 Sumpf-Vergissmeinnicht, *Myosotis palustris* agg.

| | | | | | | | | |
|---|---|---|---|---|---|---|---|---|
| 5–100 cm[62] | V–IX | ♃ | | | T2, 3, G4, W6 | h | | gi? |

+ kantiger Stängel (durch herablaufende Blattränder, Verstärkung für die langen Stängel, falls die Pflanzen wegen Wassermangels welken sollten)
+ kurze oberirdische Ausläufer

Artengruppe; aus NÖ werden drei schwer unterscheidbare[63] Arten angegeben; die Artengruppe ist aber allein nach dem Standort bestimmbar, denn keine der anderen V.-Arten verträgt so viel Nässe.

[61] Artengruppe (= Aggregat, agg.)

[62] Diese Angaben beziehen sich nicht auf die Wuchshöhe, sondern auf die Länge der liegenden Triebe (s. auch Lockerblütiges V.).

[63] Als Beispiel, welchen Aufwand Forscher für ein sicheres Bestimmungsergebnis auf sich nehmen, ein Hinweis aus der FlÖ (S. 696): „Pollenkornmaße ... bei ≈ 1700-facher Vergrößerung gemessen, bilden die trennschärfsten Merkmale für die drei in Mitteleuropa häufigen Arten ...“

## 2 Lockerblütiges Vergissmeinnicht (Auen-V.), *Myosotis sparsiflora*

| | | | | | | | | |
|---|---|---|---|---|---|---|---|---|
| 10–40 cm | IV–VI | ⊙ | | | W6 | s | | |

+ Stängel sehr schlaff und zerbrechlich, liegt oft auf dem Boden oder stemmt sich an anderen Pflanzen empor

## 3 Wald-Vergissmeinnicht, *Myosotis sylvatica* agg.

| | | | | | | | | |
|---|---|---|---|---|---|---|---|---|
| 5–40 cm | V–VII | ♃ bis ⊙ | | | G3, K, A5, S2 | h | | gi? |

+ Oft neben blühenden Trieben auch Blattrosetten

Artengruppe; zurzeit werden vier Arten in erster Linie nach subtilen Behaarungsmerkmalen sowie Form, Größe und Farbe der Früchte unterschieden:

Wald-V. (im engeren Sinne: *M. sylvatica* s. str.): in frischem, nährstoffreichem Grünland, Parkanlagen, halbschattigen Bauerngärten (z. B. im Dorfmuseum Niedersulz); die Zierpflanze der Gattung.

Kälte-V. *(M. decumbens)*: Bergstufe bis subalpin; feuchtigkeitsbedürftigste Art der Gruppe in Hochstaudenvegetation, unter Grünerlengebüsch ... Der Name Niederliegendes V. *(= decumbens)* bezieht sich auf den teilweise am Boden liegenden und wurzelnden Stängel.

Alpen-V. *(M. alpestris)*: Blüten mit intensiver Farbe (wie bei vielen Pflanze im Hochgebirge), relativ dicht in kompaktem Blütenstand; in subalpinen Rasen, Almen, unter Felsen an feuchten geschützten Stellen. (Foto 3c)

Schmalblatt-V. *(M. stenophylla)*: auf Serpentingestein in Felsrasen und lichten, trockenen Föhrenwäldern; ss.

### 1 Sand-Vergissmeinnicht, *Myosotis stricta*

| | | | | | | | | |
|---|---|---|---|---|---|---|---|---|
| 3–20 cm | III–VI | ① | | | TR, P1, Ä | mh | | |

+ Wirkt „stramm“: steif nach oben gerichtete, durch die Kelchzipfel geschlossene Fruchtkelche
+ unterste Blüte (meist) mit Tragblatt (i. U. z. Bunten V.)

In der Vorfrühlingsflora lückiger Trockenrasen gemeinsam mit anderen kurzlebigen (Überwinternd-)Einjährigen häufig; aus den Äckern hingegen fast verschwunden, am ehesten noch in Weingärten.

### 2 Hügel-Vergissmeinnicht, *Myosotis ramosissima*

| | | | | | | | | |
|---|---|---|---|---|---|---|---|---|
| 5–25 cm | IV–V | ① | | | TR | mh | | |

+ durch die weiter geöffneten Blüten und die stärkere Verzweigung auffälliger als das „bescheidene“ Sand-V.
+ auf ähnlichen Wuchsorten wie das Sand-V. (manchmal mit diesem gemeinsam), aber seltener

### 3 Acker-Vergissmeinnicht, *Myosotis arvensis*

| | | | | | | | | |
|---|---|---|---|---|---|---|---|---|
| 10–40 cm | IV–IX | ① bis ⊙ | | | Ä, P2, W6 | sh | | gi? |

+ An den lang gestielten, zur Fruchtzeit geschlossenen Kelchen,
+ den mittelgroßen, weit trichterigen (also nicht flachen) Blütenkronen,
+ dem lockeren Wuchs
+ und schließlich daran zu erkennen, dass keines der auffälligen Merkmale der anderen Arten vorhanden ist.

### 4 Weiches Lungenkraut (Weichhaar-L.), *Pulmonaria mollis*

| | | | | | | | | |
|---|---|---|---|---|---|---|---|---|
| 15–30 cm | IV–V | ♃ | | | K, W2 | s | | |

+ Grundblätter breit und lang (40–60 cm), erinnern dadurch an die vom Beinwell
+ beiderseits der Mittelrippe auffallend wellig kraus
+ Blüten stumpf lila (selten rot)

## Gattung: Lungenkraut, *Pulmonaria*

Die Bestimmung ist schwierig, da dazu die sich oft erst nach dem Abblühen entwickelnden Grundblätter herangezogen werden; die Behaarung muss mit starker Vergrößerung untersucht werden.

- Blätter meist mit hellen, rundlichen, scharf berandeten Flecken, zur Blütezeit oft überwinternde Grundblätter vorhanden, diese herzförmig oder eiförmig, die Blattoberseite mit spitzen Pusteln; h
  → Lungenkraut (Echt-L.), *P. officinalis* (Bd. 1, S. 186)
- Grundblätter schmäler, ohne Pusteln, mit oder ohne Flecken, am Grund nie herzförmig, sondern gehen keilförmig in den Stiel über
  - Blätter immer ohne Flecken, meist mit deutlichem Grauschimmer (oder hellgrün), weich behaart
    → Weiches Lungenkraut (Weichhaar-L.), *P. mollis*
  - Grundblätter (im Sommer) sattgrün, gefleckt oder ungefleckt, lang und schmal, spitz, allmählich in den Stiel verschmälert; Pflanze tiefer Lagen
    → Schmalblatt-Lungenkraut, *P. angustifolia* agg.
  - Grundblätter sehr groß, etwa 3–6× so lang wie breit, bis 50 cm lang; Pflanze der Alpen
    → Kerner-Lungenkraut, *P. kerneri* (Foto 5)

### Schmalblatt-Lungenkraut, *Pulmonaria angustifolia* agg. (ohne Abb.)

| | | | | | | | | |
|---|---|---|---|---|---|---|---|---|
| 15–30 cm | III–V | ♃ | | | W1, G1 | s | | |

\+ Blüten sattviolett bis leuchtend tief azurblau

In NÖ werden (eigens für Binokularmikroskopbesitzer) gegenwärtig zwei Arten nach subtilen Haarmerkmalen unterschieden; ihre Abgrenzung ist allerdings trotzdem unsicher.

### 5 Kerner-Lungenkraut, *Pulmonaria kerneri*

| | | | | | | | | |
|---|---|---|---|---|---|---|---|---|
| 20–30 cm | V–VI | ♃ | | | K, W6, 5 | mh | | |

In der südwestlichsten Ecke NÖs (Groß-Hollenstein, Lunz), soll an der Voralpe (Grenzberg zu Stmk. und OÖ) häufig sein.

4

5

## Familie: Enziangewächse, Gentianaceae

*Blütenformel:* K(4–5) B(4–5) ♂ 4–5 ♀ (1)

Aus ökologischer Sicht eine vielseitige Familie:

a) Kleinwüchsige, konkurrenzschwache Einjährige auf offenen, mageren Substraten (P1) – Tausendguldenkraut, Bitterling, Schnee-Enzian.

b) Zweijährige Kranz-Enziane und ausdauernde kleinwüchsige Enziane – ebenfalls nicht durchsetzungskräftig, daher in mageren, kurzgrasigen Wiesen und Weiden sowie in (sub-)alpinen Rasen – empfindlich gegen Konkurrenz höherwüchsiger Arten und Beschattung; in tieferen Lagen daher starker Rückgang durch Verbrachung, Verwaldung oder Aufforstung, auf Almen durch Ausbreitung von Latschen. Auch die Flachmoorbewohner: Tarant und Lungen-Enzian, sind auf Erhaltung ihrer Wuchsorte durch Pflege (= Nutzung) angewiesen.

c) Hochwüchsige Hochstauden-Enziane (S. 23) mit vergleichsweise riesiger Speicherwurzel, in NÖ nur vertreten durch den Pannonischen Enzian.

d) Saumpflanzen in lichten Wäldern, an Waldsäumen, in spät oder nicht mehr oder spät gemähten Wiesen (Grünlandbrachen) und auf extensiv genutzten Weiden (Hutweiden, Almen): Schwalbenwurz-Enzian, Kreuz-Enzian.

Die Enziangewächse zeichnen sich durch ihre Bitterstoffe aus. Der im Pannonischen Enzian (Bd. 1, S. 188) enthaltene Bitterstoff ist die bitterste bisher überhaupt bekannte Verbindung, von der 1 g genügt, um 58 000 l Wasser bitter zu machen.

- Blüten gelb
  → Bitterling, *Blackstonia* (Foto 1)
- Blüten rosa bis rot
  → Tausendguldenkraut, *Centaurium* (Foto 2)
- Blüten dunkelviolett, sternförmig
  → Tarant, *Swertia perennis* (Bd. 1, S. 192)
- Blüten blau bis violett, glockenförmig oder stieltellerförmig mit deutlicher Röhre
  - Blüten mit vierfransigen Zipfeln
    → Fransen-Enzian, *Gentianopsis ciliata* (Bd. 1, S. 190)
  - Blüten innen (am Übergang von der Röhre zu den 5 Zipfeln) mit Fransenkranz
    → Kranzenzian, *Gentianella*
  - Blüten ohne Fransen und Fransenkranz
    → Enzian, *Gentiana* (S. 263)

### 1 Bitterling, *Blackstonia acuminata*

| | | | | | | | | |
|---|---|---|---|---|---|---|---|---|
| 10–30 cm | VII–IX | ① | | | P1 | ss | | |

+ Pflanze bläulich bereift; meist ohne Grundrosette

(Wechsel)feuchte Standorte, z. B. Kiesgruben; Marchtal, Marchfeld, Donau-Auen.

### Gattung: Tausendguldenkraut, *Centaurium*

Das Tausendguldenkraut ist als Tee Vielen als appetitanregendes Mittel und wegen des eindrucksvollen bitteren Geschmacks bekannt. Wahrscheinlich sind alle Arten ähnlich bitter, aber nach den Arzneibüchern gilt nur das Echte Tausendguldenkraut als wirksam.

- Stängel nur im oberen Teil verzweigt, mit grundständiger Blattrosette (zur Blütezeit oft schon im Absterben)
  - Stängelblätter länglich eiförmig, meist mit 3 Nerven; mh
    → Echtes Tausendguldenkraut, *Centaurium erythraea* (Bd. 1, S. 190)
  - Stängelblätter sehr schmal, meist mit einem Nerv; s!
    → Salz-Tausendguldenkraut, *Centaurium littorale*
- Stängel meist in ganzer Länge reich verzweigt, (meist) ohne grundständige Blattrosette; Stängelblätter mit 5 Nerven
  → Kleines Tausendguldenkraut, *Centaurium pulchellum* (Bd. 1, S. 191)

## 2 Salz-Tausendguldenkraut, *Centaurium littorale*

| | | | | | | | | |
|---|---|---|---|---|---|---|---|---|
| 5–25 cm | VII–X | ① bis ⊙ | | | G2, NaCl | s | | |

+ Blüten lebhaft rosarot
+ Stängelblätter schmal, etwas fleischig

1

2

### Gattung: Kranzenzian, *Gentianella*

Alle drei in NÖ vorkommenden *Gentianella*-Arten gehören zur „systematisch“ (genauer taxonomisch) schwierigen Gruppe um *Gentianella germanica*. Charakteristisch ist das Vorkommen von Frühsommer- und Spätsommerformen (vgl. Anmerkung zum „Saisonpolymorphismus“ bei Orobanchaceae, S. 299); allerdings gibt es auch hier vielfach Übergänge. Das hat in der Vergangenheit zu einer Vielzahl an Namen geführt, was sehr verwirrend ist, wenn man alte Werke konsultiert. Heute ist die Fassung der Arten so, dass ihre Zahl überschaubar gewoden ist.

Für eine Bestimmung wichtig sind v.a. die Kelchzipfelränder und die Buchten zwischen diesen (S. 262, Foto 2b); dafür braucht man eine gute Lupe und Erfahrung. Einfach ist es beim Böhmischen Enzian, denn der kommt nur im Waldviertel vor, wo es keine anderen Kranzenziane gibt.

## 1 Rauer Kranzenzian, *Gentianella aspera*

| | | | | | | | | |
|---|---|---|---|---|---|---|---|---|
| 5–40 cm | V–IX | | | | G1, A1 | mh | | |

+ Kelchzipfelrand mit kleinen Erhebungen (Papillen), die mindestens doppelt so lang wie breit sind
+ Buchten zwischen den Kelchzipfeln spitz (v-förmig)

Außerhalb der Alpen gibt es Vorkommen am Nordostrand des Dunkelsteinerwaldes, z. B. bei Mautern und im Unteren Traisental.

## 2 Österreichischer Kranzenzian, *Gentianella austriaca*

| | | | | | | | | |
|---|---|---|---|---|---|---|---|---|
| 5–40 cm | VI–X | | | | G1, 2, A1 | mh | | |

+ Kelchzipfelrand glatt; Buchten zwischen den Kelchzipfeln rund (u-förmig (Foto 2b))

Der häufigste NÖ Kranzenzian; im Gebirge sehr individuenreiche Populationen. Die Tieflandpopulationen (z. B. am Alpenostrand und im Wiener Becken) sind stark zurückgegangen (Gründe siehe *G. bohemica*).

## 3 Böhmischer Kranzenzian, *Gentianella bohemica (G. praecox)*

| | | | | | | | | |
|---|---|---|---|---|---|---|---|---|
| 5–40 cm | VI; IX–X | | | | G1 | s | | FFH[64] |

Die Gesamtverbreitung des Böhmischen Enzians ist, wie der Name schon andeutet, auf die Böhmische Masse beschränkt. Er war früher im Waldviertel weit verbreitet; heute ist er selten und zählt zu den vom Aussterben bedrohten Arten. Der Grund liegt in Änderungen der Grünlandnutzung, d. h. entweder Intensivierung bezüglich Schnitthäufigkeit und Düngung oder Aufgabe der Nutzung und Aufforstung.

Aktuell unterscheidet man eine frühblühende Unterart *(G. praecox* subsp. *praecox)* mit Blütezeit Juni bis Anfang Juli (Foto 3a) und eine spätblühende *(G. praecox* subsp. *bohemica)*, die im September und Oktober blüht (Foto 3b). Von der frühblühenden Form sind aktuell nur vier Populationen im Waldviertel bekannt. Populationsgenetische Untersuchungen[65] haben gezeigt, dass es sich hier um eine genetisch eigenständige Gruppe handelt. Dass diese nun den Rang einer eigenen Art verdient, ist damit zwar nicht gesagt. Bei Planungen von Maßnahmen zur Erhaltung der Böhmischen Enziane ist es jedoch wichtig, dass diese Besonderheit berücksichtigt wird, weil ja die unterschiedlichen Blühzeiten andere Mähzeitpunkte erfordern.

1

2a

2b

[64] Steht auf der Flora-Fauna-Habitat-Liste der EU = europaweit geschützt.

[65] Plenk, K., Göd, F., Kriechbaum, M., Kropf, M.: Genetic and reproductive characterisation of seasonal flowering morphs of *Gentianella bohemica* revealed strong reproductive isolation and possible single origin; submitted.

3a

3b

## Gattung: Enzian, *Gentiana*

A

- Blüten an der Stängelspitze kopfig gehäuft
  - Blüten mit 4 Zipfeln, blau oder grünlich blau
    → Kreuz-Enzian, *G. cruciata* (Bd. 1, S. 188)
  - Blüten mit 5 oder mehr Zipfeln, purpurn mit dunkleren Stricheln
    → Pannonischer Enzian, *G. pannonica* (Bd. 1, S. 53 und 188)
- Blüten an der Stängelspitze nicht kopfig gehäuft
  - Pflanze ausdauernd; mit nicht blühenden Trieben
    - ◆ Keine deutliche Grundblattrosette, Stängel mit > 3 Blattpaaren
      - ▪ Blüten glockenförmig, 2,5–5 cm lang
        - ❖ Stängel meist bogig überhängend, Blätter breiter als 1 cm, deutlich (drei- bis) fünfnervig
          → Schwalbenwurz-Enzian, *G. asclepiadea* (Bd. 1, S. 190 und Foto A)
        - ❖ Stängel aufrecht, Blätter schmäler als 1 cm, einnervig
          → Lungen-Enzian, *G. pneumonanthe* (Bd. 1, S. 190)
      - ▪ Blüten stieltellerförmig (Röhre und Kronzipfel, die präsentiertellerförmig ausgebreitet sind), kleiner
        → Bayern-Enzian, *G. bavarica* (S. 264, Foto 1)
    - ◆ Deutliche Grundblattrosette, Stängel mit 1–3 Blattpaaren
      - ▪ Blüten glockenförmig, 5–6 cm lang
        → Clusius-Enzian, *G. clusii* (Bd. 1, S. 188)

- Blüten stieltellerförmig, kleiner
  - ❖ Rosetten- und Stängelblätter schmal
    → Zwerg-Enzian, *G. pumila* (Foto 2)
  - ❖ Rosetten- und Stängelblätter breiter
    → Frühlings-Enzian, *G. verna* (Bd. 1, S. 188)

– Pflanze einjährig; ohne nicht blühende Triebe
→ Schnee-Enzian, *G. nivalis* (Foto 3)

## 1 Bayern-Enzian, *Gentiana bavarica*

| | | | | | | | | |
|---|---|---|---|---|---|---|---|---|
| 2,5–20 cm | VII–IX | ♃ | | | A7 | s | | |

+ Blätter im vordersten Drittel am breitesten, abgerundet und stumpf

## 2 Zwerg-Enzian, *Gentiana pumila*

| | | | | | | | | |
|---|---|---|---|---|---|---|---|---|
| 4–12 cm | VII–X | ♃ | | | A1 | mh | | |

+ Blätter lineal lanzettlich spitz

## 3 Schnee-Enzian, *Gentiana nivalis*

| | | | | | | | | |
|---|---|---|---|---|---|---|---|---|
| 1–15 cm | VI–VIII | ⊙ | | | A1, 7 | mh | | |

+ Stängelblätter eiförmig bis lanzettlich, spitz
+ Blüten klein, sternförmig (kleine Blütensternchen)

1

2

3

## Familie: Rötegewächse (Kaffeegewächse), Rubiaceae (Bd. 1, S. 194)

*Blütenformel:* ✻ K4 [B(4[66]) ♂ 4] ♀ ($\overline{2}$)

### SCHLÜSSEL ZU DEN GATTUNGEN UND ARTEN

- Blüten hellpurpurlila, zu mehreren umgeben von einem Stern von miteinander verwachsenen Hüllblättern (Foto A)
  → Ackerröte, *Sherardia arvensis* (Bd. 1, S. 196)
- Blüten blau mit langer Kronröhre; sehr seltene (oder bereits ausgestorbene?) Art; § (Foto B)
  → Ackermeister, *Asperula arvensis*
- Blüten gelb (wenn Blüten blassgelb, siehe auch Glanz-Labkraut-Gruppe, S. 270)
  - Blattquirle vierzählig
    → Kreuzlabkraut, *Cruciata*
    - Blüten winzig (∅ 0,5–1 mm), blassgelbgrün; kleine, zarte Pflanze auf Trockenstandorten im pannonischen Raum
      → Piemonteser Kreuzlabkraut, *C. pedemontana* (S. 266, Foto 1)
    - Blüten mindestens doppelt so groß, gelb; anspruchsvollere Arten
      - Blütenstiele kahl, Stängel kahl oder kurzhaarig; Pflanze auf sauren, mageren Standorten (Wiesen, Waldränder)
        → Kahles Kreuzlabkraut (Frühlings-K.), *C. glabra* (Bd. 1, S. 198)
      - Blütenstiele meist abstehend behaart, Stängel abstehend langhaarig; kräftige Pflanze auf gut mit Wasser und Nährstoffen versorgten Standorten (v. a. Wiesenbrachen)
        → Wiesen-Kreuzlabkraut, *C. laevipes* (Bd. 1, S. 198)

B

A

[66] Selten (3) oder (5).

- Blattquirle mehrzählig
  → Echtes Labkraut, *Galium verum* s. l.

  - Blüten goldgelb, duften nach Honig, Blütenstand dicht; häufiger Zeiger für trockenes Grasland
    → (Eigentliches, Gewöhnliches) Echtes Labkraut, *Galium verum* s. str. (Bd. 1, S. 196)

  - Blüten zitronengelb, geruchlos, Blütenstand unterbrochen; auf magereren und trockeneren Standorten (Trockenrasen, wechseltrockene Magerwiesen) als die vorige Art, v. a. im pannonischen Raum
    → Wirtgen-Labkraut, *G. wirtgenii* (Foto C)
    (Die häufige Hybride Echtes L. × Weißes L. bekam einen eigenen Namen: Weißgelb-L. *(G. × pomeranicum)*: Blütenfarbe intermediär, Stängel unten vierkantig (wie beim Weißen L., beim Echten Labkraut ist er rund; Foto D)

• Blüten weiß, selten rosa

- Kronröhre gleich lang oder länger als die Kronzipfel, Blüten trichterförmig (Foto E)
  → Meier, *Asperula* (Bd. 1, S. 194)

- Röhre der Blütenkrone kürzer als ihre Zipfel, Blüten radförmig, glockig oder trichterförmig
  → Labkraut, *Galium*, s. Kasten S. 267

## 1 Piemonteser Kreuzlabkraut, *Cruciata pedemontana*

| | | | | | | | | |
|---|---|---|---|---|---|---|---|---|
| 5–35 cm | IV–V | ① | | | TR, K | s | | |

+ Stängel und Blätter dicht abstehend behaart
+ Fruchtstiele stark nach unten gekrümmt

C

D

E

1

## Gattung: Labkraut, *Galium*

F

G

H

- Blätter (und zwar die in der Stängelmitte) mit 3 Parallelnerven, Quirle vierblättrig
  - Blätter breit oval
    → Rundblatt-Labkraut, *G. rotundifolium* (Bd. 1, S. 194)
  - Blätter länglich, ca. 3–4× so lang wie breit; auf wechselfeuchten Auenwiesen (v. a. im Marchtal) (Fotos F, G)
    → Krapp-Labkraut, *G. rubioides*
  - Blätter schmäler (linealisch), 5–15× so lang wie breit; verbreitet auf wechselfeuchten bis wechseltrockenen, mageren Wiesen
    → Nordisches Labkraut, *G. boreale* [s. str.] (Bd. 1, S. 196)
- Mittlere Blätter einnervig, Quirle 4–12-zählig
  - Krone trichterförmig; Waldpflanze; wächst durch Ausläufer (unter der Laubstreu) in großen lockeren Gruppen; Stängel vierkantig; Blüten und Blätter (welk oder trocken) duften aromatisch
    → Waldmeister, *G. odoratum* (Bd. 1, S. 194)
  - Krone glockenförmig, hochwüchsiges (40–80 cm) Labkraut trockener, warmer Säume; die ganze Pflanze blaugrün, Blätter schmal und am Rand umgerollt; im pannonischen Raum mh
    → Blaugrünes Labkraut, *G. glaucum*
  - Krone schalenförmig, junge Triebe bläulich bereift; Waldpflanze; h
    → Wald-Labkraut, *G. sylvaticum* (Bd. 1, S. 194)
  - Krone flach ausgebreitet, radförmig (der Großteil der Labkräuter) (Foto H)
    - ◆ Moor- und Sumpfpflanze (Pflanze sehr nasser Lebensräume)
      - ▪ Blätter stumpf
        → Sumpf-Labkraut, *G. palustre* agg. (S. 269)
      - ▪ Blätter spitz
        → Moor-Labkraut, *G. uliginosum* (S. 269)
    - ◆ Stängel von abwärtsgerichteten Stacheln (Widerhaken) rau[67] („Kleblabkräuter“)
      - ▪ Stängel 30 cm bis 2 m lang, häufige Arten
        - ❖ Blüten weiß, Früchte matt (mit auf Knötchen stehenden Hakenborsten)
          → Kletten-Labkraut (Weißes Klett-Labkraut), *G. aparine* (S. 269, Fotos 2a, b)
        - ❖ Blüten blassgelbgrün, klein, Früchte glänzen, mit oder ohne Hakenborsten
          → Saat-Labkraut (Grünes Klett-Labkraut), *G. spurium* (S. 269, Fotos 2a, b)
      - ▪ Stängel 10–40 cm lang, sehr seltene Arten

[67] *„... mit den Fingern gefühlvoll von unten nach oben streichen!“* Zitat FlÖ, S. 716. Derartig raue Stängel haben meist auch Sumpf- und Moor-Labkraut!

I

❖ Früchte auf herabgebogenen Stielen, oft zu dritt; Äcker, Erdhaufen, liebt schwere Böden und sommerwarme Gebiete; s (Foto I)
→ Dreihörniges Labkraut, *G. tricornutum*

❖ Fruchtstiele gerade; Pflanze klein, Blüten winzig (∅ 0,5 mm), Früchte ca. 1 mm lang; Äcker, Brachen; ss (oder †?); §
→ Paris-Labkraut, *G. parisiense* (ohne Abb.)

◆ Stängel ohne Stacheln, behaart oder kahl

▪ Alpenpflanze, d. h. Vorkommen in der subalpinen (Latschenregion) und alpinen Höhenstufe, kaum in tieferen Lagen

❖ Pflanze zart, klein (kaum höher als 10 cm), Stängelgrund fadenförmig

✻ Blüten gelblich weiß, Pflanze meist nur wenige cm hoch
→ Norisches Labkraut, *G. noricum* (S. 270)

✻ Blüten reinweiß
→ Alpen-Labkraut, *G. anisophyllon* (S. 271, Foto 4)
(s. Artengruppe Zierliches Labkraut, *G. pusillum* agg.)

❖ Pflanze derb, deutlich höher als 10 cm, Stängel auch am Grund kräftig (∅ mehr als 1 mm)
→ Glanz-Labkraut, *G. lucidum* agg. (S. 270)

▪ Pflanze tieferer Lagen[68]

❖ Pflanze zart, Stängelgrund fadenförmig (∅ kaum mehr als 1 mm)
→ Zierliches Labkraut (Kleines L.), *G. pusillum* agg. (S. 271)

❖ Pflanze derb, Stängelgrund kräftig

✻ Stängel unten rund, Pflanze blaugrün
→ Wald-Labkraut, *G. sylvaticum* (Bd. 1, S. 194)

✻ Stängel unten kantig

☆ Blüten weiß bis gelblich oder grünlich weiß, Blätter sehr schmal, nadelartig; Pflanze steiniger oder felsiger, sonniger Kalkstandorte
→ Glanz-Labkraut, *G. lucidum* agg. (S. 270)

☆ Blüten weiß, Blätter oval bis schmal (2–7 × so lang wie breit), matt oder glänzend, nicht nadelartig oder sogar auffallend zart und dünn; allgemein verbreitete und sehr häufige Arten (v. a. im Grünland)
→ Wiesen-Labkraut, *G. mollugo* agg.

✧ Blätter dünn, weich, welken leicht, an der Spitze abrupt verschmälert; Fettwiesen kühlfeuchter Gebiete (Foto 2c, Bd. 1, S. 197)
→ Kleines Wiesen-Labkraut, *G. mollugo* s. str.

✧ Blätter derb, gegen die Spitze zu allmählich verschmälert (Bd. 1, S. 196)
→ Weißes Labkraut (Großes Wiesen-L.), *G. album*

✧ Blätter derb, an der Spitze ziemlich abrupt verschmälert, Stängel auffallend kräftig, die ganze Pflanze meist dicht behaart; Saumpflanze sonniger, warmer Lagen; mh
→ Dickes Wiesen-Labkraut, *G. pycnotrichum*

[68] Kann teilweise bis in die subalpine Stufe aufsteigen, z. B. Grünlandpflanzen auf Almen, Waldpflanzen unter Latschen.

## 1 Sumpf-Labkraut, *Galium palustre*

| | | | | | | | | |
|---|---|---|---|---|---|---|---|---|
| 8–30 cm | V–VII | ♃ | | | G2, W3, T3 | h | | |

+ Blätter bis 15 mm lang, stumpf
+ Staubbeutel rot

☝ Das Hohe Labkraut (Lang-Sumpf-L., *G. elongatum*), einst als Unterart, heute als eigene Art geführt, wird wesentlich höher (30–100 cm), hat längere Blätter, größere Blüten in einem lockeren Blütenstand (s. Foto 1) und einen kräftigeren, weißkantigen Stängel. Es bevorzugt zwar nasse, aber nährstoffreichere Standorte in wärmeren Lagen.

## Moor-Labkraut, *Galium uliginosum* (ohne Abb.)

| | | | | | | | | |
|---|---|---|---|---|---|---|---|---|
| 15–30 cm | VI–IX | ♃ | | | G2, HM | mh | | |

+ Blätter mit Stachelspitze
+ Staubbeutel gelb
+ Pflanze zarter als das Sumpf-L.

## Kletten-Labkraut (Weißes Klett-Labkraut), *Galium aparine* (ohne Abb.)

| | | | | | | | | |
|---|---|---|---|---|---|---|---|---|
| 60–200 cm | VI–X | ① bis ⊙ | | | K, Ä, P2 | sh | | |

Allgemein bekannt und bei LandwirtInnen unbeliebt; hat sich im Herbizidzeitalter von ihrem ursprünglichen Lebensraum Auwälder, feuchte Gebüschränder (Spreizklimmer) in die Ackerlandschaft ausgebreitet; überwächst (lagerndes) Getreide und erschwert so die Ernte bzw. erhöhen die im Mähdrescher zerquetschten, noch grünen Labkräuter den Feuchtigkeitsgrad des Ernteguts.

## 2 Saat-Labkraut (Grünes Klett-Labkraut), *Galium spurium*

| | | | | | | | | |
|---|---|---|---|---|---|---|---|---|
| 30–100 cm | V–X | ① bis ⊙ | | | Ä, P2 | mh | | |

Alteingebürgertes Getreideunkraut (Herkunft Vorderasien ?); wenn man sich einmal „eingeschaut“ hat, leicht vom Kletten-L. zu unterscheiden: Blätter schmäler, heller grün, mehr pro Quirl; Blüten kleiner, grünlich, Blütenstand stärker verzweigt, Früchte kleiner, glänzen (auch bei der Form mit Hakenborsten). Wächst oft mit der Schwesternart gemeinsam in Äckern und auf Erd- und Schutthaufen.

## Norisches Labkraut, *Galium noricum* (ohne Abb.)

| | | | | | | | | |
|---|---|---|---|---|---|---|---|---|
| 2–10 cm | VII–IX | ♃ | | | A7, 3 | mh | | |

+ Blätter dick, stark glänzend

Am niedrigen Wuchs und den gelblichen Blüten leicht erkennbar. Blätter mit ganz kurzer „Knorpelspitze" und relativ breit („eilanzettlich", i. U. z. den schmäleren, grannenspitzigen Blättern des Alpen-L.).

## Glanz-Labkraut – Artengruppe, *Galium lucidum* agg.

Die folgenden drei Arten lassen sich manchmal nicht sicher unterscheiden (Übergänge in den Merkmalen)[69].

## Glanz-Labkraut, *Galium lucidum* s. str. (ohne Abb.)

| | | | | | | | | |
|---|---|---|---|---|---|---|---|---|
| 25–70 cm | VI–VIII | ♃ | | | W1, TR, P4 | mh | | |

Ähnlich dem Weißen L. *(G. album)*, aber durch die noch schmäleren Blätter (die längsten 8–15-mal so lang wie breit) und (vor allem) durch den Wuchsort (steinige Föhrenwälder über Kalk, Felsrasen, entlang der Thermenlinie und in den Kalkvoralpen) charakterisiert.

☝ Mit einer guten Lupe (15×) sieht man am Blattrand zur Blattspitze gerichtete „Stachelchen", die den beiden folgenden Arten aus der Gruppe fehlen.

## 1 Honig-Labkraut (Honigduft-L.), *Galium meliodorum*

| | | | | | | | | |
|---|---|---|---|---|---|---|---|---|
| 15–40 cm | VI–VIII | ♃ | | | A3, 4 | mh | | |

+ Stängel liegt zunächst am Boden und steigt dann erst auf (Fotos 1a, b)
+ Blüten grünlich bis gelblich weiß
+ Blätter dick, etwas fleischig

In den östlichen Kalkalpen NÖs; häufig z. B. auf dem Schneeberg in der Latschenregion und darunter.

☝ Traunsee-Labkraut *(Galium truniacum)* – auf ähnlichen Wuchsorten, aber auf die westlichen Kalkvoralpen NÖs beschränkt; Blätter dünn, am Rand umgerollt, Stängel aufrecht, Blüten blassgelb.

1a

1b

2

[69] Anmerkung: Die Arten dieser Gruppe und der folgenden Gruppe lassen sich nur mit einer guten Lupe (besser Binokularmikroskop) und etwas Erfahrung halbwegs sicher bestimmen. Verlässliche Angaben dazu in der FlÖ, S. 721.

## Artengruppe Zierliches Labkraut (Kleines L.), *Galium pusillum* agg.

### 2 Heide-Labkraut (Niedriges L.), *Galium pumilum*

| | | | | | | | | |
|---|---|---|---|---|---|---|---|---|
| 15–30 cm | VI–VIII | ♃ | | | G1, W1 | h | | |

+ Blütenstand schmal kegelförmig, locker
+ Stängel am Grund nicht rot
+ Blätter oft sichelförmig gekrümmt

Häufiges zartes, kleines Labkraut an bodensauren Magerstandorten.

☝ Mährisches L. *(G. valdepilosum)* – ebenfalls kalkmeidend, in Fels- und Silikatgrusrasen sowie Rotföhrenwäldern der Wachau, des Dunkelsteinerwaldes und des östlichen Waldviertels[70]; Blätter nicht gekrümmt, Stängelgrund rötlich, oft dicht abstehend behaart (weitere, nur mit starker Vergrößerung erkennbare Merkmale, s. FlÖ, S. 719).

☝ Harz-Labkraut *(G. saxatile)* – in bodensauren Wäldern und Magerrasen, „an Forststraßenböschungen und auf alten vernachlässigten Fahrwegen[71]“ (besonders im Waldviertel); unterscheidet sich von den Arten der Gruppe „Zierliches Labkraut“ durch kurze, zur Blattspitze gerichtete Wimpern am Blattrand (statt kleiner Stacheln wie bei der „*Pusillum*-Gruppe“); bei den am Boden liegenden Trieben stehen die Blattquirle flach horizontal.

### 3 Österreichisches Labkraut, *Galium austriacum*

| | | | | | | | | |
|---|---|---|---|---|---|---|---|---|
| 12–20 cm | VI–VIII | ♃ | | | W1, TR | mh | | |

+ Wuchs locker (Foto 3)
+ Blütenstand schirmförmig
+ Stängel am Grund oft rot

Charakteristisch für die Schwarzföhrenwälder und Felsrasen am Alpenostrand.

### 4 Alpen-Labkraut (Ungleichblättriges L.), *Galium anisophyllon*

| | | | | | | | | |
|---|---|---|---|---|---|---|---|---|
| 7–15 cm | VII–IX | ♃ | | | A3, 7 | h | | |

+ Wuchs kompakt (Foto 4), Stängel unten kaum rot
+ Blätter grannenspitzig (i. U. z. Norisches L.), nach vorn zu allmählich breiter, kurz unter der plötzlich zusammengezogenen Spitze am breitesten
+ Blüten weiß bis gelblich

3

4

[70] Nach E. JANCHEN: Flora von Wien, Niederösterreich und Nordburgenland, 2. Aufl. 1977.

[71] „Das Labkraut besiedelt hier“ (im Bereich des Angerwaldes bei Dorfstetten, Bez. Melk) „vorzugsweise offene, sandig-grusige Stellen und wächst meist gesellig in Form flächiger Bestände.“ W. SCHWEIGHOFER: Die Flora des Bezirkes Melk. 2001, S. 193.

## Familie: Nachtschattengewächse, Solanaceae

*Blütenformel:* ❋ K(5) [C(5) ♂ 5] ♀(2)

A

Bittersüßer Nachtschatten

Alle Nachtschattengewächse sind mehr oder weniger giftig. Man kann sie diesbezüglich in zwei Gruppen[72] einteilen:

**1. Hochgiftige (Tropanalkaloid-haltige):**
Hier sind alle Pflanzenteile giftig. Die Alkaloide sind schwere Nervengifte, die in geringen Dosen Erregungszustände hervorrufen, in höheren Dosen kehrt sich die Wirkung um und es kommt zum Tod durch Lähmung des Atemzentrums oder durch Herzstillstand. In diese Gruppe gehören Stechapfel, Bilsenkraut und Tollkirsche.

**2. Schwachgiftige (Steroidalkaloid-haltige):**
Die Giftigkeit dieser „Pseudoalkaloide" ist geringer. Außerdem werden sie in den reifen (!) Beeren (z. B. in der Tomate, der Blasenkirsche (Bd. 1, S. 200), des Bocksdorns („Go Ji", Bd. 4) und vielleicht auch der heimischen Nachtschatten-Arten, S. 273) oder in anderen Verbreitungsorganen, wie den Kartoffelknollen, abgebaut.

Der Bocksdorn *(Lycium barbarum)*, ein Strauch, wird in Bd. 4 vorgestellt.

### SCHLÜSSEL ZU DEN ARTEN

B

- Blüte glockenförmig, außen bräunlich-violett, innen gelblich; Waldlichtungen, Waldschläge, Waldwegränder (Foto B)
  → Tollkirsche, *Atropa bella-donna* (Bd. 1, S. 198)
- Blüte radförmig, bleich schmutzig gelb mit violettem Adernetz und Schlund; Pflanze klebrig zottig behaart; Schuttplätze, Äcker
  → Bilsenkraut, *Hyoscyamus niger* (Bd. 1, S. 198)
- Blüte hellblau, am Grund weiß
  → Giftbeere, *Nicandra physalodes* (Foto 2)
- Blüte violett (Zipfel der Blütenblätter nach dem Aufblühen zurückgeschlagen, Foto A)
  → Bittersüßer Nachtschatten, *Solanum dulcamara* (Bd. 1, S. 200)
- Blüte weiß, Zipfel der Blütenblätter nicht zurückgeschlagen
  - Blüte groß, 50–80 mm lang, trichterförmig
    → Stechapfel, *Datura stramonium* (Bd. 1, S. 198)
  - Blüte mittelgroß, 15–25 mm ∅, breit glockig
    → Blasenkirsche, *Physalis alkekengi* (Bd. 1, S. 200)
  - Blüte klein, 8–15 mm ∅, radförmig
    → Schwarzer Nachtschatten, *Solanum nigrum* (Foto 1)

[72] Als dritte Gruppe wäre die Gattung *Nicotiana* anzusehen, die das hochgiftige Nikotin enthält, bei uns aber nicht wild vorkommt.

## 1 Schwarzer Nachtschatten, *Solanum nigrum*

| | | | | | | | | |
|---|---|---|---|---|---|---|---|---|
| 10–80 cm | VI–X | ⊙ | | | P2, P5, Ä, S1–3 | sh | | gi! |

+ reife Beeren schwarz (s. Foto 1 und nochmals größer S. 498, Foto D)
+ Blattfarbe sehr typisch: dunkelgraugrün, matt, mit violettem Schimmer
+ Blätter zerdrückt mit unangenehmem („giftigem") Geruch

Zur Giftigkeit der reifen (!) Beeren gibt es verschiedene Angaben, da der Alkaloidgehalt je nach Herkunft der Pflanzen unterschiedlich ist; es gibt sogar Marmelade-Zuchtsorten. Daher nicht von wild wachsenden Pflanze ernten; unreife Beeren (und das Kraut) sind jedenfalls giftig!

☝ Der Gelbe Nachtschatten *(S. villosum* subsp. *villosum)* mit gelben Beeren und der Mennigrote Nachtschatten *(S. villosum* subsp. *alatum)* mit mennigroten Beeren sind ss und nur im pannonischen Gebiet zu finden; gern im Bereich menschl. Siedlungen unter Gebüsch und an Mauerfüßen (Verbreitung durch Vögel).

☝ Der Glanzbeeren-Nachtschatten *(S. physalifolium* subsp. *nitidibaccatum)* hat grünliche bis schwarzviolette, marmorierte und stark glänzende Beeren; der Kelch ist zur Fruchtzeit deutlich vergrößert. Auch diese Art (Heimat Südamerika) ist nur ss im pann. Gebiet in Weingärten und an Ackerrändern zu finden.

## 2 Giftbeere, *Nicandra physalodes*

| | | | | | | | | |
|---|---|---|---|---|---|---|---|---|
| 30–200 cm | VII–X | ⊙ | | | Ä, P2 | ss | | gi! |

+ Kelch fünfkantig; wird bei der Fruchtreife zu einem dekorativen „Hut" mit fünf Flügeln
+ Blätter ähnlich denen des Stechapfels (s. Foto 2 und nochmals größer S. 498, Foto E)

Die Frucht ist keine (saftige) Beere, sondern eine trockene Kapsel; der Name „Giftbeere" kommt wohl von der äußerlichen Ähnlichkeit mit den Früchten der Blasenkirsche. Zierpflanze (Heimat Peru), verwildert in Maisäckern, v. a. in der südlichen Steiermark, tritt neuerdings auch in NÖ verstärkt auf.

# Familie: Windengewächse, Convolvulaceae

Die zwei häufigen Arten wurden bereits in Bd. 1 auf S. 200 vorgestellt.

## 3 Kantabrische Winde, *Convolvulus cantabrica*

| | | | | | | | | |
|---|---|---|---|---|---|---|---|---|
| 20–40 cm | VI–VII | ♃ | | | TR | ss | | |

+ Stängel aufrecht oder aufsteigend (also eine nicht windende Winde)
+ an der Basis sogar verholzt (s. Foto 3 und nochmals größer S. 498, Foto F)
+ Blüten hellrosa mit dunkelrosa Längsstreifen

Mediterrane Pflanze in trockenen, warmen, felsigen Hängen über Kalk bei Baden (gemeinsam mit anderen (sub)mediterranen Arten, die am klimatisch günstigen Alpenostrand die Eiszeit überdauert haben).

3

1

2

## Familie: Rachenblütler (Braunwurzgewächse), Scrophulariaceae

*Blütenformel:* ↑ K5 B(5) ♂ 5 ♀(2) → K4 B(4) ♂ 2 ♀(2)

Eine – besonders was das Aussehen der Blüten betrifft – sehr vielgestaltige Familie. Daher gibt es Vorschläge, die Familie aufgrund der Ergebnisse genetischer Forschungen zu teilen. Die diesbezüglichen Ansichten sind aber nicht einheitlich und die Forschung im Fluss. Früher sah man sie als Paradebeispiel für die schrittweise Entwicklung von sternförmig (radiär ✱) symmetrischen Blüten zu solchen mit nur einer Symmetrieebene („einfach symmetrisch", zygomorph ↑): Bei den Königskerzen ist die Blütenkrone noch fast radiär. Beim Ehrenpreis verwachsen die beiden oberen Kronblätter zu einem deutlich größeren Blütenblatt; die Krone wird daher (wie der Kelch) vierzählig (S. 281, Foto 3). Beim Fingerhut ist die röhrenförmige Krone schwach zweilippig, bei Löwenmäulchen und Leinkraut durch die gaumenförmige Ausstülpung der Unterlippe wird sie deutlich einfach symmetrisch (daher auch das beliebte Kinderspiel, wobei die Blüte durch seitliches Zusammendrücken dazu gebracht wird, den Rachen aufzureißen). Die exzentrische Blütenform wird beim Leinkraut noch durch einen langen Sporn betont. Im folgenden Schlüssel zu den Gattungen wird in dieser Reihenfolge, von fast ✱ nach zunehmend ↑ vorgegangen. Einige Arten der Familie könnten für Lippenblütler (Lamiaceae) gehalten werden; das ist verständlich, wenn man die Gliederung der Blüte in Ober- und Unterlippe nimmt sowie die gegenständigen Blätter. Kein Rachenblütler hat aber den ätherischen Duft, der viele Lippenblütler auszeichnet.

Die Gattungen Fingerhut und Gottesgnadenkraut enthalten Herzgifte unterschiedlicher chemischer Struktur. Digitalispräparate zählten über 200 Jahre zu den wichtigsten Herzmitteln; heute werden vom Arzt – neben synthetisch hergestellten Herzpräparaten – nur noch Reinsubstanzen aus *Digitalis purpurea* und *D. lanata* medizinisch verwendet. Keine „Heilpflanze" für die Selbstbehandlung, und – **Vorsicht vor Verwechslungen: Alle Digitalis-Arten sind giftig!** Schon wenige Digitalisblätter (z. B. statt Königskerzenblättern in Teig herausgebacken) können zu Vergiftungen führen! Gottesgnadenkraut ist weniger giftig, sollte aber ebenfalls nicht als Heilpflanze verwendet werden.

### SCHLÜSSEL ZU DEN GATTUNGEN

Vorbemerkung: Der unverkennbare Schlammling *(Limosella)* wurde nicht in den Schlüssel eingearbeitet, da die Familienzugehörigkeit ohnehin schwer erkennbar ist; s. Bd. 1, S. 204.

- Krone fast radiär symmetrisch, fünfzipfelig (die Zipfel undeutlich ungleich groß), Blüten gelb (oder purpurviolett); s. auch Bd. 1, S. 206–209
  → Königskerze, *Verbascum*, s. Kasten S. 278
- Krone fast radiär symmetrisch, vierzipfelig, die Zipfel deutlich ungleich groß und oft unterschiedlich gefärbt, blau (seltener rosa oder weißlich); s. auch Bd. 1, S. 210–214
  → Ehrenpreis, *Veronica*, s. Kasten S. 279
- Blütenkronröhre bauchig (fast kugelförmig), grün und ± braun (Foto 2b, Bd. 1, S. 203); Pflanze erinnert an Lippenblüter (Stängel vierkantig, Blätter gegenständig), Geruch aber unangenehm
  → Braunwurz, *Scrophularia* (Bd. 1, S. 202)
- Blütenkronröhre schlank, endet in undeutlicher Ober- und Unterlippe, Blüten 1–2 cm lang, weiß bis blasslila; s
  → Gottesgnadenkraut, *Gratiola officinalis* (Bd. 1, S. 204)
- Blütenkronröhre endet in deutlicher Ober- und Unterlippe, Blüten gelb mit rotem Schlundfleck, groß (2–5 cm lang); seltene (aber sehr auffällige) Uferpflanze
  → Gauklerblume, *Mimulus guttatus* (S. 277, Fotos 1a, b)

- Blüten sehr klein (höchstens $^1/_2$ cm lang), weiß, oben rosa, Stängel 3–10 cm hoch, vom Grund an verzweigt, Blätter eiförmig, dreinervig; sehr seltener Besiedler offener Schlammböden (Ufer der March und Waldviertel); §, FFH (Foto A)
  → Büchsenkraut, *Lindernia procumbens*

- Blüten groß (2–6 cm lang), „fingerhutartig"; Blätter wechselständig
  → Fingerhut, *Digitalis* (Bd. 1, S. 204)

- Blütenkrone mit einer Aussackung (Löwenmäulchen- bzw. Froschgoscherlblüte)
  → Katzenmaul, *Misopates orontium* (S. 277, Foto 2)

- Blütenkrone mit einem Sporn (Foto B)

  - Stängel niederliegend

    - Blüten purpurlila mit gelb gefleckter Unterlippe; Pflanze an Mauern und Felsen tiefer Lagen
      → Zimbelkraut, *Cymbalaria muralis* (S. 277, Fotos 3a, b)

    - Blüten violett mit orangegelber Unterlippe; Schuttkriecher in den Kalkalpen
      → Alpen-Leinkraut, *Linaria alpina* (Bd. 1, S. 203)

    - Blüten hellgelb mit lila Oberlippe
      → Tännelkraut, *Kickxia* (S. 276, Fotos S. 277, 4a–5b)

  - Stängel aufrecht, beblättert

    - Blüten kaum länger als der Kelch, Pflanze kaum höher als 10 cm
      → Klaffmund, *Microrhinum minus* (Bd. 1, S. 204)

    - Blüten viel länger als der Kelch, Pflanze hochwüchsiger
      → Leinkraut, *Linaria* (Bd. 1, S. 202)

    - Stängel aufrecht, blattlos; Blätter fettglänzend, gelbgrün in einer an den Boden gedrückten Rosette
      → Fettkraut, *Pinguicula* (Bd. 1, S. 222)
      (Fam.: Wasserschlauchgewächse, Lentibulariaceae)

A

B

Bereits ausgestorbenes Acker-Leinkraut *(Linaria arvensis)*

## 1 Gauklerblume, *Mimulus guttatus*

| | | | | | | | | |
|---|---|---|---|---|---|---|---|---|
| 30–50 cm | VII–VIII | ♃ | | | T3 | s | | |

\+ Blüten groß, 3–6 cm lang

Verwilderte Zierpflanze aus Nordamerika, bevorzugt kalkfreie Gewässer.

## 2 Katzenmaul (Feld-Löwenmaul, Acker-L.), *Misopates orontium*

| | | | | | | | | |
|---|---|---|---|---|---|---|---|---|
| 15–30 cm | VII–X | ⊙ | | | Ä, P1 | s | | |

\+ Stängel steif aufrecht
\+ Blätter schmal
\+ Blüten ca. 1 cm lang

Ackerränder, Weingärten, Sandgruben, kalkmeidend; auch in Bahnschotter.

## 3 Zimbelkraut, *Cymbalaria muralis*

| | | | | | | | | |
|---|---|---|---|---|---|---|---|---|
| 10–40 cm lg | IV–X | ⊙ bis ♃ | | | P4 | mh | | |

\+ Stängel dünn, niederliegend oder in Mauern hängend

Ehemals Zierpflanze aus Südeuropa, heute wild in Mauern und Kalkfelsen, liebt kühl-feuchte (halbschattige) Lagen; die Fruchtkapseln springen auf und geben einen Teil der Samen frei, die fruchttragenden Stängel suchen anschließend die Dunkelheit, um die verbliebenen Samen in Felsspalten abzulegen (Dunkelkeimer).

## 4 Spießblättriges Tännelkraut, *Kickxia elatine*

| | | | | | | | | |
|---|---|---|---|---|---|---|---|---|
| 10–40 cm lg | VII–X | ⊙ | | | Ä, P2 | s | | |

\+ Blattform!
\+ Blüten mit Sporn maximal 1 cm lang, Sporn ± gerade
\+ Stängel liegt auf dem Boden

Gern auf schweren, kalkhaltigen Böden, manchmal gemeinsam mit der folgenden Art.

## 5 Eiblättriges Tännelkraut, *Kickxia spuria*

| | | | | | | | | |
|---|---|---|---|---|---|---|---|---|
| 10–40 cm lg | VII–IX | ⊙ | | | Ä, P2 | s | | |

\+ Blattgrund abgerundet bis schwach herzförmig
\+ Blüten größer (mit Sporn 1–1,5 cm lang), Sporn gebogen
\+ Stängel manchmal auch aufrecht, mit auf dem Boden liegenden Seitenzweigen

## 6 Ginster-Leinkraut, *Linaria genistifolia*

| | | | | | | | | |
|---|---|---|---|---|---|---|---|---|
| 50–100 cm | VI–IX | ♃ | | | P1, TR | mh | | |

+ Blüte samt Sporn 1–2 cm lang
+ Pflanze stark bläulich bereift

☝ Wuchs breit ausladend und höher als beim (Gewöhnlichen) Leinkraut (Bd. 1, S. 202), Blätter breiter und kürzer.

## Gattung: Königskerze, *Verbascum* (s. auch Bd. 1, S. 206–209)

Achtung: Nicht jede Pflanze ist eindeutig bestimmbar: Hybriden!

- Blüten purpurviolett
  → Purpur-Königskerze, *V. phoeniceum* (Bd. 1, S. 208)
- Blüten gelb
  - Blüten kontrastfarbig: außen gelb, innen violett (da Staubfäden mit purpurviolettem Bart)
    - Blüten einzeln, Blütenstand daher locker, Blätter unregelmäßig fiederlappig, kahl; ss (Fotos 2c, d, Bd. 1, S. 207)
      → Schaben-Königskerze (Mottenkraut), *V. blattaria*
    - Blütenstand verzweigt, Grundblätter werden an der Basis allmählich schmäler (keilförmig)
      → Österreichische Königskerze, *V. chaixii* (Bd. 1, S. 206)
    - Blütenstand eine lange, schlanke, unverzweigte Ähre, Grundblattbasis herzförmig
      - Stängel unten dicht wollig; Frucht kahl, glänzt; ss Gebirgspflanze; in NÖ?
        → Wollige Königskerze, *V. alpinum*
      - Stängel unten nur locker anliegend, Frucht aber dicht behaart
        → Schwarze Königskerze, *V. nigrum* (Bd. 1, S. 206)
  - Blüten gelb (bis auf die eher unauffälligen, bräunlichen Staubbeutel)
    - Stängel geflügelt (durch mindestens bis zum nächsten unteren Blatt herablaufende Blätter)
      - Blüten groß (∅ 3–5 cm), flach ausgebreitet, der Stiel (Staubfaden) der beiden unteren, nicht bärtigen Staubblätter kürzer bis maximal doppelt so lang wie der braune Staubbeutel (Foto A), Grundblätter ungestielt, deutlich gekerbt (i. U. z. Gewöhnlichen K. *(V. phlomoides)*)
        → Großblütige Königskerze, *V. densiflorum* (Bd. 1, S. 208)
      - Blüten kleiner, trichterförmig, Staubbeutel lang gestielt (Stiel der beiden unteren Staubblätter 3–4× so lang wie ihre Staubbeutel); Grundblätter sehr kurz gestielt, ihr Rand schwach gekerbt
        → Kleinblütige Königskerze, *V. thapsus* (Bd. 1, S. 208)
    - Stängel nicht geflügelt (Blätter laufen höchstens ganz kurz am Stängel herab)
      - Blüten groß (∅ 3–5 cm), Blütenstand unverzweigt bis etwas verzweigt, nur 3 (von 5) Staubblättern mit Bart, ihre Stiele kurz (siehe Foto A); Grundblätter deutlich gestielt, ihr Rand nur undeutlich gekerbt
        → Gewöhnliche Königskerze, *V. phlomoides* (Bd. 1, S. 208)

Die linke Pflanze (Blattrosette) wird im nächsten Jahr zur Blüte kommen.

▪ Blüten kleiner, aber Blütenstand stark und ausladend verzweigt (dadurch Gesamteindruck prächtig), alle 5 Staubblätter mit weißem Bart (Foto 3c, Bd. 1, S. 207)

❖ Pflanze meist weit über 1 m hoch (Foto B), Blüten 2–3 cm breit, Blätter beiderseits dicht graugelb filzig, Blattgrund umfasst den Stängel mit einem Öhrchen, direkt darunter ein Buckel (Foto C), nur gebietsweise häufig (v. a. Wachau) (Foto D)
→ Pracht-Königskerze, *V. speciosum* (Bd. 1, S. 206)

❖ Pflanze meist niedriger (60–120 cm); Blüten kleiner, Blattunterseite und Oberseite unterschiedlich (oben locker behaart oder ganz kahl, unten dünnfilzig, wie mit Mehl bestäubt); weiter verbreitet als die vorige Art
→ Heide-Königskerze (Mehlige K., Heidefackel), *V. lychnitis* (Bd. 1, S. 207)

*Naturgartentipp:* Königskerzen sind zur Blütezeit eine Zierde jedes Gartens. Aber auch nach der Blüte, wenn die Stängel dürr werden, sind sie noch dekorativ UND wichtig für Stängelnister! Wir können Wildbienen etwas Gutes tun, wenn wir abgestorbene Pflanzenstängel über den Winter stehen lassen – in unserer aufgeräumten Landschaft haben diese viel zu wenig davon; es gibt eine Reihe von Insekten, die sie brauchen, um ihren Entwicklungszyklus abschließen zu können.

## Gattung: Ehrenpreis, *Veronica*

## ÜBERSICHT ÜBER DIE TEILSCHLÜSSEL

### A Arten spezieller Lebensräume



### B Arten, die allgemein verbreitet sind bzw. in mehreren unterschiedlichen Lebensräumen vorkommen

E

F

## A Arten spezieller Lebensräume

**A1 Alpenpflanzen**

- Blätter nur in einer grundständigen Rosette (Stängel unbeblättert)
  → Blattloser Ehrenpreis, *V. aphylla* (Foto 1)
- Stängel beblättert
  - Stängel am Grund niederliegend, verzweigt, unten verholzt; Blätter glänzend, lederig; Blüten leuchtend tiefblau (azurblau), innen mit purpurnem Ring (eindeutiges Merkmal!); sonnige Felsen, Feinschutt
    → Felsen-Ehrenpreis, *V. fruticans* (Bd. 1, S. 214)
  - Stängel nicht verholzt, Blätter behaart, Pflanze frischer bis feuchter Wuchsorte
    - Oberirdische, Wurzeln treibende Kriechstängel; Blüten hellblau bis kräftig lilablau mit dunkler Äderung; Früchte herzförmig, etwa so breit wie lang
      → Gebirgs-Quendel-Ehrenpreis, *V. serpyllifolia* subsp. *humifusa* (S. 287)
    - Stängel aufrecht, Blüten blauviolett, Frucht elliptisch (d. h. länger als breit)
      → Alpen-Ehrenpreis, *V. alpina* (Foto 2)

### 1 Blattloser Ehrenpreis (Nacktstiel-E.), *Veronica aphylla*

| | | | | | | | | |
|---|---|---|---|---|---|---|---|---|
| 3–8 cm | VI–VIII | ♃ | | | A3, 7 | mh | | |

+ oft in kleinen Gruppen (dünne unterirdische Ausläufer)

An der geringen Höhe, den Rosettchen, dem „nackten“ Stängel und der lilablauen Blütenfarbe leicht zu erkennen.

### 2 Alpen-Ehrenpreis, *Veronica alpina*

| | | | | | | | | |
|---|---|---|---|---|---|---|---|---|
| 5–15 cm | VII–VIII | ♃ | | | A7, G6 | mh | | |

Pflanze wächst ebenfalls in kleinen Gruppen durch unterirdische Ausläufer, der Stängel ist aber beblättert.
Ehrenpreis-Arten mit Hauptverbreitung in tieferen Lagen, die bis in die subalpine Stufe aufsteigen: Gamander-E. (Bd. 1, S. 210) auf Almen häufig, Bachbunge (Bd. 1, S. 214) in Quellen und Bächen, Arznei-Ehrenpreis auf Rohhumus unter Latschen (S. 284).

1

2

**A2 Ufer- und Schlammpflanzen**

- Blätter auffallend dunkelgrün, glänzend, wirken fleischig; Blüten leuchtend himmelblau; Stängel dick, oft purpurn überlaufen, kriecht oder flutet im Wasser
  → Bachbunge (Bach-E.), *V. beccabunga* (Bd. 1, S. 214)
- Blätter schmal, am Rand mit sehr kurzen, weit voneinander entfernten Zähnchen; Früchte ganz flach, brillenförmig
  → Schild-Ehrenpreis, *V. scutellata* (Fotos 3a, b)
- Pflanze anders
  → Wasser-Ehrenpreis, *V. anagallis-aquatica* agg. (Foto 4)

## 3 Schild-Ehrenpreis, *Veronica scutellata*

| | | | | | | | | |
|---|---|---|---|---|---|---|---|---|
| 15–40 cm | VI–VIII | ♃ | | | T3, 4, G2 | s | | |

+ Stängel dünn, stützt sich an Nachbarpflanzen („Spreizklimmer")
+ meidet kalkhaltiges Wasser

☝ Erstbesiedler auf Schlamm auch Fremder Ehrenpreis (S. 288); an Ufern wächst auch der Quendel-E. (S. 287).

## 4 Wasser-Ehrenpreis, *Veronica anagallis-aquatica* agg.

| | | | | | | | | |
|---|---|---|---|---|---|---|---|---|
| 10–60 cm | VI–X | ☉ bis ♃ | | | T2, 3, 4 | mh | | |

Eine Gruppe von vier schwer unterscheidbaren, variablen Arten mit eher blassen Blütenfarben (bläulich, blasslila, hellrosa oder weiß).

3a

3b

4

**A3 Waldpflanzen**

- Stängel kriecht und wurzelt
  - Blattstiel kurz (< 5 mm lg), Blüten blass, Früchte dreieckig; auf mäßig trockenen Böden
    → Arznei-E., *V. officinialis* (Bd. 1, S. 214)
  - Blattstiel lang (deutlich über 5 mm), Blüten lilablau, Früchte ganz flach; bevorzugt feuchte Böden
    → Berg-Ehrenpreis, *V. montana* (Fotos 1a, b)
- Stängel aufrecht
  - Stängel mit zwei Haarleisten, Blätter stumpf gezähnt, auch vorn eher stumpf
    → Gamander-E., *V. chamaedrys* (S. 285, Foto E und Bd. 1, S. 210)
  - Stängel rundum behaart, Blätter scharf und spitz gezähnt, vorn spitz
    → Nesselblatt-Ehrenpreis, *V. urticifolia* (Foto 2)

## 1 Berg-Ehrenpreis, *Veronica montana*

| | | | | | | | | |
|---|---|---|---|---|---|---|---|---|
| 5–10 cm | V–VI | ♃ | | | W2 | mh | | |

+ bildet mit langen oberirdischen Kriechtrieben ausgedehnte Bestände
+ schaut nicht blühend dem Gamander-Ehrenpreis recht ähnlich, hat aber nicht dessen zwei Haarleisten am Stängel
+ blüht selten

Bildet ausgedehnte Bestände auf (durch Bodenverdichtung) oberflächlich feuchten (Forst-)Wegen (häufig z. B. im Dunkelsteinerwald).

## 2 Nesselblatt-Ehrenpreis, *Veronica urticifolia*

| | | | | | | | | |
|---|---|---|---|---|---|---|---|---|
| 30–60 cm | VI–VIII | ♃ | | | W4 | s | | |

+ Blüten hellpurpurrosa

1a, 1b

2

## B Arten, die allgemein verbreitet sind bzw. in mehreren Lebensräumen vorkommen

**B1 Blüten einzeln in den Blattachseln (daher kein vom nicht blühenden Teil der Pflanze deutlich abgesetzter Blütenstand), der Stängel liegt ± am Boden**

- Blätter erinnern an die von Efeu (± rundlich mit 3–7 Lappen oder ungleich großen Zähnen); Kelchblätter dreieckig, auffallend bewimpert
  → (Artengruppe) Efeublättriger Ehrenpreis, *V. hederifolia* agg. (Bd. 1, S. 212)
  - Blüten dunkelblau, klein (∅ 4–5 mm); Blätter dunkelgrün, dicklich, 3(–5)-lappig; im pannonischen Raum in trockenen, steinigen oder sandigen Äckern und Weingärten, in lückigen Trockenrasen
    → Dreilappen-Ehrenpreis, *V. triloba* (s. Anhang, S. 498, Fotos B, C)
  - Blüten blasspupurlila, klein (∅ 4–5 mm), Blätter hellgrün, dünn (3–)5(–7)-lappig; auf schattigen, (boden-) frischen Orten, bes. unter Gebüsch und in Auwäldern
    → Hain-Ehrenpreis, *V. sublobata* (s. Anhang, S. 498, Foto A)
  - Blüten hellblau mit deutlich abgesetztem weißem Zentrum, größer (∅ 5–7 mm), Blätter dreilappig, dunkelgrün; allgemein verbreitet in Äckern, Weingärten, auf Erdhaufen ...
    → Efeublätteriger Ehrenpreis, *V. hederifolia* s. str. (Bd. 1, S. 213, Foto 2)
- Blätter eiförmig mit gekerbtem oder gesägtem Rand, Kelchblätter länglich bis eiförmig
  - Stängel kriecht und wurzelt, kann so (zwischen den Rasen- oder Wiesengräsern) einen dichten Bestand bilden; Blütenstiel sehr lang und zart, Blüten leuchtend lilablau oder fast weiß mit nur einem bläulichen Kronblatt
    → Faden-Ehrenpreis, *V. filiformis* (Bd. 1, S. 212)
  - Stängel liegt zwar größtenteils am Boden, wurzelt aber kaum
    - ◆ Blüten (und Früchte) lang (2–3 cm) gestielt, Blüten groß (∅ ca. 1 cm; Bd. 1, S. 213, Foto 3a), überragen ihren Kelch deutlich, Früchte flach, wie zusammengedrückt (Bd. 1, S. 213, Foto 3b)
      → Persischer Ehrenpreis, *V. persica* (Bd. 1, S. 212)
    - ◆ Blüten (und Früchte) kurz gestielt, Fruchtstiel oft zurückgekrümmt, Früchte dick (Foto 3b)
      - ▪ Blüten kräftig hell bis dunkelblau; sh
        → Glänzender Ehrenpreis, *V. polita* (S. 279, Foto E)
      - ▪ Blüten weiß bis blassrosa, selten mit zartem Blauton; nur auf sauren Böden; ss
        → Acker-Ehrenpreis, *V. agrestis* (S. 284, Fotos 1a, b)

## 3 Glänzender Ehenpreis, *Veronica polita*

| | | | | | | | | |
|---|---|---|---|---|---|---|---|---|
| 3–10 cm | III–X | ① | | | Ä, P2 | sh | | |

+ Blüten ähnlich denen des Persischen E., nur kleiner (∅ 4–7 mm)
+ Früchte hodenförmig, dicht behaart
+ Kelchblätter (an der Frucht) breit, überdecken sich etwas
+ Blätter wirken dicklich und glänzen etwas
+ Stängel liegt auf dem Boden

Wärmeliebende Art, bevorzugt in kühleren/höheren Lagen kalkhaltige Böden.

3a

3b

## 1 Acker-Ehrenpreis, *Veronica agrestis*

| | | | | | | | | |
|---|---|---|---|---|---|---|---|---|
| 3–10 cm | IV–X | ① | | | Ä, P2 | ss | | |

+ Frucht mit locker stehenden Drüsenhaaren
+ Kelchblätter an der Frucht schmäler als bei der vorigen Art

Vor einigen Jahrzehnten in fast jedem Kartoffelacker im NW-Waldviertel, heute praktisch verschwunden.

1a

1b

**B2 Blüten in (durch kleinere oder anders geformte Blätter) deutlich abgesetzten Blütenständen**

- Stängel liegt am Boden
  - Blätter kahl, Stängel kriecht und wurzelt; Pflanze auf feuchten und/oder schweren Böden
    → Quendel-Ehrenpreis, *V. serpyllifolia* (S. 287, Fotos 1a, b)
  - Blätter eiförmig, dicht behaart, Stängel kriecht, wurzelt und bildet dadurch oft kleine Teppiche, blühende Stängel aufgebogen oder aufrecht, Blüten blasslila bis purpurviolett, ganz kurz gestielt; Pflanze auf trockenen, ausgesprochen sauren Böden in Wäldern, entlang von Forststraßen, auf Heiden und Almen (Fotos A, B)
    → Arznei-Ehrenpreis (Echter E., Wald-E.), *V. officinalis* (Bd. 1, S. 214)
  - Blätter schmal, fein grau behaart, Stängel liegt am Boden (ohne Wurzeln zu schlagen), manchmal sternförmig ausgebreitet (Bd. 1, S. 211, Foto 2b); Pflanze in Trockenrasen, v. a. im pannonischen Raum, auch häufig entlang von Wegen, fällt durch ihre frühe Blütezeit und die Blütenfarbe (hellllilaviolett) von Weitem auf
    → Liegender Ehrenpreis, *V. prostrata* (Bd. 1, S. 210)
- Stängel ± aufrecht
  - Kleine Pflanzen (von wenigen cm bis durchschnittlich 10 cm hoch); einjährige[73] Besiedler offener Bodenstellen

A

B

[73] Einjährige Pflanzen erkennt man unter anderem daran, dass keine nicht blühenden Triebe vorhanden sind.

- Vorfrühlingsblüher in Lücken von Trockenrasen, Weingärten, Äckern ...; oberste Blätter tief eingeschnitten oder geteilt (beim Frühen E. manchmal auch nur tief eingekerbt)
  - Früchte herzförmig, ganz flach, (wie die Blüten) ganz kurz gestielt; Pflanze auffällig „stramm“
    - Blütchen dunkelblau, klein (∅ 5 mm), Griffel überragt die Kapselbucht deutlich, mäßig häufige Art
      → Dillenius-Ehrenpreis, *V. dillenii* (S. 287, Foto 2)
    - Blütchen himmelblau, noch kleiner (∅ 3 mm), Griffel überragt die Kapselbucht nicht; sehr selten
      → Frühlings-Ehrenpreis, *V. verna* (S. 287, Fotos 3a, b)
  - Früchte so breit wie oder sogar breiter als lang an abstehend aufwärts gebogenen Stielen; Blüten leuchtend tiefblau; Blätter dunkelgrün, zerdrückt mit unangenehmem Geruch, Blattform unverwechselbar („gefingert“) (Fotos C, D)
    → Finger-Ehrenpreis, *V. triphyllos* (Bd. 1, S. 212)
  - Früchte länger als breit, an aufrechten Stielen; Blüten leuchtend himmelblau; obere Blätter oft nur tief gekerbt
    → Früher Ehrenpreis, *V. praecox* (S. 288, Fotos 1a, b)
- Frühlings- bis Sommerblüher; Blattrand seicht gekerbt oder ganzrandig
  - Blätter breit eiförmig; Blüten unscheinbar: winzig (∅ 2–4 mm), kürzer als der Kelch, himmelblau, nur vormittags und bei Sonnenschein geöffnet; Früchte herzförmig und ganz kurz gestielt (insofern ähnlich dem Dillenius-E., aber Wuchs und Blattform anders); eine sehr häufige Art in vielen sonnigen Lebensräumen mit offenen Bodenstellen
    → Acker-Ehrenpreis, *V. arvensis* (Bd. 1, S. 210)
  - Blätter schmal, sitzend, ganzrandig bis ganz entfernt gesägt
    → Fremder Ehrenpreis, *V. peregrina* (S. 288, Foto 2a und S. 289, Foto 2b)

– Höherwüchsige, ausdauernde Arten (meist deutlich über 10 cm bis > 100 cm hoch)

- Stängel mit zwei einander gegenüberstehenden Haarzeilen (Foto 1b, Bd. 1, S. 211); sehr häufige Art bzw. Artengruppe
  → Gamander-Ehrenpreis, *V. chamaedrys* agg. (Bd. 1, S. 210)
  - Blüten hell bis intensiv blau; Stängel zwischen den beiden Haarzeilen oft zusätzlich behaart; verbreitete Art auf frischen Fettwiesen, in Laubwaldsäumen, Auwaldlichtungen, Parkrasen ... (Foto E)
    → Gewöhnlicher Gamander-Ehrenpreis, *V. chamaedrys* s. str.

- Blüten heller (hellblau – dann oft mit weißlichem Randsaum (Foto 1a, Bd. 1, S. 211), blassblau, weiß oder blassrosa); Stängel zwischen den beiden Haarzeilen immer kahl; Trockenwiesen, lichte, trockene Eichenwälder und deren Säume; im pannonischen Raum häufig (Foto F)
  → Wiener Gamander-Ehrenpreis, *V. vindobonensis*

◆ Stängel gleichmäßig behaart

- Der Stängel endet mit einem beblätterten Trieb, die Blütenstandsäste kommen alle aus der Seite des Stängels

  ❖ Die obersten Stängelblätter (oberhalb der Blütenstände) ± eiförmig, flach, ihr Rand gekerbt
  → Großer Ehrenpreis, *V. teucrium* (S. 289, Fotos 3a, b)

  ❖ Die obersten Stängelblätter schmal ± ganzrandig mit umgerolltem Rand
  → Österreichischer Ehrenpreis, *V. austriaca* (S. 289, Foto 4)

- Der Stängel endet mit einem Blütenstand (oft sind zusätzlich seitenständige Blütenstände ausgebildet)

  ❖ Pflanze meist höher als 60 cm; Blattrand gesägt; Pflanze pannonischer Feuchtwiesen und Auwaldränder
  → Langblatt-Blauweiderich, *V. maritima* (S. 289, Fotos 5a, b)

  ❖ Pflanze niedriger, Blattrand gekerbt

    ❊ Blüten von exotischem Aussehen (Foto G) und „Duft" (nach verbrannter Wolle); Blätter eiförmig (Foto H), ähnlich denen des (nah verwandten Ähren-B.); seltene, nur lokal (v. a. im Marchtal) häufigere Art
    → Orchideen-Blauweiderich, *V. orchidea* (Bd. 1, S. 214)

    ❊ Blüten schauen so aus, wie es sich für einen Ehrenpreis gehört, und sind geruchlos; häufige Trockenrasenart
    → Ähren-Blauweiderich, *V. spicata* (Bd. 1, S. 210)

F

G

H

## 1 Quendel-Ehrenpreis, *Veronica serpyllifolia*

| | | | | | | | | |
|---|---|---|---|---|---|---|---|---|
| 10–30 cm | IV–VII | ♃ | | | G3f, S4 | h | | |

\+ Blüten weiß bis blassblau, die der Hochlagenform dunkler (s. Schlüssel A1, S. 280)

Die trockenen Früchte springen bei Benetzung auf (Samen werden durch Regentropfen herausgeschleudert). Am kriechenden Wuchs, den rundlichen Blättern und den blassen Blüten zu erkennen.

## 2 Dillenius-Ehrenpreis, *Veronica dillenii*

| | | | | | | | | |
|---|---|---|---|---|---|---|---|---|
| 5–30 cm | IV–V | ① | | | TR | mh | | |

\+ strammer Wuchs
\+ charakteristischer Blattschnitt

In besonders flachgründigen, lückigen Silikatfelsrasen; häufig z. B. in der Wachau.

## 3 Frühlings-Ehrenpreis, *Veronica verna*

| | | | | | | | | |
|---|---|---|---|---|---|---|---|---|
| 3–15 cm | IV–V | ① | | | G1, TR, P1 | ss | | |

\+ Wuchs und Blattschnitt ähnlich der vorigen Art
\+ Blütenkrone kürzer als der Kelch
\+ Griffel sehr kurz

Die kleine Schönheit ist leider eine große Rarität geworden; am ehesten noch auf offenen Sand- oder Silikatgrusflecken, nicht so trockenresistent wie ihre häufigere Schwester (das Foto stammt aus der Blockheide bei Gmünd).

1a

1b

2

3a

3b

## 1 Früher Ehrenpreis (Frühblühender E.), *Veronica praecox*

| | | | | | | | | |
|---|---|---|---|---|---|---|---|---|
| 3–20 cm | III–V | ① | | | TR, Ä | mh | | |

+ auffällige Blütenfarbe
+ längliche Früchte
+ Blätter unterseits oft weinrot getönt

Bevorzugt kalkhaltige Böden.

## 2 Fremder Ehrenpreis (Südamerikanischer E.), *Veronica peregrina*

| | | | | | | | | |
|---|---|---|---|---|---|---|---|---|
| 5–20 cm | V–VI | ⊙ | | | T4, Ä, S1 | s | | |

+ Blüten weiß (oder leicht bläulich getönt)

Liebt feuchte, nährstoffreiche Böden: in Gärtnereien, auf Friedhöfen, seltener auf naturnahen Standorten, z. B. auf Schlamm vorübergehend trockengefallener Fischteiche.

## 3 Großer Ehrenpreis, *Veronica teucrium*

| | | | | | | | | |
|---|---|---|---|---|---|---|---|---|
| 40–100 cm | VI | ♃ | | | K | mh | | |

+ Blüten groß (∅ 12–18 mm)

*Naturgartentipp:* Für spät (oder nicht jährlich) gemähte, mäßig trockene bis frische, sonnige Blumenwiesen und Gebüschränder.

## 4 Österreichischer Ehrenpreis, *Veronica austriaca*

| | | | | | | | | |
|---|---|---|---|---|---|---|---|---|
| 15–40 cm | V | ♃ | | | K, W1 | s | | |

+ Blüten kleiner (∅ 9–12 mm)

Charakteristisch für die Schwarzföhrenwälder am Alpenostrand.

1a

1b

2a

## 5 Langblatt-Blauweiderich (Langblatt-Ehrenpreis), *Veronica maritima*

| | | | | | | | | |
|---|---|---|---|---|---|---|---|---|
| 60–120 cm | VII–IX | ♃ | | | G4, 3f | mh | | |

Gekennzeichnet durch den speziellen Lebensraum (Bd. 1, S. 211, Foto 3b), die beschränkte Verbreitung (Schwerpunkt Marchtal), die Wuchshöhe und die scharf gezähnten Blätter.

2b

3b

4

5b

5a

3a

## Familie: Wegerichgewächse, Plantaginaceae

Studiert man die neueste Fachliteratur, so könnte Verwirrung aufkommen. In der FlÖ hält man an der konservativen Fassung der Familie fest, die (in NÖ) nur die Gattung *Plantago* umfasst. In aktuellen deutschen Fachbüchern wird die Familie stark erweitert und enthält nun einen großen Teil der Rachenblütler (z. B. die Gattungen Ehrenpreis und Fingerhut) sowie die Familie Kugelblumengewächse. Dies wird mit den Ergebnissen neuer molekularphylogenetischer Befunde (d. h. „genetischer" Forschungsergebnisse, die neue Erkenntnisse über die vermutlich stammesgeschichtliche Entwicklung dieser Pflanzen erbracht haben) begründet.[74]

### Gattung: Wegerich, *Plantago*

- Stängel beblättert und meist verzweigt; Pflanze auf offenen Sandböden
  → Sand-Wegerich, *P. arenaria* (Bd. 1, S. 216)
- Blätter alle am Grund in einer Rosette, Stängel nie verzweigt
  - Alpenpflanzen
    - Blütenstand kugelig bis kurz walzig aber dick, dunkelgrau bis schwärzlich, Blätter erinnern an die vom Spitzwegerich, am Rand mit voneinander entfernten Zähnen; Pflanze gedrungen (ca. 5–15 cm hoch), Stängel daher so lang oder etwas länger als die Rosettenblätter, unter dem Blütenstand zottig behaart, legt sich zur Fruchtreife auf den Boden; in NÖ nur auf dem Dürrenstein (Foto A)
      → Berg-Wegerich (Schwarzer W.), *P. atrata*
    - Blütenstand schlank, braun, Blätter sehr schmal, Blattrand ohne Zähne, Pflanze ca. 4–15 cm hoch; nur a. d. Schneeberg (Almweiden auf dem Ochsenboden und vor dem Damböckhaus), westalpine Art, wurde einst zur Weideverbesserung eingesät (ohne Abb.)
      → Alpen-Wegerich, *P. alpina*
  - Pflanze tieferer Lagen
    - Blätter sehr schmal, fleischig (Foto B); auf salzhaltigen Böden, in (wechsel-)feuchten Wiesen, in Kunstrasen, auf Autobahnbanketten, nur im Pannonicum, s (häufig hingegen im Seewinkel, Bgld.)
      → Strand-Wegerich, *P. maritima*
    - Blätter schmal, allmählich in den Stiel verschmälert, Stängel kantig und gefurcht, Staubfäden weißlich (Foto 5b, Bd. 1, S. 215)
      - Besiedler offener Bodenstellen an vielerlei Standorten, besonders häufig in lückigen Wiesen und Weiden (aber keine Trittpflanze wie der Breitwegerich, daher nicht auf Wegen, bestenfalls an Wegrändern), allgemein verbreitet und sehr häufig; Blätter bei Insektenstichen und in Zubereitungen (z. B. Sirup) als bewährtes Hustenmittel
        → Spitzwegerich, *P. lanceolata* (Bd. 1, S. 214)
      - Sehr selten, §, in feuchten Wiesen im Marchtal und im Wiener Becken, hochwüchsig (bis 1 m hoch, Foto 5a, Bd. 1, S. 215); kaum verlässlich vom (Gewöhnlichen) Spitzwegerich zu unterscheiden, der fruchtende Blütenstand ist jedenfalls länger (2,5–5 cm) als der Durchschnitt beim Spitz-W. (Foto C)
        → Hoher (Spitz-)Wegerich, *P. altissima*

---

[74] Die Formulierung, dass „nach neuesten Erkenntnissen" z. B. die Gattung Ehrenpreis zu den Wegerichgewächsen „gehört" (!), ist einem Verständnis dafür, wie Wissenschaft versucht, mit der Vielfalt in der Natur zurechtzukommen, nicht förderlich. Es müsste heißen: Nach neuesten Erkenntnissen sind Ehrenpreis und Wegerich so nahe verwandt, dass man die Ansicht (!) vertreten kann (!), dass sie gemeinsam in eine Familie einzuordnen wären. Das ist sicher interessant; es ist aber nun die Frage, wie lange diese neue Ordnung halten wird, bis noch neuere Erkenntnisse andere Gesichtspunkte bringen und „das System" wieder umgekrempelt werden muss. Das schafft Verwirrung, vor allem auch dann, wenn in verschiedenen Fachbüchern unterschiedliche Systeme als die „jetzt einzig richtigen" dargestellt werden.

- Blätter breit, eiförmig, in den Stiel verschmälert, vor allem in der Jugend stark behaart (Foto D), Stängel rund; Staubfäden rosa (die „Blume" unter den Wegerichen (Foto E); Trockenwiesenpflanze
  → Mittlerer Wegerich, *P. media* (Bd. 1, S. 216)

- Blätter sehr breit, abrupt in den Stiel verschmälert, Stängel rund, Blütenstand schmal und lang („Vogelwürstel"), Staubfäden grünlich, rotbraun bis weißlich, trittfeste Pflanze auf Wegen, in Zierrasen, aber auch in Äckern
  → Breitwegerich, *Plantago major* (Bd. 1, S. 216)

A

C

E

B

D

# Familie: Sommerwurzgewächse, Orobanchaceae

Aktuell umfasst die Familie Vollparasiten, die keine grünen Blätter haben und bezüglich Ernährung vollständig von einem Wirt abhängig sind, und Halbparasiten, die grüne Blätter und damit die Fähigkeit zur Fotosynthese haben, aber trotzdem bei anderen Pflanzen schmarotzen, indem sie ihnen Wasser und darin gelöste Nährstoffe entnehmen.

## SCHLÜSSEL ZU DEN GATTUNGEN UND ARTEN

A. Vollparasiten, d. h. Pflanzen ohne Blattgrün .................................... S. 292
B. Grüne Halbparasiten mit ungeteilten Blättern .................................... S. 299
C. Grüne Halbparasiten mit farnartigen (1–2× fiederschnittigen) Blättern .............. S. 304

## A VOLLPARASITEN

- Rosa bis lila Blüten dicht in einseitswendigem Blütenstand gedrängt
  → Schuppenwurz, *Lathraea squamaria* (Bd. 1, S. 220)
- Blüten allseitswendig angeordnet
  → Sommerwurz, *Orobanche* s. l.

### Gattung: Sommerwurz, *Orobanche* s. l. *(inkl. Phelipanche)*

Durch das fehlende Blattgrün ist *Orobanche* als Gattung leicht zu erkennen, denn es gibt in unserer heimischen Flora nur wenige Vollschmarotzer, die in ihrer Ernährung vollständig von anderen Pflanzen (Wirtspflanzen) abhängig sind. Die Bestimmung der Arten wird allerdings auch von Experten als schwierig, kritisch oder sogar als undankbar bezeichnet, weil die Pflanzen in ihrem Erscheinungsbild recht uniform sind und wenig durchgängige Merkmale aufweisen; Farb- und Behaarungsmerkmale sind oft variabel, und von manchen Arten kommen reingelbe oder weiße Exemplare vor, die in der Regel unbestimmbar sind. Aber das macht die Sache ja auch gerade wieder spannend, und spannend sind die Sommerwurzen in vieler Hinsicht.

Typisch für *Orobanche* sind von Jahr zu Jahr stark schwankende Populationszahlen; in Abhängigkeit vom Zustand der Wirtspflanzen, der Bestäubungsverhältnisse und/oder witterungsbedingt – genau weiß man es nicht. Ebenso weiß man bei den meisten Arten nicht, wie alt sie werden können und ob und wie oft sie nach dem ersten Blühen in den kommenden Jahren wieder zur Blüte gelangen können.

Die Samen sind staubfein und können nur bei Anwesenheit einer Wirtswurzel in unmittelbarer Umgebung keimen. Der Keimling dringt in die Wurzel der Wirtspflanze ein und entwickelt ein spezielles Verbindungsorgan, das die Gefäßbahnen „anzapft“, weshalb *Orobanche*-Arten auch als Würger bezeichnet werden. Wegen des Wasser- und Nährstoffentzugs können *Orobanche*-Arten an Kulturpflanzen Schaden anrichten. Heutzutage spielt das in Niederösterreich keine Rolle mehr, aber in alten Floren kann man noch nachlesen, dass z. B. *Orobanche ramosa* durch massenhaftes Auftreten in Hanffeldern oft bedeutenden Schaden angerichtet hat. Diese Art gilt für Niederösterreich heute als ausgestorben; in Westeuropa gibt es jedoch Berichte, dass sie sich immer weiter ausbreitet und auch ihr Wirtspflanzenspektrum erweitert. Außerhalb Europas, v. a. in ärmeren Ländern Afrikas und Asiens, gibt es einige *Orobanche*-Arten, die als Schädlinge in der Landwirtschaft gefürchtet sind, weil sie zu dramatischen Ernteeinbußen führen können. Bei uns jedoch sind die meisten *Orobanche*-Arten selten und gefährdet; einige gehören sogar zu den ganz großen Raritäten der niederösterreichischen Flora: 13 Arten stehen auf der Roten Liste; fünf davon sind stark gefährdet und 6 vom Aussterben bedroht!

Der folgende Schlüssel basiert im Wesentlichen auf der Kombination Häufigkeit (bzw. Seltenheit) und den Farben der Blütenkrone und der Narbe; dabei ist die Blütenfarbe als Merkmal nicht ganz ohne Tücken – nicht nur weil das Farbempfinden sehr subjektiv sein kann, sondern auch wegen der Farbvariabilität vieler Arten und den oben genannten Farbabweichungen. Es wurden deshalb im Schlüssel auch die Wirtspflanzen genannt, wobei die Anwesenheit des Wirtes in unmittelbarer Nähe meist kein sicheres Indiz ist, weil dessen oberirdische Teile weit von dem Schmarotzer entfernt sein können. Bei selteneren Wirtspflanzen kann jedoch deren völlige Abwesenheit hilfreich bei der Bestimmung sein. Vorsicht geboten ist auch bei den Angaben, ob die Blüten dicht oder locker angeordnet sind, weil das stark variieren kann. Die meisten Sommerwurz-Arten bevorzugen offene, trockene, sehr warme und magere Standorte in der Hügelstufe; Ausnahmen werden daher erwähnt. Der Schlüssel soll einen Überblick über die NÖ Sommerwurz-Arten geben, eine sichere Bestimmung können wir aufgrund der erwähnten Variabilität vieler Merkmale und weil auf Merkmale verzichtet wurde, die ein Zerlegen der Blüten und eine Lupe erfordern, nicht versprechen.

- Die beiden **häufigsten** Arten sind gelb(lich), haben eine gelbe Narbe, duften und parasitieren auf Schmetterlingsblütlern

  - Blüten gelb, innen dunkelrot glänzend (Foto A), Duft nach Gewürznelken
    → Blutrote Sommerwurz, *O. gracilis* (Bd. 1, S. 220)

  - Blüten blassgelblich braun, manchmal violett überlaufen, Duft nach Maiglöckchen
    → Gelbe Sommerwurz, *O. lutea* (S. 295, Foto 1)

- Verbreitung **zerstreut bis selten**

  - Blüten gelb (bis gelbbraun, oft rötlich bis braunviolett) mit gelber Narbe

    - V. a. in Wäldern der montanen und subalpinen Höhenstufe, Wirt: Klebriger Salbei; blüht erst ab Juli
      → Salbei-Sommerwurz, *O. salviae* (S. 295, Foto 2)

    - Zerstreut, in den Kalkalpen häufig; Wirt: Pestwurz
      → Pestwurz-Sommerwurz, *O. flava* (S. 295, Foto 3)

    - Selten; Blütenstand dichtblütig, oft stattliche Pflanzen; Wirt: v. a. Hirschwurz, Heilwurz und Elsässer Haarstrang
      → Elsässer Sommerwurz, *O. alsatica* s. l. (S. 295, Foto 4)

    - Selten; Blütenstand dichtblütig, Blüten rötlich gelb mit dunkleren Adern; Wirt: Skabiosen-Flockenblume
      → Große Sommerwurz, *O. elatior (*inkl. *O. kochii)* (S. 295, Foto 5)

  - Blüten gelb (bis gelbbraun, oft rötlich bis braunviolett) mit purpurner Narbe, Blütenstand lockerblütig

    - Blüten bleich gelblich bis rötlich, gleichmäßig gefärbt; Wirt: Labkraut; Duft nach Gewürznelken
      → Labkraut-Sommerwurz, *O. caryophyllacea* (S. 296, Foto 1)

    - Blüten braunlila(violett), am Grund deutlich heller (gelblich); Wirt: Gamander-Arten
      → Gamander-Sommerwurz, *O. teucrii* (S. 296, Foto 2)

  - Blüten weißlich, violett geadert mit purpurner Narbe, Blütenstand meist locker und wenigblütig; Pflanze meist < 25 cm; Wirt: meist Thymian-Arten
    → Weiße Sommerwurz, *O. alba* (S. 296, Foto 3)

  - Blüten gelblich weiß bis gelb oder rötlich bis purpurbräunlich, mit purpurner Narbe, Blütenstand meist dichtblütig; Pflanze meist > 25 cm; Wirt: Disteln
    → Distel-Sommerwurz, *O. reticulata* s. l. (S. 297, Foto 4)

- **Sehr selten!** Blüten gelblich oder weißlich mit violetter Aderung

  - Blüten < 16 mm, weiß oder gelblich mit violetter Aderung, Narbe: purpurn; Wirt: oft Rotklee oder Weißklee
    → Klee-Sommerwurz, *O. minor* (S. 297, Foto 6)

  - Blüten > 16 mm, Narbe purpurrot oder braunviolett

    - Blüten weißlich mit violetter Aderung, Narbe: purpurrot; Wirt: Bitterkraut
      → Bitterkraut-Sommerwurz, *O. picridis* (S. 297, Foto 5)

    - Blüten gelblich weiß mit violetter Aderung, Narbe: braunrot-braunviolett; Wirt: Feld-Beifuß
      → Beifuß-Sommerwurz, *O. artemisiae-campestris* (S. 298)

- Blüten > 20 mm, gelblich bis braunviolett, Narbe gelb, blüht erst im Juli; Stängel kräftig und dick, reich- und dichtblütig, bis 70 cm; Wirt: Berg-Laserkraut
  → Laserkraut-Sommerwurz, *O. laserpitii-sileris* (S. 298)

- Die **„seltenen Blauen"** haben eine weiß(lich)e Narbe
  → Violette Sommerwurz, *O. purpurea* (S. 298, Foto 1)
  → Sand-Sommerwurz, *O. arenaria* (S. 298, Foto 2)
  → Böhmische Sommerwurz, *O. bohemica* (S. 298)
  → Weißwollige Sommerwurz, *O. lanuginosa* (S. 298, Foto 3)
  → Blaue Sommerwurz, *O. coerulescens* (S. 298, Foto 4)

## 1 Gelbe Sommerwurz, *Orobanche lutea*

| | | | | | | | | |
|---|---|---|---|---|---|---|---|---|
| 10–50 cm | V–VII | ♃? | | | G, TR | mh | | |

+ Duft nach Maiglöckchen oder Zyklame
+ Stängel meist deutlich dunkler als Blüten
+ Blütenfarbe sehr variabel!

Parasitiert v. a. auf *Medicago*-Arten und kann daher auch auf Luzernefeldern vorkommen.

## 2 Salbei–Sommerwurz, *Orobanche salviae*

| | | | | | | | | |
|---|---|---|---|---|---|---|---|---|
| 12–50 cm | (VI–)VII–VIII | ♃? | | | W | mh-s | | |

+ nur Zipfel der Oberlippe mehr oder weniger abstehend
+ die einzige NÖ Sommerwurz, die v. a. im Wald vorkommt

Parasitiert auf Klebrigem Salbei (s. Foto 2).

## 3 Pestwurz-Sommerwurz, *Orobanche flava*

| | | | | | | | | |
|---|---|---|---|---|---|---|---|---|
| 15–40 cm | VI–VIII | ♃? | | | A4, T3 | mh | | |

+ Oberlippe mit 2 abstehenden Lappen
+ Blüten meist gelb, seltener bräunlich violett

Parasitiert v. a. auf Alpen-Pestwurz, seltener auf anderen Pestwurz-Arten und Alpendost; es gibt unterschiedliche Beobachtungen, ob es einen Zusammenhang zwischen Blütenfabe und Wirtsart gibt.

## 4 Elsässer Sommerwurz, *Orobanche alsatica* s. l.

| | | | | | | | | |
|---|---|---|---|---|---|---|---|---|
| 20–70 cm | VI–VII | ♃? | | | TR, K | s | | |

+ meist stattlich und dichtblütig
+ Blüten gelblich, braunviolett überlaufen

Es gibt in NÖ zwei Unterarten, die zwar in den Randbereichen ihres Gesamtareals gut zu unterscheiden sind[75], allerdings nicht unbedingt in NÖ; es ist leider auch nicht sicher, wie gut man sich auf den Wirt als Merkmal verlassen kann. *O. alsatica* subsp. *alsatica* parasitiert meist auf Hirschwurz, während *O. alsatica* subsp. *libanotidis (O. bartlingii)* meist auf Heilwurz parasitiert.

[75] Pusch, J., 2009, in Wagenitz, G. (Hrsg.), G. Hegi, Illustrierte Flora von Mitteleuropa VI/1A.

## 5 Große Sommerwurz, *Orobanche elatior*

| | | | | | | | | |
|---|---|---|---|---|---|---|---|---|
| 30–40(–70) cm | VI (–VII) | ♃? | | | G3tr, K | s | | |

+ Wie vorige Art(engruppe) meist stattlich und dichtblütig

Bei der in NÖ bisher sogenannten Art handelt es sich nach Zázvorka[76] großteils um die ähnliche *O. kochii,* die ebenfalls auf Skabiosen-Flockenblume parasitiert, sich aber z. B. durch die spätere Blütezeit (erst ab Ende Juni) und oft „karottenrote“ Farbe unterscheidet. Das Foto 5 wurde im südlichen Waldviertel Mitte Juni aufgenommen und die Bestimmung *O. elatior* wurde anhand des Fotos von J. Zázvorka mit „fast sicher“ bestätigt.

1

3

2

4

5

[76] Zázvorka, J., 2010, Acta Mus. Moraviae, Sci. Biol. 95, 77–119.

## 1 Nelken-Sommerwurz, *Orobanche caryophyllacea*

| | | | | | | | | |
|---|---|---|---|---|---|---|---|---|
| 10–50 cm | V–VII | ♃? | | | TR, G, K | mh-s | | |

+ Blütenstand meist wenigblütig, locker
+ Duft nach Gewürznelken

Parasitiert auf Labkraut-Arten (oft auf Echtem Labkraut); auch auf anderen Rötegewächsen?

## 2 Gamander-Sommerwurz, *Orobanche teucrii*

| | | | | | | | | |
|---|---|---|---|---|---|---|---|---|
| 10–40 cm | V–VII | ♃? | | | TR | mh-s | | |

+ Blütenstand meist wenigblütig, locker
+ Stängel und Kelch meist deutlich heller als Krone

Parasitiert auf Gamander-Arten, meist *Teucrium chamaedrys* und *T. montanum*.

## 3 Weiße Sommerwurz, *Orobanche alba*

| | | | | | | | | |
|---|---|---|---|---|---|---|---|---|
| 10–30 cm | VI–VII | ♃? | | | TR | mh-s | | |

+ Blüte mit dunklen Drüsenhaaren
+ Duft nach Gewürznelken
+ Trockenlebensräume

Parasitiert auf Thymian-Arten und anderen Lippenblütlern. Eurasiatische Verbreitung bis Himalaja und Tibet; von tibetischen Ärzten in Dharamsala zur Wundheilung verwendet; interessant ist, dass früher auch bei uns einige Sommerwurz-Arten gelegentlich als Wundmittel verwendet wurden.

1

2

3

## 4 Distel-Sommerwurz, *Orobanche reticulata* s. l.

| | | | | | | | | |
|---|---|---|---|---|---|---|---|---|
| 25–70 cm | VI–VII(IX) | ♃? | | | G3, A2, S3 | s | | |

+ Blüte mit dunklen Drüsenhaaren
+ Frische bis feuchte Wiesen, auch Straßenböschungen

In den meisten Bestimmungsbüchern werden zwei Unterarten unterschieden; allerdings sind die Merkmale nicht immer eindeutig. *O. reticulata* subsp. *pallidiflora* ist heller gefärbt und kommt v. a. in niederen Lage auf *Cirsium*- und *Carduus*-Arten vor; *O. reticulata* subsp. *reticulata* ist dunkler gefärbt und kommt im Alpengebiet auf Bergdistel vor. In die gleiche Gruppe gehört auch *O. pancicii*, die v. a. auf der Balkanhalbinsel verbreitet ist und in der südöstlichen Steiermark und im Südburgenland vorkommt; möglicherweise kommt sie in NÖ auch vor; sie hat eine gelbe Narbe, duftet kräftig nach Gewürznelken, parasitiert auf *Knautia drymeia* und blüht bereits im Mai.

## 5 Bitterkraut-Sommerwurz, *Orobanche picridis*

| | | | | | | | | |
|---|---|---|---|---|---|---|---|---|
| 10–50 cm | VI–VII | ⊙ bis ♃? | | | P2, 3 | ss | § | |

+ Blütenstand oben meist gedrängt, unten aufgelockert

Die Bitterkraut-Sommerwurz wird als unbeständig und „vagabundierend" bezeichnet. Obwohl die Wirtspflanze (Bitterkraut) sehr häufig ist, gehört sie bei uns zu den großen Raritäten; wie die Wirtspflanze wächst sie gern auf Pionierstandorten, z. B. Brachen; ein großer Bestand wurde im Weinviertel letztes Jahr auf einer „vor nicht allzu langer Zeit planierten Fläche" gefunden (Foto 5)[77].

## 6 Klee-Sommerwurz, *Orobanche minor*

Wie der Name bereits sagt, parasitiert die Art vorwiegend auf Klee-Arten und wird deshalb auch als Kleewürger oder Kleeteufel bezeichnet, weil sie bei massenhaftem Auftreten schädlich werden kann. In NÖ ist sie nicht heimisch und nach alten Angaben nur selten eingeschleppt; mehr oder weniger aktuelle Angaben liegen aus Marbach am Ostrong[78] und bei Ennsdorf[79] vor. Foto 6 stammt aus Kroatien.

4

5

6

[77] Wallnöfer, B., 2014, Ann. Naturhist. Mus. Wien, B 116, 197–206.
[78] Leopoldinger, W., 1985, Linzer biol. Beitr., 341–491.
[79] Essl, F., 2002, Beitr. Naturk. OÖ, 321–338.

## Beifuß-Sommerwurz, *Orobanche artemisiae-campestris* (ohne Abb.)

Aus NÖ gibt es nur wenige alte Angaben aus dem pannonischen Teil; die jüngsten, die in Erfahrung gebracht werden konnten, stammen von 1996 von den Hainburger Bergen (Braunsberg und Schlossberg)[80]. Insgesamt ist die Art sehr zerstreut von Portugal bis Ungarn verbreitet.

## Laserkraut-Sommerwurz, *Orobanche laserpitii-sileris* (ohne Abb.)

| | | | | | | | | |
|---|---|---|---|---|---|---|---|---|
| 30–70(80) cm | VII | ♃? | | | A2, 3, K | ss | | |

+ sehr groß und reichblütig, Stängel kräftig
+ Blütenkrone auffällig zweifarbig

## 1 Violette Sommerwurz, *Orobanche (Phelipanche) purpurea*

| | | | | | | | | |
|---|---|---|---|---|---|---|---|---|
| 10–50 cm | VI–VII | ♃? | | | G3tr, P3 | s | | |

+ Blütenstand locker, oft sehr lang gestreckt; Blüten blauviolett mit dunkleren Adern
+ Stängel blasslila oder blaugrau

Parasitiert meist auf Schafgarbe. Ähnlich sind *O. arenaria* und die ganz seltene *O. bohemica* (s. u.), die beide auf Feld-Beifuß parasitieren. Die Behaarung der Staubbeutel gilt als gutes Bestimmungsmerkmal: kahl bei *O. bohemica*; dicht, langwollig behaart bei *O. arenaria* und kurz zerstreut bei *O. purpurea*. Während *O. arenaria* und *O. bohemica* nur auf sehr trockenen, warmen Standorten wachsen, bevorzugt *O. purpurea* etwas frischere Standorte und kommt auch auf Brachen vor.

## 2 Sand-Sommerwurz, *Orobanche (Phelipanche) arenaria*

| | | | | | | | | |
|---|---|---|---|---|---|---|---|---|
| 10–30 cm | VI–VII | ♃? | | | TR | s | | |

+ Blütenstand dicht, Blüten blauviolett
+ Stängel weißlich oder gelblich

*Orobanche arenaria* hat ein Verbreitungsgebiet von Nordafrika bis Westasien, während *Orobanche bohemica* vermutlich nur ein sehr kleines auf Zentral- und Südwesteuropa beschränktes Areal besitzt; aus NÖ gibt es von der Böhmischen Sommerwurz alte Belege vom Leopoldsberg bei Wien und von der Wachau.

1

2

3

4

[80] Melzer, H., Barta, T., 1997, Linzer biol. Beitr., 899–919.

### 3 Wollige Sommerwurz, *Orobanche lanuginosa (Phelipanche caesia)*

| | | | | | | | | |
|---|---|---|---|---|---|---|---|---|
| 6–30 cm | V–VI | ♃? | | | TR | ss | § | |

+ Blüten und Stängel im oberen Teil weißwollig, Blüten helllila

Das Verbreitungsgebiet der Wolligen S. reicht bis Zentralasien; in NÖ sind ihre westlichsten „Vorposten“, neben dem bekannten Vorkommen im NSG Eichkogel gibt es neuere Funde im Wiener Becken und Steinfeld entlang der Bahn.[81] Wirt ist in NÖ der Pontische Wermut, im Bgld. am Hackelsberg der Österr. Wermut.

### 4 Blaue Sommerwurz, *Orobanche coerulescens*

| | | | | | | | | |
|---|---|---|---|---|---|---|---|---|
| 10–30 cm | VI–VII | ♃? | | | TR | ss | § | |

+ Blüten hellblau bis blauviolett, wollig-zottig behaart
+ kurze, dicke, kräftige Stängel

Parasitiert auf Feld-Beifuß. Das Gesamtverbreitungsgebiet dieser Art ist groß und reicht von Mitteleuropa bis Zentralasien und Japan; v. a. am westlichen Arealrand ist sie vielerorts verschwunden.

## B GRÜNE HALBPARASITEN MIT UNGETEILTEN BLÄTTERN

Im Gegensatz zu den Vollparasiten sind die Halbparasiten meist wenig wirtsspezifisch. Innerhalb von Arten der Gattungen *Rhinanthus, Melampyrum, Odontites* und *Euphrasia* gibt es Formen, die sich hinsichtlich Blütezeit und Pflanzenarchitektur in paralleler Weise unterscheiden; man spricht von „Saisonpolymorphismus oder -dimorphismus“, weil sie sehr formenreich und vielgestaltig sein können. Im Frühsommer blühende Pflanzen sind oft weniger verzweigt, weniger beblättert und schlank, während im Herbst blühende Pflanzen oft stark verzweigt sind und fast gestaucht wirken. Dieses Phänomen gibt es übrigens auch bei *Gentianella* (s. Anmerkung S. 261).

A

- Gelbe Blüten
  - Blüte mit roten Punkten (Foto A), Alpenpflanze
    → Alpenrachen, *Tozzia alpina* (S. 300)
  - Blätter gesägt, Kelch bauchig aufgeblasen und flach gedrückt
    → Klappertopf, *Rhinanthus*, s. Kasten S. 301
  - Blätter im unteren Stängelteil ganzrandig
    → Wachtelweizen, *Melampyrum*, s. Kasten S. 301
  - Alle Blätter ganzrandig
    → Gelber Zahntrost, *Odontites luteus* (S. 300, Foto 1)
- Blüten purpurn/trüb dunkelviolett
  - Blätter weniger als doppelt so lang wie breit, Alpenpflanze
    → Alpenhelm, *Bartsia alpina* (Bd. 1, S. 218)
  - Blätter mehr als doppelt so lang wie breit
    → Roter Zahntrost, *Odontites vernus* Gruppe (S. 300, Foto 2)
- Blüten weiß (oft mit gelben und violetten Flecken)
  → Augentrost, *Euphrasia*, s. Kasten S. 302

[81] Melzer, H., Barta T., 2003, Linzer biol. Beitr., 176.

## Alpenrachen, *Tozzia alpina*

| | | | | | | | | |
|---|---|---|---|---|---|---|---|---|
| 20–40 cm | V–VII | ♃ | | | A5 | mh-s | | |

+ Laubblätter hellgrün glänzend (Foto A, S. 299)
+ parasitiert besonders auf Pestwurz, Alpendost und Ampfer
+ wächst gern in Lägerfluren der Almen zwischen Alpen-Ampfer

## 1 Gelber Zahntrost, *Odontites luteus*

| | | | | | | | | |
|---|---|---|---|---|---|---|---|---|
| 15–40 cm | VIII–IX | ☉ | | | TR | mh-s | | |

+ reich verzweigt

Für den gelb blühenden Spätsommeraspekt auf Trockenrasen über Kalk mitverantwortlich; am Foto 1 gemeinsam mit Goldschopf-Aster; wegen der späten Blüte Bedeutung für Wildbienen, die Sägehornbiene *Melitta tricincta* ist auf Pollensammeln innerhalb der Gattung *Odontites* spezialisiert und ist auf diese Pollenquelle angewiesen, wobei sie sowohl den Gelben als auch den Roten Zahntrost besammelt.

## 2 Roter Zahntrost, *Odontites vernus* Gruppe

„Gruppe" ist schon ein Hinweis, dass es hier schwierig wird. In diesem Fall verbergen sich (auf NÖ bezogen) zwei Arten oder Unterarten dahinter. Am Papier lassen sie sich gut trennen: *O. vernus* ist weniger verzweigt, blüht früher (V–VI) und wächst als Unkraut in Äckern, während *O. vulgaris* vom Grund an verzweigt ist, später blüht (VII–IX) und als Pionier auch in Weiden und Wiesen vorkommt.

1

3

2

### Gattung: Klappertopf, *Rhinanthus*

- Kelch lang zottig behaart, Zähne der Blätter im Blütenbereich (Deckblätter) etwa gleich lang
  → Zottiger Klappertopf, *Rh. alectorolophus* (Bd. 1, S. 222)

- Kelch kahl
  - Rücken der Blütenkrone gerade, untere Zähne der Deckblätter etwas länger als die oberen, nicht grannenartig zugespitzt
    → Kleiner Klappertopf, *Rh. minor* (Bd. 1, S. 220)
  - Rücken der Blütenkrone aufwärtsgebogen, untere Zähne der Deckblätter mehr als doppelt so lang wie die oberen und lang zugespitzt
    - ◆ Ober- und Unterlippe der Blüte klaffen auseinander; untere Zähne der Deckblätter in eine lange grannenartige Spitze verlängert
      → Alm-Klappertopf, *Rh. glacialis* (Bd. 1, S. 222)
    - ◆ Ober- und Unterlippe klaffen nicht auseinander; untere Zähne der Deckblätter lang zugespitzt
      → Großer Klappertopf, *Rh. serotinus* agg.

## 3 Großer Klappertopf, *Rhinanthus serotinus* agg.

| | | | | | | | | |
|---|---|---|---|---|---|---|---|---|
| 15–60 cm | V–IX | ⊙ | | | G3 | mh-s | | gi! |

+ Rücken der Blütenkrone nur schwach aufwärtsgebogen (Foto 3)
+ lange blaue Zähnchen an der Oberlippe
+ Zähne der Deckblätter länger zugespitzt als bei *Rh. minor*, aber weniger lang als bei *Rh. glacialis*.

☝ Ähnlich Puszta-Klappertopf, *Rh. borbasii*: Laubblätter mit abstehenden, spitzen Zähnen (im Unterschied zu *serotinus* mit kerbsägigen, angedrückten Zähnen); ss nur Feuchtwiesen im pannonischen Gebiet.

### Gattung: Wachtelweizen, *Melampyrum*

Wachtelweizensamen erinnern an Weizenkörner (S. 302, Foto 1) und ähneln Ameisenpuppen. Die Verbreitung passiert oft über Ameisen; diese verschleppen die Samen, weil sie ihnen Nahrung in der Samenschale bieten.

- Blüten in allseitswendiger dichter Ähre, in vier Richtungen weisend
  - Blütenstand auffallend vierkantig, kompakt; Blüten gelblich weiß
    → Kamm-Wachtelweizen, *M. cristatum* (S. 302, Foto 1)
  - Blütenstand nicht vierkantig, locker
    - ◆ Obere Deckblätter purpurn, Blüten zweifarbig
      → Acker-Wachtelweizen, *M. arvense* (Bd. 1, S. 218)
    - ◆ Alle Deckblätter bleich gelblich, Blüten einfarbig, hellgelb
      → Bart-Wachtelweizen, *M. barbatum* (S. 302, Foto 2)

- Blüten einseitswendig, in 1–2 Richtungen weisend
  - Obere Deckblätter violett
    → Hain-Wachtelweizen, *M. nemorosum* agg. (inkl. Alpenostrand-W., *M. subalpinum* s. l.) (Bd. 1, S. 218)
  - Alle Deckblätter grün
    - ◆ Blüten 12–20 mm lang, ihre Röhre ragt weit aus dem Kelch heraus
      → Gewöhnlicher Wachtelweizen, *M. pratense* (Bd. 1, S. 218)
    - ◆ Blüten 10–12 mm lang, ihre Röhre ragt kaum aus dem Kelch heraus
      → Wald- Wachtelweizen, *M. sylvaticum* (Bd. 1, S. 218)

## 1 Kamm-Wachtelweizen, *Melampyrum cristatum*

| | | | | | | | | |
|---|---|---|---|---|---|---|---|---|
| 15–40 cm | V–VIII | ⊙ | | | K | s | | |

+ Deckblätter sehr auffällig „hahnenkammartig“ mit langer Spitze
+ Seitenäste weit spreizend

## 2 Bart-Wachtelweizen, *Melampyrum barbatum*

| | | | | | | | | |
|---|---|---|---|---|---|---|---|---|
| 15–30 cm | V–VII | ⊙ | | | TR | s | | |

+ Zähne der Deckblätter mit lang ausgezogener Spitze
+ Kelch wollig zottig

Selten auch in Äckern und Brachen.

1

2

### Gattung: Augentrost, *Euphrasia*

Die Gattung Augentrost ist leicht zu erkennen; die Unterscheidung der einzelnen Arten ist jedoch sehr schwierig: Es gibt behaarte, unbehaarte, mit Drüsenhaaren, kleinblütige, großblütige, solche mit viel Gelb oder Violett in der Blüte, außerdem mehr oder weniger verzweigte Formen. Nur wenige Merkmalskombinationen treten dabei so regelmäßig gemeinsam auf, dass mit ihrer Hilfe bestimmte Formen von anderen abgegrenzt werden können. Darüber hinaus haben der Standort und die Wirtspflanze einen Einfluss auf das Aussehen. Der folgende Schlüssel kann daher nur eine grobe Übersicht über die NÖ Augentrost-Arten geben.

Vor allem im Spätsommer wächst Augentrost massenhaft auf Weiden. Der Volksname „Milchdieb“ begründet sich in der Beobachtung, dass Kühe weniger Milch geben, wenn viel Augentrost auf der Weide wächst. Allerdings könnte es einfach das Zusammentreffen von verringerter Milchleistung durch Mangel an Futter im Herbst und verstärktem Auftreten der Pflanze sein. Letzteres könnte dadurch bedingt sein, dass auf der abgefressenen Weide die Augentroste mehr auffallen, da sie kaum gefressen werden, oder dass sie spät gekeimt haben. Aufgrund der Giftigkeit des Augentrosts ist aber nicht auszuschließen, dass die alte Volksmeinung einen wahren Kern hat. Bei der Anwendung als Heilpflanze bei Augenbeschwerden ist wegen der Giftigkeit auf jeden Fall Vorsicht geboten.

- Stängelblätter schmal, auf jeder Seite mit 2–3 grannenartigen Zähnen
  → Salzburger Augentrost, *E. salisburgensis*

- Stängelblätter eiförmig, auf jeder Seite mit 4–6 Zähnen

  – Blütenkrone groß 10–15 mm (verlängert sich während des Blühens)
    → Großer Augentrost, *E. officinalis* agg.

- Blütenkrone kleiner 4–10 mm
  - Blütenkrone 7–10 mm, Zähne der oberen Deckblätter (oft dunkelrot) begrannt
    → Heide-Augentrost, *E. stricta*
  - Blütenkrone 5–6 mm, Zähne der oberen Deckblätter kaum begrannt, Stängel verzweigt; nur im Waldviertel
    → Hain-Augentrost, *E. nemorosa* (S. 304)
    → Schlanker Augentrost, *E. micrantha* (S. 304)
  - Blütenkrone 5–7 mm; Stängel meist unverzweigt, ca. 5 cm (bis 15 cm); Alpenpflanze
    → Zwerg-Augentrost, *E. minima* (Foto 5)

## 3 Salzburger Augentrost, *Euphrasia salisburgensis*

| | | | | | | | | |
|---|---|---|---|---|---|---|---|---|
| 5–20 cm | VI–IX | ⊙ | | | G1, A2, 3 | h | | gi! |

+ sehr variabel, aber auffällig sind die schmalen Blätter mit grannenartigen Zähnen
+ Blütenkrone 5–8 mm

## Großer Augentrost, *Euphrasia officinalis* agg. (Bd. 1, S. 221, Foto 1)

| | | | | | | | | |
|---|---|---|---|---|---|---|---|---|
| 5–25(40) cm | V–X | ⊙ | | | G | h | | gi! |

Man unterscheidet in NÖ zwei Unterarten: *E. officinalis* subsp. *rostkoviana* mit Drüsenhaaren und *E. officinalis* subsp. *picta* ohne Drüsenhaare (Gebirgsform).
*E. kerneri* sehr selten in Feuchtwiesen der Hügelstufe.

## 4 Heide-Augentrost, *Euphrasia stricta*

| | | | | | | | | |
|---|---|---|---|---|---|---|---|---|
| 5–30 cm | VI–X | ⊙ | | | G1 | h | | gi! |

+ Pflanze, zumindest der Stängel, oft purpurn überlaufen

Eher kalkmeidend.

3

4

5

## Hain-Augentrost, *Euphrasia nemorosa* (ohne Abb.)

| | | | | | | | | |
|---|---|---|---|---|---|---|---|---|
| 5–30 cm | V–X | ⊙ | | | G, W6 | s? | | gi! |

+ Blüten weiß bis lila, Stängel mit kräftigen Seitenästen

Aus dem nordwestlichen Waldviertel gibt es Angaben von *Euphrasia micrantha* (Schlanker Augentrost) mit meist stark violetten Blüten und Stängeln mit dünnen Seitenästen.

## 5 Zwerg-Augentrost, *Euphrasia minima*

| | | | | | | | | |
|---|---|---|---|---|---|---|---|---|
| 5–15 cm | VII–IX | ⊙ | | | A1 | s | | gi! |

+ Blütenkrone weiß mit lila Oberlippe und gelbem Schlund oder gelb
+ Blätter etwas fleischig erscheinend (S. 303, Foto 5)

Auf sauren Bodenstellen in den Kalkalpen.

## C GRÜNE HALBPARASITEN MIT FARNARTIGEN (1–2 × FIEDERSCHNITTIGEN) BLÄTTERN

### Gattung: Läusekraut, *Pedicularis*

Weltweit > 350 Arten; wahrscheinlich sind alle *Pedicularis*-Arten schwach giftig. Bestäubung durch Hummeln.

- Blüten gelb
  → Gelbes Läusekraut, *P. foliosa*
- Blüten rosa, purpurn oder rotbraun
  - Blätter quirlständig
    → Quirl-Läusekraut, *P. verticillata*
  - Blätter wechselständig oder gegenständig
    - Kronenoberlippe mit deutlichem Schnabel (Foto A)
      - Blütenstand viel länger als breit
        → Ähren-Läusekraut, *P. rostrato-spicata*
      - Blütenstand kopfig
        → Kopf-Läusekraut, *P. rostrato-capitata*
      - Blütenstand nur ein- bis dreiblütig
        → Zweiblütiges Läusekraut, *P. portenschlagii* (S. 306, Foto 1)
    - Kronenoberlippe mit kurzem Schnabel; Flachmoore außerhalb der Alpen
      - Pflanze > 20 cm
        → Sumpf-Läusekraut, *P. palustris* (S. 307, Foto 2)
      - Pflanze < 15 cm
        → Wald-Läusekraut, *P. sylvatica* (S. 306, Foto 3)
    - Kronenoberlippe ohne Schnabel
      - Blüten tiefbraunrot bis blutrot; Pflanze > 20 cm
        → Gestutztes Läusekraut, *P. recutita* (S. 307, Foto 4)
      - Blüten (purpur)rosa; Pflanze < 15 cm
        → Rosa Läusekraut, *P. rosea* (S. 307, Foto 5)

## 1 Gelbes Läusekraut, *Pedicularis foliosa*

| | | | | | | | | |
|---|---|---|---|---|---|---|---|---|
| 20–40 cm | VI–VIII | ♃ | | | A2, 5 | mh | | |

## 2 Quirl-Läusekraut, *Pedicularis verticillata*

| | | | | | | | | |
|---|---|---|---|---|---|---|---|---|
| 5–15(20) cm | VI–VIII | ♃ | | | A1, 2 | h | | |

+ Stängelblätter stehen in Quirlen
+ Kronenoberlippe ohne Schnabel

## 3 Ähren-Läusekraut, *Pedicularis rostrato-spicata*

| | | | | | | | | |
|---|---|---|---|---|---|---|---|---|
| 20–40 cm | VII–VIII | ♃ | | | A1, 2 | mh | | |

+ Blütenstand locker ährenförmig
+ Kelch spinnwebig behaart

## 4 Kopf-Läusekraut, *Pedicularis rostrato-capitata*

| | | | | | | | | |
|---|---|---|---|---|---|---|---|---|
| 5–20 cm | VII–VIII | ♃ | | | A1, 3 | h | | |

+ Blütenstand kopfig
+ Stängel mit zwei Haarzeilen

1

2

3

4

## 1 Zweiblütiges Läusekraut, *Pedicularis portenschlagii*

| | | | | | | | | |
|---|---|---|---|---|---|---|---|---|
| 2–10 cm | VI–VIII | ♃ | | | A1, 6 | s | | |

+ Blühtriebe kurz mit 1–3 großen (2–3 cm) Blüten

Beschränkte Verbreitung (Endemit): kommt nur in den östlichen Zentralalpen und östlichen nördlichen Kalkalpen vor.

## 2 Sumpf-Läusekraut, *Pedicularis palustris*

| | | | | | | | | |
|---|---|---|---|---|---|---|---|---|
| 20–40 cm | V–VII | ⊙ bis ♃ | | | G2 | s | | |

+ Pflanze von Grund auf verzweigt mit aufrecht abstehenden Blühtrieben
+ Blütenstand mit 10–20 Blüten
+ Kelch nach der Blüte aufgeblasen

## 3 Wald-Läusekraut, *Pedicularis sylvatica*

| | | | | | | | | |
|---|---|---|---|---|---|---|---|---|
| 5–15 cm | V–VII | ⊙ bis ♃ | | | G2 | s | | |

+ seitliche Blühtriebe niederliegend bis aufsteigend
+ Blütenstand mit 3–10 Blüten
+ Kelch nach der Blüte aufgeblasen

## 4 Gestutztes Läusekraut, *Pedicularis recutita*

| | | | | | | | | |
|---|---|---|---|---|---|---|---|---|
| 20–50 cm | VI–VIII | ♃ | | | A2, 5 | mh | | |

+ ungewöhnliche Farbe!

## 5 Rosa Läusekraut, *Pedicularis rosea*

| | | | | | | | | |
|---|---|---|---|---|---|---|---|---|
| 5–15 cm | VII–VIII | ♃ | | | A1 | ss | | |

+ Blüten rosa
+ Kelch weißwollig

Nur am Schneeberg?

1

3

2

4

5

## Familie: Lippenblütler (Lippenblütengewächse), Lamiaceae (Labiatae)

*Blütenformel:* ↑ K(5) [B(5) S 2+2] F(2)

Auch an nicht blühenden Pflanzen ist die Familienzugehörigkeit erkennbar: Stängel vierkantig, Blätter gegenständig (wobei das nächste Blattpaar um 90 Grad verdreht ist, sodass bei Betrachtung von oben ein Kreuz zu sehen ist: „kreuzgegenständig") (Fotos A, B, C). Blickt man verblühten Pflanzen in den Kelch, so sieht man vier Früchte („Klausen", Foto Bd. 1, S. 35)[82]; der aus zwei miteinander verwachsenen Fruchtblättern gebildete Fruchtknoten hat sich nämlich geteilt, sodass vier einsamige Nüsschen entstanden sind. Die Blätter vieler Arten der Familie verströmen außerdem beim Berühren oder Reiben einen so charakteristischen aromatischen Duft, dass man sie auch im Dunkeln oder mit geschlossenen Augen bestimmen kann. (Die Duftstoffe sind oft in den Köpfchen von Drüsenhaaren auf Stängel und Blättern enthalten.)

A

B

C

[82] Den Rachenblütlern (Scrophulariaceae), die ebenfalls gegenständige Blätter und vierkantigen Stängel haben, fehlt dieses Merkmal. Die Raublattgewächse (Boraginaceae) haben zwar das Merkmal der vier „Klausen", doch sind ihre Blätter wechselständig.

Die Form der Blüten stellt, ähnlich bei den Schmetterlingsblüten und anderen, eine Spezialisierung auf Insektenbesuch zur Bestäubung dar. Zieht man eine Blüte aus dem Kelch, so sieht man, dass die 5 Kronblätter (im Gegensatz zu den Schmetterlingsblütlern) zu einer Röhre verwachsen sind (Abb. in Bd. 1, S. 32 und 35). Die Staubblätter sind am Grund mit den Blütenkronblättern verwachsen. Um die perfekte Bestäubung zu sichern, haben manche Arten raffinierte Einrichtungen. Ein (beliebtes) Schulbeispiel ist diesbezüglich der Hebelmechanismus des Wiesensalbeis. Ein Teil der Staubblätter ist zu einer Platte umgestaltet, gegen welche die Blütenbesucher, meist Hummeln mit entsprechend langem Rüssel, drücken müssen, um zum Nektar zu gelangen. Dabei kippen sie sich den Pollen auf den Rücken. (Das kann man mit einem langen spitzen Gegenstand selbst ausprobieren.)

Vor allem wegen ihres Gehalts an ätherischem Öl sind viele (allerdings vor allem in NÖ nicht heimische) Arten der Familie wichtige Gewürz- und Arzneipflanzen (Melisse, Rosmarin, Lavendel, Oregano, Bohnenkraut, Garten-Thymian, Ysop, Basilikum, Majoran, Echter Salbei, Muskatellersalbei, Pfefferminze). Ätherische Öle sind Gemische von vielen, manchmal über hundert, chemischen Komponenten. Die Variationsbreite bei der Zusammensetzung des ätherischen Öls ist dabei sehr groß; sogar bei ein und derselben Art kann es unterschiedliche chemische Rassen geben, die dann auch unterschiedlich duften (s. dazu die Anmerkungen bei der Gattung Minze, S. 313).

Weiterhin ist der Gehalt an Gerbstoffen und Bitterstoffen für die Heilwirkung von manchen Arten der Familie wichtig. Giftpflanzen gibt es unter den heimischen Arten kaum (Ausnahme: Poleiminze, Bd. 1, S. 230, Gundelrebe, Bd. 1, S. 232, soll besonders für Pferde giftig sein); eine übertriebene Anwendung von Heil- und Gewürzpflanzen, wie z. B. von Minzen, kann allerdings schädliche Auswirkungen haben.

Der Wert der ätherischen Öle sowie der Bitterstoffe für die Pflanzen ist zunächst einmal Schutz gegen hungrige Mäuler. Daher wachsen manche Arten offenbar unangetastet auf Weideland, z. B. Thymiane oder die – zwar schwach, aber doch duftende – Rossminze, Bd. 1, S. 230 und Foto B, die unangenehm riechende Weiße Taubnessel oder der bittere Graue Andorn, S. 315. Allerdings gibt es Spezialisten, die genau diese Arten verzehren, wie z. B. der Minze-Blattkäfer. Man kann ihn oft in Minzebeständen entdecken, ein lebendes Juwel. (Foto A)

Die leicht verdunstenden ätherischen Öle bewirken auch eine Kühlung der Blattoberfläche. Deswegen wachsen besonders viele „ätherische Pflanzen" an der Sonne stark ausgesetzten Standorten; vor allem im Mittelmeerraum spielt dies eine Rolle, natürlich zusätzlich zum dort besonders nötigen Schutz gegen das Gefressenwerden.

*Naturgartentipps:* Obwohl sie wahrscheinlich Gartenfreunden bereits gut bekannt sind, wollen wir sicherheitshalber auf einige besonders naturgartenwürdige Mitglieder der Familie kurz hinweisen: Das Immenblatt (Bd. 1, S. 224) mit seinen duftenden Riesenblüten, der Arzneithymian (Bd. 1, S. 232) für Mauerkronen und Pflasterspalten, die stattliche Rossminze, auch für nicht ausgesprochen feuchte Standorte, wie die meisten Lippenblütler sehr beliebt bei Blütenbesuchern (Foto B), den Klebsalbei (Bd. 1, S. 228) für halbschattige Standorte mit guten Böden, der besonders dekorative trockenfeste Steppensalbei wird ohnehin bereits in Staudengärtnereien angeboten.

A

Minze-Blattkäfer *(Chrysolina herbacea)*

B

## SCHLÜSSEL ZU DEN GATTUNGEN UND ARTEN – ÜBERSICHT:

A. „Untypische“ Lippenblütler

A1 Blütenkrone nur mit Unterlippe (z. B. Gamander, Foto C). . . . . . . . . . . . . . . . . . . . . . . . S. 309

A2 Blütenkrone mit Ober- und Unterlippe, aber trotzdem Krone fast radiär (d. h. höchstens undeutlich zweilippig), winzig (z. B. Minzen, Foto D) . . . . . . . . . . . . . S. 312

A3 Blütenkrone gelb, braun berandet, winzig (höchstens so lang wie der stechende Kelch) → Gliedkraut, *Sideritis montana* (Foto 1b)

B. „Typische“ Lippenblütler: mit Ober- und Unterlippe und deutlich einfach symmetrisch . .S. 314

### 1 Gliedkraut, *Sideritis montana*

| | | | | | | | | |
|---|---|---|---|---|---|---|---|---|
| 10–30 cm | VII–IX | ⊙ | | | Ä, P1 | mh | | |

\+ Pflanze zottig behaart

Bei genauer Betrachtung eine kleine Schönheit; noch (!) häufig auf Schotterflächen und Ackerrändern im Wiener Neustädter Steinfeld.

## A „UNTYPISCHE“ LIPPENBLÜTLER
### A1 Krone nur mit Unterlippe[83]

- Unterlippe fünfzipfelig
  - Krone cremeweiß; Blätter unterseits weißfilzig, 5–10 × so lang wie breit → Berg-Gamander, *Teucrium montanum* (Bd. 1, S. 234)

1a

D

1b

C

[83] Oberlippe entweder sehr kurz oder bei den Gamander-Arten tief zweiteilig, wobei ihre Hälften mit der Unterlippe so verwachsen sind, dass diese (scheinbar) 5 Zipfel hat. (Foto C)

- Krone purpurrosa
  - wächst auf Schotterboden, Stoppelfeldern u. Ä.; Blätter fiederschnittig (d. h. fast bis zur Mittelrippe gespalten); s
    → Trauben-Gamander, *Teucrium botrys* (Fotos 1a, b)
  - wächst in Trockenrasen und Trockenwäldern; Blätter tief gekerbt, duften zerdrückt aromatisch; Wuchs meist niederliegend, am Grund verholzt (Zwergstrauch); h
    → Gamander, *Teucrium chamaedrys* (Bd. 1, S. 234)
  - wächst auf feuchtem bis nassem Boden; Blätter riechen nach Knoblauch oder minzeartig; s
    → Knoblauch-Gamander, *Teucrium scordium* (Fotos 2a, b)

• Unterlippe dreizipfelig
- Krone gelb; Blätter fiederschnittig; steinige Äcker, Weingärten, Brachen (Foto A)
  → Gelber Günsel, *Ajuga chamaepitys* (S. 311)
- Krone blau
  - fast nur im Bereich der Waldgrenze im Wechselgebiet; kalkmeidend; Wuchs pagodenförmig
    → Pyramidengünsel, *Ajuga pyramidalis* (Foto 4)
  - Wiesen und Wälder unter der Waldgrenze
    - Pflanze mit auffälligen oberirdischen Ausläufern
      → Kriechender Günsel, *Ajuga reptans* (Bd. 1, S. 234)
    - ohne Ausläufer
      → Heidegünsel, *Ajuga genevensis* (Bd. 1, S. 234)

## 1 Trauben-Gamander (Feld-G.), *Teucrium botrys*

| | | | | | | | | |
|---|---|---|---|---|---|---|---|---|
| 10–30 cm | VII–IX | ⊙ | | | P1, Ä | s | | |

+ Blätter riechen unangenehm

Die einzige Einjährige unter den Gamandern; am niedrigen Wuchs und dem eleganten Blattschnitt unschwer zu erkennen. Das Foto stammt vom Rand eines Roggenackers im Steinfeld bei Wiener Neustadt.

A

1a

1b

## 2 Knoblauch-Gamander, *Teucrium scordium*

| | | | | | | | | |
|---|---|---|---|---|---|---|---|---|
| 10–50 cm | VII–IX | ♃ | | | G4, T3 | s | | |

+ schwacher Knoblauch- oder Minzegeruch (Blätter zerreiben)!
+ bestandesbildend (unterirdische und oberirdische Ausläufer)

## 3 Gelber Günsel (Ackergünsel), *Ajuga chamaepitys*

| | | | | | | | | |
|---|---|---|---|---|---|---|---|---|
| 5–15 cm | V–IX | ⊙ bis ♃ | | | P1, Ä | s | | |

+ Blätter zottig, klebrig, riechen aromatisch (nach Rosmarin)

## 4 Pyramidengünsel (Alpen-G.), *Ajuga pyramidalis*

| | | | | | | | | |
|---|---|---|---|---|---|---|---|---|
| 7–30 cm | V–VIII | ♃ | | | G1, A6 | mh | | |

+ Stängel dicht beblättert
+ Blüten dunkelblau, bleichen rasch aus

☝ Der ähnliche Heidegünsel *(A. genevensis)* hat dreilappige Blätter, der Stängel ist lockerer beblättert und die Blüten bleichen nicht aus (Bd. 1, S. 234).

2a

3a

2b

3b

4

## A „UNTYPISCHE“ LIPPENBLÜTLER

### A2 Krone mit Ober- und Unterlippe, fast radiär (undeutlich zweilippig), winzig

- Krone vierzipfelig
  - Krone weißlich, purpurn punktiert
    - Blattschnitt ändert sich mit der Höhe am Stängel: die untersten Blätter fiederspaltig, die oberen nur grob gesägt; h
      → Wolfsfuß, *Lycopus europaeus* (Foto 1)
    - alle Blätter tief fiederspaltig; s, fast nur im Marchtal
      → Hoher W., *Lycopus exaltatus* (Fotos 2a, b)
  - Krone blau, purpurn oder lila
    → Minze, *Mentha* (Bd. 1, S. 229 und s. Schlüssel S. 312 unten)
- Krone fünfzipfelig; Pflanze stark aromatische, krautige Staude; Krone purpurrosa; Blätter unterseits dunkel drüsig punktiert, duften beim Zerreiben schwach wie das Pizzagewürz Oregano
  → Dost, *Origanum vulgare* (Bd. 1, S. 230)

### 1 Wolfsfuß (Wolfstrapp), *Lycopus europaeus*

| | | | | | | | | |
|---|---|---|---|---|---|---|---|---|
| 30–100 cm | VII–IX | ♃ | | | T2, 3, G4 | h | | |

+ Blattschnitt einmalig

Wächst in Gruppen durch unterirdische Ausläufer.

### 2 Hoher Wolfsfuß (Fieder-W.), *Lycopus exaltatus*

| | | | | | | | | |
|---|---|---|---|---|---|---|---|---|
| 90–150 cm | VII–VIII | ♃ | | | T3, G4 | s | | |

+ Blattabschnitte mit kurzem Spitzchen
+ Stängel oft ohne Seitenzweige, steif aufrecht, meist höher als die der vorigen Art

Bestandesbildend durch unterirdische Ausläufer und Speicherknollen (Foto 2b: Nasswiesenbrache im Marchfeld).

### Gattung: Minze, *Mentha*[84]

- Blätter höchstens 1 cm breit; Ausläufer oberirdisch; s, im Überschwemmungsbereich von Donau, Leitha, March und Thaya
  → Poleiminze, *M. pulegium* (Bd. 1, S. 230)
- Blätter meist breiter als 1 cm; Ausläufer meist unterirdisch
  - Alle Blütenquirle voneinander entfernt; Stängel endet oft mit einem Blattbüschel
    - Kelchzähne länger als breit; Blüten meist steril (da Hybride), es werden keine Samen ausgebildet
      → Quirlminzen-Gruppe, *M. × verticillata* agg. (S. 313)
    - Kelchzähne höchstens so lang wie breit; Pflanze meist fruchtend
      → Ackerminze, *M. arvensis* (S. 314, Fotos 1a–c)

[84] Zitat FIÖ: „Schwierig. In der Gattung gibt es zahlreiche Hybriden.“ Hier werden nur die wichtigsten Arten behandelt. Genaueres und die Kultursippen siehe FIÖ 2008.

– Blütenquirle einander genähert, bilden einen dichten ährenartigen Blütenstand am Stängelende (Fotos 1 und 2, Bd. 1, S. 231); Stängel endet daher nicht mit einem Blattbüschel

- Blätter alle sitzend; Geruch im Gegensatz zu dem der anderen Minzen schwach und dumpf
→ Rossminze, *M. longifolia* (Bd. 1, S. 230)

- Blätter alle deutlich gestielt; Geruch intensiv nach Pfefferminze[85]
→ Wasserminze, *M. aquatica* (Bd. 1, S. 230)

## Quirlminzen-Gruppe, *Mentha × verticillata* agg. (ohne Abb.)

| | | | | | | | | |
|---|---|---|---|---|---|---|---|---|
| 20–80 cm | VII–VIII | ♃ | | | T3, 4, W6, S2 | h | | |

Hybriden zwischen Ackerminze und anderen Arten unterscheiden sich vor allem durch ganz unterschiedlichen Duft und subtile Merkmale, vor allem der Behaarung; es gibt hier auch Kulturformen, die verwildern.

Die Hybride zwischen Ackerminze und Wasserminze, die eigentliche Quirlminze *(M. verticillata* s. str.*)*, sieht der erstgenannten Art recht ähnlich, hat aber nicht deren „Zitronenduft“, sondern riecht eher nach Menthol (wie die Wasserminze, nur schwächer). Ihre Blatträndern haben deutliche, abstehende Sägezähne, die Blüten sind purpurlila oder blasspurpurn bis weißlich. Sie ist häufig an Ufern, in Sümpfen, Gräben und auf nassen, verdichteten Böden auf unterschiedlichsten Wuchsorten. Wächst oft in kleinen Teppichen durch unterirdische Ausläufer.

*Naturgartentipp:* Wer eine gut duftende (und hübsche) Minze in der „Natur“ oder in einem Garten entdeckt, soll Stecklinge mitnehmen. Diese Hybriden (oder hybridogen entstandenen „Arten“) bilden kaum Samen, und wenn, dann ist nicht garantiert, dass die Nachkommen der Mutterpflanze gleichen.

1

2b

2a

[85] Die Pefferminze *(M. × piperita)* ist ein Kreuzungsprodukt von Wasserminze mit anderen Arten.

## 1 Ackerminze, *Mentha arvensis*

| | | | | | | | | |
|---|---|---|---|---|---|---|---|---|
| 10–40 cm | VI–X | ♃ | | | Ä, G2, 4 | h | | |

+ Pflanze mit typischem, angenehm „zitronigem“ Duft
+ Blattrand seicht gesägt oder gekerbt
+ Blüten lila

Sehr häufig in vernässten Äckern auf saurem Boden; am Boden liegend oder aufrecht, Bestände mit unterirdischen und oberirdischen, wurzelnden Ausläufern (Foto 1b). Formenreich, im Foto 1c die stark behaarte Österr. Ackerminze (subsp. *austriaca*).

1a

1b

1c

### B TYPISCHE LIPPENBLÜTLER

- die Ausnahme: nur zwei Staubblätter
  → Salbei, *Salvia*, s. Schlüssel S. 323

- 4 Staubblätter (meist 2 längere und 2 kürzere) wie alle übrigen Arten; wenn die Merkmale der 5 folgenden Punkte nicht zutreffen, weiter beim nächsten

  – Kelch auf dem Rücken mit einem hohlen Höcker, der Kelch vergrößert sich nach dem Blühen (helmförmig, daher der Name) (Foto A); Blütenkrone blauviolett

    ◆ Blätter ganzrandig, untere am Grund mit einem oder zwei großen Zähnen (dadurch spießförmig)
    → Spieß-Helmkraut, *Scutellaria hastifolia* (Foto 2b)

    ◆ Blätter gekerbt, am Grund nicht spießförmig
    → Sumpf-H., *Scutellaria galericulata* (Foto 2a)

- Staubblätter und Griffel tief in der Blütenkronröhre (nicht der Krone!) verborgen, nicht aus dieser herausragend; Krone weiß; Pflanze auffallend filzig behaart; nur im pannonischen Gebiet

  - Kelchzähne 5, nicht zurückgekrümmt; s
    → Grauer Andorn, *Marrubium peregrinum* (S. 316, Fotos 1a, b)

  - Kelchzähne 10, hakig zurückgekrümmt; ss, vielleicht bereits ausgestorben
    → Echter Andorn, *Marrubium vulgare* (S. 316)

- Stängelblätter 3(-5)-lappig
  → Löwenschwanz, *Leonurus cardiaca* (S. 316, Fotos 2a, b)

- Kron-Unterlippe am Schlund mit 2 (von unten betrachtet) hohlen Höckern („Zähnen") (Pfeile Foto B)
  → Hohlzahn, *Galeopsis*, s. Schlüssel, S. 324

- Staubblätter (wenigstens die 2 längeren) die Kronen-Oberlippe überragend; Blätter höchstens 2 cm lang (meist viel kürzer)
  → Thymian (Quendel), *Thymus*[86], Bd. 1, S. 232, s. Schlüssel, S. 327

• Kelch zweilippig oder deutlich ungleich fünfzähnig ...................... Schlüssel B1, S. 317

• Kelch fünfzähnig mit untereinander beinahe gleichen Zähnen ........... Schlüssel B2, S. 318

## 2 Sumpf-Helmkraut, *Scutellaria galericulata*

| | | | | | | | | |
|---|---|---|---|---|---|---|---|---|
| 10–40 cm | VI–IX | ♃ | | | T3, G4, W3 | mh | | |

An dem auffälligen Höcker oder Zahn oben am Kelch (Gattungsmerkmal) auf einen Blick erkennbar; die ausgeprägte Netznervatur der Blätter ist deutlich eingesenkt.

☝ Das seltenere Spieß-Helmkraut *(S. hastifolia)* kommt auf ähnlichen Wuchsorten, aber fast nur (mehr) im pannonischen Raum vor (Foto 2b).

☝ Hohes Helmkraut *(S. altissima)*: Blätter (über 1 cm) lang gestielt, Pflanze hochwüchsig (60–100 cm), Blütenstand lang und ährenförmig; ss: nur in alten Schlossparks, z. B. denen von Laxenburg und Bruck a. d. Leitha.

[86] Anmerkung in FIÖ: „Schwierig. – Hybriden sind nicht selten." Genaueres siehe FIÖ 2008. Kultiviert wird der Gewürz-Th., *Th. vulgaris*, mit am Rand stark umgerollten Blättern und blasspurpurlila Krone.

## 1 Grauer Andorn (Ungarischer A.), *Marrubium peregrinum*

| | | | | | | | | |
|---|---|---|---|---|---|---|---|---|
| 30–60 cm | VII–VIII | ♃ | | | P3 | s | | |

Wuchs kugelig (Steppenroller); auf Böschungen, trockenen G'stätten, trockenen, stark zertrampelten Weiden (z. B. Pferdeausläufen, wird nicht gefressen, da sehr bitter); war vor etwa 30 Jahren im pannonischen Raum noch häufig, ist aber inzwischen (in NÖ) sehr selten geworden.

☝ Echter Andorn (Gewöhnlicher A., *M. vulgare*): ehedem typische „Dorfpflanze“, in NÖ wahrscheinlich bereits ganz ausgestorben; §.

## 2 Löwenschwanz (Herzgespann), *Leonurus cardiaca* *

| | | | | | | | | |
|---|---|---|---|---|---|---|---|---|
| 50–150 cm | VI–IX | ♃ | | | P3, K, S2 | mh | | |

*Naturgartentipp:* Früher Heilpflanze bei nervösen Herzbeschwerden; wärmeliebend, wegen des hohen Wuchses und dekorativen Blattwerks empfehlenswert. Die seltenere Unterart, der Zottige L. *(L. c.* subsp. *villosus)*, mit dicht behaartem Stängel und Blättern (Foto 2b), wird als Bienenfutterpflanze ausgesät und verwildert.

1a

1b

2a

2b

* Zur gleichen Gattung: Katzenschwanz *(L. marrubiastrum)* S. 322

## B1 Kelch zweilippig oder deutlich ungleich fünfzähnig

- Stängelblätter fiederschnittig mit schmalen, am Rand umgerollten Abschnitten; Krone violettblau; kalkliebend. Nur am Teufelstein bei Perchtoldsdorf und auf den Hainburger Bergen, ss; auf felsigen Steppenrasen, Saumpflanze; §, FFH
  → Österreichischer Drachenkopf, *Dracocephalum austriacum* (Foto A)

- Blüten sehr auffallend, groß (30–45 mm lang) (Foto B), bunt: von dunkelpurpurn (dabei oft Oberlippe und Seitenlappen der Unterlippe weiß) über rosa bis ganz weiß; Kelchröhre glockig aufgeblasen (wie ein viel zu weites Kleidungsstück), viel breiter als die Kronröhre
  → Immenblatt, *Melittis melissophyllum* (Bd. 1, S. 224)

- Tragblätter der Blütenquirle sehr breit, rundlich herzförmig, von den Blättern deutlich verschieden; Blütenstand dicht, oft sogar kopfig

  - Blüte 20–25 mm lang; oberstes Stängelblattpaar vom Gesamtblütenstand entfernt
    → Großblütige Braunelle, *Prunella grandiflora* (Bd. 1, S. 233)

  - Blüte 8–18 mm lang; oberstes Stängelblattpaar direkt unter dem Gesamtblütenstand

    - Krone cremeweiß; Blätter meist fiederspaltig
      → Weiße Braunelle, *Prunella laciniata* (Bd. 1, S. 233)

    - Krone violett; Blätter meist ungeteilt
      → Braunelle, *Prunella vulgaris* (Bd. 1, S. 232)

- Krone weiß; Kronröhre gebogen; Pflanze mit starkem Zitronenaroma; als Gewürz- und Arzneipflanze kultiviert und recht oft verwildert
  → Zitronen-Melisse, *Melissa officinalis*

- Krone purpurn bis blauviolett; Kronröhre fast gerade

  - Blütenquirle sehr dicht, 10–20-blütig, am Grund von einer borstlichen Hülle umgeben (Foto C); Pflanze zerdrückt mit schwachem, eher unangenehmem Geruch; h; auf trockenen Weiden, Wiesenbrachen, Böschungen und an Waldrändern
    → Wirbeldost, *Clinopodium vulgare* (Bd. 1, S. 230)

  - Kelchröhre gebogen, am Grund bauchig ausgesackt (Seite 319, Foto 1b)

A

B

C

- Blütenkrone klein, 7–10 mm lang, blaulila; h; in lückigen Trockenrasen, in Äckern, Weingärten, auf Böschungen und Bahngelände, meist in tieferen Lagen
  → Steinquendel, *Calamintha acinos* (Foto 1a)

- Blütenkrone größer, 15–20 mm lang, intensiv rotviolett (Foto D); Pflanze 10–20 cm hoch; Pflanze duftet angenehm aromatisch; h; in steinigen Magerrasen und Felsen höherer Lagen auf Kalkgestein
  → Alpenquendel, *Calamintha alpina* (Bd. 1, S. 232)

– Kelchröhre gerade, am Grund nicht bauchig; Pflanze duftet stark süß minzenartig aromatisch, 30–80 cm hoch

- Kelch meist 7–10 mm lang, die unteren Zähne 2–4 mm lang, deutlich bewimpert und viel länger als die oberen; Krone purpurn; ss; im Leithagebirge
  → Wald-Bergminze, *Calamintha menthifolia* (Foto 2a)

- Kelch meist nur 3–5 mm lang, die unteren Zähne 1–2 mm lang, kaum bewimpert und kaum länger als die oberen; Krone lila; ss; in der Wachau
  → Österreichische Bergminze, *Calamintha foliosa* (Foto 2b)

## 1 Steinquendel, *Calamintha acinos (Acinos arvensis)*

| | | | | | | | | |
|---|---|---|---|---|---|---|---|---|
| 10–30 cm | VI–X | ⊙ bis ⊗ | | | P1, TR, Ä | h | | |

+ Unscheinbar und klein, aber mit zähem, hartem Stängel (wie eine Holzpflanze)
+ Kelch am Grund ausgebeult (Foto 1b)

Häufig in der Frühlingsflora von Weingärten und Äckern auf mageren, steinigen Böden.

## 2 Österreichische Bergminze, *Calamintha foliosa (C. einseleana)*

| | | | | | | | | |
|---|---|---|---|---|---|---|---|---|
| 30–80 cm | VII–IX | ♃ | | | W1, P1 | s | | |

+ Blüten klein, lila (selten weiß)
+ Pflanze ausladend verzweigt

Nur sehr lokal verbreitet: unteres Pielachtal (z. B. nahe der Mündung in die Donau), Wachau.
Wald-Bergminze *(C. menthifolia)*: Blüten größer, purpurn; im Leithagebirge, ss. (Foto 2b)

### B2 Kelch fünfzähnig mit untereinander beinahe gleichen Zähnen

- Unterlippe der Krone zweilappig mit 2 seitlichen, kleinen, fadenförmigen Anhängseln (Foto E)

– Krone weiß bis gelblich weiß; abstehende Haare auf der Kronen-Oberlippe[87]
  → Weiße Taubnessel, *Lamium album* (Bd. 1, S. 224)

– Krone purpurrot

- Krone 20–25 mm lang; Kronröhre aufwärtsgebogen; Pflanze ausdauernd, wächst in Herden durch oberirdische Ausläufer (Foto F)
  → Gefleckte Taubnessel, *Lamium maculatum* (Bd. 1, S. 224)

[87] Anliegende Haare auf der Kronen-Oberlippe bei den seltenen Albinos (weiß blühende Exemplare) der gefleckten Taubnessel.

D
1a
2a
2b
Wald-Bergminze
1b
E
Fadenförmige
Anhängsel
F

- ◆ Krone 10–15 mm lang; Kronröhre gerade; Pflanzen einjährig, wachsen daher einzeln; Erstbesiedler offener Böden (Äcker, Gärten, Erdhaufen ...)
  - ▪ obere Blätter gestielt
    → Purpur-Taubnessel, *Lamium purpureum* (Fotos 1a, b)
  - ▪ obere Blätter sitzend und stängelumfassend
    → Stängelumfassende Taubnessel, *Lamium amplexicaule* (Foto 2)

- Krone gelb; Unterlippe der Krone drei- bis vierlappig, die Seitenlappen nicht fadenförmig
  - Pflanze stets ohne Ausläufer; Krone klein, 14–17 mm lang, blassgelb; s; in der Bergstufe von Rax und Schneeberg in steinigen Hochstaudenfluren
    → Blassgelbe Goldnessel, *Lamiastrum flavidum* (Bd. 1, S. 224)
  - Pflanze nach der Blütezeit mit auffälligen oberirdischen Ausläufern; Krone 17–25 mm lang, goldgelb
    - ◆ Stängel am Grund meist ringsum dicht abstehend behaart; h
      → Berg-Goldnessel, *Lamiastrum montanum* (Bd. 1, S. 224)
    - ◆ Stängel am Grund fast nur an den Kanten behaart; Blattoberseite stets auffallend silberweiß gefleckt; Zierpflanze, häufig verwildert bis eingebürgert
      → Silber-Goldnessel, *Lamiastrum argentatum* (ohne Abb.)

- Krone lilablau; Stängel kriecht; Teilblütenstände nur (1–)3–(5)-blütig
  - Pflanze 5–15 (20) cm hoch; Pflanze meist fast kahl, selten dicht behaart; Kelchzähne dreieckig, ~ $^1/_3 \times$ so lang wie die Kelchröhre (Foto G)
    → Gundelrebe, *Glechoma hederacea* (Bd. 1, S. 232)
  - Pflanze 20–30 cm hoch, dicht behaart; Kelchzähne lang ausgezogen, ~ $^1/_2 \times$ so lang wie die Kelchröhre, z. B. am Nackten Sattel bei Gießhübl und auf den Hainburger Bergen
    → Langhaar-Gundelrebe, *Glechoma hirsuta* (Bd. 1, S. 232)

- Blätter mit fast rechteckiger Stielbucht (unverwechselbar: daran auch im nicht blühenden Zustand zu erkennen!); Krone purpurn, behaart; Pflanze 60–150 cm hoch; Waldsteppenbewohnerin, in NÖ ss in trocken-warmen Waldsäumen, z. B. am Eichkogel bei Mödling und am Zeiserlberg bei Ottenthal
  → Knollen-Brandkraut, *Phlomis tuberosa* (S. 322, Fotos 1a, b)

- Teilblütenstände 2–5 (10) mm lang gestielt
  - Blütenkrone purpurn, alle Teilblütenstände kürzer als die blattartigen Tragblätter; Kelchzähne lang ausgezogen, 3–6 mm lang[88]; Pflanze riecht beim Zerdrücken unangenehm; sh, besonders in Dörfern, an Wegrändern, am Saum von Hecken und in Robinienbeständen
    → Schwarznessel, *Ballota nigra* (Bd. 1, S. 224)
  - Blütenkrone weißlich oder blassviolett; obere Teilblütenstände länger als die Tragblätter, überragen diese daher auffallend; Pflanzen riechen eigenartig herb aromatisch
    → Katzenminze, *Nepeta cataria* (S. 322, Foto 2a)

G

[88] Die aus Westösterreich bekannte Unterart *B. n.* subsp. *meridionalis (B. n.* subsp. *foetida)* mit breit eckigen, 2 mm langen Kelchzähnen kommt wahrscheinlich auch in NÖ vor.

- Teilblütenstände sitzen
  - Krone nur 5–8 mm lang, den Kelch nur wenig überragend, hellpurpurn; v. a. in den March-Auen
    → Katzenschwanz, *Leonurus marrubiastrum* (S. 323, Fotos 3a, b)
  - Krone 10–20 mm lang, den Kelch deutlich überragend
    - Stängel nur mit 1–3 Blattpaaren; zur Blütezeit sterile Blattrosetten vorhanden
      - Krone hellgelb; Blätter 1–2× so lang wie breit; steinige, kalkreiche Magerrasen, nur in den Kalkalpen
        → Gelbe Betonie, *Betonica alopecuros* (Bd. 1, S. 226)
      - Krone purpurrot; Blätter ca. 3× so lang wie breit; h auf Magerwiesen und an Waldrändern
        → Echte Betonie, *Betonica officinalis* (Bd. 1, S. 226)
    - Stängel meist mit mehr als 3 Blattpaaren; zur Blütezeit keine sterilen Blattrosetten vorhanden
      → Ziest, Stachys, s. Schlüssel S. 330

## 1 Purpur-Taubnessel, *Lamium purpureum*

| | | | | | | | | |
|---|---|---|---|---|---|---|---|---|
| 15–25 cm | III–X | ⊙ bis ① | | | Ä, P2 | sh | | |

Zeiger für beste Bodenqualität.

## 2 Stängelumfassende Taubnessel, *Lamium amplexicaule*

| | | | | | | | | |
|---|---|---|---|---|---|---|---|---|
| 5–20 cm | IV–V | ① bis ⊙ | | | Ä, P1, 2, TR | h | | |

Im zeitigen Frühling (oder auch bei lange andauerndem Schlechtwetter), wenn die Blütenbesucher und damit die Bestäuber ausbleiben könnten, werden unscheinbare, knospenartige Blüten gebildet, die sich selbst befruchten.

1a

1b

2

## 1 Knollen-Brandkraut, *Phlomis tuberosa*

| | | | | | | | | |
|---|---|---|---|---|---|---|---|---|
| 60–150 cm | VI–VII | ♃ | | | K, M, TR | ss | | |

Der Name kommt daher, weil die Wurzelfasern an der Spitze oft knollenförmig verdickt sind, die Knollen sind haselnuss- bis kartoffelgroß; bitte nicht nachschauen, die Pflanze ist eine kostbare Rarität.

## 2 Echte Katzenminze, *Nepeta cataria*

| | | | | | | | | |
|---|---|---|---|---|---|---|---|---|
| 70–150 cm | VI–IX | ♃ | | | S2, K, P3 | s | | |

+ alle Blätter gestielt
+ Blätter und Stängel dicht flaumhaarig und graugrün
+ Kelch oben etwas gekrümmt, obere Kelchzähne länger als untere (Foto 2c)

*Naturgartentipp:* Ehemalige Volksarzneipflanze, die in Gärten kultiviert wurde und dann verwilderte; im Naturgarten etwas Besonderes: hochwüchsig, anspruchslos, die Blüten sind zwar klein, aber von der Nähe betrachtet besonders hübsch (Foto 2d), der eigenartige aromatische Duft wirkt auf Katzen erregend. Es gibt eine nach Zitrone duftende Rasse.

☝ Pannonische Katzenminze *(N. nuda)*: Blätter (außer die untersten) sitzend; Blätter und Stängel locker und sehr kurz flaumig behaart bis fast kahl; Krone blasslila, selten weiß; Kelch nicht gekrümmt, Kelchzähne gleich lang; heutzutage in NÖ sehr selten gewordene Waldsteppensaumpflanze im pannonischen Osten.

## 3 Katzenschwanz (Auen-Löwenschwanz), *Leonurus marrubiastrum*

| | | | | | | | | |
|---|---|---|---|---|---|---|---|---|
| 50–150 cm | VII–VIII | ⊙ bis ⚇ | | | W3, K | s | | |

Blüten kleiner (kaum länger als der Kelch) und blasser (bis weißlich); man bekommt ihn am ehesten im Bereich der March-Auen zu Gesicht.

1a

1b

2a

2b

3a

3b

2c

2d

## Gattung: Salbei, *Salvia*

- Halbstrauch; als Gewürz- und Arzneipflanze kultiviert, ss verwildert (z. B. in Mauern)
  → Echter Salbei, *S. officinalis* (ohne Abb.)

- Krone hellblaulila, Unterlippe meist weiß; Blätter duften stark; Kulturpflanze, ss verwildert
  → Muskateller Salbei, *S. sclarea* (ohne Abb.)

- Krone weiß; Kelchzähne stechend begrannt
  → Ungarischer Salbei, *S. aethiopis* (S. 325, Fotos 1a, b)

- Krone cremeweiß; Kelchzähne nicht begrannt
  → Österreichischer Salbei, *S. austriaca* (S. 325, Fotos 2a, b)

- Krone hellgelb mit rotbraunen Punkten; Blütenstand auffällig klebrig (drüsenhaarig); Kelche bleiben (samt den darin befindlichen Samen/Früchten) beim Vorbeistreifen an der Kleidung haften; Blätter spießförmig (Foto A)
  → Kleb-Salbei, *S. glutinosa* (Bd. 1, S. 228)

A

- Krone blauviolett bis purpurlila
  - Untere Blätter meist gefiedert, mit 2–4 seitlichen Blättchen und sehr großen Endblättern; Blüten klein, meist blass hellviolett bis purpurlila in vielblütigen (15–30), fast kugeligen Quirlen (S. 307, Foto B)
    → Quirl-Salbei, *S. verticillata* (Bd. 1, S. 228)
  - Untere Blätter nicht gefiedert; nur wenige Blätter am Stängel, Grundblätter zur Blütezeit vorhanden; Blütenkrone groß (2–3 cm lang), tiefviolett-blau (selten purpurviolett, weiß oder rosa)
    → Wiesen-Salbei, *S. pratensis* (Bd. 1, S. 226)
  - Untere Blätter nicht gefiedert; Stängel dicht beblättert, Grundblätter zur Blütezeit verdorrt; Blütenkrone kleiner (1–1,5 cm lang), lilablau, in auffallendem Kontrast zu den violetten Tragblättern der einzelnen Quirle im Blütenstand (Foto B)
    → Steppen-Salbei, *S. nemorosa* (Bd. 1, S. 228)

B

## 1 Ungarischer Salbei, *Salvia aethiopis*

| | | | | | | | | |
|---|---|---|---|---|---|---|---|---|
| 50–120 cm | VI–VIII | ⊙ bis ♃ | | | P3, TR | ss | | |

+ Pflanze stark verzweigt, fast kugelig (Steppenroller)
+ dicht weißwollig filzig behaart

In lückigen Trockenrasen (Besiedler offener Bodenstellen in Weidesteppen), auf Autobahn- und Bahnböschungen. *Naturgartentipp:* Diese eindrucksvolle Schönheit wird leider immer seltener; geeignet für trocken-warme Wuchsorte mit schütter bleibender Vegetation (Rosetten vertragen keine Überschattung), z. B. gemeinsam mit Pracht-Königskerze; hält sich dann über Jahrzehnte.

## 2 Österreichischer Salbei, *Salvia austriaca*

| | | | | | | | | |
|---|---|---|---|---|---|---|---|---|
| 60–80 cm | V–VI | ♃ | | | TR | ss | § | |

+ Staubblätter ragen weit aus Blütenkrone heraus

Im Foto gemeinsam mit der Purpur-Königskerze (Bd. 1, S. 208).

Die grundständigen Rosettenblätter sind dem Boden auffällig dicht flach angepresst (ähnlich wie der Ungarische S. und der Wiesens., hält sich so die Konkurrenz vom Leib und schützt den Boden vor Austrocknung); als ausdauernde Art nicht so flexibel wie der Ungarische S.; in NÖ wie sein Lebensraum „Weidesteppen“ sehr selten geworden (häufig aber im nördlichen Burgenland).

### Gattung: Hohlzahn, *Galeopsis*

- Stängel unter den Knoten nicht verdickt; Krone purpurrot mit gelben Flecken; Pflanze auf trockenen Wuchsorten
  - Blätter 4–15 × so lang wie breit
    → Schmalblatt-Hohlzahn, *G. angustifolia* (Foto 3)
  - Blätter 2–3 × so lang wie breit
    → Breitblatt-Hohlzahn, *G. ladanum* (S. 327, Foto 1)
- Stängel unmittelbar unter den Knoten verdickt (Foto C)
  - Blüten groß: Krone 2–4 × so lang wie der Kelch, 20–35 mm lang

- Blütenkrone dunkelpurpurrot mit gelbem Schlund (selten hellgelb oder weiß); Stängel angedrückt seidig behaart (Foto C); Köpfe der langen Drüsenhaare des Kelchs dunkel[89]
  → Flaumiger Hohlzahn, *G. pubescens* (S. 327, Foto 2)
- Blütenkrone gelb, Mittellappen der Unterlippe violett; Stängel nur unterhalb der Knoten etwas steifhaarig; Köpfe der langen Drüsenhaare des Kelchs hell
  → Bunter Hohlzahn, *G. speciosa* (S. 327, Foto 3)

– Blüten klein: Krone 1,5× so lang wie der Kelch, 10–25 mm lang

- Krone 15–25 mm lang, purpurrot oder weiß; Mittellappen der Unterlippe fast quadratisch, gezähnelt, nicht eingedellt; Köpfe der langen Drüsenhaare des Kelchs dunkel
  → Stechender Hohlzahn, *G. tetrahit* (S. 326)
- Krone 10–15 mm lang, hell purpurrot; Mittellappen der Unterlippe deutlich eingedellt (zweilappig); Köpfe der langen Drüsenhaare des Kelchs hell
  → Kleinblütiger Hohlzahn, *G. bifida* (S. 327, Foto 4)

C

## 3 Schmalblatt-Hohlzahn, *Galeopsis angustifolia*

| | | | | | | | | |
|---|---|---|---|---|---|---|---|---|
| 10–20 cm | VI–X | ⊙ | | | P5, 1, Ä | mh | | |

+ die Röhre der Blütenkrone ragt auffallend weit über den Kelch hinaus (die Blütenkrone im Ganzen ist etwa 3× so lang wie der Kelch)

Pflanze der seltenen Kalkschutthalden tiefer Lagen, häufiger im Steinfeld auf Kalk-Schotter (Schottergruben), Ackerränder (seltener im Acker, da konkurrenzschwach), Stoppelfelder; oft im Gleisschotter der Eisenbahn (Vorsicht beim genaueren Betrachten!).

1a

1b

2a

2b

3

[89] Merkhilfe zur Köpfchenfarbe der Kelch-Drüsenhaare: *G.* ***pu****bescens* & *G.* ***te****trahit:* „dunkle Pute“; das Gegenstück heißt dann logischerweise „helle Bispe“ *(G.* ***bi****fida* & *G.* ***spe****ciosa).* Diesen Merkspruch verdanken wir Max Haberhofer.

## 1 Breitblatt-Hohlzahn (Acker-H.), *Galeopsis ladanum*

| | | | | | | | | |
|---|---|---|---|---|---|---|---|---|
| 10–30 cm | VI–X | ⊙ | | | P5, 1 | s | | |

+ Blütenkrone etwa doppelt so lang wie der Kelch

Pflanze der Silikatschutthalden; Schutthaufen, Anschüttungen, kalkmeidend; in NÖ nicht in Äckern.

## 2 Flaumiger Hohlzahn (Weichhaariger H.), *Galeopsis pubescens*

| | | | | | | | | |
|---|---|---|---|---|---|---|---|---|
| 20–50 cm | VII–IX | ⊙ | | | K, Ä, P2, W6 | h | | |

Im Waldviertel besonders häufig, hier auch in Äckern. An den großen purpurroten Blüten mit gelbem Schlund eindeutig erkennbar. Die seltenere Form (wird als Unterart subsp. *murriana* geführt) mit gelblicher (auch weißer) Krone (oft mit violetter Zeichnung) erkennt man ebenfalls an der Blütengröße und der flaumigen, anliegenden Seidenbehaarung des Stängels. Sie wächst oft gemischt mit der pupurroten Unterart.

## 3 Bunter Hohlzahn, *Galeopsis speciosa*

| | | | | | | | | |
|---|---|---|---|---|---|---|---|---|
| 20–70 cm | VII–IX | ⊙ | | | W6, K, T3, P2, Ä | h | | |

+ Blüten sehr groß (2,5–4 cm lang), gelb/violett (sehr selten reingelb)

Im Foto ist das namensgebende Gattungsmerkmal, die beiden „hohlen Zähne" gut zu sehen. Der Bunte Hohlzahn ist empfindlich gegen Trockenheit, sowohl des Klimas als auch des Bodens, und fühlt sich in höheren, kühl-feuchten Lagen am wohlsten. In tieferen Lagen bleibt er im Auenbereich.

*Naturgartentipp:* Sowohl der Flaumige H. als auch der Bunte H. sind gartenwürdige, lang blühende Schönheiten und leicht auf offener Erde (Frühlingskeimer) aus Samen zu kultivieren; im trockenen Klima am besten im Halbschatten.

## 4 Stechender Hohlzahn, *Galeopsis tetrahit*

| | | | | | | | | |
|---|---|---|---|---|---|---|---|---|
| 20–30 cm | VI–X | ⊙ | | | W6, P2, Ä | sh | | |

+ Blüten mittelgroß (1,5 bis ca. 2 cm lang), kleiner als die der beiden vorigen Arten, aber größer als die der folgenden
+ vielfarbig: Grundfarbe purpurn oder weiß mit vielfältigem gelbem oder purpurnem Muster auf der Unterlippe; meist kommt gebietsweise nur die rote oder die weiße Grundfarbe vor
+ Mittelzipfel der Unterlippe ± quadratisch

In vielen Gebieten der weitaus häufigste Hohlzahn; bevorzugt kühl-feuchte Lagen, hier auch häufig in Hackfrucht- und Sommergetreideäckern; war früher beim Garbenbinden gefürchtet wegen der im trockenen Zustand stechenden Kelchzipfel; im pannonischen Raum nur in halbschattigen Lagen.

## 5 Kleinblütiger Hohlzahn (Zweizipfel-H.), *Galeopsis bifida*

| | | | | | | | | |
|---|---|---|---|---|---|---|---|---|
| 30–60 cm | VI–X | ⊙ | | | W6, P2 | mh | | |

+ Blüten 1–2 cm lang, blasspurpurrot
+ Mittelzipfel der Unterlippe ohne Muster
+ an der Spitze deutlich eingekerbt oder sogar zweilappig, beide Hälften etwas nach unten umgebogen (dadurch wirkt der Mittellappen viel schmäler als der der vorigen Art)

Schwerpunkt in Gebieten mit Silikatgestein. Eine in NÖ sehr seltene Variante mit gelb/violetten Blüten, (Foto 5) sozusagen ein sehr kleinblütiger Bunter H., wird als Unterart oder Art *(G. pernhofferi)* angesehen.

1

2

3

4

5

## Gattung Thymian (Quendel), *Thymus*

- Stängel der Blühtriebe unter dem Blütenstand scharf vierkantig, mit zwei schmäleren, deutlich eingesenkten (konkaven) Stängelseiten; Stängel niederliegend, Pflanze oft mit Teppichwuchs
  → Arznei-Thymian, *Th. pulegioides* (S. 329, Foto 1)
- Stängel der Blühtriebe unter dem Blütenstand stumpf vierkantig bis im ∅ scheinbar rundlich, ohne deutlich schmälere und eingesenkte (konkave) Stängelseiten
  - zur Blütezeit meist ohne liegende (dem Boden angepresste), nicht blühende Seitentriebe, da die Triebe (spätestens im 2. Jahr) mit einem Blütenstand enden
    - Pflanze meist mit ± buschigem Wuchs; Blätter der Blühtriebe untereinander ± gleich in Gestalt und Größe, alle sitzend bis sehr kurz gestielt
      → Steppenthymian, *Th. kosteleckyanus* (S. 329, Fotos 2a–c)

- ◆ Pflanze zunächst kriechend, dann aufsteigend; Blätter der Blühtriebe untereinander verschieden in Gestalt und Größe, untere und mittlere kleiner und deutlich gestielt
  → Österreichischer Thymian, *Th. odoratissimus*

– zur Blütezeit mit liegenden, dem Boden angepressten, nicht blühenden Seitentrieben; Pflanze daher teppichartig ausgebreitet

- ◆ Blätter der Blühtriebe untereinander ± gleich in Gestalt und Größe, alle kurz gestielt bis sitzend; ss auf Silikat-Sandfluren im March- und unteren Thaya-Tal
  → Sandthymian, *Th. serpyllum* (S. 330, Foto 1)

- ◆ Blätter der Blühtriebe untereinander ± verschieden in Gestalt und Größe, die unteren länger gestielt und kleiner; kalkliebend; sh in Trockenrasen und Felsfluren
  → Kriechthymian, *Th. praecox* (S. 329, Fotos 3a, b)

## 1 Arznei-Thymian[90] (Arznei-Quendel, Feld-Qu.), *Thymus pulegioides*

| | | | | | | | | |
|---|---|---|---|---|---|---|---|---|
| 5–15 cm | VI–X | ♄ | | | G1, P1, S3 | sh | | |

+ Duft besonders stark und angenehm süßlich aromatisch (manchmal zitronenartig)

Der häufigste und am weitesten verbreitete (und außerhalb des pannonischen Raums meist der einzige) Thymian in kurzgrasigen trockenen oder mageren Rasen (bis in subalpine Höhen), auf Böschungen, Böschungskanten (Foto 1), Felsen und Mauern, in Steinbrüchen, Sand- und Kiesgruben. Formenreich; wie alle Thymiane (in NÖ) unten verholzte, wintergrüne Zwergsträuchlein; solche mit niederliegendem Wuchs bezeichnet man als „Spaliersträucher“.

## 2 Steppenthymian (Pannonischer Quendel), *Thymus kosteleckyanus*

| | | | | | | | | |
|---|---|---|---|---|---|---|---|---|
| 10–20 cm | VI–VIII | ♄ | | | TR, P1 | mh | | |

+ Wuchs eher aufrecht, buschig
+ Blätter schmal, die der Blütentriebe alle ± gleich groß, ohne oder mit sehr kurzem Stiel

*Naturgartentipp:* Die anspruchslosen Thymiane (v. a. die teppichwüchsigen) eignen sich gut für Blumenrasen (im Foto 2c mit Bunter Kronwicke und Hornklee) und als Zwischenpflanzung in den Spalten von Steinpflastern oder Trockenmauerkronen.

## Österreichischer Thymian (Österreich-Quendel), *Thymus odoratissimus* (ohne Abb.)

| | | | | | | | | |
|---|---|---|---|---|---|---|---|---|
| 8–15 cm | VI–VIII | ♄ | | | TR, P1 | h | | |

+ Wuchs niederliegend, die Zweigenden steigen auf
+ Blätter der Blütentriebe ungleich groß mit deutlichem Stiel

Bevorzugt Kalkgebiete.

[90] „Thymian“ ist der gebräuchliche, schönere und auch logische deutsche Name für die Gattung *Thymus*. So wird das auch in deutschen Florenwerken gehandhabt. Der Name „Quendel“ wird in der FlÖ (und folglich auch in unserem Bd. 1) verwendet; nur die Gewürzpflanze aus derselben Gattung bleibt dann doch „Gewürz-Thymian“! Dass „Quendel“ auch im Namen anderer Gattungen (Steinquendel, Alpenquendel) vorkommt, ist ebenso verwirrend. Daher bevorzugen wir „Thymian“ in Bd. 3 nun auch für unsere wild wachsenden Arten. Die „Quendel-Namen“ haben wir als Option in Klammern angegeben.

## 3 Kriechthymian (Früher Quendel), *Thymus praecox*

| | | | | | | | | |
|---|---|---|---|---|---|---|---|---|
| 2–10 cm | V–VII | ♃ bis ♄ | | | TR, A3 | mh | | |

+ die Seitennerven treten auf der Blattunterseite deutlich hervor, wobei die beiden obersten sich an der Blattspitze zu einem „Randwulst“ vereinigen (Foto 3b)
+ Wuchs teppichartig mit lang kriechenden, nicht blühenden Endtrieben (Foto 3a)
+ kopfige (rundliche) Blütenstände auf kurzen Seitentrieben

Formenreich, einige Unterarten.

1

2a

2b

3a

2c

3b

## 1 Sandthymian, *Thymus serpyllum*

| | | | | | | | | |
|---|---|---|---|---|---|---|---|---|
| 2-5 cm | VII–VIII | ♄ | | | TR | ss | § | |

Auf Silikatsandrasen an einigen wenigen Stellen im Marchtal, z. B. im NSG „Sandberge" bei Drösing und unteren Thayatal.

### Gattung Ziest, *Stachys*

- Krone hellgelb bis weißlich
  - Krone cremeweiß; Pflanze einjährig; Stiel der untersten Blätter fast so lang wie das Blatt
    → Einjähriger Ziest, *S. annua* (Bd. 1, S. 226)
  - Krone hellgelb mit rötlicher Zeichnung; Pflanze ausdauernd; Stiel der untersten Blätter viel kürzer als das Blatt
    → Aufrechter Ziest, *S. recta* (Bd. 1, S. 226)
- Krone purpurn
  - Blütenquirle 4–10-blütig; Krone außen kurz behaart
    - Blätter ähnlich jenen des Steppen-Salbeis, obere Blätter sitzend, untere kurz gestielt; Krone hellpurpurn; unterirdische Ausläufer schwellen im Herbst zwischen den Knoten knollig an („Schweinsrübe")
      → Sumpfziest, *S. palustris* (Bd. 1, S. 226)
    - Blätter ähnlich jenen der Brennnessel, alle Blätter gestielt; Krone dunkelpurpurrot mit weißer Strichzeichnung
      → Waldziest, *S. sylvatica* (Bd. 1, S. 226)
  - Blütenquirle 10–20-blütig; Krone außen zottig behaart
    - Stängel abstehend behaart; Blätter anliegend kurzhaarig; Krone dunkelpurpurn
      → Alpenziest, *S. alpina* (Bd. 1, S. 226)
    - Stängel wollig filzig behaart; Blätter zottig behaart, die Oberfläche ist unter der Behaarung aber trotzdem noch sichtbar
      → Deutscher Ziest, *S. germanica*
    - wie der obige, aber so dicht behaart, dass die Oberfläche unter der Behaarung nicht mehr sichtbar ist; als Zierpflanze häufig kultiviert, besonders in Parks und auf Friedhöfen, selten verwildert
      → Wollziest, *S. byzantina* (ohne Abb.)

1

2

## 2 Deutscher Ziest, *Stachs germanica*

| | | | | | | | | |
|---|---|---|---|---|---|---|---|---|
| 30–100 cm | VI–VIII | | | | K, W6 | s | | |

Wärmeliebend, gern an sonnigen Straßenböschungen; am ehesten im pannonischen Raum zu finden (fehlt aber im Wiener Becken), im Leithagebirge sogar mäßig häufig.

# Familie: Baldriangewächse, Valerianaceae

*Blütenformel:* ↑ K(5) oder B(5) ♂ 3 ♀($\underline{3}$)

Das Zeichen ↑ mag überraschen, weil die kleinen Blüten einen sternförmig symmetrischen Eindruck (Foto A) – ähnlich etwa denen der Labkräuter – vermitteln, doch bei genauer Betrachtung, vor allem wenn man sie aus dem Kelch herauszupft, kann man doch feststellen, dass sie mehr oder weniger schwach einseitig symmetrisch sind (Foto B).

Die beiden in NÖ heimischen Gattungen sind leicht auseinanderzuhalten:

- Baldrian, *Valeriana*: ausdauernde Arten an Ufern, in Wiesen, Flachmooren, Wäldern oder Alpenpflanze; Früchte mit Haarkranz (Foto C), ihr Stängel nur oben (im Blütenstand) verzweigt
- Feldsalat (Vogerlsalat, Rapunzel), *Valerianella*: einjährig, in Äckern, Weingärten, offenen Bodenstellen in Rasen, Böschungen, unter Gebüsch; Früchte ohne Haarkranz, Stängel mehrfach gabelig verzweigt

A

B

C

## Gattung: Baldrian, *Valeriana*

D

- Alle Blätter gefiedert
  → Baldrian (Arznei-B., Echter B.), *V. officinalis* (Bd. 1, S. 236)
  - Mittlere Stängelblätter mit wenigen (durchschnittlich 2–4) Blättchenpaaren (Fiederpaaren), Fiedern breit, gezähnt (Foto D), Endblättchen breiter als die Seitenblättchen (Fiedern), Pflanze mit kurzen ober- und unterirdischen Ausläufern, Stängel weich, brüchig; Hochstaudenfluren, Ufer, v. a. im Gebirge
    → Holunderblatt-Baldrian, *V. o.* subsp. *sambucifolia*
  - Mittlere Stängelblätter mit durchschnittlich 6–9 Fiederpaaren (Foto 1c, S. 237, Bd. 1); Pflanze ohne Ausläufer, Stängel kräftig, derb; Ufer, Röhricht, Feuchtwiesenbrachen, Auwaldlichtungen
    → (Breitblatt-)Baldrian, *V. o.* subsp. *officinalis*

- Mittlere Stängelblätter mit vielen (durchschnittlich 6–14) Fiederpaaren, Fiedern schmal, Endfieder so breit oder schmäler als die Seitenfiedern (Foto E); Saumpflanze auf eher trockenen Standorten (Gebüschränder, nicht mehr gemähte Trockenwiesen, Waldlichtungen und -ränder)
  → Schmalblatt-Baldrian (Hügel-B.), *V. o.* subsp. *„tenuifolia" (V. wallrothii)*

• Grundblätter ungeteilt, Stängelblätter gefiedert oder geteilt

- Grundblätter eiförmig, lang gestielt (Foto F), Stängelblätter fiederteilig; Flachmoor- und Feuchtwiesenpflanze
  → Moor-Baldrian, *V. dioica* (Foto 1)

- Grundblätter (und Blätter nicht blühender Triebe) herzförmig oder rundlich, obere Stängelblätter dreiteilig (selten fünfteilig); Pflanze feuchter, steiniger Bergwälder und feucht-schattiger Felsen
  → Dreischnittiger Baldrian (Dreiblättriger B.), *V. tripteris* (Bd. 1, S. 236, Foto G)

• Alle Blätter ungeteilt

- Blüten kräftig bis blassrosa (selten weiß), kräftige Pflanze, meist deutlich höher als 20 cm, Stängel mit mehr als einem (3–8) Blattpaar; Pflanze in sonnseitigen (früh ausapernden) subalpinen Horstgrassteppen[91], in Blockhalden und Felsen
  → Berg-Baldrian, *V. montana* (Bd. 1, S. 236)

- Blüten reinweiß, gedrungen wachsende Felsenpflanze, Stängel höchstens mit einem Blattpaar
  → Felsen-Baldrian, *V. saxatilis* (Foto 2)

- Blüten bräunlich bis grünlich; (sub)alpine Felsenpflanze
  → Ostalpen-Baldrian, *V. elongata* (Foto 3)

Die unterirdischen Teile (Rhizom und Wurzeln) aller Subspezies von *V. officinalis* können als Arzneitee verwendet werden. Die beruhigende, schlaffördernde Wirksamkeit des Baldrians wird nicht nur einer bestimmten Substanz, sondern dem Gemisch von Wirkstoffen zugeschrieben. Die nachgewiesenen Unterschiede in der chemischen Zusammensetzung reichen zurzeit nicht dafür aus, einer bestimmten Subspezies den Vorzug zu geben. Welche Substanz im Baldrian auf Katzen an-/aufregend wirkt, ist nicht mit Sicherheit geklärt – Vorsicht bei der Übertragung der Ergebnisse von Tierversuchen auf den Menschen!

E

F

G

[91] S. Bd. 2, S. 30.

## 1 Moor-Baldrian (Sumpf-B., Kleiner B.), *Valeriana dioica*

| | | | | | | | | |
|---|---|---|---|---|---|---|---|---|
| 10–40 cm | V–VI | ♃ | | | G2 | h | | |

+ Blüten entweder weiß und winzig (ca. 1 mm lang, ♀ Pflanze) oder rosa, größer (ca. 3 mm lang, die selteneren ♂ Pflanzen) – Pflanze zweihäusig (diözisch)

Im Vergleich zu den anderen Baldrianen unscheinbar: Blütenstand relativ wenigblütig, dicht, Blüten klein; oberirdische und unterirdische Ausläufer; bevorzugt kalkreiche Flachmoore; auch in Nassstellen in mageren Wiesen und in Gräben.

## 2 Felsen-Baldrian, *Valeriana saxatilis*

| | | | | | | | | |
|---|---|---|---|---|---|---|---|---|
| 5–25 cm | VI–VIII | ♃ | | | A3 | h | | |

+ Grundblätter eiförmig, Stängelblätter (so vorhanden) ganz schmal

Bevcrzugt sonnseitige Felsen.

## 3 Ostalpen-Baldrian, *Valeriana elongata*

| | | | | | | | | |
|---|---|---|---|---|---|---|---|---|
| 5–25 cm | VI–VIII | ♃ | | | A3 | s | | |

+ Stängelblätter eiförmig bis fast dreieckig, oft mit stumpfen Zähnen

Bevorzugt schattseitige Felsspalten, Felsfüße und (durch lange Schneelage) feuchten Feinschutt.

1

2

3

## Gattung: Feldsalat (Vogerlsalat, Rapünzchen, „Rapunzel“)

Die vier Arten sind nur nach Fruchtmerkmalen sicher unterscheidbar. Es handelt sich um 2 „Artenpaare“, jeweils eine häufige und eine seltene Art.

- Frühlingsblüher („Hungerblümchen“, Bd. 1, S. 155), Pflanze selten höher als 15 cm, kompakt, Blüten weißlich mit Blaustich; Pflanze in lückigen Trockenrasen, Bahn- und Straßenböschungen, Äckern, Weingärten, Gebüschrändern (Fotos A, B), siehe auch die Fotos auf S. 237 im Bd. 1
  - Frucht etwas flach gedrückt, von der Seite betrachtet fast kreisrund
    → Vogerlsalat (Gewöhnlicher Feldsalat), *V. locusta* (Bd. 1, S. 236)
  - Frucht länglich (im Querschnitt ± quadratisch), mit einer tiefen Furche am Bauch (auf der dem Stängel zugewandten Seite); sonst im Aussehen der vorigen Art ganz ähnlich, kommt manchmal auch mit dieser gemeinsam vor, ist aber seltener und wärmebedürftiger
    → Gekielter Feldsalat, *V. carinata* (ohne Abb.)
- Frühsommerblüher; Pflanze bis zu 50 cm hoch, breit und locker verzweigt, Blüten rosa getönt oder gelblich weiß; hauptsächlich Ackerwildkräuter
  → Gezähnter Feldsalat, *V. dentata* (Fotos 1a–c)

A

B

1a

1c

C

1b

### 1 Gezähnter Feldsalat, *Valerianella dentata*

| | | | | | | | | |
|---|---|---|---|---|---|---|---|---|
| 10–50 cm | VI–VIII | ⊙ bis ① | | | Ä, P2 | mh | | |

+ Stängelblätter schmal, oft beidseits mit einem (oder mehr) großen Zähnen
+ in den oberen Astgabeln oft eine einzelne Blüte bzw. Frucht
+ Frucht schmal eiförmig mit einem großen Zahn

☝ Der Gefurchte Feldsalat *(V. rimosa)* sieht genauso aus wie der Gezähnte F., nur die Früchte sind unterhalb des Zahns fast kugelförmig. Er wächst auf den gleichen Standorten, ist aber viel seltener.

## Familie: Kardengewächse, Dipsacaceae

*Blütenformel:* ↑ K5 B(4 oder 5) ♂ 4 (2) ♀ $(\overline{2})$

Manche Gattungen sehen aus wie Vertreter der Korbblütler. Die Blüten sind allerdings nur ganz schwach einseitig symmetrisch und stehen in dichten, von Hochblättern umhüllten oder umgebenen, kugeligen oder walzenartigen Köpfen, deren Randblüten öfter vergrößert sind. Das Tragblatt jeder Blüte ist oft noch vorhanden (Spreublatt). Der Kelch hat einen Außenkelch, der z. B. bei der Gattung Skabiose zu einem häutigen Kragen umgebildet ist. Die Blätter sind gegenständig, was bei den Korbblütlern nur ausnahmsweise vorkommt.

- Stängel und Blütenstiele stachelig, Blütenstand kegelförmig oder kugelförmig; Pflanze oft über 1 m hoch
  - Blütenstand walzenförmig, Stängelblätter am Grund paarweise miteinander verwachsen, bilden eine Schüssel (die oft mit Wasser und darin ertrunkenen Insekten gefüllt ist) (Foto C)
    - Blüten lila, Stängelblätter meist ungeteilt
      → Wilde Karde, *Dipsacus fullonum* (Bd. 1, S. 238)
    - Blüten weiß, Stängelblätter fiederspaltig
      → Schlitzblatt-Karde, *Dipsacus laciniatus* (Bd. 1, S. 238)
  - Blütenstand kugelförmig, Stängelblätter gestielt
    - Blüten weiß
      → Borsten-Karde, *Dipsacus pilosus* (S. 336, Foto 1a)
    - Blüten blassgelb
      → Schlanke Karde, *Dipsacus strigosus* (S. 336, Foto 1b)
- Pflanze nicht stachelig
  - Blütenstand ± kugelförmig, Blütenkrone mit 4 Zipfeln
    - Blüten dunkelblau; Pflanze in Wiesen oder Wäldern
      → Teufelsabbiss, *Succisa pratensis* (Bd. 1, S. 240)
    - Blüten gelblich weiß oder blassbläulich; einjährige Pionierpflanze im pannonischen Raum; ss
      → Schuppenkopf, *Cephalaria transsilvanica* (S. 336, Fotos 2a, b)
  - Blütenstand ± flach halbkugelig (erst im fruchtenden Zustand kugelig oder schwedenbombenförmig)

- Blütenkrone mit 5 Zipfeln (Foto D); Früchte oben mit einem Kragen[92] (Foto E); Kelch meist mit ± langen Borsten
  → Skabiose, *Scabiosa*, s. Kasten S. 337

- Blütenkrone mit 4 Zipfeln
  → Witwenblume, *Knautia*, s. Kasten S. 338

## 1 Borsten-Karde, *Dipsacus pilosus*

| | | | | | | | | |
|---|---|---|---|---|---|---|---|---|
| 60–120 cm | VII–VIII | | | | W3, T3 | s | | |

+ Die langen, spitzen (Spreu-)Blättchen zwischen den weißen Blüten[93] tragen bis zur Spitze lange borstige Wimpern
+ Dies ist erst im fruchtenden Zustand gut sichtbar, da die Blättchen die Blüten kaum überragen (Foto 1a)
+ Blütenkugel bis 2 cm breit

Die neu eingewanderte und sich ausbreitende Schlanke Karde *(D. strigosus)* hat etwas größere Blütenkugeln, die (Spreu-)Blättchen überragen die blassgelben Blüten deutlich (Foto 1b) und sind nicht bis zur Spitze bewimpert.

D

1a

2a

E

1b

2b

[92] = der abstehende Hautsaum des Außenkelchs.

[93] = „Spreublätter“, wie bei den Korbblütlern, die Tragblätter der Blüten.

## 2 Schuppenkopf, *Cephalaria transsilvanica*

| | | | | | | | | |
|---|---|---|---|---|---|---|---|---|
| 30–100 cm | VII–VIII | ⊙ | | | P3 | s | | |

+ Staubblätter blau, kontrastieren mit der hellen Blütenkrone

An Weg- und Ackerrändern, auf Wegböschungen.

### Gattung: Skabiose, *Scabiosa*

- Blüten hellgelb, Kelchborsten zunächst fuchsrot, dann braun, sehr lang (Foto F)
  → Gelbe Skabiose, *S. ochroleuca* (Bd. 1, S. 240)
- Blüten blau bis purpurviolett
  - Grundblätter ungeteilt und fast ganzrandig, Blüten hellblau, stark duftend; in Trockenrasen und lichten Schwarzföhrenwäldern über Kalk im pannonischen Raum
    → Duftende Skabiose, *S. canescens* (Bd. 1, S. 238)
  - Grundblätter mit gekerbtem oder tief eingeschnittenem Rand
    - Gebirgspflanze (Pflanze der Bergstufe und der subalpinen Stufe der Kalkalpen), häufig; Stängel wenig verzweigt, mit meist nur einem lang gestielten Blütenköpfchen, Blätter glänzen etwas, Kelchborsten sehr lang: vier- bis fünfmal so lang wie der Kragen (Foto G, H)
      → Glänzende Skabiose, *S. lucida* (Bd. 1, S. 238)
    - Pflanze trockener Wiesen tieferer Lagen; Stängel ± verzweigt, Blätter ± glanzlos, Kelchborsten drei- bis viermal so lang wie der Kragen; vermutlich selten, schwer von der vorigen Art zu unterscheiden! (Foto I)
      → Tauben-Skabiose, *S. columbaria*
    - Pflanze trockener oder magerer Wiesen tieferer Lagen, häufig; Kelchborsten kurz oder fehlen ganz
      → Südliche Skabiose, *S. triandra* (Bd. 1, S. 238)

F

G

I

H

### Gattung: Witwenblume, *Knautia*

- Blüten gelblich weiß, Blätter meist ungeteilt; sehr seltene Pflanze in Trockenwiesen des östl. NÖ; § (Foto A)
  → Gelbe Witwenblume (Kitaibel-W., Karpaten-W.), *K. kitaibelii*
- Blüten blauviolett oder purpurviolett
  - Stängelblätter tief eingeschnitten oder sogar fiederteilig, graugrün, matt (da flaumig behaart)
    → Wiesen-Witwenblume (Acker-W.), *K. arvensis* (Bd. 1, S. 240)
  - Stängelblätter ungeteilt und ganzrandig oder gekerbt, ± glänzend
    - Pflanze mit (meist mehreren) bogig aufsteigenden Blütentrieben neben (!) einer nicht blühenden Blattrosette, Blüten purpurn; Pflanze tiefer gelegener warmer Lagen
      → Waldsaum-Witwenblume, *K. drymeia* (Foto 1)
    - Der Stängel entspringt aus der Mitte einer Blattrosette (daneben manchmal noch eine nicht blühende Rosette), Blüten blauviolett; Pflanze höher gelegener bzw. kühl-feuchter Lagen
      → Berg-Witwenblume, *K. maxima* (Foto 2)

A

## 1 Waldsaum-Witwenblume (Ungarische W.), *Knautia drymeia*

| | | | | | | | | |
|---|---|---|---|---|---|---|---|---|
| 40–80 cm | VI–X | ♃ | | | K, W6 | h | | |

+ Pflanze mit kurzen, weichen, weißlichen Haaren

Aufgrund der Wuchsform, der Verbreitung (in tieferen, wärmeren Lagen) und der Standorte (Wald und Gebüschränder) bestimmbar.

☝ Die (nun in der FlÖ) als Unterart geführte Breitblättrige Ungarische Witwenblume *(K. d.* subsp. *intermedia)* nimmt eine Zwischenstellung zur nächsten Art ein. Sie ist mit langen, steifborstigen, gelblichen Haaren besetzt, ihre Blätter sind schmäler und meist in der unteren Stängelhälfte gehäuft; sie kommt in höheren Lagen in der benachbarten Stmk. vor (die Vorkommen in NÖ sind fraglich).

## 2 Berg-Witwenblume (Wald-W.), *Knautia maxima (K. dipsacifolia)*

| | | | | | | | | |
|---|---|---|---|---|---|---|---|---|
| 60–100 cm | VI–IX | ♃ | | | K, W2, A5 | h | | |

Die Witwenblume hochgelegener kühl-feuchter Lagen. Aufgrund der Blütenfarbe, der Wuchsform und der Verbreitung halbwegs sicher bestimmbar.

## Familie: Doldenblütengewächse, Apiaceae (Umbelliferae)

*Blütenformel:* ✻ K5 B5 ♂ 5 ♀ $(\overline{5})$

Die Familie ist durch einen außerordentlich einheitlichen Blütenbau mit ganz geringen Abweichungen vom Typus ausgezeichnet. Auch die Blütenstände sind sehr einheitlich, meist sind es zusammengesetzte Dolden (Doppeldolden). Die Folge ist, dass es leicht ist, die Familienzugehörigkeit zu erkennen,[94] aber teilweise schwer, die Gattungen und Arten auseinanderzuhalten. Hier werden vor allem Fruchtmerkmale herangezogen, die allerdings nicht immer einfach feststellbar sind. Daher haben wir in unseren Schlüsseln den Schwerpunkt auf Merkmale am Stängel gelegt.

Da die Blüten in den Dolden sehr dicht stehen, tritt die Bedeutung der Einzelblüte zurück und es kann sogar dazu kommen, dass die äußersten Blüten oder die äußeren Blütenblätter der Randblüten vergrößert sind (s. Foto 2b, Bd. 1, S. 251, eine Entwicklung, die dann bei den Korbblütlern weitergeführt wird).

Wichtig für das Bestimmen ist Vorhandensein und Aussehen der Tragblättchen der Doldenstrahlen, die als Hüllblätter bezeichnet werden. Bei Doppeldolden heißt das Ganze Dolde und die Teildolden (sozusagen der erste Stock) Döldchen; konsequenterweise bezeichnet man die Tragblätter der Döldchenstrahlen als Hüllchen (Foto B).

Die Stängel sind deutlich in Knoten und hohle Zwischenglieder (Internodien) gegliedert. Die Blätter entspringen an den Knoten und umfassen den Stängel oft mit einer Scheide. Die Blätter sind mit einigen Ausnahmen stark und fein farnartig zerteilt (mehrfach gefiedert oder mehrfach dreiteilig).

Viele Doldenblütler enthalten ätherisches Öl (und man kann sie auch nach dem Duft bestimmen, der beim Zerdrücken der Blätter entsteht). Daher enthält die Familie viele Heil- und Gewürzpflanzen, von denen einige auch wild bei uns wachsen (wie z. B. der Kümmel, Bd. 1, S. 247). Giftige Arten gibt es hingegen kaum; wirklich gefährlich sind der Gefleckte Schierling (Bd. 1, S. 246) und der Wasserschierling (S. 348, in NÖ eine Rarität). Einige Doldenblütler enthalten Substanzen, die allergen wirken oder gegen den UV-Anteil des Sonnenlichts überempfindlich machen. Besonders gefährlich ist der Riesenbärenklau (Bd. 1, S. 252). Der Pastinak (Bd. 1, S. 250) z. B. kann bei empfindlichen Personen Hautentzündungen hervorrufen.

1

2

B

[94] Ausnahmen sind z. B. Hasenohr (S. 342), Sanikel (S. 340, Foto B), Mannstreu (Bd. 1, S. 252) und Sterndolde (Bd. 1, S. 252), wo die Dolden so dicht sind, dass sie wie Einzelblüten („Scheinblüten") wirken.

## SCHLÜSSEL ZU DEN GATTUNGEN UND ARTEN – ÜBERSICHT

Man prüfe die einzelnen Punkte nacheinander. Wenn nicht alles passt, immer zum nächsten Punkt weitergehen. Anfangs kommt man gleich zu Gattungen oder Arten, später zu ± großen Gruppen (A–D), die dann weiter aufgeschlüsselt werden.

- Pflanze distelartig, Blätter stechen; Blütenköpfchen von spitzen Hochblättern umgeben, hellgrau oder blau
  → Feld-Mannstreu, *Eryngium campestre* (Bd. 1, S. 252)
- Grundblätter erinnern an die von Storchschnabel-Arten, ihr Rand ist aber spitz gezahnt (Foto A), jeder Zahn endet mit einem kurzen feinen Stachel, der aber nicht sticht; die kleinen Döldchen sternförmig von 10–20 abstehenden, weißlichen Blättchen umgeben, die wie Blütenkronblätter wirken
  → Sterndolde, *Astrantia major* (Bd. 1, S. 252)
- Grundblätter ähnlich der vorigen; die kleinen Döldchen sind jedoch an ihrem Grund von 4–6 zurückgeschlagenen grünen Blättchen umgeben, die daher nicht wie Blütenkronblätter wirken (Foto B)
  → Sanikel, *Sanicula europaea* (Bd. 1, S. 254)
- Blätter sichelartig gebogen, zäh, am Rand fein, aber scharf gesägt (Achtung! Verletzungsgefahr!) (Foto C)
  → Sicheldolde, *Falcaria vulgaris* (Bd. 1, S. 252)
- Blätter ungeteilt; Blüten gelb
  → Schlüssel A, Hasenohr, *Bupleurum*, S. 341

C

A

B

Ab jetzt sind bei allen Gattungen/Arten die Blätter geteilt oder sogar zusammengesetzt. Die Blüten sind meist weiß, selten gelblich oder gelb.

- Grundblätter und untere Stängelblätter ein- bis mehrfach dreizählig (Fotos D, E)
  → Schlüssel B, S. 344
- Grundblätter und untere Stängelblätter 1 × gefiedert (Foto F)
  → Schlüssel C, S. 346
- Grundblätter und untere Stängelblätter 2–4 × gefiedert (Fotos G, H)
  → Schlüssel D, S. 348

## SCHLÜSSEL A: BLÄTTER UNGETEILT, BLÜTEN GELB → Hasenohr, *Bupleurum*

- Mittlere und obere Stängelblätter durchwachsen, sodass das Blatt rings um den Stängel völlig geschlossen ist
  → Rundblatt-Hasenohr, *Bupleurum rotundifolium* (S. 343, Fotos 1a, b)
- Stängelblätter nicht durchwachsen, aber manchmal (so bei der nächsten Art) mit herzförmigem Grund stängelumfassend

- Man untersuche die Blattunterseite: Blätter nur mit 1 Mittelnerv, sonst auffallend netznervig; Gebirgspflanze; s
  → Langblättriges Hasenohr, *Bupleurum longifolium*
- Blätter mit mehreren Längsnerven, nicht oder nur sehr schwach netznervig
  - Pflanze ausdauernd; daher zur Fruchtzeit grundständige Blätter vorhanden; h
    → Sichelblättriges Hasenohr, *Bupleurum falcatum* (Fotos 2a, b)
  - Pflanze einjährig, zur Fruchtzeit daher grundständige Blätter meist vertrocknet
    - Endständige Doppeldolden ein- bis dreistrahlig; Frucht „bekörnt“-rau; ss
      → Salz-Hasenohr, *Bupleurum tenuissimum* (Foto 3)
    - Endständige Doppeldolden drei- bis achtstrahlig; Frucht glatt; ss
      → Binsenstängliges Hasenohr (Hoch-Hasenohr), *Bupleurum praealtum* (S. 345, Fotos 1a, b)

## 1 Rundblatt-Hasenohr (Durchwachs-Hasenohr), *Bupleurum rotundifolium*

| | | | | | | | | |
|---|---|---|---|---|---|---|---|---|
| 15–45 cm | VI–VII | ⊙ | | | Ä, P3, S3 | ss | | |

+ Blätter eiförmig bis rundlich
+ erinnert an manche Wolfsmilch-Arten (aber ohne Milchsaft!)

Am Rand von Getreideäckern und in Weinbergen; kalkliebend; früher noch häufig und „gemein“, heute ss geworden.

## Langblättriges Hasenohr, *Bupleurum longifolium* (ohne Abb.)

| | | | | | | | | |
|---|---|---|---|---|---|---|---|---|
| 30–100 cm | VI–VIII | ♃ | | | W5, 6, A5 | s | | |

+ Blätter länglich eiförmig, mittlere und obere herzförmig stängelumfassend

Fast nur in den Kalkvoralpen; am ehesten im Ötschergebiet zu finden.

## 2 Sichelblättriges Hasenohr, *Bupleurum falcatum*

| | | | | | | | | |
|---|---|---|---|---|---|---|---|---|
| 20–100 cm | VII–X | ♃ | | | W1, TR, G1, M | h | | |

+ Grundblätter und untere Stängelblätter lang gestielt, oft sichelförmig gekrümmt

Im pannonischen Gebiet und im Wienerwald h, sonst mh bis s; kalk- und lössliebend.

## 3 Salz-Hasenohr, *Bupleurum tenuissimum*

| | | | | | | | | |
|---|---|---|---|---|---|---|---|---|
| 10–40 cm | VII–IX | ⊙ | | | NaCl | ss | § | |

+ Pflanze bläulich grün, im Herbst graublau
+ Stängel zart, meist von der Basis an verzweigt

Nur auf salzhaltigen Wiesen; salzertragend. Fast nur im NSG Baumgarten a. d. March und in Zwingendorf im Pulkautal; mh im Seewinkel (Burgenland).

1a

1b

2a

2b

3

## 1 Binsenstängliges Hasenohr[95] (Hoch-Hasenohr), *Bupleurum praealtum (B. junceum)*

| | | | | | | | | |
|---|---|---|---|---|---|---|---|---|
| 30–200 cm | VI–IX | ⊙ | | | TR, K, H | ss | | |

\+ Blätter 5–10 mm breit
\+ Hüllchenblätter die Blüten kaum bis wenig überragend

Nur auf den Jurakalkhügeln zwischen Perchtoldsdorf, Gießhübl und Hinterbrühl.

In Jahren mit langem Winter nur wenige und kümmerliche Pflanzen. In Jahren mit kurzem Winter zahlreiche, kräftige und reichlich fruchtende Pflanzen.

☝ Das Ungarische Hasenohr *(B. affine)* hat nur 2–4 mm breite Blätter. Seine Hüllchenblätter überragen die Blüte und die Frucht deutlich. Es wächst s im Pannonicum an Wegrändern, an Säumen und auf Böschungen.

## SCHLÜSSEL B: GRUNDBLÄTTER UND UNTERE STÄNGELBLÄTTER EIN- BIS MEHRFACH DREIZÄHLIG

- Stängel kantig gefurcht
  - Stängel (fast) kahl; Pflanze bildet mit Ausläufern ausgedehnte Bestände
    → Giersch, *Aegopodium podagraria* (Bd. 1, S. 248; S. 341, Foto D)
  - Stängel behaart
    - Äußere Blütenblätter der Randblüten stark vergrößert, dadurch wird die Dolde auffällig
      → Wiesen-Bärenklau, *Heracleum sphondylium* (Bd. 1, S. 252)
    - Äußere Blütenblätter nicht oder kaum vergrößert; Blätter duften beim Zerreiben angenehm aromatisch
      → Duftender Kälberkropf, *Chaerophyllum aromaticum* (Bd. 1, S. 244; S. 341, Foto D)
- Stängel rund, ± gerillt (nicht kantig gefurcht)
  - Die Teilblätter (Blättchen) sind schmal linealisch (nur 1–3 mm breit)
    → Echter Haarstrang, *Peucedanum officinale* (Fotos 2a–c)
  - Die Teilblätter (Blättchen) sind eiförmig bis rundlich und viel breiter als 3 mm
    - Teilblätter gesägt, Zähne mit Stachelspitze
      → Meisterwurz, *Peucedanum ostruthium* (Fotos 3a, b)
    - Teilblätter am Rand grob lappig gekerbt
      → Rosskümmel, *Laser trilobum* (S. 346, Foto 1)

## 2 Echter Haarstrang (Arznei-Haarstrang), *Peucedanum officinale*

| | | | | | | | | |
|---|---|---|---|---|---|---|---|---|
| 60–150 cm | VII–IX | ♃ | | | G, NaCl | ss | § | |

\+ Blätter dreidimensional
\+ Blüte hellgelb, winzig

Auf wechselfeuchten und schwach salzigen Wiesen; nur im Marchtal im NSG bei Baumgarten an der March (und im Burgenland im Seewinkel). Die Wurzel wurde einst arzneilich verwendet (bitte nicht mehr, da extrem selten).

[95] Der hier verwendete Name, so auch bei Neilreich und Fritsch, entspricht alter österreichischer Tradition (nur der „Stängel" wurde der neuen Rechtschreibung angeglichen). Die umfangreichen Fußnoten in der FlÖ, 3. Auflage, auf S. 1091 und 1102, aber auch die Fußnote auf S. 848 erschienen uns daher unverständlich.

## 3 Meisterwurz, *Peucedanum ostruthium*

| | | | | | | | | |
|---|---|---|---|---|---|---|---|---|
| 30–100 cm | VII–VIII | ♃ | | | A5 | mh | | |

+ Stängel hohl
+ Blüten rötlich weiß

Subalpine Hochstaudenpflanze; auch in Lägerfluren, an Bachufern und in feuchten Gebüschen; der Wurzelstock wird volksarzneilich und zur Likörerzeugung verwendet.

1a

1b

2a

3a

2b

3b

2c

## 1 Rosskümmel, *Laser trilobum*

| | | | | | | | | |
|---|---|---|---|---|---|---|---|---|
| 30–120 cm | V–VI | ♃ | | | W1, K | mh | | |

Verwechslungsmöglichkeit mit Laserkraut s. Bd. 1, S. 248; Blattvergleich Bd. 3, S. 361, Foto C, Schlüssel D4.

## SCHLÜSSEL C: GRUNDBLÄTTER UND UNTERE STÄNGELBLÄTTER 1×-GEFIEDERT

- Pflanze steht im Wasser oder am Ufer
  - Stängel kriecht, liegt am Grund oder flutet im Wasser, wurzelt an den Knoten
    → Kriechender Sumpfschirm, *Helosciadium repens*
  - Stängel aufrecht
    → Berle, *Berula erecta* (Foto 2a)
- Pflanze steht eher auf trockenen Standorten
  - Stängel rund, gerillt, oberstes Teilblättchen nicht größer als die seitlichen; Mager- und Trockenwiesenpflanze
    → Kleine Bibernelle, *Pimpinella saxifraga* (Bd. 1, S. 250)
  - Stängel rund, gerillt, oberstes Blättchen des Fiederblatts viel größer als die seitlichen, Bergwiesenpflanze
    → Österreichischer Bärenklau, *Heracleum austriacum* (Bd. 1, S. 250)
  - Stängel kantig gefurcht
    - ◆ Blüte gelb oder gelblich
      - ▪ Blütenkronblätter gelb; Stängelgrund ohne Faserschopf; sh
        → Pastinak, *Pastinaca sativa* (Bd. 1, S. 250)
      - ▪ Blütenkronblätter gelblich bis grünlich, außen oft purpurn; Stängelgrund mit deutlichem Faserschopf; s
        → Kümmelblättriger Haarstrang, *Peucedanum carvifolia* (Foto 3)
    - ◆ Blüte weiß oder purpurrosa
      - ▪ Stängel kahl (höchstens etwas flaumig); Pflanze bodenfrischer (Berg-)Wiesen; h
        → Große Bibernelle, *Pimpinella major* (Bd. 1, S. 250)
      - ▪ Stängel kurz steifhaarig; Pflanze trockenwarmer Säume; s
        → Großer Zirmet, *Tordylium maximum* (S. 348, Foto 1)

1

2b

Breitblättriger Merk

## Kriechender Sumpfschirm, *Helosciadium repens* (ohne Abb.)

| | | | | | | | | |
|---|---|---|---|---|---|---|---|---|
| 10–30 cm | VII–IX | ♃ | | | T3 | ss | | |

+ Pflanze kahl
+ Stängel weit umherkriechend, flache Rasen bildend

Auf offenen, zeitweise überschwemmten Ufern und Gräben. Neuerdings auch in bewässerten Kunstrasen, z. B. auf Friedhöfen.

## 2 Berle (Aufrechter Merk), *Berula erecta*

| | | | | | | | | |
|---|---|---|---|---|---|---|---|---|
| 30–80 cm | VII–IX | ♃ | | | T2, 3 | mh | | gi! |

+ Stängel zart gerillt
+ Pflanze mit unterirdischen Ausläufern (Foto 2a)
+ oft stehen zumindest einige Dolden den Blättern gegenüber (weil vom Zweig übergipfelt)

☝ Der Breitblättrige Merk *(Sium latifolium)* hat einen kantig gefurchten Stängel, keine Ausläufer und endständige Dolden. Auch er kommt in stehenden und träg fließenden Gewässern vor, aber er ist seltener und fast nur im pannonischen Raum zu finden; gi!. (Fotos 2b, c)

## 3 Kümmelblättriger Haarstrang, *Peudedanum carvifolia*

| | | | | | | | | |
|---|---|---|---|---|---|---|---|---|
| 30–100 cm | VIII–IX | ♃ | | | G1, W1, K | s | | |

+ die unteren Blätter von den oberen in der Gestalt sehr abweichend (nur untere denen des Kümmels sehr ähnlich, obere mit ganz wenig Fiedern)
+ Strahlen der Dolde ungleich lang

Vor allem im Flysch-Wienerwald, am ehesten am Tulbinger Kogel (oberhalb des Hotels) zu finden.

2a

2c

3

## 1 Großer Zirmet, *Tordylium maximum*

| | | | | | | | | |
|---|---|---|---|---|---|---|---|---|
| 50–120 cm | VII–VIII | ① bis ⊙ | | | K, P3 | s | | |

+ Blüte weiß, äußere Blütenblätter der Randblüten vergrößert
+ Frucht borstig mit ungekrümmten Borsten (Foto 1)

1

Besonders auf steinigen Stellen am Rand von Weingärten und auf Böschungen an der Thermenlinie.

Noch seltener ist die Klettendolde *(Turgenia latifolia)*, deren Früchte mit langen, gekrümmten, klettenartigen Borsten besetzt sind. Sie wächst ss in den wärmsten Gebieten auf steinigem offenen Boden und an Ackerrändern; §.

## SCHLÜSSEL D: GRUNDBLÄTTER UND UNTERE STÄNGELBLÄTTER 2–4 ×-GEFIEDERT

- Pflanzen wachsen in seichten Gewässern, in Röhricht und in Sümpfen
  - Teilblätter (Blättchen) mit sehr spitzen, nach vorn gerichteten Zähnen; Doldenstrahlen 10–20; s
    → Wasserschierling, *Cicuta virosa* (Fotos 2a, b)
  - Teilblätter (Blätter) ohne spitze, nach vorn gerichtete Zähne; Doldenstrahlen 2–15; mh
    → Wasserfenchel, *Oenanthe aquatica* (Fotos 3a, b)
- Pflanzen wachsen auf ± trockenem bis feuchtem Boden (nicht in Gewässern, in Röhricht und in Sümpfen)
  - Pflanze wächst auf Matten und Almen in der subalpinen Stufe
    → Mutterwurz, *Ligusticum mutellina* (S. 351, Foto 1)
  - Pflanzen wachsen nicht in der alpinen Stufe und selten in der subalpinen Stufe
    - Stängel gefurcht und behaart
      → Schlüssel D1, S. 350
    - Stängel scharf gefurcht[96] und kahl
      → Schlüssel D2, S. 351
    - Stängel rund, glatt oder höchstens fein gerillt und behaart
      → Schlüssel D3, S. 357
    - Stängel rund, glatt oder höchstens fein gerillt und kahl
      → Schlüssel D4, S. 360

## 2 Wasserschierling, *Cicuta virosa*

| | | | | | | | | |
|---|---|---|---|---|---|---|---|---|
| 60–120 cm | VII–VIII | 4 | | | T1, 2 | s | | gi!!! |

+ Pflanze in allen Teilen mit scharfem Geruch

In Sümpfen, Teichen, Wassergräben, besonders auf Torf; kalkmeidend; nur im Waldviertel. Das beliebte Merkmal „Wurzelstock gekammert“ ist unverlässlich; da der Wurzelstock (als unterirdischer Stängel) bei anderen Doldenblütlern auch gekammert ist. Stark giftig: Schon 2–3 g des Wurzelstocks können die für einen Menschen tödliche Menge an Giftstoffen (Polyine) enthalten.

[96] Wenn Stängel oberwärts gefurcht und unterwärts rund, verwende man Schlüssel D3 und D4.

## 3 Wasserfenchel, *Oenanthe aquatica*

| | | | | | | | | |
|---|---|---|---|---|---|---|---|---|
| 50–150 cm | VI–VII | bis | | | T1, 2 | mh | | gi! |

+ Pflanze meist stark verzweigt
+ oft stehen zumindest einige Dolden den Blättern gegenüber
+ der Stängel ist oft sehr dick (∅ unten 1–5 cm)

☝ Die Röhrige Rebendolde *(O. fistulosa)* hat ebenfalls auffällig verdickte, hohle Stängel und Blattstiele; sie ist weniger verzweigt und alle Dolden sind deutlich endständig. Sie kommt ss und nur in den Marchauen vor; §; gi!

☝ Die Wiesensilgen-Rebendolde *(O. silaifolia)* hat verdickte Doldenstrahlen. Auch sie kommt ss nur in den Marchauen und im Wiener Becken (noch?) vor.

2a

2b

3a

3b

## 1 Mutterwurz (Alpen-Mutterwurz), *Ligusticum mutellina (Mutellina adonidifolia)*

| | | | | | | | | |
|---|---|---|---|---|---|---|---|---|
| 10–50 cm | VII–VIII | ♃ | | | G6, A7 | mh | | |

+ Stängelgrund mit dichtem Faserschopf
+ Blüte purpurrosa bis weiß
+ Stängel meist mit 1–2 kleinen Blättern und 2–3 Dolden

Häufig im Rax-Schneeberg-Gebiet, seltener auf dem Ötscher und Hochkar; hervorragende und geschätzte Almfutterpflanze.

☝ Die Zwergmutterwurz *(Pachypleurum mutellinoides)* hat am Stängelgrund nur häutige, braune Blattreste und der blattlose Stängel trägt nur eine endständige Dolde. Diese Sippe ist kalkmeidend, sie kommt nur auf der Rax ss auf kalkarmen, tiefgründigen Böden vor.

☝ Wenn Blattzipfel haarförmig; 0,2 mm breit und quirlig gebüschelt: Bärwurz, *Meum athamanticum* S. 361

## SCHLÜSSEL D1: Stängel gefurcht und behaart

Man prüfe nacheinander die folgenden fünf Möglichkeiten. Jeder Punkt schließt alle folgenden aus. Wenn etwas nicht passt, bitte zum nächsten Punkt weitergehen:

- Stängel etwas kantig, rotfleckig, mit kurzen Härchen und unten mit langen Borsten (Foto A); mh
  → Gold-Kälberkopf, *Chaerophyllum aureum* (Bd. 1, S. 244)

- Blüte gelblich weiß (alle anderen im Schlüssel D1 sind weiß!), manchmal weiß. Blütenkronblätter außen mit 0,2 mm langen Börstchen (das haben alle anderen im Schlüssel D1 nicht!); Stängel ± steifhaarig; s
  → Preussisches Laserkraut, *Laserpitium prutenicum* (Foto 2)

- Dolden erinnern fruchtend an ein Vogelnest. Im Zentrum der Dolde oft eine (sterile) dunkelpurpurn (oder rot) gefärbte Blüte; Klettfrüchte; sh
  → Wilde Möhre, *Daucus carota* (Bd. 1, S. 247)

- Pflanze einjährig, nur 10–30 cm hoch, mit großen Klettfrüchten; s
  → Haftdolde, *Caucalis platycarpos* (Fotos 3a, b)

- Pflanze ausdauernd, 60–120 cm hoch; sh in Fettwiesen, Straßengräben, feuchten Wald- und Gebüschsäumen
  → Wiesenkerbel, *Anthriscus sylvestris* (Bd. 1, S. 242)
  → Glanz-Kerbel, *Anthriscus nitidus* (Bd. 1, S. 242)

A

3a

3b

1

2

## 2 Preussisches Laserkraut, *Laserpitium prutenicum*

| | | | | | | | | |
|---|---|---|---|---|---|---|---|---|
| 30–100 cm | VII–VIII | ⊙ bis ⊗ | | | T, H2, G2, W6 | s | | |

Kalkmeidend; meist auf Feuchtwiesen (Pfeifengraswiesen), auch in feuchten Waldsümpfen und an feuchten Waldrändern.

## 3 Haftdolde, *Caucalis platycarpos*

| | | | | | | | | |
|---|---|---|---|---|---|---|---|---|
| 10–30 cm | V–VII | ⊙ | | | Ä, P3 | s | | |

+ an den Früchten sofort erkennbar
+ Stängel, besonders an den Knoten lang borstig behaart
+ i. U. z. den meisten Doldenblütlern Stängel schon am Grund sparrig verzweigt

In steinigen Äckern, besonders an deren Rändern und auf Brachen; bevorzugt Kalk.

☝ Es werden nach der Art der Stacheln auf den Früchten 2 Unterarten unterschieden: subsp. *platycarpos* mit Stacheln, die ca. so lang wie der ∅ der Teilfrüchte sind und die an der Spitze kräftige Häkchen haben. Subsp. *muricata* hat Stacheln, die viel kürzer als der ∅ der Teilfrüchte sind und die an der Spitze keine Häkchen haben.

## SCHLÜSSEL D2: Stängel gefurcht und kahl

- Blüte gelb, blassgelb oder gelblich weiß
  - Auf feuchten oder wechselfeuchten, nicht intensiv bewirtschafteten Wiesen
    → Wiesensilge, *Silaum silaus* (S. 353, Fotos 1a–c)
  - 15–30 cm hoch; (halb)kugeliger Wuchs; auf flachgründigen Trockenrasen
    → Kleiner Faserschirm, *Trinia glauca* (S. 353, Foto 2)
  - 60–120 cm hoch; auf ± tiefgründigen Halbtrockenrasen, an Weingartenrändern, am Saum trockener Gebüsche, auf Brachen
    → Elsässer Haarstrang, *Peucedanum alsaticum* (S. 353, Fotos 3a–c)

- Blüte weiß
  - Randblüten der äußeren Blüten vergrößert; Pflanze mit auffallendem Wanzengeruch
    → Strahlen-Hohlsame, *Bifora radians* (Bd. 1, S. 254)
  - Randblätter der äußeren Blüten auch auffallend vergrößert; aber Pflanze ohne Wanzengeruch; Klettfrüchte
    → Strahldolde, *Orlaya grandiflora* (S. 354, Fotos 1a–d)
  - Blattabschnitte treppenartig quer gestellt („Mausleiterl" oder „Kümmelkreuz"); Früchte mit typischem Geschmack
    → Kümmel, *Carum carvi* (Bd. 1, S. 247)
  - Pflanze nicht mit diesen auffälligen Merkmalen
    - Hüllblätter fehlen (alle vier folgenden Arten haben Hüllblätter)
      → Kümmelsilge, *Selinum carvifolia* (S. 355, Fotos 2a–c)
    - Hüllblätter fast blattartig, auffallend groß, meist fiederspaltig mit breiten Abschnitten (S. 339, Foto B); Stängel sehr dick und röhrig
      → Österreichische Rippendolde, *Pleurospermum austriacum* (S. 356, Fotos 1a–c)
    - Stängel auffallend tief gefurcht (die folgenden zwei Arten haben nur mäßig stark gefurchte Stängel)
      → Heilwurz, *Seseli libanotis* (Bd. 1, S. 254)
    - Stängelgrund stark purpurbraun ohne faserförmige Blattscheidenreste
      → Sumpf-Haarstrang, *Peucedanum palustre* (S. 356, Foto 2)
    - Stängelgrund grün (nicht purpurbraun), mit faserförmigen Blattscheidenresten
      → Österreichischer Haarstrang, *Peucedanum austriacum* (S. 357, Fotos 3a–c)

## 1 Wiesensilge, *Silaum silaus*

| | | | | | | | | |
|---|---|---|---|---|---|---|---|---|
| 50–100 cm | VI–VIII | ♃ | | | G3f, 2 | mh | | |

+ Stängel unten nur wenig, oben jedoch seicht gefurcht
+ Blattzipfel rötlich bespitzt (Foto 1c)
+ Blattstiel im ∅ rundlich (S. 355, Foto 2d links)
+ Blüten blassgelb bis grünlich gelb (Foto 1b)
+ (Teil-)Früchte länglich eiförmig mit wenig hervortretenden Rippen (S. 355, Foto 2f links)

## 2 Kleiner Faserschirm, *Trinia glauca*

| | | | | | | | | |
|---|---|---|---|---|---|---|---|---|
| 15–30 cm | IV–V | | | | TR | s | | |

+ Pflanze blaugrün
+ Stängel am Grund mit auffallendem Faserschopf
+ Pflanze zweihäusig, Blüten eingeschlechtig, Blütenblätter der ♂ Pflanze gelblich weiß, unterseits rötlich, die der ♀ Pflanze weiß, sehr klein und hinfällig

Steppenroller; am ehesten am Alpenostrand zu finden, z. B. am Nordabhang des Eichkogels, aber auch noch im Wienerwald, so im westlichsten Teil der Seewiese bei Gießhübl.

☝ Der große Faserschirm *(T. kitaibelii)* wird 30–80 cm hoch. Er ist extrem selten und kommt nur an wenigen Stellen im Marchfeld und im Weinviertel vor.

## 3 Elsässer Haarstrang, *Peucedanum alsaticum*

| | | | | | | | | |
|---|---|---|---|---|---|---|---|---|
| 60–120 cm | VII–IX | ♃ | | | K, P3 | mh | | |

+ Stängelgrund mit dichtem Faserschopf aus Blattscheidenresten
+ Blättchen am Rand und auf den Adern behaart

Groß, ausladend verzweigt, mit winzigen gelben Blütchen; bevorzugt schwere Böden.

1a

3a

1c

3b

1b

2

3c

## 1 Strahldolde, *Orlaya grandiflora*

| | | | | | | | | |
|---|---|---|---|---|---|---|---|---|
| 10–30 cm | VI–VII | ① | | | H, TR, P5 | s | | |

+ Früchte klettenartig mit widerhakigen Stacheln besetzt (Foto 1d)

Auf steinigen Trockenrasen, auf Kalkgeröll und in trockenen Gebüschen. Fast nur am Alpenostrand, in der Wachau und auf den Hainburger Bergen; am schönsten auf den Jurakalkhügeln bei Gießhübl, insbesondere im Inzersdorfer Wald („Orlaya-Berg"). Als einjährige Art von Jahr zu Jahr sehr unterschiedliche Bestände.

## 2 Kümmelsilge, *Selinum carvifolia*

| | | | | | | | | |
|---|---|---|---|---|---|---|---|---|
| 30–90 cm | VII–VIII | ♃ | | | G4, 1, W6 | s | | |

+ Stängel scharfkantig gefurcht, oberwärts mit häutig geflügelten Kanten (Foto 2b)
+ Blattstiel oben mit Rinne, im ∅ v-förmig (Foto 2d rechts)
+ Blattzipfel mit weißer Grannenspitze (Foto 2c)
+ Teilfrüchte flach gedrückt, mit jeweils 2 breiten Flügeln und 3 schmalen Rippen (Foto 2f rechts)

Kalkmeidend; frische bis wechselfeuchte, eher magere (extensiv genutzte) Mähwiesen.

Sehr ähnlich und manchmal sogar am gleichen Standort (Fotos 2d–f aller drei Arten stammen von derselben Wiese im Überschwemmungsbereich der March):

- Wiesensilge *(Silaum silaus)*: Blüte gelb; nicht oder wenig gefurchter Stängel und mit im ∅ ± runden Blattstiel.
- Brenndolde *(Cnidium dubium)*: Stängel unten rund, hohl; Blattscheide anliegend (Kümmelsilge nicht anliegend, S. 363).

1a

1b

1c

1d

2a

2b

2c

2e
Brenndolde

2d
Kümmelsilge
Wiesensilge

2f
Wiesensilge
Kümmelsilge

## 1 Österreichische Rippendolde, *Pleurospermum austriacum*

| | | | | | | | | |
|---|---|---|---|---|---|---|---|---|
| 60–150 cm | VI–VII | ⊙ bis ♃ | | | A5, 2, 3 | mh | | |

+ typischer Blattschnitt (Foto 1a)
+ typische Wuchsform: Seitenzweige entspringen bereits tief unten am Stängel, Seitendolden oft gleich hoch oder höher als Zentraldolde (Foto 1c)

Kalkliebend; in Rostseggenwiesen, Hochstaudenfluren und an Bachufern. Eine stattliche und prächtige Pflanze, die ihrem Artbeinamen alle Ehre macht! Zu besichtigen z. B. am Schneeberg entlang der Forststraße unterhalb der Station Baumgartner (zusammen mit dem Österreichischen Haarstrang).

## 2 Sumpf-Haarstrang, *Peucedanum palustre*

| | | | | | | | | |
|---|---|---|---|---|---|---|---|---|
| 50–150 cm | VII–VIII | ♃ | | | G4, 2, T2 | mh | | |

+ Pflanze im Frühling mit weißem bis hellgelbem Milchsaft
+ Stängel hohl
+ Blätter sehr fein zerteilt

Auch in Erlenbruchwäldern und an Gräben; zwei Verbreitungsschwerpunkte: Feuchte Ebene südlich von Wien (z. B.: in Wiesenbrachen bei Ebreichsdorf) und Teichgebiet des Waldviertels.

1a

1c

1b

2

## 3 Österreichischer Haarstrang, *Peucedanum austriacum*

| | | | | | | | | |
|---|---|---|---|---|---|---|---|---|
| 50–100 cm | VII–VIII | ♃ | | | K, W1 | mh | | |

+ Stängel und Blattstiele glänzend weiß gestreift und dadurch sehr auffallend
+ Stängel nicht hohl

Fehlt im pannonischen Tiefland und im Waldviertel; in Österreich fast nur in NÖ anzutreffen.

### SCHLÜSSEL D3: Stängel rund, fein gerillt und behaart

- Stängel angedrückt borstig behaart, rau; Früchte mit Stacheln
  → Wald-Borstendolde, *Torilis japonica* (S. 359, Fotos 1a, b)
- Stängel abstehend ± steifhaarig
  - Blütenblätter am Rand mit Wimpern; ausdauernde Grünlandpflanze (auch an Ufern); sh
    → Bach-Kälberkropf, *Chaerophyllum hirsutum*
    → Alpen-Kälberkropf, *Chaerophyllum villarsii*
    Zu beiden s. Bd. 1, S. 244
- Blütenblätter am Rand ohne Wimpern
  - Stängel grün; Früchte lang nadelartig; ss
    → Venuskamm, *Scandix pecten-veneris* (S. 359, Foto 2)
  - Stängel violett oder violett/rot gefleckt
    - Stängel nur unten langborstig, in der oberen Hälfte kahl; meist über 1 m hohe Saumpflanze; Blätter sehr fein gefiedert
      → Rüben-Kälberkropf, *Chaerophyllum bulbosum* (Bd. 1, S. 244)
    - Stängel auch in der oberen Hälfte behaart; Pflanze meist deutlich kleiner als 1 m; Blätter wenig und grob gefiedert
      → Taumel-Kälberkropf, *Chaerophyllum temulum* (S. 359, Fotos 3a, b)

3a

3b

3c

- Stängel **flaumig** behaart
  - Besiedler von Felsspalten und Kalkschutt; in der Bergstufe bis in die subalpine Stufe
    → Augenwurz, *Athamanta cretensis* (Fotos 4a, b)
  - Pflanze in der Hügel- und Bergstufe auf anderen Wuchsorten
    - Blätter (zerrieben) duften angenehm süß-würzig wie Anis; zarte, zerbrechliche Pflanze, häufig in Robinienwäldchen
      → Echtes Kerbelkraut, *Anthriscus cerefolium* (Bd. 1, S. 242)
    - Blätter duften nicht wie Anis; Pflanze zwar eher kleinwüchsig, aber derb; in Magerwiesen
      → Steppen-Bergfenchel, *Seseli annuum* (S. 360, Fotos 1a–c)

## 1 Wald-Borstendolde, *Torilis japonica*

| | | | | | | | | |
|---|---|---|---|---|---|---|---|---|
| 30–120 cm | VI–VIII | ① bis ⊙ | | | W6, M, P3, Ä | h | | |

\+ Hüllblätter 4–6 (12)
\+ Fruchtstacheln an der Spitze ohne Häkchen (Lupe!) (Foto 1a)

Auch in Gebüschen, z. B. am Rand von Weingärten und in Auen.

Die Acker-Borstendolde *(T. arvensis)* hat keine oder nur 1–2 Hüllblätter. Ihre Fruchtstacheln haben an der Spitze winzige Häkchen (Lupe!) (Foto 1b). Sie kommt z. B. auf brachliegenden Weingärten im pannonischen Gebiet vor und ist ziemlich s.

## 2 Venuskamm, *Scandix pecten-veneris*

| | | | | | | | | |
|---|---|---|---|---|---|---|---|---|
| 15–30 cm | V–VII | ⊙ bis ① | | | Ä, S3 | ss | § | |

\+ Frucht mit 2–8 cm langem Schnabel, ähnelt dem des Reiherschnabels, dadurch sehr auffallend

An Ackerrändern und auf steinigen offenen Böden, kalkliebend; ss, am ehesten in Bioäckern im Raum St. Gabriel bei Mödling zu finden, es lohnt sich aber, auch anderswo die Augen offen zu halten und einen schönen Fund zu machen!

## 3 Taumel-Kälberkropf, *Chaerophyllum temulum*

| | | | | | | | | |
|---|---|---|---|---|---|---|---|---|
| 30–100 cm | V–VII | ① bis ⊙ | | | K, W8, 6, S1 | h | | gi! |

\+ Blattfarbe charakteristisch trübgrün
\+ die Dolden hängen vor dem Aufblühen über

Gern im Saum von Hecken entlang von Wegen (nährstoffliebend) und an Mauerfüßen.
An der relativ zu den anderen Doldenblütlern geringen Größe, der sparrigen Verzweigung, den weichen Blättern und den (v. a. bei besonnten Pflanze) Violetttönen, v. a. am Stängel und Blattstiel, gut zu erkennen.

## 4 Augenwurz, *Athamanta cretensis*

| | | | | | | | | |
|---|---|---|---|---|---|---|---|---|
| 10–40 cm | VI–VIII | ♃ | | | A3 | mh | | |

\+ Blütenblätter außen behaart
\+ Stängel und Blattstiele oft purpurn überlaufen
\+ Pflanze riecht stark würzig

1a

1b

Acker-Borstendolde

2

3a

3b

4a

4b

## 1 Steppen-Bergfenchel (Steppen-Sesel), *Seseli annuum*

| | | | | | | | | |
|---|---|---|---|---|---|---|---|---|
| 10–60 cm | VII–X | ⊙ bis (∞) | | | G1 (TR) | h | | |

+ blüht dann, wenn die Blüte anderer Doldenblütler schon vorbei ist
+ im Alter ist der Stängel und die ganze Pflanze oft trübpurpurn überlaufen

Eine höchst veränderliche Art; Zwergexemplare sind nur 10 cm hoch mit scheinbar grundständigen Dolden über und über bedeckt. Auffallende Herbstblüte in Magerwiesen nach der Mahd (Foto 1c); typisch der Farbkontrast: Blüte weiß, junge Früchte purpurn.

### SCHLÜSSEL D4: Stängel rund, fein gerillt und kahl

- wenn Blüte gelb
  → Wiesensilge, *Silaum silaus,* S. 352
- Blattzipfel haarförmig; 0,2 mm breit, quirlig gebüschelt
  → Bärwurz, *Meum athamanticum* (Bd. 1, S. 254)
- Blattzipfel nicht haarförmig
  - Hüllblätter vorhanden
    - Stängel „blutfleckig“, abwischbar bereift; kahl
      → Gefleckter Schierling, *Conium maculatum* (Bd. 1, S. 246)
    - Blätter nicht in einer Ebene, weil die Blattspindel bei jedem Fiederansatz abwärtsgeknickt ist
      → Berg-Haarstrang, *Peucedanum oreoselinum* (S. 362, Fotos 1a, b)
    - Teilblätter ganzrandig (Foto A)
      → Berg-Laserkraut, *Laserpitium siler* (S. 362, Foto 2)
    - Teilblätter gesägt/gezähnt
      - Teilblätter am Grund meist ± herzförmig (man prüfe mehrere Blättchen), auffällig groß, 3–15 cm lang (Foto B) zum Vergleich der Blattschnitt des Rosskümmels (Foto C)
        → Breitblättriges Laserkraut, *Laserpitium latifolium* (Bd. 1, S. 248)

1a

1b

1c

- Teilblätter am Grund abgerundet, meist nicht herzförmig, nicht so groß, meist nicht länger als 4 cm
  → Hirschwurz, *Peucedanum cervaria* (S. 362, Fotos 3a, b)

– Hüllblätter fehlen ganz (oder maximal 3)

- Teilblätter linealisch, 1–2 mm breit
  → Teilschlüssel D4a, S. 363

- Teilblätter eiförmig bis rautenförmig, breiter als 3 mm
  → Teilschlüssel D4b, S. 364

## 2 Bärwurz, *Meum athamanticum* (s. auch Bd. 1, S. 254)

| | | | | | | | | |
|---|---|---|---|---|---|---|---|---|
| 10–50 cm | V–VI | ♃ | | | K, A3 | s | | |

+ Pflanze stark aromatisch

„Die ganze Pflanze, besonders aber die Wurzel von einem starken, durchdringenden Fenchelgeruch. Die Alpenbewohner versetzen den Branntwein mit derselben und bereiten daraus ein magenstärkendes Getränk." (Zitat Neilreich, Flora von Niederösterreich, 1859)

An sich kalkmeidend, in den Kalkalpen nur, wo sich saurer Boden (z. B. am Rand von Latschengebüsch) in Felsnischen angesammelt hat.

A

Berg-Laserkraut

B

Breitblättriges Laserkraut

C

Rosskümmel

2a

2b

## 1 Berg-Haarstrang, *Peucedanum oreoselinum*

| | | | | | | | | |
|---|---|---|---|---|---|---|---|---|
| 30–100 cm | VII–VIII | ♃ | | | K, TR, G1, W1 | mh | | |

+ an den eigenartigen „zerknitterten" Blättern leicht zu erkennen (Foto 1a)
+ im Spätsommer ist die ganze Pflanze oft purpurn überlaufen (Foto 1b)

Bevorzugt kalkarme, sandige Böden, im Raum um Wien auffallend selten.

## 2 Berg-Laserkraut, *Laserpitium siler*

| | | | | | | | | |
|---|---|---|---|---|---|---|---|---|
| 30–100 cm | VI–VIII | ♃ | | | W1, A3, K | mh | | |

+ Teilblätter 3–25 mm breit und 15–70 mm lang (S. 361, Foto A)
+ Dolden auffallend groß

Kalkliebend.

## 3 Hirschwurz, *Peucedanum cervaria (Cervaria rivini)*

| | | | | | | | | |
|---|---|---|---|---|---|---|---|---|
| 40–100 cm | VII–VIII | ♃ | | | K, W1 | h | | |

+ Teilblätter am Rand fast grannig gezähnt, die Zähne in eine lange Stachelspitze auslaufend

Meist auf ± steinigem Boden; auch an Gebüsch, am Rand von Weingärten und auf wechseltrockenen, spät oder nicht gemähten Wiesen.

1a

2

1b

3a

3b

## TEILSCHLÜSSEL D4a: Teilblätter linealisch, 1–2 mm breit

- Hüllchenblätter (Foto A) fast bis zur Spitze becherförmig miteinander verwachsen
  → Pferde-Bergfenchel, *Seseli hippomarathrum*

A

- Hüllchenblätter nicht miteinander verwachsen
  - Nur auf Sumpfwiesen in Auen; Teilblätter 1–2 mm breit, am Rand leicht umgerollt, gezähnelt rau
    → Brenndolde, *Cnidium dubium* (Fotos 4a–c)
  - Auf Trockenstandorten, Teilblätter höchstens 1 mm breit, am Rand nicht umgerollt, höchstens rau, nicht gezähnelt
    - Blattstiele der Grundblätter oberseits rinnig vertieft
      → Bunter Bergfenchel, *Seseli pallasii* (S. 364, ohne Abb.)
    - Blattstiele der Grundblätter oberseits nicht rinnig vertieft
      → Österreichischer Bergfenchel, *Seseli elatum* agg. (S. 365, Fotos 1a, b)

### Pferde-Bergfenchel, *Seseli hippomarathrum*

| | | | | | | | | |
|---|---|---|---|---|---|---|---|---|
| 15–60 cm | VII–VIII | ♃ | | | TR, W1 | mh | | |

Oft an sandigen, schottrigen, steinigen Stellen.

### 4 Brenndolde, *Cnidium dubium (Selinum venosum)*

| | | | | | | | | |
|---|---|---|---|---|---|---|---|---|
| 30–100 cm | VII–IX | ⊙ bis ♃ | | | W3, G4 | ss | | |

+ Dolde vielstrahlig, mit süßem Duft
+ Blätter grasgrün, die Zipfel einwärtsgebogen, unterseits hervortretend geadert (mit „Venen“: Artbeiname) (Foto 4c)
+ Blattzipfel ohne oder mit ganz kurzer weißer oder rötlicher Stachelspitze
+ (Teil-)Früchte rundlich, eiförmig mit 5 gleich großen Rippen (S. 355, Foto 2e)

Fast nur im March-Thaya-Tal in Wiesen im Überschwemmungsbereich auf mäßig nährstoffreichen Böden mit stark wechselnder Feuchtigkeit (wechselfeucht).

4a

4b

4c

## Bunter Bergfenchel (Bunter Sesel), *Seseli pallasii* (ohne Abb.)

| | | | | | | | | |
|---|---|---|---|---|---|---|---|---|
| 30–120 cm | VII–VIII | ⊙ bis ♃ | | | TR | s | | |

+ dem Österreichischen Sesel und dem Meergrünen Sesel sehr ähnlich, aber größer, stärker, gedrungener, die Blätter mehr grasgrün, die Dolden reichstrahliger

Auf Löss und auf sandigen Stellen, am leichtesten zu finden am Südosthang des Eichkogels bei Mödling.

## 1 Meergrüner Bergfenchel, *Seseli elatum* agg.

| | | | | | | | | |
|---|---|---|---|---|---|---|---|---|
| 30–120 cm | VII–IX | ♃ | | | P4, TR, W1 | mh | | |

+ Blätter graugrün („meergrün“) (Foto 1b)
+ Stängel (meist) bereift, lang, fast blattlos
+ Blätter groß, sehr locker und fein zerteilt (bei nicht blühenden Pflanzen in Büscheln)

Die beiden Arten dieser Artengruppe, *S. osseum* und *S. austriacum*, unterscheiden sich durch schwierig nachvollziehbare (Frucht-)Merkmale. Standörtlich sind sie deutlich getrennt: *S. osseum* eher kalkmeidend, besonders häufig, z. B.: über Gneis in der Wachau; *S. austriacum* (Österreichischer Bergfenchel) gedeiht nur über Kalkgestein.

### TEILSCHLÜSSEL D4b: Teilblätter eiförmig bis rautenförmig, breiter als 3 mm

- Teilblätter auffallend groß, 3–7 cm lang und 2–4 cm breit
  - Hüllchenblätter fehlend; Blütenkronblätter blassgelb
    → Quirl-Haarstrang, *Peucedanum verticillare* (Foto 2)
  - Hüllchenblätter zahlreich; Blütenkronblätter weißlich, grünlich bis gelblich
    → Wilde Engelwurz, *Angelica sylvestris* und
    → Erz-Engelwurz, *Angelica archangelica*
    (Zu beiden s. Bd. 1, S. 248)
- Teilblätter klein, kürzer als 3 cm und schmäler als 2 cm
  - Hüllchenblätter 3, einseitig angeordnet, auf der Außenseite der Döldchen herabhängend
    → Hundspetersilie, *Aethusa cynapium* (Foto 3)
  - Hüllchenblätter 2–10, meist allseitig angeordnet
    - Frucht eiförmig, dicht mit hakigen, aufwärtsgekrümmten Borsten besetzt; Hüllchenblätter 2–5, Blütenblätter am Rand ohne Wimpern; ej; unter Gebüsch
      → Hundskerbel, *Anthriscus caucalis* (S. 365)
    - Frucht länglich eiförmig, ohne Borsten; Hüllchenblätter 5–10, Blütenblätter am Rand mit Wimpern (Foto A); ausdauernde Grünlandpflanze
      → Bach-Kälberkropf, *Chaerophyllum hirsutum* (Bd. 1, S. 244)
      → Alpen-Kälberkropf, *Chaerophyllum villarsii* (Bd. 1, S. 244)

A

## 2 Quirl-Haarstrang (Riesen-Haarstrang), *Peucedanum verticillare*

| | | | | | | | | |
|---|---|---|---|---|---|---|---|---|
| 150–250 cm | VI–VIII | ♃ | | | K, W4 | s | | |

+ „Von allen hier wachsenden Umbelliferen die größte und stärkste.“ (Zitat Neilreich, Flora v. NÖ 1859)

Am leichtesten zu finden an Straßenböschungen im Raum Gutenstein, Schwarzau i. G., Rohr i. G.; sonst auch in Schluchten und an Waldrändern.

## 3 Hundspetersilie, *Aethusa cynapium* subsp. *elata*

| | | | | | | | | |
|---|---|---|---|---|---|---|---|---|
| 100–220 cm | VI–IX | ⊙ bis ⊙̈ | | | W3 | mh | | (gi?) |

+ Blätter petersilienähnlich, unterseits glänzend
+ Stängel erst oberhalb der Mitte ästig verzweigt
+ die Pflanze ist an den herabgeschlagenen Hüllchen sofort zu erkennen

Vergiftungen mit Hundspetersilie sind aus neuerer Zeit nicht bekannt; früher beschriebene Fälle beruhen möglicherweise auf Verwechslungen mit dem Gefleckten Schierling *(Conium maculatum)*. Auch bei Tierversuchen (Schafe, Rinder, Meerschweinchen, Mäuse) wurden keine schädlichen Folgen festgestellt.

Subsp. *cynapium* ist niederwüchsiger, 5–80 cm hoch. Der Stängel ist vom Grund an oder im untersten Drittel verzweigt. Diese Unterart kommt h in Gärten und Äckern, auf Erdhaufen sowie auf Stoppeläckern und Brachen vor.

## Hundskerbel, *Anthriscus caucalis* (ohne Abb. und Bd. 1, S. 242)

| | | | | | | | | |
|---|---|---|---|---|---|---|---|---|
| 20–60 cm | V–VI | ⊙ | | | S3, Ä, P5, 2 | mh | | |

+ Blätter duften unangenehm harzig

Stickstoffliebend; an Weg- und Weingartenrändern, an Gebüschrändern, auch an Getreideäckern und auf Bahngelände. Hauptsächlich zwischen Schwechat und Bruck a. d. Leitha und zwischen Vösendorf und Baden bis Ebreichsdorf.

3

1a

2

1b

## Familie: Glockenblumengewächse, Campanulaceae

*Blütenformel:* ✻ K (5) B(5) ♂ 5 ♀($\overline{3}$)

Die Blätter sind wechselständig, haben keine Nebenblätter und sind meist ungeteilt; die Kelchblätter sind nur am Grund miteinander verwachsen, die Blütenblätter meist über eine gewisse Strecke und bilden daher eine Röhre, die Staubblätter sind zumindest in der Jugend miteinander verklebt, aus deren Mitte ragt der dreispaltige Griffel (entsprungen aus drei Fruchtblättern). Theoretisch haben viele Vertreter Milchsaft, der aber selten gut zu sehen ist. Aus diesen Merkmalen wird die enge Verwandtschaft mit den Korbblütlern deutlich.

- Blüten glockenförmig, groß, blau[97]
  - Griffel kürzer oder wenig länger als Blüte
    → Glockenblumen, *Campanula*, s. Schlüssel S. 367
  - Griffel viel länger als die Blüte, diese hellblau; ss an wenigen Fundorten im Wiener Becken
    → Lilien-Becherglocke, *Adenophora liliifolia* (S. 367, Fotos 1a, b)
- Blüten gelb, dicht gedrängt in einer Ähre; seltene Alpenpflanze
  → Strauß-Glockenblume, *Campanula thyrsoides* (S. 370, Foto 1)
- Blüten radförmig ausgebreitet, lila mit einem weißen Zentrum; kleine einjährige Pionierpflanze in Äckern, auf Erdhaufen, in Brachen ...
  → Venusspiegel, *Legousia speculum-veneris* (Bd. 1, S. 258)
- Blüten klein[98], in einem länglichen oder kugeligen Blütenstand dicht zusammengedrängt (Fotos in Bd. 1 beachten!)
  - Blütenstand eine Kugel
    - dunkelblau; Einzelblüten vor dem Aufblühen schlauchförmig verwachsen, gekrümmt („Teufelskralle"!) (Foto A)
      → Rundkopf-Teufelskralle[99], *Phyteuma orbiculare* (Bd. 1, S. 260)
    - hellblau; Einzelblüten vor dem Aufblühen gerade, Blütenblätter frei, sternförmig
      → Sandknöpfchen, *Jasione montana* (Bd. 1, S. 260)
  - Blütenstand ährenförmig
    - weiß, selten hellblau; mh
      → Ähren-Teufelskralle, *Phyteuma spicatum* (Bd. 1, S. 260)
    - schwarzviolett; ss in Feuchtwiesen im westlichen Waldviertel (Foto B)
      → Schwarze Teufelskralle, *Phyteuma nigrum*

A

[97] Bei allen Arten gibt es gelegentlich weiß blühende Individuen, sogenannte „Albinos".

[98] Da die Blütenzipfel ganz schmal und ± bis zum Grund der Blüte reichen (also keine Röhre vorliegt), sind Teufelskrallen und Sandknöpfchen schwer als Glockenblumengewächse erkennbar. Am ehesten ist dies an der Form der Blätter zu erkennen.

[99] Die heimischen Teufelskrallen haben nichts mit der Afrikanischen Teufelskralle *(Harpagophytum procumbens)* zu tun, eine Pflanzenart der Familie der Sesamgewächse, die als Heilpflanze v. a. gegen Muskel- und rheumatischen Beschwerden eingesetzt wird.

## 1 Lilien-Becherglocke (Duftglocke), *Adenophora liliifolia*

| | | | | | | | | |
|---|---|---|---|---|---|---|---|---|
| 50–80 cm | VI–IX | ♃ | | | G2 | ss | § | FFH |

+ Griffel sehr viel länger als die Blüte, „hängt" aus der Blüte heraus
+ Blüte hellblau, duftend

Noch im Wiener Becken, z. B. in den Pischelsdorfer Wiesen (südlich von Götzendorf an der Leitha) oder bei Sollenau zu finden.

B

1a

1b

### Gattung: Glockenblumen, *Campanula*

- **Alpenpflanzen**
  - auf Felsen, in Steinschutt und Flussschotter
    - Blütenglocke vor den Zipfeln etwas verengt, hellblau mit dunkleren Nerven
      → Rasen-Glockenblume, *C. cespitosa* (Bd. 1, S. 254)
    - Blütenglocke vor den Zipfeln nicht verengt, meist mehrere nicht blühende Blattrosetten pro Pflanze, daher dichtrasig
      → Zierliche G. (Zwerg-G.), *C. cochleariifolia* (Bd. 1, S. 255)
  - auf spät ausapernden Flächen; Blüten einzeln, dunkelblau, nickend; Stängelblätter breit eiförmig
    → Dunkle Glockenblume, *C. pulla* (Bd. 1, S. 256)
  - in Rasen
    - Blüten gelb, dicht gedrängt in einer Ähre; s
      → Strauß-Glockenblume, *C. thyrsoides* (S. 370, Foto 1)
    - Glocke innen mit langen Haaren, Kelchblätter kurz; nur auf Silikat von der Bergstufe bis in die subalpine Stufe
      → Bärtige Glockenblume, *C. barbata* (Bd. 1, S. 256)
    - Glocke innen ohne Haare, aber übrige Pflanze wollig behaart; Kelchblätter länger als die halbe Krone; auf Silikat und Kalkgestein von der subalpinen bis in die alpine Stufe
      → Alpen-Glockenblume, *C. alpina* (Bd. 1, S. 256)
  - auf Almen und Wiesen, daher meist hochwüchsiger als die vorigen Arten; Pflanze mit sehr schmalen Stängelblättern; Blüten becherförmig, kräftig violettblau, oft einzeln (oder zu wenigen) am Stängel
    → Scheuchzer-Glockenblume, *C. scheuchzeri* (S. 370, Foto 2)

- **Pflanzen auf Trockenstandorten niederer Lagen (vorwiegend pannonisch)**
  - Glocken in einem Knäuel am Stängelende konzentriert; untere Stängelblätter herzförmig
    → Knäuel-Glockenblume, *C. glomerata* (Bd. 1, S. 256)
  - Ähnlich, aber Grundblätter allmählich in den Stiel verschmälert, Stängel steif borstenhaarig
    → Borstige Glockenblume, *C. cervicaria* (S. 371, Fotos 6a, b)
  - Blütenstand locker (Traube oder Rispe)
    - ◆ Zwischen den Kelchzipfeln kleine zurückgeschlagene Lappen (Foto A)
      → Steppen-Glockenblume, *C. sibirica* (S. 370)
    - ◆ Kelchzipfel ohne zurückgeschlagene Lappen; Blüten ganz kurz gestielt, Blütenstand daher schmal
      → Filz-Glockenblume, *C. bononiensis* (S. 371, Foto 4)
- **Weiter verbreitete und meist häufige Arten**
  - Pflanzen eher niedrig (um 20 cm herum), meist mehrstängelig ausgebreitet und von unten her verzweigt, Blüten meist in vielblütigen, lockeren Rispen; Grundblätter lang gestielt, rundlich oder nierenförmig, am Rand gezähnt, zur Blütezeit allerdings oft bereits dürr; kurzgrasige Magerwiesen und -weiden, trockene, sonnige Waldsäume und lichte Waldstellen, Felsen, Mauern; sehr vielgestaltige Art oder Artengruppe[100]; h
    → Rundblättrige Glockenblume, *C. rotundifolia* agg. (Foto B, C und Bd. 1, S. 256)
  - Stängel aufrecht, lang (30–150 cm)
    - ◆ Glocken in einem Knäuel am Stängelende konzentriert
      - ▪ untere Stängelblätter und Grundblätter mit herzförmigem oder abgerundetem Grund; h
        → Knäuel-Glockenblume, *C. glomerata* (Bd. 1, S. 256)
      - ▪ Ähnlich, aber Grundblätter allmählich in den Stiel verschmälert, Stängel steif borstenhaarig
        → Borstige Glockenblume, *C. cervicaria*
    - ◆ Glocken in einer ganz lockeren, breiten Rispe; unten trichterförmig, nach oben zu weit glockig, hellblau bis rosalila; Pflanze kahl (wenn Rispe steif aufrecht → Rapunzel-Glockenblume *(C. rapunculus)*)
      → Wiesen-Glockenblume, *C. patula* (Bd. 1, S. 258).
    - ◆ Blütenstände lang und schlank, unverzweigt
      - ▪ schmale, derbe, oberseits dunkelgrüne Blätter; lichte Laubwälder und Bergwiesen
        → Wald-Glockenblume, *C. persicifolia* (Bd. 1, S. 258)

[100] Für NÖ werden laut FlÖ zurzeit fünf Arten angegeben. Die Gruppe gilt allerdings nach wie vor als „unzureichend erforscht", was dazu führe, dass „einzelne Exemplare oft kaum bestimmbar" seien (S. 862). Hinter der Formulierung „unzureichend erforscht" verbirgt sich die – vielleicht vergebliche – Hoffnung, in die naturgegebene, verwirrende Vielfalt eines Tages doch eine klare Gliederung hineinzubringen. Die Scheuchzer-Glockenblume gehört auch zu dieser Gruppe; daher gibt es bei manchen Pflanzen bzw. in manchen Gebieten Bestimmungsprobleme. Auch die Abgrenzung zur Zierlichen Glockenblume ist manchmal nicht eindeutig. Eine weitere Art dieser schwierigen Artengruppe ist die Witasek-Glockenblume *(C. witasekiana)* – die nach unserem Wissen einzige Art, die nach einer Frau, der Botanikerin Johanna Witasek, benannt wurde.

- Stängelblätter eiförmig
  - ❖ Stängelblätter deutlich gestielt, Blüten sehr groß (3–6 cm lang)
    - ❊ Stängel steifhaarig und scharfkantig, Glocken am Innenrand lang behaart, Blätter steifhaarig, am Rand stark und tief doppelt gezähnt (brennnesselartig); mäßig trockene bis frische Laubwälder, auch im Saum entlang von Waldrändern, Hecken; h (Foto D, E)
      → Nesselblättrige Glockenblume, *C. trachelium* (Bd. 1, S. 258)
    - ❊ Stängel kahl bzw. kurzhaarig und rund; Blüten am Rand etwas bewimpert;
      → Breitblatt-Glockenblume, *C. latifolia* (S. 371, Fotos 5a, b)
  - ❖ Stängelblätter nur ganz kurz oder gar nicht gestielt; Glocken 2–3 cm lang, am Rand nur wenig bewimpert; Pflanze mit Ausläufern, daher oft in Gruppen; Wald- und Gebüschsäume, Waldschläge, Wegränder, Äcker, in Städten und Dörfern (gern an Mauerfüßen); sh
    → Acker-Glockenblume, *C. rapunculoides* (Foto F, G und Bd. 1, S. 258)

C

F

D

E

G

### 1 Strauß-Glockenblume, *Campanula thyrsoides*

| | | | | | | | | |
|---|---|---|---|---|---|---|---|---|
| 30–60 cm | VII–VIII | ⊙ | | | A2 | ss | | |

+ unverkennbar: die einzige Glockenblume mit gelben Blüten, diese in einer „Ähre“

### 2 Scheuchzer-Glockenblume, *Campanula scheuchzeri*

| | | | | | | | | |
|---|---|---|---|---|---|---|---|---|
| 10–25 cm | VI–VIII | ♃ | | | A1, G6 | h | | |

+ Pflanze fast kahl, Stängelblätter nur am Rand bewimpert
+ Grundblätter auffällig andersartig, herzförmig bis rundlich, zur Blütezeit meist schon vertrocknet
+ Blütenknospen nicken

### Steppen-Glockenblume, *Campanula sibirica* (Foto A, S. 368)

| | | | | | | | | |
|---|---|---|---|---|---|---|---|---|
| 15–40 cm | V–VI | ⊙ bis (∞) | | | TR, K | mh | | |

+ Kelchzipfel kürzer als halbe Glocke, bewimpert
+ schmale Stängelblätter, am Rand wellig

Nur auf Kalk.

### 3 Rapunzel-Glockenblume, *Campanula rapunculus*

| | | | | | | | | |
|---|---|---|---|---|---|---|---|---|
| 30–80 cm | V–VI | ⊙ | | | TR/G1 | † | § | |

+ sehr schmale Kelchzipfel
+ steif aufrechte Rispe

Früher bei Drösing an der March; wer findet sie noch? Früher wurde die Rübe gegessen und die Pflanze deshalb sogar kultiviert.

1

2

3a

3b

## 4 Filz-Glockenblume (Bologneser G.), *Campanula bononiensis*

| | | | | | | | | |
|---|---|---|---|---|---|---|---|---|
| 40–100 cm | VII–IX | ♃ | | | K, TR | s | | |

+ eindrucksvoll: die vielblütige Ähre wird bis zu 1 m hoch
+ Stängelblätter ungestielt, untere Stängelblätter mit herzförmigem Grund
+ Blattunterseite weißfilzig

## 5 Breitblatt-Glockenblume, *Campanula latifolia*

| | | | | | | | | |
|---|---|---|---|---|---|---|---|---|
| 60–150 cm | VI–VIII | ♃ | | | W4, A5, H | ss | | |

+ Blüte sehr groß (ca. 3–5 cm)
+ Blüte innen wenig behaart, Kelchzipfel kahl und etwas abstehend (Fotos 5b, c)
+ Stängel rund, kahl bis kurzhaarig

Hochstaudenfluren und Grauerlen-Auen entlang von Gewässern; in NÖ ss, häufiger aber in angrenzenden Gebieten der Steiermark (z. B. in der Walster).

☝ Ähnelt *C. trachelium*, aber bei dieser Art ist der Stängel kantig und steifhaarig; die Blüte ist innen lang behaart und die Kelchblätter sind bewimpert.

## 6 Borstige Glockenblume, *Campanula cervicaria*

| | | | | | | | | |
|---|---|---|---|---|---|---|---|---|
| 30–70 cm | VI–VII | ⊙ bis ⊗ | | | G2 | s | | |

+ Blüten in Knäueln am Stängelende konzentriert, aber
+ schmälere Blätter als die Knäuel-G., die keilförmig in den Stängel übergehen
+ gesamte Pflanze steifhaarig

## Familie: Korbblütler (Korbblütengewächse), Asteraceae (Compositae) Bd. 1, S. 260

*Blütenformel:* ✻ (Röhrenblüten) oder ↑ (Zungenblüten) K0 [B(5) ♂ (5)] ♀($\overline{2}$)

Die große, in NÖ artenreichste Familie gilt als die höchstentwickelte unter den Blütenpflanzen. Die Blütenstände sind so dicht gepackt, die einzelnen Blüten so klein, wobei die Randblüten oft stark vergrößert sind, dass es leicht passieren kann, dass man von einer Löwenzahn- oder Gänseblümchenblüte spricht, obwohl man eigentlich fachlich korrekt Blütenstand oder „Scheinblüte“ sagen müsste. Aus biologischer (funktioneller) Sicht ist das gar nicht ganz daneben, denn bei manchen Arten besteht zwischen den Blüten sozusagen eine „Arbeitsteilung“, da die auffälligen Randblüten steril sind und nur der „Reklame“ dienen (ähnlich wie die Blütenkronblätter der Einzelblüten anderer Familien). Um die zahlreichen Blüten unterzubringen, muss das Stängelende entweder verbreitert (Körbchen) oder halbkugel- bzw. kegelförmig ausgebildet sein (Köpfchen). Die dichte Anordnung der Blüten bringt für die Pflanzen den Vorteil, dass Blütenbesucher viele Blüten auf einmal befruchten. Der Nachteil ist allerdings, dass die gehäufte Ansammlung von nahrhaften Samen, kombiniert mit einem saftigen Blütenstandboden, die Korbblütler attraktiv für Insekten macht, die eine ausgiebige Futterquelle für ihre Nachkommen suchen. Daher findet man oft statt der Früchte eine dicke Käferlarve, wenn man ein Körbchen auseinanderbricht.

Wichtige Merkmale, um einen Überblick über die Artenfülle zu bekommen, sind der ohnehin bekannte Haarkelch (Pappus) – ein Kelch hätte ja in dem Gedränge der Einzelblüten keine Funktion mehr. Er kann vorhanden sein oder fehlen und unterschiedlich ausgebildet sein (siehe die Fotos zum Schlüssel A auf S. 387, 389). Zwischen den Blüten können noch die Tragblätter der Einzelblüten vorhanden sein, die nun „Spreublätter“ genannt werden. Sie sind z. B. praktisch, wenn man die Echte Kamille von einer sehr ähnlichen Hundskamille unterscheiden möchte[101] (Foto 4d bei der Gattung Hundskamille auf S. 439 oder in Bd. 1, S. 262, Foto 2a). Die Blättchen, die den ganzen Blütenstand umhüllen, nennt man konsequenterweise Hüllblätter. Sie tragen bei manchen Gattungen, z. B. bei den Flockenblumen (S. 419), dekorative und charakteristische Anhängsel.

An sich sollte es keine Schwierigkeit sein, Korbblütler als solche zu erkennen. Es gibt aber doch einige Gattungen, denen man die Familienzugehörigkeit nicht so leicht ansehen kann, z. B. solche mit winzigen Blütchen oder mit ganz wenigen, ja sogar nur noch einer einzigen Blüte pro Blütenstand. Diese haben wir mit Fotos an den Beginn des Bestimmungsschlüssels gestellt.

Es ist überraschend, dass aus einer so umfangreichen Familie relativ wenige Kulturpflanzen hervorgegangen sind. Am ehesten haben wir Korbblütler am Tisch, wenn wir Salat (Kopfsalat, Endiviensalat) essen. Für Diabetiker wichtig ist die Eigenheit, dass Korbblütler nicht (aus Glukose zusammengesetzte) Stärke als Energiespeicher verwenden, sondern das aus einem anderen Zucker (Fructose) aufgebaute Inulin (benannt nach der Gattung *Inula*, Alant, nicht zu verwechseln mit Insulin).

Wohl aber gibt es eine ganze Reihe von Heilpflanzen und einige gefährliche Giftpflanzen. Über die Giftigkeit der Greiskräuter wurde schon in Band 1 (S. 289) berichtet. Vergiftungsfälle bei Weidetieren haben in jüngster Zeit in NÖ Aufregung hervorgerufen (S. 448). Die Giftstoffe („PAs“ = Pyrolizidinalkaloide) kommen auch in anderen Korbblütlern vor (Pestwurz, Alpendost, Huflattich ...), was zu Einschränkungen bei der Verwendung als Heilpflanzen geführt hat. Als Wildgemüse sind daher nur die Vertreter der Unterfamilie „Zungenblütler“ empfehlenswert. Auch Heilpflanzen können bei falscher oder übertriebener Anwendung Anlass zu Vergiftungen sein. Dies gilt vor allem für Arnika und Wermut.

[101] ... obwohl man gerade stark verschnupft ist, denn am Geruch kann man die beiden ganz leicht unterscheiden.

## SCHLÜSSEL ZU DEN GATTUNGEN UND ARTEN – ÜBERSICHT

1. **Fotoschlüssel (Sonderschlüssel)** über Gattungen und Arten, denen man nicht so einfach die Familienzugehörigkeit ansieht, S. 374.

2. **Hauptschlüssel:**

- zunächst prüfe man, ob die Blüten in den Körben Zungenblüten oder Röhrenblüten sind
- Körbe nur mit Zungenblüten[102] (ohne Röhrenblüten); Pflanze mit Milchsaft
  → Zungenblütler – „Löwenzahnartige“, Schlüssel A, ab S. 386 (Bd. 1, S. 260 ff., Fotos S. 22)
- Körbe nur mit Röhrenblüten, die randlichen oft stark vergrößert und Zungenblüten vortäuschend; Pflanze jedoch meist ohne Milchsaft
  → Röhrenblütler – Schlüssel B, ab S. 415
  - Blätter dornig gezähnt, Pflanze „distelartig“
    → B1 ab S. 416
  - Blätter nicht dornig gezähnt, Pflanze „nicht distelartig“
    → B2 ab S. 419
- Körbe mit Röhrenblüten und mit randlich angeordneten Zungenblüten; Pflanze meist ohne Milchsaft
  → Zungenröhrenblütler – „Gänseblümchenartige“, Schlüssel C, S. 428
  - Zungen blau oder violett
    → C1 ab S. 430
  - Zungen weiß (rosa)
    → C2 ab S. 432
  - Zungen gelb (bräunlich)
    → C3 ab S. 440

[102] Achtung: die Knospen der Zungenblüten im Inneren der jungen Köpfchen nicht mit Röhrenblüten verwechseln!

## FOTOSCHLÜSSEL FÜR SONDERFORMEN

A
Kugeldistel, *Echinops sphaerocephalus*, S. 375

B1 B2
Spitzklette, *Xanthium*, S. 376

C1
Klette, *Arctium*, S. 377

C2
Klette, *Arctium*

D1
Pestwurz, *Petasites*, Bd. 1, S. 280

D2
Pestwurz, *Petasites*, Bd. 1, S. 280

E
Alpendost, *Adenostyles*, Bd. 1, S. 282

F

Edelweiß, *Leontopodium alpinum*, S. 380

G

Spreublume, *Xeranthemum annuum*, S. 378

H

Golddistel, *Carlina vulgaris*, Bd. 1, S. 270

I

Wermut, *Artemisia*, S. 383

J

Traubenkraut, *Ambrosia artemisiifolia*, S. 376

## 1 Kugeldistel, *Echinops sphaerocephalus*

| | | | | | | | | |
|---|---|---|---|---|---|---|---|---|
| 60–150 cm | VI–VIII | ⊙ bis ♃ | | | P3, S3 | mh | | |

+ dichte, kugelige Köpfe[103] (Foto A, S. 374)
+ die Blätter sind distelartig, dornig gezähnt

Die stattlichen Pflanzen mit ihren weißlichen Kugeln sind die Zierde von älteren Brachen und von Bahn- und Straßenböschungen. Sie sind aber auf die wärmeren Landesteile beschränkt.

Bei Bienen ist sie eine äußerst begehrte Pflanze. Sie sollte daher auf Böschungen geschont werden. Die Bienen werden uns danken!

☝ Die Ruthenische Kugeldistel (*E. ritro* subsp. *ruthenicus*) hat blaue Kugeln. Sie wächst sehr selten als Rarität im pannonischen Raum, vor allem auf sonnigen Felshängen in den Hainburger Bergen und auf Löss bei Hollabrunn. Eine herrliche Pflanze!

1

[103] Unzählige einblütige Körbe sind zu dichten, kugeligen Korbständen vereinigt.

## 1 Traubenkraut (Ambrosie), *Ambrosia artemisiifolia*

| | | | | | | | | |
|---|---|---|---|---|---|---|---|---|
| 50–150 cm | VIII–IX | ⊙ | | | P1, 2, S1, 2, Ä | mh | | gi! |

+ Blätter erinnern entfernt an die des Beifuß
+ Pflanze mit völlig unterschiedlichen ♂ und ♀ Körben (Foto 1b, Foto J auf S. 375)

Pollen stark allergen! Aufgrund der späten Blütezeit für Allergiker doppelt unangenehm. Neubürger aus Nordamerika. Dürfte mit Saatgut und vor allem mit Vogelfutter eingeschleppt worden sein. War in den 1950er-Jahren noch eine Rarität (oft unter Vogelhäuschen). Hat sich seither, besonders in klimawarmen Gebieten, stark ausgebreitet. Unter dem englisch-amerikanischen Namen „ragweed" („Fetzenkraut") wird in den Medien oft zu Ausreißaktionen aufgerufen. Dabei ist allerdings darauf zu achten, dass nicht ähnliche, z. T. seltene Arten dadurch „zum Handkuss kommen". Wenn man außerdem bedenkt, dass der Pollen sehr weit fliegt und dass auch andere (heimische!) Pflanzen allergene Wirkung haben, ist die Sinnhaftigkeit solcher Aktionen fragwürdig.

## 2 Gattung: Spitzklette, *Xanthium* (S. 374, Fotos B1, B2)

| | | | | | | | | |
|---|---|---|---|---|---|---|---|---|
| 20–100 cm | VIII–X | ⊙ | | | S2, T4 | s | | gi! |

+ ♂ und ♀ Körbe deutlich verschieden, von den „üblichen" Körben völlig abweichend[104]
+ weibliche Blüten (= die spätere Frucht) von einer dornigen Hülle völlig umschlossen; oben sitzen zwei Schnäbel (Foto 2b)

☝ Dornige Spitzklette *(X. spinosum)* mit ganz kurz gestielten Blättern und am Grund der Blätter mit 1–2 kräftigen gelben Dornen. Durch den Rückgang der Weidewirtschaft im pannonischen Raum extrem selten geworden und am Rand des Aussterbens. (Foto 2c)

1a

1b

1c

[104] „Genus inter Compositas valde abnorme" (= die Gattung ist innerhalb der Korbblütler sehr ausgefallen) (De Candolle, zitiert bei A. Neilreich: Flora von NÖ 1859).

- Gewöhnliche Spitzklette *(X. strumarium)*: Stängel und Blätter weichhaarig (bei den zwei folgenden Arten sind sie auffällig rauhaarig, fast reibeisenartig). Diese Pflanze war bei Neilreich 1846 noch „höchst gemein“, heute nur noch sehr selten zu finden.
- Großfrüchtige Spitzklette *(X. orientale)*: Schnäbel deutlich einwärtsgekrümmt. Nur im Steinfeld bei Wiener Neustadt auf kiesigen, sandigen Böden (Sandgruben).
- Ufer-Spitzklette, Elbe-Sp. *(X. albinum)*: Schnäbel gerade. Hauptsächlich im unteren Thaya-Tal und im March-Tal an Flussufern und auf Erdhaufen und Baustellen (z. B.: Marchfelddamm (Foto 2a); §. Von allen Spitzkletten noch die relativ häufigste. An ihr zusagenden Stellen tritt sie manchmal in reichen Beständen auf. Es werden einige z. T. unklare Unterarten, teils hybridogener Herkunft, unterschieden, siehe dazu FlÖ, S. 905.
- Ganz ähnliche Blätter wie die Spitzklette hat das Rispenkraut *(Iva xanthiifolia)*. Der Korbstand ist jedoch ganz anders rispig oder traubig verzweigt. Überdies sind die Blätter gegenständig. Eine stattliche, 1–2 m hohe Pflanze. Sehr selten auf G’stätten.

## Gattung: Klette, *Arctium*

Kletten sind zwar Pionierpflanzen, die offene Bodenstellen ausnützen, um sich anzusiedeln. Ihre Wuchsorte müssen aber längere Zeit ungestört bleiben; Mahd vertragen sie ebenso wenig wie Beschattung durch Gehölze. Nach der Fruchtreife sterben die Pflanzen ab; ihre derben Stängel bleiben aber lange stehen. Die „Samen“ werden durch Erschütterungen der Pflanze ausgestreut oder die Fruchtstände (Kletten) heften sich an Vorübergehende an. Dies wird wohl jeder aus seiner Jugendzeit her kennen. Wer hat seinen Spielkameraden nicht Kletten aufs Gewand oder in die Haare geworfen?

Wir unterscheiden vier äußerlich ähnliche Arten. Ursprünglich waren alle 4 wohl in Waldlichtungen oder an Ufern heimisch. Drei haben den „Sprung" in die Siedlungsräume und „G'stätten" gewagt und sehr erfolgreich geschafft. Die 4. Klette blieb jedoch in den Waldlichtungen, kommt kaum in Siedlungsräumen vor. Diese recht seltene Klette wird als erste behandelt, die anderen 3 anschließend gemeinsam:

## 1 Auenklette (Hainklette), *Arctium nemorosum*

| | | | | | | | | |
|---|---|---|---|---|---|---|---|---|
| 100–250 cm | VII–VIII | (··) bis (∞) | | | W3, 6 | s | | |

+ Hauptzweige hängen zumindest zur Fruchtreife auffällig bogig über
+ Blüten überragen die Hülle nicht oder kaum
+ Stiele der Kletten 0–1 cm lang

## „G'stättenkletten" (die folgenden 3 Arten)

| | | | | | | | | |
|---|---|---|---|---|---|---|---|---|
| 50–200 cm | VII–X | (··) bis (∞) | | | P3, S1, 2 | mh–sh | | |

## 2 Spinnwebklette (Filzklette), *Arctium tomentosum*

+ Blütenhülle auffällig spinnwebig (bei den 2 folgenden fast kahl)
+ besonders in höheren Lagen

*Naturgartentipp:* Eine ausgesprochen dekorative Pflanze, die Blüten werden wie die aller Kletten gern von Schmetterlingen und Bienen besucht.

## 3 Große Klette, *Arctium lappa* (Bd. 1, S. 281, Foto C)

+ Kletten groß (30–40 mm ∅)
+ Kletten lang (3–10 cm) gestielt, Blütenstand rispig verzweigt

Häufigste Klette!

## 4 Kleine Klette, *Arctium minus*

+ Kletten klein (15–25 mm ∅)
+ Kletten kurz gestielt, Blütenstand daher schmal (ährenartig)

## 5 Spreublume, *Xeranthemum annuum*

| | | | | | | | | |
|---|---|---|---|---|---|---|---|---|
| 15–50 cm | VI–VIII | (·) | | | TR, P1 | ss | § | |

+ die inneren Hüllblätter sind ausgebreitet, starr, trockenhäutig und purpurn gefärbt, umgeben das Köpfchen wie ein Kranz und täuschen damit Zungenblüten vor
+ Blätter unterseits dicht weißfilzig

Hauptsächlich im Steinfeld, im Wiener Becken und im Marchfeld, meist auf offenen Sandböden.

1a

1b

2

3b

3a

4

5

## 1 Edelweiß, *Leontopodium alpinum*

| | | | | | | | | |
|---|---|---|---|---|---|---|---|---|
| 5–20 cm | VII–IX | ♃ | | | A1, 3 | s | § | |

Die Körbe werden von 6–13 wollig weißfilzigen Hochblättern sternförmig umgeben (ein „Stern“ besteht also aus mehreren Korbblütenständen mit zahlreichen winzigen Blütchen).

Symbol für die Alpen (siehe 2-Cent-Münze); die alte Anwendung als Volksarzneipflanze (bei Durchfällen u. v. a.) lässt sich inzwischen durch den Nachweis von Wirkstoffen erklären; neu aufgefundene Substanzen lassen auch interessante neue Anwendungen erwarten (z. B. Imprägnierung von Stents für Herzkranzgefäße).

Kalkstet; nur auf Rax, Schneeberg und (früher?) am Obersberg bei Schwarzau/Gebirge.

**Die folgenden Gattungen (Ruhrkraut und Filzkraut) und Arten wachsen auf ausgesprochen bodensauren Lebensräumen (Silikatsand, Silikatgrus, aber auch auf vernässten, schweren Böden):**

## 2 Wald-Ruhrkraut, *Gnaphalium sylvaticum*

| | | | | | | | | |
|---|---|---|---|---|---|---|---|---|
| 10–50 cm | VII–IX | ♃ | | | W1, 6, 7, ZW | h | | |

+ Hüllblätter mit grünem bis bräunlichem Mittelteil und oft mit breitem, dunklem Hautrand
+ Blätter einnervig, die mittleren kürzer als die unteren (Fotos 2a, b)

In trockenen, kalkarmen Wäldern und auf Silikatmagerrasen; kalkmeidend.

☝ Das sehr ähnliche Norwegische Ruhrkraut *(G. norvegicum)* hat dreinervige Blätter, die mittleren sind so lang oder länger als die unteren. Es wächst nur in der Bergstufe und der subalpinen Stufe; s.

## 3 Sumpf-Ruhrkraut, *Gnaphalium uliginosum*

| | | | | | | | | |
|---|---|---|---|---|---|---|---|---|
| 5–15 cm | VII–VIII | ⊙ | | | Ä, T4 | mh | | |

+ Erinnert entfernt an das Edelweiß

Wächst auf im Frühling vernässten, bodensauren, lehmig tonigen Äckern, in Fahrrinnen und auf schlammigen Teichufern. Im Foto gemeinsam mit Knäuel *(Scleranthus annuus)* und Krötenbinse *(Juncus bufonius)*.

☝ Das Gelbe Ruhrkraut *(Laphangium luteoalbum* bzw. *G. luteoalbum)* hat dicht wollig weißfilzig behaarte Stängel und Blätter (Foto 3b). Es wächst z. B. auf feuchten, bodensauren Waldschlägen; ss.

☝ Die Gattung Ruhrkraut hat noch 2 Winzlinge (nur 2–10 cm hoch!) in der alpinen und subalpinen Stufe zu bieten. Beide wachsen bevorzugt auf Schneeböden (A7) und auf feuchten Rasen. Das eine, das Alpen-Ruhrkraut *(G. hoppeanum)*, wächst nur über Kalkgestein, z. B. auf dem Schneeberg und der Rax. Es hat Hüllblätter, die zur Fruchtzeit aufrecht sind (Foto 3c).

Das andere, das Zwerg-Ruhrkraut *(G. supinum)*, wächst bevorzugt über kalkarmen Böden, z. B. am Wechsel, aber auch auf Rax und Schneeberg, auf sauren, dichten, wasserstauenden Böden, v. a. Braunlehm. Seine Hüllblätter sind zur Fruchtzeit auffällig sternförmig ausgebreitet.

## 4 Acker-Filzkraut, *Filago arvensis*

| | | | | | | | | |
|---|---|---|---|---|---|---|---|---|
| 10–30 cm | VI–VIII | ⊙ bis ① | | | P1, 3, Ä | mh | | |

+ (Mittlere) Hüllblätter bis zur Spitze wollig filzig
+ daher die ganze Pflanze ± weiß

1a

1b

2b

2a

3b

3c

3a

4

## 1 Zwerg-Filzkraut, *Filago minima*

| | | | | | | | | |
|---|---|---|---|---|---|---|---|---|
| 5–15 cm | VI–IX | ⊙ bis ① | | | TR, P1, 3, 5 | mh | | |

+ Hüllblätter zur Fruchtreife sternförmig ausgebreitet
+ mittlere Hüllblätter nicht bis zur Spitze behaart; vorn mit Hautrand
+ Blätter viel schmäler, Wuchs schlanker und straffer als beim Acker-F.

Besonders auf Sand (z. B. bei Gmünd und Baumgarten an der March).

☝ Das Gewöhnliche Filzkraut *(F. vulgaris* s. l.*)* hat kugelige Korbknäuel und Hüllblätter, die grannig zugespitzt sind und zur Fruchtreife aufrecht stehen (Foto 1c). Man kann es in zwei Arten unterteilen: (1) Das Graugelbe Filzkraut *(F. lutescens)* hat mittlere Hüllblätter mit roter Grannenspitze. Sie sind auch wollig behaart. (2) Das Gewöhnliche Filzkraut *(F. vulgaris)* hat mittlere Hüllblätter mit gelblich weißer Grannenspitze. Sie sind fast kahl. Beide sind gar nicht „gewöhnlich", sondern noch seltener (§!) als die beiden zuerst genannten Arten der Gattung. Sie besiedeln ähnliche Standorte.

## 2 Katzenpfötchen (Katzenprankerl), *Antennaria dioica*

| | | | | | | | | |
|---|---|---|---|---|---|---|---|---|
| 5–20 cm | V–VI | ♃ | | | W1, G1, ZW | mh | | |

+ Blätter unterseits weißfilzig, oberseits kahl
+ dichte Matten durch oberirdische, beblätterte Ausläufer

Pflanze zweihäusig, Hüllblätter der ♂ Köpfe meist weiß, die der ♀ Köpfe meist rosa oder rot; streng kalkmeidend; auf lückigen, bodensauren Magerrasen, Almen und in Rotföhrenwäldern.

1a

1c
Gewöhnliches Filzkraut

2a

1b

2b

## Gattung: Wermut (Beifuß), *Artemisia*

Kleine Köpfchen mit nur 2–3 mm ∅, die aus winzigen Blütchen zusammengesetzt sind (s. Bd. 1, S. 277–278)

Neben den in Band 1 auf Seite 278 behandelten vier Arten kommen in NÖ noch 6 weitere vor (2 sind leider ausgestorben):

- Blattstiele sitzen ohne Öhrchen am Stängel
  - Blattzipfel 2–4 mm breit, Blätter beiderseitig weißfilzig, mit bitter-aromatischem Duft; in Trockengebieten (v. a. Weinviertel); mh
    → Echter Wermut, *Artemisia absinthium* (Bd. 1, S. 278)
  - Blattzipfel 0,3–1,5 mm breit
    - Blätter unterseits seidenhaarig filzig; ss
      → Waldsteppen-Wermut, *Artemisia pancicii* (S. 385)
    - Blätter kahl bis spärlich behaart; †, §, FFH (Foto A)
      → Schlitzblatt-Wermut, *Artemisia laciniata*
      Relikt aus der eiszeitlichen Kältesteppe; in NÖ leider ausgestorben. Die letzten Fundorte waren im Marchfeld, östlich von Lassee. In Österreich gibt es ihn nur noch sehr selten im Nationalpark Neusiedlersee, südlich von Weiden am See, in mäßig feuchten, schwach salzigen Magerwiesen (NSG Zitzmannsdorfer Wiesen).
- Blattstiele sitzen mit kleinen spitzen Öhrchen am Stängel (Foto B)
  - Blattzipfel mehr als 2 mm breit (Fotos C)
    → Artengruppe Beifuß, *Artemisia vulgaris* agg. (Bd. 1, S. 278)
    - Blätter nur mit schwachem, dumpfem Geruch; nur kurze Ausläufer, wächst daher in dichten Gruppen; sh
      → Beifuß, *Artemisia vulgaris* (Bd. 1, S. 278)
    - Blätter mit starkem Kampferduft; lange Ausläufer; Pflanze in lockeren Beständen (wird durch Ausläuferstückchen v. a. mit Ziergehölzen verschleppt) (Foto D); s
      → Kamtschatka-Beißfuß, *Artemisia verlotiorum*
  - Blattzipfel weniger als 2 mm breit
    - Hüllblätter des Blütenköpfchens behaart, daher nicht glänzend
      - Blattzipfel 0,3–0,7 mm breit; riechen stark aromatisch, kampferartig; †, §
        → Kampfer-Wermut, *Artemisia alba*
        In ganz Österreich leider ausgestorben. Letzte Funde waren am Eichkogel bei Mödling 1887.

A

B

C

D

- Blattzipfel 0,7–1 mm breit
  - ❖ Blätter regelmäßig, kammartig gefiedert, Blattzipfel ± spitz (Foto E); s
    → Pontischer Wermut, *Artemisia pontica* (S. 385)
  - ❖ Blätter unregelmäßig zerteilt, die Zipfel an der Spitze ± handförmig, stumpf; s (Foto F)
    → Österreichischer Wermut, *Artemisia austriaca* (S. 385, Fotos 1a, b)

◆ Äußere Hüllblätter fast kahl, meist glänzend

- Pflanze ein- bis zweijährig, nicht verholzt, ohne nicht blühende Triebe
  - ❖ Blätter stark aromatisch; ss
    → Einjähriger Wermut, *Artemisia annua*
    Im Umland von Wien auf Bauplätzen und Abbruchsarealen; im Steinfeld an Ackerrändern; Neubürger, Heimat Osteuropa bis Westasien.
  - ❖ Blätter nicht aromatisch; s
    → Besen-Wermut, *Artemisia scoparia* (S. 385)
- Pflanze ausdauernd, am Grund verholzt, mit nicht blühenden, meist büscheligen Trieben
  - ❖ Blätter stark aromatisch; Salzsteppenpflanze § (Foto G)
    → Salzsteppen-Wermut, *Artemisia santonicum*
    Sehr selten, nur im NSG Salzsteppe bei Baumgarten a.d. March in wenigen Exemplaren. Im Burgenland im Seewinkel häufig.
  - ❖ Blätter praktisch geruchlos; Pflanze trockener Böschungen, Mauern, Trockenrasen; h (Fotos H, I)
    →Feld-Wermut, *Artemisia campestris* (Bd. 1, S. 278)

Zwei Feld-Wermut-Pflanzen auf einer Weingartenmauer bei Dürnstein, die Farbunterschiede machen die Variabilität der Art deutlich (im Vordergrund Zypressen-Wolfsmilch).

## Waldsteppen-Wermut, *Artemisia pancicii* (ohne Abb.)

| | | | | | | | | |
|---|---|---|---|---|---|---|---|---|
| 30–50 cm | IX–X | ♃ | | | TR, H, K | ss | § | FFH[105] |

Nur am Bisamberg beim Catzkaweg, zwischen Elisabethhöhe und Langenzersdorf und auf den Hainburger Bergen.

## 1 Pontischer Wermut, *Artemisia pontica*

| | | | | | | | | |
|---|---|---|---|---|---|---|---|---|
| 30–80 cm | VII–IX | ♃ | | | TR, H | s | | |

+ Köpfchen kugelig, ca. 4 mm ∅, graufilzig (s. Foto I, S. 375)
+ Blätter graufilzig, sehr regelmäßig gefiedert (s. Foto E, S. 384)

Sehr schön z. B. am Eichkogel bei Mödling.

✍ Ähnlich ist der Österreichische Wermut *(A. austriaca)* mit eiförmigen Köpfchen mit ca. 3 mm ∅ und mit unregelmäßig zerteilten Blättern, die durch angedrückte seidige Behaarung weißlich grau glänzen; s; vor allem im Wiener Becken und um Langenlois; als Besonderheit auf einer trockenen Böschung bei Pengersdorf im Ackerbaugebiet des Mostviertels (bei Böheimkirchen, Fotos 1a, b).

## Besen-Wermut, *Artemisia scoparia* (ohne Abb.)

| | | | | | | | | |
|---|---|---|---|---|---|---|---|---|
| 30–60 cm | VIII–X | ⊙ bis ⊙̈ | | | TR, S1–3 | s | | |

+ Köpfchen auffallend klein, nur 1–1,5 mm ∅
+ ähnlich dem Feld-Wermut *(A. campestris)*, jedoch zarter und nicht ausdauernd

Meist auf ± sandigem Boden; unbeständig in lückigen Rasen trockener Böschungen.

1a

Österreichischer Wermut

1b

Österreichischer Wermut

[105] Laut europäischer Kommission (Habitat-Ausschuss) eine „Pflanzenart von gemeinschaftlichem Interesse, für deren Erhaltung besondere Schutzgebiete ausgewiesen werden müssen“.

## SCHLÜSSEL A – Zungenblütler – „Löwenzahnartige“

Anmerkung: Die Zunge ist vorn meist fünfzähnig, da sie aus allen 5 miteinander verwachsenen Kronblättern gebildet wird.

- Zungen blau, violett, lila oder purpurn
  - Blätter ganzrandig
    → Purpur-Schwarzwurzel, *Scorzonera purpurea* (S. 397, Foto 4)
  - Blätter nicht ganzrandig (zumindest untere)
    - ◆ Zungen himmelblau, Frucht ohne Haarkelch
      → Wegwarte, *Cichorium intybus* (S. 391, Foto 1)
    - ◆ Zungen blau bis purpurn, Frucht mit Haarkelch
      - ▪ Waldpflanze; h
        → Hasenlattich, *Prenanthes purpurea* (S. 391, Fotos 2a–c)
      - ▪ Gebirgspflanze; mh
        → Milchlattich, *Lactuca alpina* (S. 391, Fotos 3a, b)
      - ▪ Brachen, Bahngelände im pannonischen Raum; s
        → Tataren-Lattich, *Lactuca tatarica* (S. 391)
- Zungen gelb bis orangerot
  - Stängel ohne Blätter (höchstens mit einigen kleinen Hochblättern); die grundständigen Blätter bilden eine Rosette
    - ◆ Korbboden mit Spreublättchen (schmale häutige Blättchen im Köpfchen zwischen den Blüten bzw. Früchten) (Bd. 1, S. 262, Foto 2a)
      → Ferkelkraut, *Hypochaeris* (Bd. 1, S. 262)
    - ◆ Korbboden ohne solche Spreublättchen
      - ▪ Frucht ohne Haarkelch
        - ❖ Stängel unter dem Korb keulenartig verdickt; s
          → Lämmersalat, *Arnoseris minima* (S. 393, Fotos 1a–c)
        - ❖ Stängel unter dem Korb nicht verdickt; s
          → Stinklattich, *Aposeris foetida* (S. 393, Foto 2)
      - ▪ Randfrüchte mit Krönchen, nur innere Früchte mit Haarkelch
        → Hunds-Löwenzahn, *Leontodon saxatilis* (Bd. 1, S. 266) (Fotos A, B, C)
      - ▪ alle Früchte mit Haarkelch
        - ❖ Haare des Haarkelchs federartig (gefiedert) (Foto D)
          - ❊ Blätter graufilzig, ± ganzrandig; Stängel einköpfig; Pflanze auf steinigen, trockenen Böden und Kalkfelsen; s
            → Grauer Löwenzahn, *L. incanus*
          - ❊ Blätter dicht behaart (aber nicht graufilzig) oder (v. a. im Gebirge) ganz kahl; Grundblätter mit deutlichen Zähnen; Stängel einköpfig; Pflanze auf trockenen und Magerstandorten; sh
            → Sommer-Löwenzahn, *Leontodon hispidus* (Bd. 1, S. 264)

❊ Blätter ± kahl, tief gespalten mit schmalen, länglichen Zipfeln (Foto E); Stängel verzweigt, mehrköpfig; Pflanze auf ± feuchten, schweren oder verdichteten (Wege, Weiden) Böden; sh
→ Herbst-Löwenzahn, *Leontodon autumnalis* (Bd. 1, S. 264)

☆ Stängel einkörbig; Stängel oben wie die Körbchenhülle schwarz behaart; nur auf Kalk im Schneeberg-Rax-Gebiet in der (sub)alpinen Stufe; ss
→ Nordostalpen-Löwenzahn, *L. montaniformis*

☆ Stängel ebenfalls einkörbig; aber Behaarung nicht schwarz, mit mehr als zwei winzigen Blättchen; nicht auf Kalk, sondern in Silikatmagerrasen im Wechselgebiet in der (sub)alpinen Stufe; mh
→ Schweizer Löwenzahn, *L. helveticus*

❖ Haare des Haarkelchs einfach (nicht gefiedert) (Foto F)

❄ Stängel röhrig
→ Frühlings-Löwenzahn, *Taraxacum* (Bd. 1, S. 266)

❄ Stängel nicht röhrig

☆ Frucht wird gegen die Spitze nicht schmäler
→ Habichtskraut, *Hieracium* (wird als Gattung komplett bei der Abteilung mit beblättertem Stängel behandelt; s. S. 407 und Einführung Bd. 1, S. 267)

☆ Frucht abrupt in einen langen, haarförmigen Schnabel verschmälert (Foto G)
→ Krönchenlattich, *Willemetia stipitata* (S. 393, Foto 4)

☆ Frucht oben zwar verschmälert, aber nicht in einen langen Schnabel
→ Pippau, *Crepis* (Bd. 1, S. 262–264) (Die Gattung wird komplett bei der Abteilung mit beblättertem Stängel behandelt; s. S. 402)

– Stängel zumindest mit einem gut ausgebildeten Blatt

◆ Frucht ohne Haarkelch
→ Rainkohl, *Lapsana communis* (S. 395, Fotos 1a, b)

◆ Frucht mit Haarkelch, dessen Haare (zumindest die der inneren Früchte) wie eine Vogelfeder „gefiedert“ sind[106] (S. 387, Fotos C, D)

▪ Korbboden mit Spreublättchen (s. Bd. 1, S. 263, Abb. 2a), die meisten Blätter in einer dem Boden eng anliegenden Grundblattrosette
→ Ferkelkraut, *Hypochaeris* (Bd. 1, S. 262)

▪ Korbboden ohne Spreublätter

❖ untere Blätter tief geteilt (fiederteilig) (Foto H); Kelchhaare miteinander verwoben
→ Jacquin-Schwarzwurzel, *Scorzonera cana* (S. 397, Foto 5)

❖ Blätter nicht geteilt

❄ Blätter ± grob gezähnt, fiedernervig, Pflanze rau behaart
→ Bitterkraut, *Picris hieracioides* (S. 395, Fotos 2a, b)

❄ Blätter ganzrandig, parallelnervig; Kelchhaare miteinander auffällig verwoben (Foto I)

☆ Hüllblättchen gleich lang (Foto J)
→ Bocksbart, *Tragopogon* (Bd. 1, S. 260–262)

☆ Hüllblättchen ungleich lang, wie Dachziegel angeordnet (Foto K)
→ Schwarzwurzel, *Scorzonera*, s. Schlüssel S. 394

◆ Frucht mit einfachem (nicht gefiederten) Haarkelch; ohne Spreublättchen

▪ Frucht flach zusammengedrückt

❖ Hüllblätter in 2 Reihen (die äußeren sind viel kürzer und bilden eine deutliche Außenhülle)
→ Mauerlattich, *Lactuca muralis* (S. 397, Fotos 6a, b)

❖ Keine Außenhülle

❄ Frucht ungeschnäbelt (Haarkelch sitzt direkt an der Frucht) (Foto L)
→ Gänsedistel, *Sonchus*, s. Kasten S. 398

[106] Achtung: Fiedern im feuchten Zustand oft verklebt.

F
G
H
I
J
K
L
M

- ❊ Frucht deutlich geschnäbelt, der Haarkelch ist daher gestielt (Foto M)
  - ☆ Stängel krautig, grün, oft rötlich überlaufen, hohl
    → Eichenlattich, *Lactuca quercina* (S. 399, Fotos 4a–c)
  - ☆ Stängel knochenartig, gelblich weiß, markig
    - ❦ Mittlere und obere Blätter am Grund mit 1–2 cm langen Öhrchen, die am Stängel herablaufen und mit diesem verwachsen sind
      → Rutenlattich, *Lactuca viminea* (S. 400, Fotos 1a–c)
    - ❦ Ohne solche Öhrchen; Blätter auffallend senkrecht gestellt
      → Kompasslattich, *Lactuca serriola* (S. 400–401, Fotos 2a, b)

▪ Frucht im ∅ rund, nicht zusammengedrückt

- ❖ Frucht abrupt in einen langen, haarförmigen Schnabel verschmälert (der Haarkelch ist daher deutlich gestielt) und zusätzlich ist der Fruchtschnabel am Grund von einem Krönchen umgeben, s. Foto G auf S. 389 (wenn hingegen ohne dieses schöne Krönchen
  → Pippau, *Crepis* S. 402)
  - ❊ Pflanze trockener, sandiger, ± offener Böden; Stängel am Grund auffällig abstehend borstenhaarig, sonst ± kahl
    → Knorpellattich, *Chondrilla juncea* (S. 401, Fotos 3a, b)
  - ❊ Pflanze feuchter bis nasser Standorte; Stängel am Grund kahl, oben ist die ganze Pflanze stark behaart mit schwarzen Drüsenhaaren (Behaarung also gerade umgekehrt wie bei der vorigen Art)
    → Krönchenlattich, *Willemetia stipitata* (s. S. 392)
- ❖ Frucht anders (nicht lang geschnäbelt und ohne „Krönchen")
  → Schlüssel zu Pippau und Habichtskraut (S. 401 unten)

## 1 Wegwarte, *Cichorium intybus*

| | | | | | | | | |
|---|---|---|---|---|---|---|---|---|
| 30–120 cm | VII | ♃ | | | K, P5, S3 | sh | | |

+ Grundblätter Löwenzahn-ähnlich, aber größer, unterseits rauhaarig
+ Pflanze sparrig verzweigt, reichblütig
+ blüht vormittags, verblüht am frühen Nachmittag; jeder Korb blüht also nur einen Tag; am nächsten Tag der nächste, sodass immer eine gewisse Anzahl blüht

Zierde öder Weg- und Straßenränder. Kultiviert: Radiccio, Chicorée; auch die Wurzel der Wildpflanze wurde (in Notzeiten) als Kaffee-Ersatz („Ziguri") verwendet.

## 2 Hasenlattich, *Prenanthes purpurea*

| | | | | | | | | |
|---|---|---|---|---|---|---|---|---|
| 50–150 cm | VII–VIII | ♃ | | | W2, 5, 6 | sh | | |

+ Blätter stängelumfassend, kahl, blaugrün
+ Körbe wenigblütig (nur fünfblütig), nickend bis hängend, purpurrot
+ Pflanze vielkörbig; Korbstand locker rispig

Besonders in Buchenwäldern.

## 3 Milchlattich, *Lactuca alpina (Cicerbita alpina)*

| | | | | | | | | |
|---|---|---|---|---|---|---|---|---|
| 60–140 cm | VII–VIII | ♃ | | | K (W5), A5 | h | | |

+ Pflanze stark drüsenhaarig
+ Stängel auffallend kräftig (unten bis 2 cm ∅), unverzweigt, hohl

Die Frucht ist (im Gegensatz zu denen der übrigen Lattiche) nicht geschnäbelt (dadurch früher eine eigene Gattung: *Mulgedium*). Gern im Saum von (feuchten) Wäldern und Latschenkrummholz; im Waldviertel recht s.
*Naturgartentipp:* Eine prächtige Hochstaude für klimafeuchte und bodenfrische, aber sonnige (oder halbschattige) Lagen, gemeinsam mit Wald-Geißbart und Österr. Gämswurz (S. 442)

## Tataren-Lattich, *Lactuca tatarica* (ohne Abb.)

| | | | | | | | | |
|---|---|---|---|---|---|---|---|---|
| 30–80 cm | VII–VIII | ♃ | | | P1–3 | s | | |

+ Pflanze mit unterirdischen Ausläufern
+ die Hüllblätter sind meist purpurn punktiert oder gestrichelt

Neubürger (Heimat Osteuropa, Asien), erst in den letzten Jahren eingeschleppt bzw. festgestellt; bisher nur beim Truppenübungsplatz Großmittel nächst Sollenau. Auch sonstwo? Es ist mit Ausbreitung zu rechnen!

## 1 Lämmersalat, *Arnoseris minima*

| | | | | | | | | |
|---|---|---|---|---|---|---|---|---|
| 10–30 cm | VI–VIII | ⊙ bis ① | | | Ä, P3, S3 | ss | | |

+ Blätter ungeteilt, gezähnt (Foto 1b)
+ Stängel einkörbig oder mit wenigen einkörbigen Ästen (Fotos 1a, c)

Kalkfeindlich; sehr selten auf stark bodensauren, sandigen Äckern, Brachen und Böschungen (h z. B. im Naturpark Blockheide bei Gmünd).

## 2 Stinklattich, *Aposeris foetida*

| | | | | | | | | |
|---|---|---|---|---|---|---|---|---|
| 5–25 cm | VI–VIII | ♃ | | | W4 | s | | |

+ Blätter auffallend regelmäßig fiederschnittig
+ Geruch des Milchsafts unangenehm, erinnert an rohe Erdäpfel

In Berg-Buchenwäldern. In NÖ selten und nur im äußersten Südwesten des Schneeberggebiets. Mehr im Westen, z. B. im Salzkammergut, häufig.

## Grauer Löwenzahn, *Leontodon incanus* (siehe S. 39, Foto B mit Mödlinger Federnelke)

| | | | | | | | | |
|---|---|---|---|---|---|---|---|---|
| 15–40 cm | V–VI | ♃ | | | P4, A3, W1 | mh | | |

Durch die Blattfarbe, bedingt durch dichte Behaarung, und die praktisch ganzrandigen Blätter vom viel häufigeren Sommer-L. unterscheidbar. Dringt mit einer Pfahlwurzel in Felsspalten.

## 3 Frühlings-Löwenzahn, *Taraxacum officinale* agg. (Bd. 1, S. 266)

| | | | | | | | | |
|---|---|---|---|---|---|---|---|---|
| 10–40 cm | VI–V | ♃ | | | G5, P3, S2 | sh | | |

Sehr formenreich; Arten nur nach „mehrjähriger, gründlicher Einarbeitung" (FlÖ, S. 962) bestimmbar. Wir erwähnen nur zwei Standortspezialisten im pannonischen Raum:

- Salz-Löwenzahn *(T. bessarabicum)* mit kleinen, blassgelben Blütenköpfchen; VIII–IX; nur auf feuchten Salzwiesen im Marchfeld und bei Zwingendorf; ss §.
- Spätblühender Löwenzahn *(T. serotinum)*: VIII–X; bevorzugt Löss (Wände, Böschungen, Wegränder); ss (z. B. am Eichkogel bei Mödling) (Fotos 3a, b)

## 4 Krönchenlattich, *Willemetia stipitata (Calycocorsus stipitatus)* (s. Foto G im Schlüssel A S. 389)

| | | | | | | | | |
|---|---|---|---|---|---|---|---|---|
| 15–45 cm | VI–VIII | ♃ | | | G2, 4 | mh | | |

+ Blätter schwach blaugrün (bes. unterseits) (Foto 4)
+ Hülle schwärzlich grün mit schwarzen Drüsenhaaren
+ kenntlich an der Kombination Standort und Blattfarbe

Auf nassen Wiesen, meist kalkarme Flach- und Quellmoore.

1a

1b

1c

2

3b

3a

4

## 1 Rainkohl (Rainsalat), *Lapsana communis*

| | | | | | | | | |
|---|---|---|---|---|---|---|---|---|
| 30–100 cm | VI–VIII | ⊙ | | | W6, K, P2, Ä | sh | | |

+ reife Frucht auffallend strohgelb
+ Hülle am Grund mit kurzen Außenhüllblättern
+ Körbchen klein und wenigblütig

Eine gerade im menschlichen Siedlungsraum sehr häufige Art; unscheinbar, vielgestaltig, was die Wuchsgestalt und Blattform betrifft; auffällig sind die nach der Blüte becherartig weit offenen Hüllen (Foto 1b). Im Garten Zeiger für gute Bodenverhältnisse.

## 2 Bitterkraut, *Picris hieracioides*

| | | | | | | | | |
|---|---|---|---|---|---|---|---|---|
| 30–100 cm | VI–X | ♃ | | | P3, S1, 2 | sh | | |

+ Blätter und Stängel auffallend steifhaarig[107]
+ beim Zerreiben riechen die Blätter gurkenähnlich
+ Hülle am Grund mit etwas abstehenden Außenhüllblättern; diese sind hier halb so lang wie die Hüllblätter (Foto 2b)

☝ Wurmlattich *(Helminthotheca echioides)*: mit Außenhüllblättern, die ca. so lang wie die Hüllblätter sind, von ihnen abstehen und eine auffallende, perückenförmige Außenhülle bilden. Recht selten auf Brachen, aber auch in Kunstrasen und in Gärten.

### Gattung: Schwarzwurzel, *Scorzonera*

Die gelb blühenden Schwarzwurzeln mit ungeteilten Blättern:

- Stängel am Grund mit einem dichten Faserschopf aus abgestorbenen Blättern; Blätter bläulich grün → Österreichische Schwarzwurzel, *Scorzonera austriaca*
- Ohne einen solchen Faserschopf am Grund; Blätter grasgrün
  - Körbe 1–2 cm ∅; Randblüten die Hülle nicht oder nur wenig überragend; Salzwiesen; ss → Salz-Schwarzwurzel, *Scorzonera parviflora* (S. 397, Fotos 1a, b)
  - Körbe 3–4 cm ∅; Randblüten die Hülle deutlich überragend
    - Stängel unverzweigt, einköpfig; Pflanze der Flachmoore; mh → Niedrige Schwarzwurzel, *Scorzonera humilis* (S. 397, Foto 2)
    - Stängel verzweigt; mehrköpfig; Waldsäume und Trockenwiesenbrachen warmer Lagen → Echte Schwarzwurzel, *Scorzonera hispanica* (S. 397, Foto 3)

## 3 Österreichische Schwarzwurzel, *Scorzonera austriaca*

| | | | | | | | | |
|---|---|---|---|---|---|---|---|---|
| 10–25 cm | IV–V | ♃ | | | W1, TR | mh | | |

+ Blattbreite sehr variabel

Am besten zu finden am Alpenostrand in lichten Schwarzföhrenwäldern auf steinigem, felsigen Grund; nur auf Kalk und Dolomit.

[107] Es zahlt sich aus, diese Haare mit einer guten Lupe zu betrachten! An der Spitze sind sie nämlich ankerförmig geteilt.

1a
2a
3a
1b
2b
3b

## 1 Salz-Schwarzwurzel (Kleinkörbige Sch.), *Scorzonera parviflora*

| | | | | | | | | |
|---|---|---|---|---|---|---|---|---|
| 20–40 cm | V–VII | ♃ | | | G2 | ss | § | |

+ Körbe nur bei vollem Sonnenschein geöffnet
+ Blätter nur 3–10 mm breit

Nur auf feuchten, salzigen Wiesen im Pulkautal, im Marchfeld und im Wiener Becken.

## 2 Niedrige Schwarzwurzel (Kleine Sch.), *Scorzonera humilis*

| | | | | | | | | |
|---|---|---|---|---|---|---|---|---|
| 10–40 cm | V–VI | ♃ | | | G3f | mh | | |

+ Blätter sehr ähnlich denen des Spitzwegerich (bei diesem aber kein Milchsaft und meist behaart)
+ Stängel und Hülle spinnwebig wollig
+ Körbe meist 3–4 cm ∅

## 3 Echte Schwarzwurzel, *Scorzonera hispanica*

| | | | | | | | | |
|---|---|---|---|---|---|---|---|---|
| 40–100 cm | VI–VIII | ♃ | | | K | mh | | |

+ Stängel verzweigt, mit mehreren Blütenkörbchen
+ und mit mehreren halbstängelumfassenden Blättern

Am ehesten findet man sie am Alpenostrand. Aus Südeuropa stammende Kulturrassen werden als Gemüsepflanze angebaut („Schwarzwurzel" ist die fleischige Pfahlwurzel). Nach Neilreich erhielt sie den Beinamen „spanische" nur deshalb, weil man sie einst in Spanien zuerst gegen den Biss der Vipern anwandte.

## 4 Purpur-Schwarzwurzel, *Scorzonera purpurea*

| | | | | | | | | |
|---|---|---|---|---|---|---|---|---|
| 25–50 cm | V–VI | ♃ | | | TR, M | mh | | |

+ Blüten duften wunderbar nach Vanille oder Kakao
+ Blätter rinnig
+ blüht meist nur am Vormittag
+ Zungen purpurlila

Kalkliebend. In Trockenrasen und lichten Föhrenwäldern, meist südlich der Donau.

## 5 Jacquin-Schwarzwurzel, *Scorzonera cana*

| | | | | | | | | |
|---|---|---|---|---|---|---|---|---|
| 10–50 cm | V–VI | ♃ | | | S1–3 | h | | |

+ die Frucht hat am Grund einen samenlosen Abschnitt[108]
+ Pflanze manchmal spinnwebig behaart und dadurch grau (s. Foto H im Schlüssel A, S. 389)
+ Körbe 25–30 mm ∅
+ gefiederte Haare des Haarkelchs sind miteinander verwoben

☝ Die Schlitzblatt-Schwarzwurzel *(S. laciniata)* hat Körbe mit nur 12 mm ∅. Sie war in NÖ schon immer selten, ist aber jetzt hier, wie in ganz Österreich, ausgestorben oder zumindest verschollen §.

[108] Daher früher als eigene Gattung = Stielsame, *Podospermum* abgetrennt.

## 6 Mauerlattich, *Lactuca muralis (Mycelis muralis)*

| | | | | | | | | |
|---|---|---|---|---|---|---|---|---|
| 60–80 cm | VII–VIII | ♃ | | | W1, 6, P4 | h | | |

+ Stängelblätter mit pfeilförmigem Grund sitzend
+ Blätter oberseits dunkelgrün, unterseits bläulich grün, oft purpurn überlaufen

### Gattung: Gänsedistel, *Sonchus*

- Pflanze ausdauernd; wächst truppweise (unterirdische Ausläufer); Stängelblätter mit anliegenden Öhrchen → Acker-Gänsedistel, *S. arvensis*
- Pflanze einjährig; wächst einzeln
  - Öhrchen spitz, abstehend → Gänsedistel, *Sonchus oleraceus* (Foto 2b)
  - Öhrchen rund, anliegend → Raue-Gänsedistel, *Sonchus asper* (Foto 3b)

## 1 Acker-Gänsedistel, *Sonchus arvensis*

| | | | | | | | | |
|---|---|---|---|---|---|---|---|---|
| 50–150 cm | VII–IX | ♃ | | | Ä, P3 | h | | |

+ Blattform sehr charakteristisch (erinnert an Harpunenspitze) (Foto 1a)

Zeiger für verdichtete (luftarme), vernässte Böden.

In Gräben und Feuchtwiesen wächst selten die Drüsenlose Acker-Gänsedistel *(S. a.* subsp. *uliginosus)* mit drüsenloser Hülle. Sie ist am ehesten noch um Moosbrunn zu finden.

Die seltene Sumpf-Gänsedistel *(S. palustris)* hat Stängelblätter mit vom Stängel abstehenden zugespitzten Öhrchen. Sie fällt schon von Weitem durch ihre gewaltige Größe (2–3 m!) auf. Am leichtesten ist sie an der B1 östlich der Passhöhe des Riederbergs, direkt am Straßenrand zu finden. Da sie salzertragend ist, profitiert sie offenbar von der Salzstreuung der Bundesstraße 1.

## 2 Kohl-Gänsedistel (Gemüse-G.), *Sonchus oleraceus*

| | | | | | | | | |
|---|---|---|---|---|---|---|---|---|
| 30–100 cm | VI–IX | ⊙ bis ① | | | Ä, P2, S1, 2 | sh | | |

+ Blätter weich, stechen nicht

Wildgemüse, früher Gemüsepflanze.

## 3 Raue Gänsedistel, *Sonchus asper*

| | | | | | | | | |
|---|---|---|---|---|---|---|---|---|
| 30–80 cm | VI–X | ⊙ bis ① | | | Ä, P2 | sh | | |

+ Stängelblätter mit runden, stachelig gezähnten Öhrchen
+ Pflanze sticht etwas
+ Blätter derb, glänzend dunkelgrün, oft stachelig

Eher auf schweren Böden; braucht mehr Feuchtigkeit als ihre Schwester (mit der sie oft gemeinsam wächst).

## 4 Eichenlattich, *Lactuca quercina*

| | | | | | | | | |
|---|---|---|---|---|---|---|---|---|
| 60–120 cm | VI–VIII | ⊙ bis ♃ | | | W3, 1 | s | | |

+ Hüllblätter purpurschwarz punktiert; dadurch (mit guter Lupe) vom habituell ähnlichen, aber viel kleineren und zarteren Mauerlattich, *L. muralis* (S. 397), zu unterscheiden

Sowohl in Auwäldern, z. B. an der March, als auch in Bergwäldern.

1a
1b
2a
3b
2b
3a
4a
4b
4c

## 1 Rutenlattich, *Lactuca viminea*

| | | | | | | | | |
|---|---|---|---|---|---|---|---|---|
| 30–60 cm | VII–VIII | | | | TR, P1, 5, Ä | s | | |

+ Zweige rutenförmig aufrecht abstehend
+ Körbe meist fünfblütig
+ mittlere und obere Stängelblätter mit länglichen Öhrchen, die am Stängel herablaufen und mit diesem verwachsen sind

Meist auf steinigem bis felsigem Gelände.

☝ Der Weidenlattich *(L. saligna)* hat 9–15-blütige Körbe und pfriemliche[109] obere Blätter, d. h., sie sind vom Grund an geradlinig bis zur Spitze verschmälert. Sie sitzen mit auffallend pfeilförmigem Grund direkt am Stängel. (Fotos 1d, e) Der Weidenlattich ist eine große Rarität auf trockenem Ödland und auf trockenen Salzrasen (salztolerant!) §.

## 2 Kompasslattich, *Lactuca serriola*

| | | | | | | | | |
|---|---|---|---|---|---|---|---|---|
| 60–120 cm | VII–IX | | | | P3, S1, 2 | h | | |

+ Stängelblätter sind gegen den Sommer zu auffallend senkrecht gestellt und weisen besonders an trockenen und sonnigen Standorten in Nord-Süd-Richtung („Kompasspflanze“), dadurch wird eine zu starke direkte Sonneneinstrahlung vermieden
+ Vormittagsblüher
+ Blätter unterseits an der Mittelrippe mit dornigen Zähnchen

☝ Der Gartensalat *(L. sativa)* stammt vermutlich vom Kompasslattich ab. Er wird als Gemüsepflanze sh und in vielen Sorten kultiviert.

☝ Der Giftlattich *(L. virosa)* hat waagrecht gestellte Blätter und kahle, berandete Früchte. Er ist wärmeliebend und wächst ss auf Schuttstellen und Ruderalfluren. Er ist wahrscheinlich ein Kulturrelikt. Er wurde von 1900 bis zum Ersten Weltkrieg südlich von Waidhofen an der Thaya als Arzneipflanze kultiviert. Der getrocknete Milchsaft war das *„Lactucarium austriacum“*, ein opiumähnliches, einschläferndes Narkotikum. Die Pflanze ist schwach giftig.

1a

1b

1c

2a

[109] Ein Pfriem ist ein Werkzeug der Schuster zum Stechen von Löchern (Ahle).

## 3 Knorpellattich, *Chondrilla juncea*

| | | | | | | | | |
|---|---|---|---|---|---|---|---|---|
| 30–100 cm | VII–IX | ♃ | | | P1, 5, S1, 3, TR | mh | | |

+ Stängel mit vielen breit ausladenden, rutenförmigen, blattlosen Ästen, so auch im nicht blühenden Zustand unverwechselbar
+ Stängel am Grund borstenhaarig (Foto 3a)
+ Grundblattrosette vertrocknet früh
+ Vormittagsblüher

Besonders tief wurzelnd, daher noch auf den trockensten Böden; gern auf Sand, Schotter und Löss und auf Eisenbahngelände.

1d

2b

3b

1e

3a

### Schlüssel zu den Gattungen Pippau *(Crepis)* und Habichtskraut *(Hieracium)*

Hiermit kommen wir am Schluss der zungenblütigen Korbblütler zu zwei großen, schwierig zu bestimmenden Gattungen, nämlich Pippau *(Crepis)* und Habichtskraut *(Hieracium)*, deren Unterscheidung nicht immer leicht ist. Tipp: Wenn Sie bei einer der beiden Gattungen mit dem Bestimmen nicht erfolgreich sind, auch die andere versuchen.

- Frucht gegen die Spitze zu nicht verschmälert, sondern gestutzt
  → Habichtskraut, *Hieracium* (S. 407)

- Frucht gegen die Spitze zu ± verschmälert (manchmal nur wenig – man beachte vor allem die inneren Früchte) oder Frucht abrupt in einen langen, haarförmigen Schnabel verschmälert
  → Pippau, *Crepis* (S. 402)

## Gattung: Pippau, *Crepis*

- Die Zungenblüten sind bei allen Arten der Gattung gelb; nur bei dieser Art sind sie schön orangerot
→ Gold-Pippau, *C. aurea* (Bd. 1, S. 264)

- Körbe nicken vor dem Aufblühen (Knospenstadium); Pflanze riecht höchst auffällig phenolisch („nach Zahnarzt")
→ Stinkender Pippau, *C. foetida* subsp. *rhoeadifolia* (Foto 1)

- Körbe vor dem Aufblühen aufrecht; Pflanze riecht nicht
  - Stängel einkörbig oder mit 1–2(4) einkörbigen Seitenästen; Pflanze zur Blütezeit stets mit Blattrosette; Alpenpflanze (von der Bergstufe bis subalpin) und nur auf kalkreichem Boden
    - ◆ Stängelblätter mit schmalen Seitenzipfeln (entfernt fiederschnittig), Haarkelch gelblich weiß, ± zerbrechlich; Pflanze in eher feuchtem, oft schattigem Felsgelände und Schutt
    → Felsen-Pippau, *C. jacquinii* (Foto 2)
    - ◆ Obere Stängelblätter ganzrandig, schmal, Haarkelch schneeweiß, biegsam; Pflanze in trockenen, sonnigen Lebensräumen
    → Voralpen-Pippau, *C. alpestris* (S. 405, Fotos 1a, b)
  - Stängel vier- bis mehrkörbig, meist rispig
    - ◆ Stängel blattlos
    → Trauben-Pippau, *C. praemorsa* (S. 405, Fotos 3a, b)
    - ◆ Stängel beblättert
      - ▪ Mittlere Stängelblätter gestielt; Alpenpflanze
      → Felsen-Pippau, *C. jacquinii* (Foto 2)
      - ▪ Obere Stängelblätter mit abgerundetem bis schwach herzförmigem Grund sitzend; Bergwiesenpflanze; s
      → Weicher Pippau, *C. mollis* (S. 405, Foto 4)
      - ▪ Hülle reichlich borstenhaarig mit abstehenden gelblichen Borstenhaaren; Trockenstandorte im pann. Raum; mh
      → Borsten-Pippau, *C. setosa* (S. 405, Fotos 5a, b)
      - ▪ Hülle mit schwärzlichen Drüsenhaaren; Feuchtstandorte; h
      → Sumpf-Pippau, *C. paludosa* (S. 406, Fotos 1a, b)

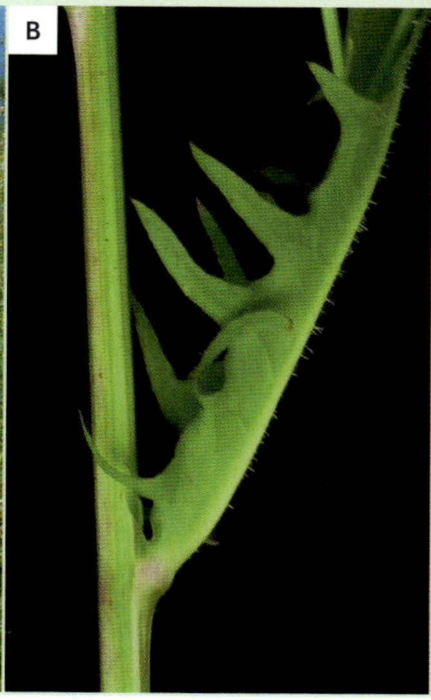

- Hülle dicht spinnwebig filzig (andersartige Haare fehlen); Blätter auffallend derb und steif; ss
  → Pannonischer Pippau, *C. pannonica* (S. 406, Foto 2)
- Stängel mit 1–6 Körben; Hülle 13–17 mm lang; in Hochstaudenvegetation im Gebirge; mh
  → Pyrenäen-Pippau, *C. pyrenaica* (S. 405, Foto 2)
- Pflanze graugrün; obere Stängelblätter am Rand umgerollt; Griffel olivgrün; Trockenstandorte im Siedlungsbereich; s
  → Dach-Pippau, *C. tectorum* (S. 406)
- Jetzt bleiben nur die zwei häufigsten Arten:
  - ❖ äußere Hüllblätter stehen ab; Köpfchen 2–3,5 cm ∅ (Fotos A, B und Bd. 1, S. 263, Foto 3b)
    → Wiesen-Pippau, *C. biennis* (Bd. 1, S. 262)
  - ❖ äußere Hüllblätter einwärtsgebogen oder angedrückt; Köpfchen 1–1,5 cm ∅, Blätter mit Öhrchen, stängelumfassend (Fotos C, D, E)
    → Grüner Pippau, *C. capillaris* (Bd. 1, S. 262)

E

## 1 Stinkender Pippau, *Crepis foetida* subsp. *rhoeadifolia*

| | | | | | | | | |
|---|---|---|---|---|---|---|---|---|
| 20–40 cm | VI–VIII | ⊙ bis ⊙ | | | P3, 5, S1, 3 | h | | |

+ am Geruch sofort erkennbar
+ Pflanze mit gelblichem Milchsaft
+ Zungen zitronengelb, randliche unterseits rot

## 2 Felsen-Pippau, *Crepis jacquinii*

| | | | | | | | | |
|---|---|---|---|---|---|---|---|---|
| 12–25 cm | VI–VIII | ♃ | | | A3, 4 | mh | | |

+ Körbe 2–3 cm ∅
+ Hüllblätter schwarzzottig
+ Stängel ein- bis sechskörbig

Pflanze nur auf Kalk.

☝ Berg-Pippau *(C. pontana)* mit großem Korb mit 4–6 cm ∅, der Stängel darunter verdickt und stets nur mit 1 Korb pro Pflanze und mit gelblich grün zottigen Hüllblättern, ist in NÖ ss und nur auf dem Ötscher, Dürrenstein und Hochkar zu finden. Er ist durch seine Größe, nämlich 30–60 cm hoch, eine eindrucksvolle Pflanze.

1

2

## 1 Voralpen-Pippau, *Crepis alpestris*

| | | | | | | | | |
|---|---|---|---|---|---|---|---|---|
| 10–30 cm | V–VII | ♃ | | | A3, 2, W1 | mh | | |

+ Korb mit 2,5–4 cm ∅, der Stängel darunter nicht verdickt
+ Blätter dicklich, bläulich grün

☝ Der Triglav-Pippau *(C. terglouensis)* ist ein Winzling mit nur 5–7 cm Höhe, hat aber doch einen auffallend großen Korb mit 3–5 cm ∅. Der Stängel ist stets einkörbig. Er ist in NÖ ss und kommt nur am Schneeberg (Kaiserstein gegen Breite Ries) und auf dem Dürrenstein vor.

## 2 Pyrenäen-Pippau, *Crepis pyrenaica (C. blattarioides)*

| | | | | | | | | |
|---|---|---|---|---|---|---|---|---|
| 30–70 cm | VI–VII | ♃ | | | A5 | mh | | |

+ Blütenkörbchen relativ groß (3–4 cm ∅)
+ meist zu mehreren in kandelaberartigen Körbchenständen
+ Blätter sitzen mit pfeilförmigem Grund am Stängel

Gern in subalpinen Steilhangwiesen, auf spät ausapernden Hängen, z. B. in Lawinenrinnen.

## 3 Trauben-Pippau, *Crepis praemorsa*

| | | | | | | | | |
|---|---|---|---|---|---|---|---|---|
| 20–50 cm | V–VI | ♃ | | | G1, A2, K | mh | | |

+ Stängel 8–20-körbig, Korbstand von oben nach unten aufblühend
+ Hülle ohne schwärzliche Haare

Wurzelstock schief walzlich, wie abgebissen, von dicken Fasern umhüllt. (Bitte nicht ausgraben und verifizieren. Stimmt schon so!)

☝ Wenn Hülle schwärzlich grün: Voralpen-Pippau *(C. alpestris)* (s. oben).

## 4 Weicher Pippau, *Crepis mollis*

| | | | | | | | | |
|---|---|---|---|---|---|---|---|---|
| 30–60 cm | VI–VIII | ♃ | | | G3, A5 | s | | |

+ Hülle schwärzlich grün, dicht behaart
+ Haarkelch schneeweiß, biegsam

Es gibt zwei Unterarten mit unterschiedlicher Verbreitung:

1. Mittlere Stängelblätter beiderseits dicht weichhaarig; in den Alpen: *C. m.* subsp. *mollis.*
2. Mittlere Stängelblätter kahl oder nur schwach behaart; im Waldviertel: *C. m.* subsp. *succisifolia.*

## 5 Borsten-Pippau, *Crepis setosa*

| | | | | | | | | |
|---|---|---|---|---|---|---|---|---|
| 25–50 cm | VI–VIII | ⨀ bis ① | | | S1, 2, P3, TR | mh | § | |

+ Blätter z. T. borstenhaarig
+ obere Stängelblätter mit spieß- bis pfeilförmigem Grund sitzend (Foto 5b)

1a
1b
2
3a
4
5b
3b
5a

## 1 Sumpf-Pippau, *Crepis paludosa*

| | | | | | | | | |
|---|---|---|---|---|---|---|---|---|
| 40–80 cm | VI–VIII | ♃ | | | G4, 2, A5, W3 | h | | |

+ Haarkelch gelblich weiß, zerbrechlich
+ Blätter grob gezähnt, kahl, schmecken bitter
+ Blattnerven an der Unterseite gegen den Rand zu mit eleganten Bögen
+ Blattunterseite hell blaugrün

Nur auf nassen Standorten, gern in Quellfluren.

## 2 Pannonischer Pippau, *Crepis pannonica*

| | | | | | | | | |
|---|---|---|---|---|---|---|---|---|
| 50–120 cm | VII–VIII | ♃ | | | TR, K | ss | § | |

+ Stängel aufrecht, tief und unregelmäßig gefurcht
+ Blätter derb, steif

Nur am Bisamberg und bei Hagenbrunn.

## Dach-Pippau, *Crepis tectorum* (ohne Abb.)

| | | | | | | | | |
|---|---|---|---|---|---|---|---|---|
| 10–60 cm | V–X | ⊙ bis ① | | | A1, 2, P5, 3, Ä | mh | | |

+ obere Blätter meist ganzrandig, am Rand umgerollt
+ Griffel olivgrün

Auf sandigen oder steinigen, trockenen offenen Böden, auch in Pflasterritzen und am Fuß von Mauern.

☝ Der ähnliche Grüne Pippau *(C. capillaris)* hat meist gezähnte Blätter, die außerdem am Rand nicht umgerollt sind; der Griffel ist gelb.

1a

1b

2

**Gattung: Habichtskraut, *Hieracium***
Hinweis zu den Habichtskräutern: Bd. 1, S. 267 (als Einführung)

Hier Vorstellung der Hauptarten; Zwischenarten s. FIÖ.

- Vorweg eine leicht und eindeutig erkennbare Art, die auch aus der Gattung *Hieracium* herausgenommen wurde (mit Hülle und sehr kurzer Außenhülle; d. h. Hülle zweireihig):

## 3 Grasnelkenhabichtskraut (Strandnelkenhabichtskraut), *Chlorocrepis staticifolia (Hieracium s.)*

| | | | | | | | | |
|---|---|---|---|---|---|---|---|---|
| 15–40 cm | VI–IX | ♃ | | | P1 | mh | | |

\+ Pflanze mit unterirdisch kriechenden Ausläufern; Grundblätter schmal, dicklich, kahl, bläulich grün

Meist im Felsschutt, in Schotterfluren und aufgelassenen Steinbrüchen.

- Hülle mehrreihig, ziegeldachartig; Haarkelch zerbrechlich
  - Blattrand ganzrandig, höchstens gezähnelt; Frucht nur 1–2,5 mm lang; Pflanze oft mit oberirdischen Ausläufern (Fotos C, D, E, F, G, H)
    → I Untergattung Mausohrhabichtskraut, *Hieracium*, Untergattung *Pilosella* (S. 408)
  - Blattrand oft gezähnt; Frucht 3–5 mm lang; Pflanze stets ohne oberird. Ausläufer (Fotos I, J, K, L, M, N)
    → II Untergattung Habichtskraut, *Hieracium*, Untergattung *Hieracium* (S. 411)

3

C

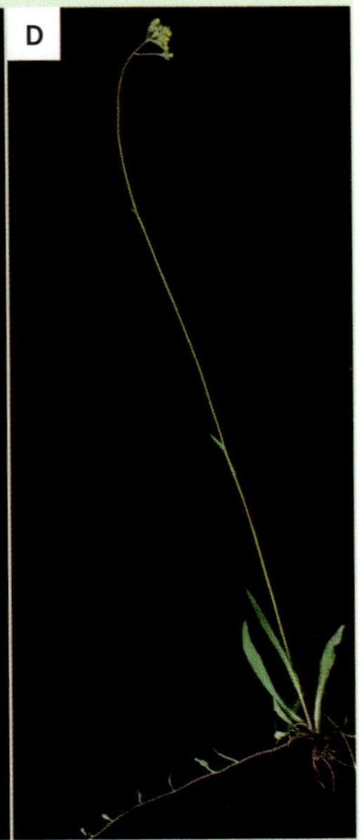
D

E

F

### I Untergattung Mausohrhabichtskraut, *Hieracium* Untergattung *Pilosella*

- Zungen orangerot bis rot
  → Orangerotes Habichtskraut, *H. aurantiacum* (Foto 1)
- Zungen gelb (manchmal auch die randlichen unterseits rötlich)
  - Stängel einkörbig, blattlos
    → Kleines Habichtskraut, *H. pilosella* (Bd. 1, S. 268)

☝ Das Hoppe-H. *(H. hoppeanum)* hat kurze, 1–3 cm lange, dickliche Ausläufer und oben abgerundete Hüllblätter, während das Kleine H. verlängerte, 6–25 cm lange, dünne Ausläufer und oben spitze Hüllblätter hat.

  - Stängel zwei- bis vielkörbig, beblättert

- Stängel niedriger als 25 cm, aufsteigend; Grundblätter blaugrün, weich, kahl (höchstens am Rand Härchen)
  → Öhrchen-Habichtskraut, *H. lactucella* (Foto 2)
- Stängel meist länger als 25 cm, aufrecht
  - Stängel mit 5–20 Blättern
    → Natternkopf-Habichtskraut, *H. echioides* (S. 410, Foto 1)
  - Stängel mit nur 1–4 Blättern
    - ❖ Blätter grasgelblich grün, meist weich, überall reichhaarig
      - ❊ Körbchenstand doldig
        → Dolden-Habichtskraut, *H. cymosum* (S. 410, Foto 2a)
      - ❊ Korbstand rispig
        → Wiesen-Habichtskraut, *H. caespitosum* (S. 410, Foto 2b)
    - ❖ Blätter blaugrün, meist derb, meist nur am Rand und am Nerv der Unterseite behaart
      → Ungarisches Habichtskraut, *H. bauhini* (S. 411, Foto 3a)

## 1 Orangerotes Habichtskraut (Oranges Mausohrh.), *Hieracium aurantiacum*

| | | | | | | | | |
|---|---|---|---|---|---|---|---|---|
| 20–40 cm | VI–VIII | ♃ | | | A6, 2, 3 | mh | | |

Kalkmeidend, meist in Silikat-Magerrasen und in Zwergstrauchheiden auf modrigem Boden; am häufigsten im Wechselgebiet; auch als Zierpflanze kultiviert und in Parkrasen verwildert.

## 2 Öhrchen-Habichtskraut (Öhrchen-Mausohrh.), *Hieracium lactucella*

| | | | | | | | | |
|---|---|---|---|---|---|---|---|---|
| 5–25 cm | V–VIII | ♃ | | | G1, 2 | mh | | |

\+ Ausläufer 5–10 cm lang, deren Blätter zur Ausläuferspitze zu größer werdend

Kalkmeidend.

1

2

## 1 Natternkopf-Habichtskraut (N.-Mausohrh.), *Hieracium echioides*

| | | | | | | | | |
|---|---|---|---|---|---|---|---|---|
| 30–60 cm | VII–VIII | ♃ | | | TR, P1 | s | | |

+ Grundblätter zur Blütezeit abgestorben
+ ohne Ausläufer
+ Stängelblätter auffallend borstlich behaart (wie die des Natternkopfs!)

Nur auf sandigen und steinigen Böden. Ist eine Zierde von oft trostlosen, staubigen und steinigen „G'stätten" und Bahngeländen.

## 2 Dolden-Habichtskraut (Trugdolden-H.), *Hieracium cymosum*

| | | | | | | | | |
|---|---|---|---|---|---|---|---|---|
| 30–60 cm | V–VII | ♃ | | | K, TR | s | | |

+ oberirdische Ausläufer fehlen oder sind nur kurz (Foto 2a)
+ Korbstand doldig
+ Blätter gelbgrün, unterseits mit langen Borsten

Nur auf trockenen Böden.

☝ Das Wiesen-H. *(H. caespitosum)* hat oft oberirdische Ausläufer, einen rispigen Korbstand und grasgrüne Blätter ohne lange Borstenhaare. Es wächst eher auf feuchteren Böden (z. B. in Flachmooren, aber auch in Halbtrockenrasen). (Foto 2b)

## 3 Ungarisches Habichtskraut (Bauhin-H. bzw. B.-Mausohrh.), *Hieracium bauhini*

| | | | | | | | | |
|---|---|---|---|---|---|---|---|---|
| 30–60 cm | VI–VII | ♃ | | | TR, P1, S3 | mh | | |

+ Ausläufer stets vorhanden, bis zu 80 cm lang! (= Ausläufer-M.) (Foto 3a)
+ Korbstiele meist drüsenlos

Meist auf steinigen, sandigen, trockenen Böden.

☝ Das Florentiner H. *(H. piloselloides = H. florentinum)* hat keine Ausläufer. Die Korbstiele sind drüsenhaarig. Es wächst auf wechseltrockenen Rasen. (Foto 3b)

1

2a

2b

3a

3b

Florentiner Habichtskraut

## II Untergattung Eigentliches Habichtskraut, *Hieracium*, Untergattung *Hieracium*

- Grundblätter zur Blütezeit meist verdorrt oder sie fehlen; Stängelblätter stets sehr zahlreich, meist mehr als zehn
  - Korbstand und Hüllblätter reichdrüsig; Zungen vorn bewimpert
    → Hasenlattich-Habichtskraut, *H. prenanthoides* (S. 412, Foto 1)
  - Korbstand und Hüllblätter drüsenlos oder mit wenigen Drüsen; Zungenzähne nicht bewimpert
    - Hüllblätter unregelmäßig ziegeldachartig, die inneren spitz, die äußeren stumpf
      → Glattes Habichtskraut, *H. laevigatum* (S. 412, 413, Fotos 2a, b)
    - Hüllblätter regelmäßig ziegeldachartig angeordnet, alle stumpf
      → Doldiges Habichtskraut, *H. umbellatum* (S. 413)
- Grundblätter zur Blütezeit vorhanden; Stängel mit maximal 10 Stängelblättern
  - Blätter (wenigstens am Rand) und ganze übrige Pflanze drüsenhaarig
    → Niedriges Habichtskraut, *H. humile* (S. 413, Foto 4)
  - Blätter und unterer Teil der Pflanze drüsenlos
    - Hüllblätter regelmäßig ziegeldachartig angeordnet; die äußeren gehen allmählich in die inneren über
      - Äußere Hüllblätter nicht oder nur mäßig behaart, ± stumpf; Blätter auffällig schmal, nur 2–10 mm breit, blaugrün; nur auf Kalkfelsen und in Kalkfelsschuttfluren
        → Lauch-Habichtskraut, *H. porrifolium* (S. 415, Foto 1)
      - Äußere Hüllblätter dicht und lang zottig behaart, lang und fein zugespitzt; Blätter mehr als 10 mm breit
        → Zottiges Habichtskraut, *H. villosum* (S. 415, Foto 2)
    - Hüllblätter unregelmäßig ziegeldachartig angeordnet, in wenigen Reihen, die äußeren kurz und nicht allmählich in die inneren Hüllblätter übergehend

- Zähne der Zungen ± bewimpert; Blätter oberseits, besonders am Rand, borstenhaarig und spärlich mit kleinen Drüsen besetzt
  → Blasses Habichtskraut, *H. schmidtii* (S. 414)

- Zähne der Zungen nicht bewimpert; Blätter weich kraushaarig, drüsenlos

  ❖ Korbstand und Hüllblätter drüsenlos oder spärlich drüsig, dafür ± stark behaart und oft dicht sternhaarig
  → Gabel-Habichtskraut, *H. bifidum* (S. 415, Foto 3)

  ❖ Korbstand und Hüllblätter reichdrüsig, nicht oder nur sehr schwach haarig (Foto A)
  → Wald-Habichtskraut, *H. murorum* (Bd. 1, S. 268)
  ☝ Das Lachenal-Habichtskraut *(H. lachenalii)* hat 3–8 Stängelblätter; Blätter sind dunkelgrün, unterseits oft rötlich.

A

## 1 Hasenlattich-Habichtskraut, *Hieracium prenanthoides*

| | | | | | | | | |
|---|---|---|---|---|---|---|---|---|
| 40–120 cm | VI–VIII | ♃ | | | A2, 5, W5 | mh | | |

+ 10–40 dicht gedrängte Stängelblätter

In Hochstauden und im Krummholz am Schneeberg und auf der Rax.

## 2 Glattes Habichtskraut, *Hieracium laevigatum*

| | | | | | | | | |
|---|---|---|---|---|---|---|---|---|
| 30–120 cm | VI–VIII | ♃ | | | W1, M, G1 | mh | | |

+ Blätter mit großen, nach vorn gekrümmten Zähnen
+ Oberseite der Blätter kahl und schwach glänzend

Kalkmeidend; meist in lichten, bodensauren Laubwäldern und an Forststraßenböschungen.

1

2a

## 3 Doldiges Habichtskraut, *Hieracium umbellatum* (ohne Abb.)

| | | | | | | | | |
|---|---|---|---|---|---|---|---|---|
| 50–100 cm | VII–IX | ♃ | | | W1, H, G1 | mh | | |

+ Korbstand wenigstens oben doldig
+ Hüllblätter mit auffällig zurückgebogener Spitze

In bodensauren, lichten Eichen- und Föhrenwäldern.

☝ Das Savoyer H. *(H. sabaudum)* hat keinen doldigen, sondern einen rispigen Korbstand und die Hüllblätter haben keine zurückgebogenen Spitzen. Die Blätter sind ± gleichmäßig am Stängel verteilt. Am ehesten im Wienerwald zu finden. (Foto 3a)

☝ Das Traubige Habichtskraut *(H. racemosum)* ist dem vorigen ähnlich. Es hat jedoch einen traubigen Korbstand und die Stängelblätter sind über dem Grund des Stängels oder in dessen Mitte auffallend dicht rosettig gedrängt und werden darüber abrupt kleiner. Auch dieses Habichtskraut ist am ehesten im Wienerwald zu finden; ferner an der Thermenlinie, z. B. um Gießhübl. (Foto 3b)

## 4 Niedriges Habichtskraut (Kleinwuchs-H.), *Hieracium humile*

| | | | | | | | | |
|---|---|---|---|---|---|---|---|---|
| 10–30 cm | VI–VIII | ♃ | | | A3 | mh | | |

+ Blätter tief buchtig gezähnt
+ Stängel von Grund an gabelästig
+ Zähne der Zungen nicht bewimpert

In Felsspalten der Kalkvoralpen; kalkliebend.

☝ Das Alpen-H. *(H. alpinum)* hat ganzrandige bis fein gezähnelte Blätter, der Stängel ist meist unverzweigt und die Zähne der Zungen sind bewimpert. I. U. z. Niedrigen H. ist das Alpen-H. kalkmeidend. Es kommt in NÖ nur auf alpinen Rasen am Wechsel vor.

☝ Das Stängelumfassende H. *(H. amplexicaule)* hat stängelumfassende, sitzende Blätter. Die ganze Pflanze ist dicht klebrig drüsig behaart. Sie kommt in NÖ nur an Felsen und an den Ruinen des Schlosses Thernberg bis auf den Gipfel des Habachtberges in der Buckligen Welt vor. Auf Schloss Thernberg befand sich ehedem ein botanischer Garten des Erzherzog Johann.

2b

3a

Savoyer Habichtskraut

3b

Traubiges Habichtskraut

4

## 1 Lauch-Habichtskraut, *Hieracium porrifolium*

| | | | | | | | | |
|---|---|---|---|---|---|---|---|---|
| 30–50 cm | VI–VIII | ♃ | | | A3, P4 | mh | | |

+ Grundblätter sehr schmal, nur 2–4 mm breit, an Schnittlauch erinnernd (aber ohne Lauchgeruch!)
+ Stängel bis weit herab verzweigt
+ Wurzelstock mit dunklen Fasern verhüllt

☝ Das Blaugrüne H. *(H. glaucum)* hat wie die nächste Art 4–10 mm breite Grundblätter. Es hat jedoch einen Stängel, der bis weit herab verzweigt ist, mit 5–10 Körben.

☝ Das Hasenohr-H. *(H. bupleuroides)* hat einen Stängel, der erst oberhalb der Mitte verzweigt ist, mit nur 2–4 Körben.

## 2 Zottiges Habichtskraut, *Hieracium villosum*

| | | | | | | | | |
|---|---|---|---|---|---|---|---|---|
| 15–30 cm | VII–VIII | ♃ | | | A1, 3, 6, W5 | h | | |

+ ganze Pflanze reichlich mit langen weißen Haaren bedeckt (sehr auffällig!)
+ 4–8 Stängelblätter
+ äußere Hüllblätter locker abstehend
+ Stängel meist zwei- bis vierkörbig

Nur auf Kalk.

☝ Das Weißseidige H. *(H. pilosum = H. morisianum)* hat ± angedrückte äußere Hüllblätter und 1–2 körbige Stängel. Im Schneeberg-Rax-Gebiet. Manchmal tiefer herabsteigend als vorige Art.

☝ Das Grauzottige H. *(H. glanduliferum = H. piliferum)* hat nur ein oder kein Stängelblatt und meist nur 1 Körbchen. Auch dieses Habichtskraut meist im Schneeberg-Rax-Gebiet und am Ötscher.

## Blasses Habichtskraut, *Hieracium schmidtii (H. pallidum)* (ohne Abb.)

| | | | | | | | | |
|---|---|---|---|---|---|---|---|---|
| 20–30 cm | V–VI | ♃ | | | W1, H, P4 | s | | |

+ auffallend frühe Blütezeit, eines der ersten Habichtskräuter
+ Blätter blaugrün, nicht gefleckt

Auf Felsen und im Felsschutt im Raum Mödling und Perchtoldsdorf.

☝ Die Zwischenart Wiesbaur-H. *(H. wiesbaurianum)* wächst vor allem entlang der Thermenlinie. Sie ist nach dem Jesuitenpater J. B. Wiesbaur benannt, der u. a. die Habichtskräuter südlich von Wien erforschte.

## 3 Gabel-Habichtskraut, *Hieracium bifidum*

| | | | | | | | | |
|---|---|---|---|---|---|---|---|---|
| 10–40 cm | V–VII | ♃ | | | W1, A3, 6 | h | | |

+ Blätter bläulich grün, oft gefleckt
+ Korbstand gabelig
+ Stängel blattlos oder nur mit einem Blatt

Von der Thermenlinie bis in die Kalkalpen.

☝ Das Seegrüne H. *(H. caesium)* hat zwei- bis sechsblättrige Stängel und einen rispigen Korbstand. Die Blätter sind meist ungefleckt. Verbreitung siehe oben.

1

2
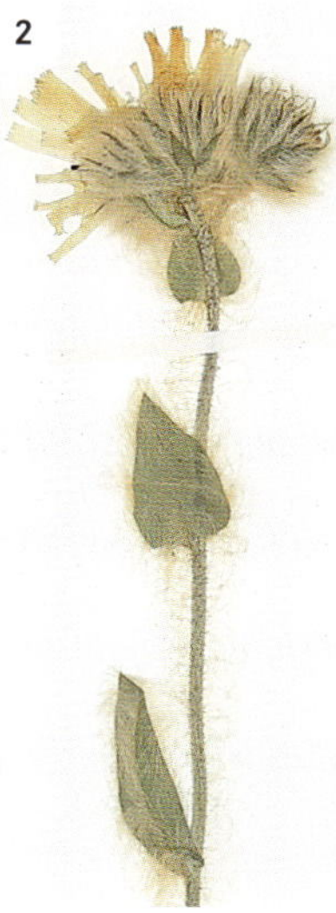

3

## B – Röhrenblütler

- Blätter gegenständig
  - Blüten gelb; Frucht an der Spitze mit 2–5, mit Widerhaken versehene Grannen
    → Dreiteiliger Zweizahn, *Bidens tripartita* (Fotos 4a, b)
  - Blüten purpurrosa; Frucht ohne solche Grannen
    → Wasserdost, *Eupatorium cannabinum* (Bd. 1, S. 278)
- Blätter wechselständig
  → Schlüssel B1 ab S. 416 oder B2 ab S. 419

## 4 Dreiteiliger Zweizahn, *Bidens tripartita*

| | | | | | | | | |
|---|---|---|---|---|---|---|---|---|
| 15–100 cm | VII–X | ⊙ | | | T3, 4, Ä | h | | |

+ Blätter dunkelgrün, ihre Zähne gerade nach vorn abstehend
+ Blätter gestielt, meist dreiteilig (selten fünfteilig)
+ Stängel meist purpurbraun

Meist in Sümpfen, Gräben, an Teichufern, in nassen Äckern.

4a

4b

- Der ähnliche Strahlende Zweizahn *(B. radiata)* hat fast strahlende innere Hüllblätter und auffallend große, 2–3 × so breite wie hohe Körbe. Seine Blätter sind grasgrün mit nach vorn gekrümmten Zähnen; Wuchsorte gleich. (Fotos 4c–e)
- Der Nickende Zweizahn *(B. cernua)* unterscheidet sich deutlich durch seine einfachen (ungeteilten) Blätter; selten auf schlammigen, zeitweise überschwemmten Ufern. (Foto 4f)
- Der Schwarzfrüchtige Zweizahn *(B. frondosa)* ist ein Neubürger aus Nordamerika. Er hat gefiederte Blätter mit 1–2 Fiederpaaren. Er hat sich in den letzten Jahrzehnten stark ausgebreitet und ist jetzt an Flussufern (March, Thaya, Donau), in Wassergräben, in Auen, aber auch an Autobahnen und Bahnanlagen häufig zu finden. (Fotos 4g, h)
- Selten jedoch tritt der Fiederblättrige Zweizahn *(B. bipinnata)*, ein Neubürger aus Südamerika, auf, und zwar meist in Ruderalfluren und Weingärten. Auch er hat gefiederte Blätter, aber mit 1–4 Fiederpaaren. Auch sind bei ihm die äußeren Hüllblätter kürzer als die inneren (ohne Abb.).

4c Strahlender Zweizahn

4d Strahlender Zweizahn

4e

4f Nickender Zweizahn

4g Schwarzfrüchtiger Zweizahn

4h Schwarzfrüchtiger Zweizahn

## B1 Blätter dornig gezähnt, Pflanze „distelartig“

Zuerst zwei unverwechselbare Distelgattungen: *Silybum* und *Onopordum*. Anschließend werden die Gattungen *Cirsium* und *Carduus* („Kratzdistel“ und „Ringdistel“) zusammen unter „Distel“ abgehandelt.

→ Eseldistel, *Onopordum acanthium* (Fotos A, B)

→ Mariendistel, *Silybum marianum* (Foto C)
mit auffallend weiß gefleckten Blättern. Zumindest die Blattnerven sind weiß. Sie wird in letzter Zeit immer mehr als Arzneipflanze (Leberschutzmittel) kultiviert.

## 5 Eseldistel, *Onopordum acanthium* (Foto A und B)

| | | | | | | | | |
|---|---|---|---|---|---|---|---|---|
| 80–200 cm | VII–VIII | | | | P1, 5, S3, 2 | mh | | |

\+ Pflanze stark stechend
\+ Stängel kräftig, dornig geflügelt

Das eigentliche Schlüsselmerkmal zur Unterscheidung von allen übrigen Disteln ist übrigens, dass hier der Korbboden „nackt“ (= ohne Spreublättchen) ist (alle anderen Disteln haben diese Spreublättchen). Aber das ist aufgrund der Unverwechselbarkeit nicht unbedingt notwendig. Wegen der stark stechenden Pflanze auch schwer nachprüfbar.

Eine eindrucksvolle Pflanze, die auch als Zierpflanze kultiviert wird. Dies ist vor allem im pannonischen Gebiet unbedingt empfehlenswert.

A

B

C

### Gattungen: Distel, *Cirsium* und *Carduus*

- Krone (blass)gelb
  → Kohldistel, *Cirsium oleraceum* (Bd. 1, S. 276)
  ☝ Entfernt ähnlich, aber extrem dornig ist die Alpendistel *(Cirsium spinosissimum)*, ss in der alpinen Stufe des Dürrensteins. (Foto D)
  ☝ Köpfe einzeln an langen Stängeln; nickend, klebrig, Pflanze sticht nicht: Voralpendistel, *Cirsium erisithales.* (Bd. 1, S. 276)
  ☝ Bei der Krainer Distel *(Cirsium carniolicum)* sind die Köpfe von den Hochblättern nicht eingehüllt. Hochblätter und Kopfstiele sind auffällig dicht rostbraun behaart; ss in der subalpinen Stufe von Dürrenstein und Voralpe bei Hollenstein/Ybbs, besonders am Fuß der Stumpfmauer.

- Krone lila; Stängel ohne Stacheln (Foto E)
  → Ackerdistel, *Cirsium arvense* (Bd. 1, S. 274)
  ☝ Im Gegensatz zur Ackerdistel ist die Kurzköpfige Distel *(Cirsium brachycephalum)* am Stängel unten dornig geflügelt. S auf Sumpfwiesen im Marchfeld und um Moosbrunn (z. B. Eisteichwiese bei Moosbrunn), FFH.

D

E

- Krone purpurn
  - Mittlere Hüllblätter über dem Grund eingeschnürt. Pflanze sehr stechend, nur unter den Köpfen ist eine nicht stechende Strecke, wo man die Pflanze gefahrlos anfassen kann.
    → Nickende Distel, *Carduus nutans* (Bd. 1, S. 270)
  - Blätter unterseits schneeweiß filzig
    → Verschiedenblättrige Distel, *Cirsium heterophyllum* (Bd. 1, S. 274)
  - Blätter oberseits mit steifen, fast stacheligen Haaren, daher sehr rau
    - Stängel durch die herablaufenden Blätter stechend dornig geflügelt; Köpfe groß, tropfenförmig
      → Speerdistel, *Cirsium vulgare* (Bd. 1, S. 274)
    - Blätter nicht oder kaum am Stängel herablaufend, Stängel dadurch nicht dornig geflügelt; Köpfe sehr groß, rund, grauwollig
      → Wollkopfdistel, *Cirsium eriophorum* (Bd. 1, S. 274)
  - Stängel leicht zu knicken, nicht zäh; Blätter unterseits spinnwebig filzig
    - Obere Stängelblätter fiederteilig; Hülle oft violett überlaufen; Distel milder Lagen
      → Krause Distel, *Carduus crispus* (Bd. 1, S. 272)
    - Obere Stängelblätter ungeteilt; Distel der Gebirge
      → Kletten-Distel, *Carduus personata* (Bd. 1, S. 272)
  - Köpfe an der Stängelspitze fast knäuelig zu 3–5 angeordnet
    - Stängel bis oben durch herablaufende Blätter geflügelt und dornig (Foto F); Feuchtstandorte, Weiden im Gebirge
      → Sumpfdistel, *Cirsium palustre* (Bd. 1, S. 274)
    - Stängel zumindest oben weder geflügelt noch dornig
      → Bachdistel, *Cirsium rivulare* (Fotos 1a, b)
  - Stängel sechs- bis unendlich-köpfig, Stängel zäh, kaum zu knicken (aufgrund der extremen Dornigkeit kaum nachvollziehbar – außer mit Handschuhen); trockene Standorte in warmen Lagen
    → Wegdistel, *Carduus acanthoides* (Bd. 1, S. 272)
  - Köpfe einzeln auf langen, dornenlosen Stängeln; Schwerpunkt in tieferen Lagen, v. a. im pannonischen Raum
    → Graue Distel, *Cirsium canum* und
    → Pannonische Distel, *Cirsium pannonicum* (Bd. 1, S. 276)
  - 1–5 Köpfe an langen, nicht dornigen Stielen; Gebirgspflanze
    → Bergdistel, *Carduus defloratus* (Bd. 1, S. 272)

F

1a

Feuchtwiesenbrache im Miesenbachtal

1b

## 1 Bachdistel (Bach-Kratzdistel), *Cirsium rivulare*

| | | | | | | | | |
|---|---|---|---|---|---|---|---|---|
| 30–120 cm | VI–VII | ♃ | | | G3f, 4 | mh | | |

+ Blätter beidseitig grün, mit Öhrchen stängelumfassend

In Nasswiesen, Gräben und Sümpfen.

### B2 Blätter wechselständig, nicht dornig gezähnt

Zum Schluss der „Röhrenblütler" kommen jetzt noch Gattungen und Arten, die z. T. nur sehr kompliziert zu verschlüsseln wären. (Ein Grund dafür ist, dass es sich dabei teilweise um Arten aus Gattungen der Zungenröhrenblütler handelt – *Erigeron, Matricaria, Tanacetum, Senecio* –, bei denen die Zungenblüten fehlen oder stark reduziert sind.) Wir vertrauen hier auf die Methode „Bestimmen nach dem Bilderbuch". Anhand der Fotos und der Kurzbeschreibungen müsste dies gut klappen. 15 Gattungen und Arten können überdies einem ganz bestimmten Lebensraum zugeordnet werden, sodass Verwechslungen schon deswegen ausgeschlossen werden können.

### Gattung: Flockenblume, *Centaurea*

Diese größte Gattung aus der Gruppe mit den auffälligsten Arten wurde schon ausführlich in Bd. 1, S. 268 und S. 270, dargestellt. Die Köpfe sind hier umgeben von sterilen, stark vergrößerten („strahlenden") Randblüten, deren Kronen purpurn oder blau sind.

- Köpfchen perückenartig, da die Hüllblätter in eine lange, gefranste, zurückgebogene Granne auslaufen (Foto 2, Bd. 1, S. 271)
  → Perücken-Flockenblume, *C. pseudophrygia* s. l. (Bd. 1, S. 270)
- Hüllblätter mit zwar gefransten, aber kürzeren Anhängseln oder nur an der Spitze etwas eingerissen
  - Randblüten in (dunklen oder hellen) Purpurtönen, selten fast weiß
    - Blätter größtenteils ungeteilt und ganzrandig
      → Wiesen-Flockenblume, *C. jacea* (Bd. 1, S. 269, Foto 4b)
    - Blattrand größtenteils tief eingeschnitten
      - Köpfe groß, im Knospenzustand kugelig, Blüten purpurrot, Blätter grob zerteilt, derb
        → Skabiosen-Flockenblume, *C. scabiosa* (Bd. 1, S. 269, Fotos 3a, b)
      - Köpfe klein, eiförmig, Blütenfarbe mehr gegen lilapurpurn, blasser oder sogar fast weiß, Blätter fein gefiedert (Foto G, H), erinnern an die mancher Wermut-Arten oder die der Besenrauke
        → Steppen-Flockenblume, *C. stoebe* (Bd. 1, S. 271, Fotos 1a, b)

G

Grundblattrosette der Steppen-Flockenblume im Februar

H

- Randblüten blau
  - aber innere Blüten purpurn (Farbkontrast)
    - Blätter oberseits dunkelgrün; Pflanze der Gebirge (Foto I)
      → Berg-Flockenblume, *C. montana* (Bd. 1, S. 270)
    - Blätter hellgraugrün, spinnwebig filzig behaart; Pflanze auf Trockenstandorten in warmen Tieflagen (Foto J, K)
      → Bunte Flockenblume, *C. triumfettii* (Bd. 1, S. 270)
  - innere Blüten wie die Randblüten kornblumenblau; Ackerwildkraut
    → Kornblume, *C. cyanus* (S. 421, Fotos 1a–c)

## 1 Kornblume, *Centaurea cyanus (Cyanus segetum)*

| | | | | | | | | |
|---|---|---|---|---|---|---|---|---|
| 30–60 cm | VI–X | ① bis ⊙ | | | Ä | mh | | |

Die Kornblume kommt außerhalb der Äcker kaum vor. Hier war sie einst früher häufig, ist aber in Gebieten mit intensiver Landwirtschaft selten geworden. In manchen Regionen hat sie sich aber gehalten; so ist sie z. B. im südlichen Waldviertel noch ausgesprochen häufig (was aber kein Problem ist, da die Pflanze konkurrenzschwach, also eher eine Zierde der Äcker als ein Unkraut ist).
*Naturgartentipp:* Herbstaussat ist erfolgreicher als Frühlingssaat.

### Trockenlebensräume in warmen Lagen (v. a. im pannonischen Raum)

## 2 Sand-Strohblume, *Helichrysum arenarium*

| | | | | | | | | |
|---|---|---|---|---|---|---|---|---|
| 10–40 cm | VII–X | ♃ | | | TR | s | | |

+ Pflanze stark aromatisch („Maggi“-Geruch)
+ Stängel und Blätter weißfilzig
+ Hüllen leuchtend hellgelb, Kronen leuchtend goldgelb

Auf kalkarmen Sandsteppen und Trockenrasen, z. B. in der Umgebung von Retz.

## 3 Silberscharte (Bisamdistel), *Jurinea mollis*

| | | | | | | | | |
|---|---|---|---|---|---|---|---|---|
| 10–80 cm | V–VI | ♃ | | | TR | mh | | |

+ Hüllblätter deutlich herabgeschlagen
+ Blätter riechen schwach (nach Bisam bzw. Moschus)

Pflanze erinnert stark an eine Distel, sticht aber nicht. Stängel fast stets einköpfig, unten beblättert, oben blattlos, Blätter am Rand umgerollt, unterseits weißfilzig; bevorzugt felsige Trockenrasen über Kalkgestein (z. B. Perchtoldsdorfer Heide). Der Schaum unterhalb des abgebildeten Blütenköpfchens stammt von einer Zikadenlarve, die so geschützt Pflanzensaft saugt. Im Knospenzustand scheiden die Hüllblätter Nektar (Zuckerwasser) ab. Das lockt zahlreiche Ameisen an. Diese schützen die Pflanze vor anderen hungrigen Insekten (insbesondere vor Käfern).

## 4 Goldschopf (G.-Aster), *Aster linosyris (Galatella linosyris)*

| | | | | | | | | |
|---|---|---|---|---|---|---|---|---|
| 20–50 cm | VII–IX | ♃ | | | TR, K | h | | |

+ Stängel und Blätter kahl
+ Blätter nur 1–2 mm breit
+ Blattrand von winzigen Zähnen rau

Durch die schmalen Blätter, die gelben, wuscheligen Köpfchen und die späte Blütezeit unverwechselbar.

1a

1b

1c

2a

2b

4a

3a

3b

4b

## 1 Dürrwurz, *Inula conyzae*

| | | | | | | | | |
|---|---|---|---|---|---|---|---|---|
| 50–100 cm | VII–IX | ⊙ bis ♃ | | | K, W1, 6 | mh | | gi! |

+ Blüten bräunlich gelb
+ Stängel meist purpurbraun
+ Blätter trübgrün

Auf trockenen Holzschlägen, in trockenen Wäldern, am Rand von Weingärten, auf (Halb-)Trockenrasen. Die Pflanze, insbes. die Wurzel, hat einen unangenehmen „Bisam- bzw. Moschusgeruch“. Früher als Flohmittel verwendet („Flohkraut“); für Weidevieh giftig.

### Gebirgslebensräume (Böhmische Masse und Alpen)

## 2 Alpen-Brandlattich (Grüner B.), *Homogyne alpina*

| | | | | | | | | |
|---|---|---|---|---|---|---|---|---|
| 10–30 cm | V–VII | ♃ | | | W5, G2, A6 | h | | |

+ Stängel fast stets einköpfig, ohne Blätter (höchstens winzige Hochblätter)
+ Blätter unterseits grün
+ Pflanze mit beblätterten Ausläufern

Kalkmeidend; in den Kalkalpen nur auf entsprechend sauren Bodenstellen, z. B. auf dem Humus (Tangelrendsina), der sich unter Latschengebüsch ansammelt. Bei entsprechend kleinsträumigem Bodenmosaik wachsen Säurezeiger und Kalkzeiger (s. nächste Art) direkt nebeneinander.

☝ Der Filz-Brandlattich *(H. discolor)* hat keine Ausläufer. Seine Blätter sind unterseits weißfilzig (Foto 2c). Im Gegensatz zum obigen ist er ein ausgesprochener Kalkzeiger, er wächst nur in den Kalkalpen auf steinigen Rasen und Schneeböden.

1a

1b

2a

## 3 Zwerg-Alpenscharte, *Saussurea pygmaea*

| | | | | | | | | |
|---|---|---|---|---|---|---|---|---|
| 5–15 cm | VI–VIII | ♃ | | | A1, 3 | mh | | |

+ Stängel einköpfig (Foto 3a)
+ das eine Köpfchen wird oft von den oberen Stängelblättern überragt
+ auch im nicht blühenden Zustand an den auffälligen, sternförmigen Blattrosetten erkennbar

Nur im Rax-Schneeberg-Gebiet.

☝ Die Zweifarbige Alpenscharte (Filz-A.) *(S. discolor)* hat 3–10-köpfige Stängel. Die unteren Blätter sind gestielt und unterseits dicht weißfilzig. Die Art ist in den Kalkalpen weiter verbreitet als ihre Verwandte: Rax-Schneeberg-Gebiet, Ötscher, Dürrenstein, Hochkar. (Fotos 3c, d)

2b

2c

3a

3b

3c

Zweifarbige Alpenscharte

3d

Zweifarbige Alpenscharte

## Wechselfeuchte/wechseltrockene Magerwiesen

### 1 Färberscharte, *Serratula tinctoria*

| | | | | | | | | |
|---|---|---|---|---|---|---|---|---|
| 30–80 cm | VII–IX | ♃ | | | W1, G2 | mh | | |

+ Hüllblätter zumindest an der Spitze purpurn (Foto 1a)
+ Blattrand scharf stachelig gezähnt (Fotos 1b, c)

Kommt auf zwei ganz verschiedenen Standorten vor: 1) in lichten, bodensauren Eichenwäldern und 2) in wechselfeuchten Wiesen; alte Volksarzneipflanze (Kraut und Wurzel) und alte Färberpflanze (zum Gelbfärben).

Die Färberscharte ist (wie die Einkopfscharte) eine Ameisenpflanze. Es besteht eine Symbiose mit Ameisen, die die Köpfe bewachen und dafür mit Nektar verköstigt werden.

☝ Die Einkopfscharte (aufgrund von Blütenmerkmalen jetzt eigene Gattung: *Klasea lycopifolia*) hat stets nur einköpfige Stängel. Die Grundblätter (siehe Foto 1d) sind ganz charakteristisch, sodass man die Pflanze im zeitigen Frühjahr fast eher findet als zur Blütezeit Ende Juni. Sie kommt in ± dichten Beständen nur auf wenigen wechseltrockenen Wiesen vor: Auf der Seewiese bei Gießhübl, am Eichkogel, beim Seedörfl nächst Achau und auf den Hainburger Bergen, FFH.

Es besteht eventuell eine Verwechslungsgefahr mit der ebenfalls einköpfigen Pannonischen Distel, diese hat aber schmale und klebrige Hüllblätter, während die Einkopfscharte breite und glatte (nicht klebrige) Hüllblätter hat.

## Pionierpflanzen auf Äckern, Brachen, Waldschlägen, an Wegrändern …

### 2 Scheingreiskraut, *Erechtites hieraciifolia*

| | | | | | | | | |
|---|---|---|---|---|---|---|---|---|
| 50–120 cm | VII–X | ⊙ | | | W6 | mh | | |

+ Krone auffallend blassgelb, Hülle zylindrisch
+ Pflanze riecht unangenehm
+ Stängel hohl

Fast nur auf Waldschlägen, hier aber oft in Reinbeständen; Erstbesiedler, verschwindet im Lauf der Wiederbewaldung wieder, kann sich aber mit seinen weit fliegenden Früchten einen neuen Schlag „suchen". Stammt aus Nord- und Südamerika, in Österreich erstmalig im Jahr 1887 am Kolbeterberg bei Hütteldorf beobachtet. Seither hat es sich vor allem im Wienerwald und im Leithagebirge ausgebreitet. Es kommt nur auf frischen Waldschlägen vor.

## 3 Gewöhnliches Greiskraut, *Senecio vulgaris*

| | | | | | | | | |
|---|---|---|---|---|---|---|---|---|
| 10–30 cm | III–X | ⊙ bis ① | | | P2, Ä, S1, 2 | sh | | gi!! |

+ Blätter fiederteilig
+ mittlere und obere Stängelblätter mit geöhrtem Grund sitzend
+ Hüllblätter oben mit schwarzen Spitzchen (wie bei vielen Arten der Gattung Bd. 1, S. 289)

## 4 Strahlenlose Kamille (Knopf-Kamille), *Matricaria discoidea*

| | | | | | | | | |
|---|---|---|---|---|---|---|---|---|
| 5–20 cm | V–IX | ⊙ | | | S4, 1, 2, P5 | h | | |

+ Blütenköpfchen beim Drücken mit intensivem Kamillengeruch
+ Blätter ± geruchlos
+ Wuchs kräftig und gedrungen, Stängel dicklich

Bevorzugt schwere, verdichtete, nährstoffreiche Böden; Früchte klebrig, daher begegnet man der Pflanze vor allem auf und entlang von Wegen. Ursprünglich heimisch in Sibirien und Nordamerika; wurde in botanischen Gärten kultiviert und ist von dort um 1850 in Berlin „entwichen". Hat sich seither, besonders entlang der Eisenbahnen, in ganz Europa, ja fast in der ganzen Welt, ausgebreitet. In Wien wurde sie erstmalig 1889 bei den Lagerhäusern im Prater festgestellt. Kann wie die Echte Kamille als Arzneipflanze verwendet werden, gilt aber als nicht so wirksam (entzündungshemmende Proazulene fehlen).

2a

3

4a

2b

4b

## 1 Kanadisches Berufkraut, *Erigeron canadensis*

| | | | | | | | | |
|---|---|---|---|---|---|---|---|---|
| 20–100 cm | VII–IX | ⊙ bis ⊙ | | | P1, 3, 5, S1, 2, W6 | sh | | |

+ Zungenblüten fehlen oder winzig, fadenartig (ca. 1 mm lang) (Foto 1a)
+ Köpfchen überaus zahlreich (bei gut entwickelten Pflanzen weit über 1000!)
+ Blüten unscheinbar, weißlich
+ Blätter sehr schmal, am Rand bewimpert

Erobert mit seinen weit fliegenden Früchten offene Bodenstellen aller Art, aber auch Kiesdächer; auf Ackerbrachen kann sie im zweiten Jahr massenhaft blühen, wird aber bald von ausdauernden Arten verdrängt, es sei denn, der Boden ist extrem trocken oder mager; hier kann es sich auch auf Dauer halten, da es keine Konkurrenz durch anspruchsvollere Arten befürchten muss (Foto 1d). Ursprünglich in Nordamerika beheimatet, jetzt auf der ganzen Welt verbreitet.

## 2 Rainfarn, *Tanacetum vulgare*

| | | | | | | | | |
|---|---|---|---|---|---|---|---|---|
| 40–120 cm | VII–X | 4 | | | W6, P3, W3 | h | | gi!! |

+ Köpfchen abgeplattet, scheibchenförmig (Foto 2b)
+ Blätter fiederschnittig, beim Zerreiben stark aromatisch

Früher hauptsächlich an Ufern und in Auen, jetzt auf älteren Brachen, auf Straßenböschungen, an Wegen usw. in Ausbreitung; bevorzugt Silikatgebiete und feuchtes (Lokal-)Klima.
Volksarzneipflanze, früher bei Verdauungsstörungen, als Wurmmittel (Anwendung aber wegen des hohen Thujongehalts auch für den Parasitenwirt nicht ungefährlich) und Mottenkraut, missbräuchlich als Abortivum.
Mehrere verwandte Asteraceenarten[110] (z. B. *T. cinerariifolium)* verschiedener geografischer Herkunft wurden aufgrund ihres Pyrethringehalts als „Insektenpulver“ und Wurmmittel verwendet (z. B. „Pyrethrumblüten“, „Zacherlpulver“ = Flores Chrysanthemi). Heute nützt man sie zur Gewinnung umweltfreundlicher Insektizide (Pyrethrine). Außer Insekten reagieren aber auch Katzen und Fische empfindlich auf Pyrethrine und die davon abgeleiteten synthetischen Pyrethroide!

1d

2a

[110] Eine genaue Zuordnung wird erschwert durch die Existenz von Synonymen: *Tanacetum/Chrysanthemum/Pyrethrum*!

## 3 Klebalant, *Dittrichia graveolens (Inula graveolens)*

| | | | | | | | | |
|---|---|---|---|---|---|---|---|---|
| 20–40 cm | VII–IX | ☉ | | | P | s | | |

+ Pflanze infolge dichter, drüsiger Behaarung stark klebrig
+ riecht stark nach Kampfer
+ Köpfchen klein (5–10 mm ∅) (Foto 3a)

Vor allem auf Mittelstreifen von Autobahnen (Vorsicht!) zu finden: A1, A2 im Raum Wiener Neustadt und der Außenringautobahn. Salztolerant; stammt aus dem Mittelmeerraum, wandert vermutlich als blinder Passagier.

Die auffallend stark filzig behaarte Falzblume *(Bombycilaena erecta)* ist in NÖ und in ganz Österreich ausgestorben §. Die letzten Fundorte waren im Wiener Becken, im Gebiet um Sollenau. (Foto 3b)

Die Kragenblume *(Carpesium cernuum)* mit nickenden Köpfen ist in NÖ extrem selten und akut vom Aussterben bedroht §. Der einzige aktuelle Fundort befindet sich bei Radlberg, nordöstlich von St. Pölten. (Foto 3c)

1a

2b

Eine wichtige Pollenfutterpflanze für Seidenbienen

1b

3a

3b

Falzblume

3c

Kragenblume

## C – Zungenröhrenblütler – „Gänseblümchenartige“

- Stängel ohne Blätter (höchstens mit kleinen Hochblättern)
  - Zungen gelb; Vorfrühlingsblüher
    → Huflattich, *Tussilago farfara* (Bd. 1, S. 282)
  - Zungen weiß (selten etwas rosa)
    - Hüllblätter stumpf; Früchte ohne Haarkelch; Blütenkörbchen klein (1,5–2 cm ∅)
      → Gänseblümchen, *Bellis perennis* (Foto 1)
    - Hüllblätter spitz; Früchte mit Haarkelch; Blütenkörbchen größer (2–3 cm ∅) (Foto A)
      → Alpen-Gänseblümchen, *Bellidiastrum michelii* (Bd. 1, S. 288)
- Stängel mit Blättern
  - Blätter gegenständig
    - Zungen gelb
      → Arnika, *Arnica montana* (Bd. 1, S. 284)
    - Zungen weiß; Blütenköpfchen winzig
      → Kleinblütiges Knopfkraut, *Galinsoga parviflora* (Foto 2a)
  - Blätter wechselständig
    - Zungenblüten dicht, mehrreihig (Foto B), Zungen höchstens 1 mm breit, niemals gelb
      → Berufkraut, *Erigeron*
      - Zungen aufrecht, kaum länger als die Röhrenblüten
        → Scharfes Berufkraut, *Erigeron acris* (S. 431, Fotos 1a, b)
      - Zungen waagrecht abstehend, deutlich länger als die Röhrenblüten
        - Pflanze 50–120 cm hoch
          → Einjähriges Berufkraut, *Erigeron annuus* s. l. (Bd. 1, S. 288)
        - Pflanze nur 5–30 cm hoch; Alpenpflanze
          → Kahles Berufkraut, *Erigeron glabratus* (S. 430 und Bd. 1, S. 287)
    - Zungenblüten meist in 1 Reihe stehend (S. 430, Foto B), Zungen meist breiter als 1 mm
      - Zungen blau/violett → Schlüssel C1
      - Zungen weiß (rosa) → Schlüssel C2
      - Zungen gelb (bräunlich) → Schlüssel C3

A

B

## 1 Gänseblümchen, *Bellis perennis*

| | | | | | | | | |
|---|---|---|---|---|---|---|---|---|
| 5–10 cm | III–X | ♃ | | | G3, S1 | sh | | |

+ Korbboden kegelförmig, hohl (wie bei der Kamille)

Fehlt in (fast) keinem Parkrasen; den dicht an den Boden gepressten Rosetten macht auch sehr häufiges Mähen nichts. Volksmedizinisch werden getrocknetes Kraut und Blüten innerlich und äußerlich u. a. bei Hauterkrankungen empfohlen. Blätter als Wildgemüse verwendbar (das ganze Jahr verfügbar). Früher (warum jetzt nicht mehr?) wurden die noch geschlossenen Blütenkörbchen als „deutsche Kapern"[111] in Essig eingelegt. Meist sieht man diese Köpfchen sogar im Winter dicht am Boden, oft kaum bemerkbar, mitten in der Blattrosette sitzen.

## 2 Kleinblütiges Knopfkraut (Franzosenkraut), *Galinsoga parviflora*

| | | | | | | | | |
|---|---|---|---|---|---|---|---|---|
| 10–50 cm | V–X | ⊙ | | | Ä, P2, S1, S2 | sh | | |

+ Stängel kahl bis spärlich behaart

Stammt aus hochgelegenen Gebieten Südamerikas. Seit 1850 in und um Wien selten beobachtet. 1889 bereits in ganz NÖ eingebürgert; jetzt sh in Äckern, Weingärten, Gärten, auf Ruderalplätzen und in Pflasterritzen.

☝ Das Zottige Knopfkraut *(G. ciliata)* hat dicht behaarte Stängel (Foto 2b). Es stammt ebenfalls aus Südamerika, wurde erst etwa 100 Jahre später eingeschleppt. Es breitet sich aber seither doppelt so schnell aus wie die vorige Art und bevorzugt klimafeuchte Gebiete.

1

2a

2b

Zottiges Knopfkraut

[111] Die echten Kapern sind die Blütenknospen des im Mittelmeergebiet heimischen Kapernstrauches.

### 1 Scharfes Berufkraut, *Erigeron acris* subsp. *acris*

| | | | | | | | | |
|---|---|---|---|---|---|---|---|---|
| 15–50 cm | VI–X | ⊙ bis ♃ | | | TR, P1, S3 | h | | |

+ Blätter beiderseits kurz behaart
+ Zungen blasslila bis purpurn, manchmal weiß

Oft auch an Wegrändern und auf sandigen Feldern.

☝ Das Kantige Berufkraut *(E. acris* subsp. *angulosus)* hat Blätter, die auf den Flächen (fast) kahl sind. Die unteren Stängelblätter sind meist nur 5–10 mm breit. Es kommt auf steinigen Stellen und insbesondere auf Sand und Schotter der Alpenbäche vor und ist nur mh.

☝ Das Großblättrige Berufkraut *(E. acris* subsp. *macrophyllus)* hat ebenfalls kahle Blätter, aber die unteren Stängelblätter sind 15–20 mm breit. Es kommt s in Felsrasen am Alpenostrand und in der Wachau vor; §.

### Kahles Berufkraut, *Erigeron glabratus (E. polymorphus)* (Bd. 1, S. 287, Foto 4b)

| | | | | | | | | |
|---|---|---|---|---|---|---|---|---|
| 5–30 cm | VII–VIII | ♃ | | | A1, 3 | h | | |

+ Stängel mit 1–6 Körbchen
+ Zungen blassweinrot bis hellpurpurrosa
+ Hüllblätter fast kahl (selten behaart)

Nur auf Kalk.

☝ Das Einköpfige Berufkraut *(E. uniflorus)* hat dicht wollig-zottig behaarte Hüllblätter. Es kommt ss nur am Hochschneeberg, gegen den Saugraben zu, vor.

## Schlüssel C1 (Zungen blau/violett)

- Stängel nur mit einem großen Korb (3–5 cm ∅)
  → Alpen-Aster, *Aster alpinus* (Bd. 1, S. 286)
- Stängel mit 2 oder mehreren Köpfchen
  - Blätter auffällig graufilzig; ss, nur im NSG Baumgarten/March
    → Grau-Aster, *Aster canus* (Foto 2)
  - Blätter nicht auffällig graufilzig
    - Blätter etwas fleischig
      → Salz-Aster, *Aster tripolium* (Fotos 3a, b)
    - Blätter nicht fleischig
      - Köpfe mit 3–4 cm ∅, Pflanze 20–60 cm hoch, Stängel rauhaarig (Fotos A, B)
        → Berg-Aster, *Aster amellus* (Bd. 1, S. 288)
      - Köpfchen mit 1,5–3 cm ∅, Pflanze 60–150 cm hoch, Stängel kahl (höchstens oben mit Haarleisten)
        → Herbst-Aster, *Symphyotrichum (Aster) novi-belgii* (S. 433, Foto 1)

A

B

## 2 Grau-Aster, *Aster canus (Galatella cana)*

| | | | | | | | | |
|---|---|---|---|---|---|---|---|---|
| 30–60 cm | VIII–IX | ♃ | | | NaCl | ss | § | |

+ Köpfchen 15–25 mm ∅
+ Blüten wohlriechend; Zungen blauviolett

Auf wechselfeuchten, schwach salzigen Wiesen; in NÖ nur im NSG Baumgarten a. d. March.

## 3 Salz-Aster, *Aster tripolium (Tripolium pannonicum)*

| | | | | | | | | |
|---|---|---|---|---|---|---|---|---|
| 10–80 cm | VI–IX | ♃ | | | G3f, NaCl | mh | § | |

+ Stängel kahl, oft purpurn überlaufen
+ Hüllblätter kahl, besonders die inneren mit breitem purpurnen Hautrand

Feuchte, meist salzhaltige Wiesen, nur im pannonischen Tiefland.

1a

1b

3b

2

3a

## 1 Herbst-Aster, *Symphyotrichum novi-belgii (Aster novi-belgii)*

| | | | | | | | | |
|---|---|---|---|---|---|---|---|---|
| 60–150 cm | VIII–X | ♃ | | | W3, T3, P3 | mh | | |

+ bildet mit weit kriechenden Ausläufern große Bestände (Bd. 1, S. 289, Foto 2b)
+ Stängel oben und besonders die Äste fast stets mit Haarleisten

Verwilderte Zierpflanze, Heimat Nordamerika.

☝ Die Kahle Aster *(A. laevis)* hat keine Haarleisten auf Stängel und Ästen. Sie ist mit der vorigen durch Übergangspopulationen (Hybriden) verbunden.

☝ Die meist weiß blühende March-Aster *(A. lanceolatus)* mit sehr schmalen, nur 3–6 mm breiten Blättern wird im Schlüssel C2 (= Zungen weiß) abgehandelt.

## C2 – Zungen weiß/rosa

Hinweis: Im folgenden Schlüssel kommen jetzt gleichrangige Punkte. Jeder einzelne schließt alle folgenden aus. Man prüfe einen Punkt nach dem anderen. Wenn es „passt“, ist man am Ziel; wenn nicht, bitte zum nächsten Punkt weiter:

- Köpfchen klein, dicht in doldenartigen Blütenständen[112] (Schirmrispen) angeordnet; Köpfchenstiele sehr kurz, meist nur 1–15 mm lang
  - Alle Blätter schmal, regelmäßig gesägt, ungestielt (Foto A); Köpfchen 1–2 cm ∅, in lockeren Schirmrispen (Fotos B, C); Pflanze bis ca. 1 m hoch; in Feuchtwiesen a. d. March, s
    → Bertram-Schafgarbe, *Achillea ptarmica*
    Wird auch als Zierpflanze kultiviert (gefülltkörbige Sorten)
  - Blätter seidig-filzig behaart, gelappt; Alpenpflanze
    → Steinraute, *Achillea clavennae* (S. 435, Fotos 1a, b)
  - Blätter nicht seidig-filzig behaart
    - Pflanze ohne Ausläufer
      → Edel-Schafgarbe, *Achillea nobilis* (S. 435, Foto 2)
    - Pflanze mit unter- und oberirdischen Ausläufern, bildet oft Teppiche
      → Schafgarbe, *Achillea millefolium* agg. (Bd. 1, S. 286)

A

B

Die 9 Arten, die in NÖ vorkommen, werden in der Folge mit einigen Merkmalen und den Standorten, wo sie hauptsächlich zu finden sind, aufgelistet, s. Kasten S. 433

- Grundblätter ungeteilt, Köpfchen mit 1,5–2 cm ∅
  → March-Aster, *Aster lanceolatus* (S. 436, Foto 1)
- Grundblätter ungeteilt, Köpfe 3–6 cm ∅
  → Fettwiesen-Margerite, *Leucanthemum ircutianum* (S. 436, Foto 2)

[112] ... tatsächlich sind es keine Dolden, da die Verzweigungen nicht von einer Stelle ausgehen; der Effekt für die Blütenbesucher ist der gleiche: alle Blüten (in dem Fall Körbchen) dicht beisammen in einer Ebene.

- Pflanze 50–100 cm hoch; Stängel oben verzweigt mit vielen Köpfchen
  → Straußmargerite, *Tanacetum corymbosum* subsp. *corymbosum* (S. 436, 437, Fotos 3a, b)
- Köpfchen beim Drücken mit typischem Kamillenteegeruch
  → Echte Kamille, *Matricaria chamomilla* (S. 439, Fotos 1a, b)
- Alle Teile der Pflanze (Blütenköpfchen, Blätter) ± geruchlos; Blätter fein zerschlitzt
  → Geruchlose Kamille, *Tripleurospermum inodorum* (S. 439, Foto 2)
- Die ganze Pflanze duftet beim Zerreiben zumindest schwach; Korbboden gefüllt und mit Spreublättchen (die vorigen 4 Arten haben keine Spreublättchen)
  → Hundskamille, *Anthemis* (S. 438–439 und Schlüssel S. 437)

1

C

### Artengruppe: Schafgarbe, *Achillea millefolium* agg.

Schafgarben verlässlich zu bestimmen ist nicht nur schwierig, sondern auch zeitaufwendig (man studiere dazu den Schlüssel in der FlÖ). Die folgenden Angaben vermitteln nur eine Vorstellung über die vorhandene Vielfalt; wenn man auf einen Artnamen kommt, muss er so formuliert werden: „Das könnte eventuell die XYZ-Schafgarbe sein." Am ehesten lässt sich die Feinblättrige Schafgarbe so „über den Daumen gepeilt" bestimmen.

- Blattfiedern gedrungen, 1–2 × so lang wie breit; Blattspindel nicht gezähnt (Foto D) und nie mit Zwischenfiedern; Zungen weiß bis rosa (v. a. in höheren Lagen) (Foto E). Auf Fettwiesen; bevorzugt kühl-feuchte Gebiete, im Pannonicum seltener; h
  → Eigentliche Schafgarbe, *Achillea millefolium* s. str.
- Pflanze ± stark behaart; in (Halb-)Trockenrasen, auf trockenen Wiesen (Foto F), auch in Parkrasen, Baumscheiben, an Wegrändern usw.; häufigste Schafgarbe in tieferen, wärmeren Lagen, im pannonischen Gebiet sh
  → Hügel-Schafgarbe, *Achillea collina*

D

E

F

- Pflanze in frischen bis feuchten Fettwiesen stets in auffälligen Gruppen wachsend; 10–50 gleich hohe Pflanzen treten truppweise auf (Ausläufer); mh
  → Wiesen-Schafgarbe, *Achillea pratensis*

- Fiedern mit fadenförmigen (< 0,3 mm breiten) Zipfeln; Grundblätter nicht flach, sondern walzenförmig (wie eine Flaschenbürste (Fotos G, H)), dadurch eine leicht kenntliche Art; in Trockenrasen, v. a. auf sauren Böden (Silikatgrus, Sand); fast nur im pannonischen Gebiet; mh
  → Feinblättrige Schafgarbe, *Achillea setacea*

- Untere Stängelblätter auffallend lang gestielt; Pflanze meist hellgrün, Zungen meist rosa (Foto I). Auf feuchten, leicht salzigen (Flachmoor-)Wiesen; nur im pannonischen Gebiet; s
  → Farnblättrige Schafgarbe, *Achillea aspleniifolia*

- Pflanze in allen Teilen immer auffällig dicht langhaarig; in Flaumeichengebüschsäumen, Waldsteppen und Trockenrasen, also auf besonders trockenwarmen Wuchsorten und nur im pannonischen Gebiet; mh (Foto J)
  → Pannonische Schafgarbe, *Achillea pannonica*

- Blattspindel (Mittelrippe) deutlich geflügelt; Körbchen klein, Hauptschirm mit 3–5 cm ∅; nur im Kremstal, Weitental und im Thayatal auf Fels- und Schuttstandorten in lichten Laubwäldern und Gebüschsäumen; s
  → Steirische Schafgarbe, *Achillea styriaca*

G

- Blattspindel auch deutlich geflügelt, die Körbchen aber groß und der Hauptschirm mit 5–10 cm ∅; in lichten Wäldern, besonders in Föhrenwäldern, an steinigen Waldrändern, Gebüschsäumen und auf Magerwiesen; im pannonischen Gebiet an der Thermenlinie und im Leithagebirge; s
  → Zahnblättrige Schafgarbe, *Achillea distans* s. str.

- Blattfiedern schlank, 3–6 × so lang wie breit; Blattspindel gezähnt und oft mit kleinen Zwischenfiedern; der Hauptschirm ist auffallend dicht, schlecht pressbar und daher der Schrecken jedes Herbarisierers; in lichten Föhrenwäldern, an steinigen Waldrändern und auf Magerwiesen; kalkliebend; nur im Rax-Schneeberg-Gebiet; s
  → Raxalpen-Schafgarbe, *Achillea „raxensis"* = *A. stricta*

H

I

J

**Gut getarnt ist dieser Rüsselkäfer *(Cyphocleonus dealbatus)*, eine Art warmer, trockener Standorte, die sich in den Wurzeln verschiedener Korbblütler entwickelt.**

## 1 Steinraute (Weißer Speik), *Achillea clavennae*

| | | | | | | | | |
|---|---|---|---|---|---|---|---|---|
| 5–30 cm | VI–IX | ♃ | | | A3, 4 | sh | | |

+ Blätter zerdrückt mit kräftigem, aromatischem Duft
+ Stängel meist mit 6–25 Körbchen
+ Hüllblätter schwarzblau berandet

In Felsspalten, sonnigen Steinrasen und auf Kalkfelsschutt in der alpinen und subalpinen Stufe sh, manchmal in die Täler hinabsteigend.

☝ Die Clusius-Schafgarbe *(A. clusiana)*, die ebenfalls in der subalpinen/alpinen Stufe an feuchten Standorten und oft in Schneetälchen vorkommt, hat ganz fein zerteilte, nicht filzig behaarte, aber ebenfalls duftende Blätter. (Foto 1c)

## 2 Edel-Schafgarbe, *Achillea nobilis*

| | | | | | | | | |
|---|---|---|---|---|---|---|---|---|
| 20–60 cm | VI–VIII | ♃ | | | TR, P1 | ss | | |

+ Blätter der Färber-Hundskamille (Bd. 1, S. 286) ähnlich
+ Blüten gelblich
+ ganze Pflanze mit durchdringend aromatisch wermutartigem Geruch

Vom Aussterben bedroht! Wo gibt es die Art noch?

1a

1b

1c

2

## 1 March-Aster, *Aster lanceolatus (Symphyotrichum lanceolatum)*

| | | | | | | | | | |
|---|---|---|---|---|---|---|---|---|---|
| 60–120 cm | VIII–XI | ♃ | | | | W3, S3, P1, 3 | h | | |

+ Zungen weiß bis blasslila
+ Blätter nur 3–6 mm breit

Nur in den Marchauen h, sonst mh.

## 2 Fettwiesen-Margerite (Große Wiesen-M.), *Leucanthemum ircutianum*

| | | | | | | | | | |
|---|---|---|---|---|---|---|---|---|---|
| 30–70 cm | V–IX | ⊙ bis ♃ | | | | G3, S1, P3, S3 | sh | | |

+ Stängelblätter im untersten Drittel mit Zähnen, die den Stängel nicht öhrchenartig umfassen
+ Stängel oft behaart

Oft in lückigen Wiesen, auf Straßenböschungen und in Parkrasen.

☝ Die Magerwiesen-Margerite (Kleine Magerwiesen-M.) *(L. vulgare)* hat einen kahlen Stängel und die Zähne der Stängelblätter umfassen den Stängel öhrchenartig; in eher trockenen Wiesen.

☝ Die Schwarzrandige Margerite *(L. atratum)* hat auffällig schwarz berandete Hüllblätter und fleischige, dickliche Blätter. Sie kommt nur in der Krummholzstufe der Kalkalpen mh vor.

☝ Die Berg-Margerite *(L. adustum* subsp. *margaritae)* ist eine Zierde der Wachau und der Schwarzföhrenwälder des Alpenostrandes, aber recht selten. Mit ihren großen Köpfen (4–6 cm ∅) ist sie sehr auffallend. Die Hüllblätter sind schwarzbraun berandet und die Stängelblätter sitzen mit abgerundetem Grund (sind also nicht geöhrt).

1

2

3a

## 3 Straußmargerite (Strauß-Wucherblume), *Tanacetum corymbosum* subsp. *corymbosum*

| | | | | | | | | |
|---|---|---|---|---|---|---|---|---|
| 50–100 cm | VI–VIII | ♃ | | | W1, K, M, H, W6 | h | | |

+ Hüllblätter hellbraun berandet
+ Zungen 7–15 mm lang
+ Pflanze nicht aromatisch (i. U. z. Rainfarn aus der gleichen Gattung)

Die Clusius-Straußmargerite *(T. c.* subsp. *subcorymbosum = T. clusii)* hat schwarzbraun berandete Hüllblätter und längere Zungen (15–20 mm lang). Sie kommt mh in Wäldern und Gebüschen der höheren Kalkalpen bis ins Krummholz vor.

Das Mutterkraut *(T. parthenium)* wurde und wird in Bauerngärten als Volksarzneipflanze (Foto 3c, d) kultiviert. Es verwildert recht häufig an Mauerfüßen, entlang von Zäunen, an Wegrändern u. Ä. Es wird nur 30–60 cm hoch und ist stark aromatisch.

3b

3c

3d

### „Kamillen"

- Ganze Pflanze geruchlos; Köpfchen groß (Margeriten ähnlich), ohne Spreublätter, sh
  → Geruchlose Kamille, *Tripleurospermum inodorum* (S. 439, Foto 2)
- Nur die Köpfchen duften (und zwar nach Kamillentee); ohne Spreublätter
  → Echte Kamille, *Matricaria chamomilla* (S. 439, Fotos 1a, b)
  → Strahlenlose Kamille, *Matricaria discoidea* (S. 425, Fotos 4a, b)
- Die ganze Pflanze duftet, Köpfchen mit Spreublättern, kegelförmig (Foto A)
  - Duft widerlich; s
    → Stinkende Hundskamille, *Anthemis cotula* (S. 438)
  - Duft aromatisch
    - Bitter aromatisch, Köpfchenboden flach halbkugelig; im pannonischen Raum h
      → Österreichische Hundskamille, *Anthemis austriaca* (S. 439, Foto 3a)
    - Angenehm zitronig aromatisch, Pflanze wollig-zottig, Köpfchenboden kegelförmig; s nur im pannonischen Raum und nur auf Sandböden
      → Russische Hundskamille, *Anthemis ruthenica* (S. 439, Foto 3b)
  - Duft schwach, Köpfchenboden kegelförmig; Blätter locker behaart oder ganz kahl, unregelmäßig grob geteilt; h auf sauren Böden
    → Acker-Hundskamille, *Anthemis arvensis* (S. 439, Fotos 4a–d)

*Naturgartentipp:* Besonders empfehlenswert: Geruchlose Kamille, hochwüchsig, großblütig (sehr gut auch als Schnittblume), keimt sowohl im Herbst als auch im Frühling und hält sich in Wildblumenbeeten über mehrere Jahre (auf Ackerbrachen stärkstes Auftreten im 2. Jahr).

Die Österreichische Hundskamille bevorzugt Herbstaussaat und passt gut zu Klatschmohn, Kornblume und Kornrade (und evtl. Roggen). Ein derartiger „Zieracker“ (oder „Blumenpflückacker“) sollte jeden Herbst neu angelegt werden.

## 1 Echte Kamille, *Matricaria chamomilla (M. recutita)*

| | | | | | | | | |
|---|---|---|---|---|---|---|---|---|
| 15–40 cm | V–VIII | ⊙ bis ① | | | Ä, P2, S2, NaCl | mh | | |

+ Korbboden schmal kegelförmig, ca. 2 × so hoch wie breit, innen hohl
+ ohne Spreublätter

Am Duft (Köpfchen zw. Daumen und Zeigefinger leicht drücken) eindeutig erkennbar (man weiß ja, wie Kamillentee riecht). Das bekannte Merkmal „Köpfchen hohl“ ist unverlässlich. Sehr ähnlich ist die Stinkende Hundskamille *(Anthemis cotula)*, die aber borstenförmige Spreublätter am Korbboden hat. Außerdem stinkt die ganze (!) Pflanze beim Zerdrücken! Alteingebürgerte Kulturbegleiterin, auf schweren, sauren, aber nährstoffreichen Böden (auf pseudovergleyten Braunerden im westl. Alpenvorland, in Äckern und Gemüsekulturen); fehlt im Raum um Wien, h im Pulkautal und im Marchtal (teilweise auf salzhaltigen Böden).

☝ Die Strahlenlose Kamille *(M. discoidea)* wird bei den Röhrenblütlern abgehandelt (S. 425).

## 2 Geruchlose Kamille, *Tripleurospermum inodorum (T. perforatum)*[113]

| | | | | | | | | |
|---|---|---|---|---|---|---|---|---|
| 30–60 cm | VI–XI | ⊙ bis ① | | | P2, Ä, P3, S1–3 | sh | | |

+ Frucht oben gestutzt, mit scharfem, becherförmig aufgebogenem Rand („Krönchen“) – gute Lupe nötig!
+ reife Frucht schwärzlich; Korbboden halbkugelig
+ Blätter fein zerschlitzt

☝ Die Feinblättrige Kamille *(T. tenuifolium)* hat kein solches „Krönchen“ auf den Früchten und die reifen Früchte sind hellbraun. Sie kommt ss bei Kirchschlag i. d. Buckligen Welt vor. Vielleicht gelingt Ihnen ein schöner Fund? Es lohnt sich, genau hinzuschauen!

## 3 Österreichische Hundskamille, *Anthemis austriaca*

| | | | | | | | | |
|---|---|---|---|---|---|---|---|---|
| 10–50 cm | V–VII | ① bis ⊙ | | | Ä, P2, 1 | h | | |

+ Korbboden flach, halbkugelig
+ Blätter auffallend regelmäßig „kämmig gefiedert“ (wie bei der Färber-H., Bd. 1, S. 287, Foto 2b), die schönsten innerhalb der Gattung (Foto 3a)
+ Pflanze duftet stark und derb bitter würzig

Besonders häufig im Wr. Becken und im Weinviertel.

☝ Die Stinkende Hundskamille *(A. cotula)* hat schwach behaarte, sehr fein zerteilte Blätter, die auffällig schlaff sind. Die Spreublätter sind schmal, nur 0,2 mm breit, viel schmäler als bei der vorigen Art. „Die ganze Pflanze von ekelhaftem Geruche“ (Zitat Neilreich). Zur Zeit von Neilreich (1859) war sie noch sh, jetzt ist sie jedoch ss; sie ist vor allem im pannonischen Gebiet auf feuchten Äckern zu finden und sieht der Echten Kamille zum Verwechseln ähnlich (mehr s. dort).

☝ Die Russische Hundskamille *(A. ruthenica)* hat grauhaarige bis weißgraue Blätter, Stängel und Spreublätter, die oben gezähnelt sind (Foto 3b). Sie duftet beim Zerreiben aromatisch (zitronig). Sie kommt ss nur auf Sand in sehr warmen Gebieten vor, am ehesten noch im südl. Marchfeld (sh im mittleren Burgenland).

[113] Es wurde nur ein Synonym angeführt; es gibt hier viel mehr, sicher so viele, wie das Köpfchen Zungen hat!

## 4 Acker-Hundskamille, *Anthemis arvensis*

| | | | | | | | | |
|---|---|---|---|---|---|---|---|---|
| 15–50 cm | VI–IX | ① bis ⊙ | | | Ä, P1, 2 | h | | |

Am besten daran zu erkennen, dass man die Verwandtschaft ausschließt:

+ durch die (breiten, spitzen) Spreublätter (Foto 4c) als Hundskamille kenntlich
+ nicht so stark grau behaart wie die Russische H.; kein so regelmäßiger Blattschnitt wie die Österr. H., aber derber geteilt (Foto 4d) als die Blätter der Stinkenden H.
+ Geruch (beim Zerdrücken) viel schwächer als bei den anderen Hundskamillen

Bevorzugt saure, frische bis feuchte Böden.

## C3 – Zungen gelb/bräunlich

Prüfen Sie bitte jetzt zuerst die ersten drei Gattungen, ob eine „passt“. Falls nicht, gehen Sie weiter zum Schlüssel für die letzten sechs Gattungen.

- Korbboden auffällig schmal kegelförmig, Zungen 3–5 cm lang, bald herabgeschlagen; Pflanze 80–200 cm hoch
  → Schlitzblättriger Sonnenhut, *Rudbeckia laciniata* (S. 443, Fotos 1a–c)
- Blätter regelmäßig kammartig gefiedert
  → Färber-Hundskamille, *Anthemis tinctoria* (Bd. 1, S. 286)
- Blätter bucklig gewellt, sehen zerknittert aus
  → Großes Flohkraut, *Pulicaria dysenterica* (Bd. 1, S. 286)
  Das Kleine Flohkraut *(P. vulgaris)* hat sehr kurze Zungenblüten, die die Hülle kaum überragen. Sehr selten, am ehesten im Marchtal zu finden; früher manchmal auf Viehweiden; §.

## Schlüssel für die letzten 6 Gattungen der Zungenröhrenblütler

- Hülle zylindrisch bis glockig, Hüllblätter dachziegelartig angeordnet (Foto A)
  → Goldrute, *Solidago* (S. 443, Fotos 2a–e)
- Hülle halbkugelig bis flach, Hüllblätter zweireihig oder dachziegelartig
  - Hüllblätter in 2 Reihen, annähernd gleich lang
    → Gamswurz, *Doronicum*
    - Grundblätter fehlen zur Blütezeit; Stängel meist mit zahlreichen Köpfen; Pflanze 80–120 cm hoch
      → Österreichische Gamswurz, *Doronicum austriacum* (S. 442–443, Fotos 3a–c)
    - Grundblätter zur Blütezeit vorhanden; Pf. 8–25 cm hoch
      → Kalk-Gamswurz, *Doronicum glaciale* (S. 444, Foto 1)
  - Hüllblätter in 3 bis mehreren Reihen, meist ungleich lang (dachziegelartig) (Foto B)
    - Zungenblüten auffällig steif und ganz regelmäßig angeordnet (ähnlich: Arnika, S. 428 und Bd. 1, S. 284), Korbboden mit Spreublättern (Foto C)
      → Ochsenauge, *Buphthalmum salicifolium* (Bd. 1, S. 284)
    - Zungenblüten meist etwas „schlampig“ angeordnet (Foto D), Korbboden ohne Spreublätter
      → Alant, *Inula*, s. Schlüssel S. 452
- Hülle walzlich/zylindrisch/glockenförmig/kegelförmig; Hüllblätter einreihig
  - Hülle mit Außenhülle (Foto E), Spitze der Hüllblätter meist schwärzlich
    → Greiskraut, *Senecio*, s. Schlüssel S. 444
  - Hülle ohne Außenhülle (Foto F), Spitze der Hüllblätter nicht schwärzlich, sondern grün bis purpurbraun
    → Aschenkraut, *Tephroseris*, s. Schlüssel S. 450

A

Kanadische Goldrute; Köpfchen relativ klein (höchstens 0,5 cm ∅)

B

Wiesen-Alant mit Großem Feuerfalter

C

D

Wiesen-Alant mit Großem Feuerfalter

E

F

## 1 Schlitzblättriger Sonnenhut, *Rudbeckia laciniata*

| | | | | | | | | |
|---|---|---|---|---|---|---|---|---|
| 80–200 cm | VII–IX | ♃ | | | W3, T3, M | h | | |

+ Blätter fiederschnittig (Foto 1a)
+ Stängel (fast) kahl, ± bereift
+ bildet dichte, schon von Weitem auffällige Bestände (Fotos 1b, c)

(Ehemalige) Zierpflanze seit etwa 1850 verwildert, jetzt vollkommen eingebürgert; am häufigsten an Ufern von Bächen und Teichen, z. B.: an der Donau bei Stockerau, am eindrucksvollsten bei den Waldteichen zw. Ernstbrunn und Enzersdorf im Thale.

☝ Der viel kleinere Raue Sonnenhut *(R. hirta)* hat ungeteilte Blätter und einen steifhaarigen, nicht bereiften Stängel. Er wird als Zierpflanze häufig kultiviert und verwildert nur s auf Böschungen und an Wegrändern.

## 2 Goldrute (Echt-Goldrute), *Solidago virgaurea*

| | | | | | | | | |
|---|---|---|---|---|---|---|---|---|
| 30–100 cm | VII–IX | ♃ | | | W1, G1, A2, 6 | h | | |

+ Zungenblüten deutl. länger als die Röhrenblüten (Foto 2a)
+ untere Blätter eiförmig, in einen geflügelten Stiel verschmälert (Foto 2b)

Färbepflanze (gelb!).

Es werden 2 „vertikale“ Ökorassen unterschieden: die Tieflandrasse *(S. virgaurea* subsp. *virgaurea)* und die Hochgebirgsrasse (Alpen-Goldrute, *S. virgaurea* subsp. *minuta*).

☝ Die folgenden beiden Arten sind verwilderte und eingebürgerte Zierpflanzen, die ursprünglich in Nordamerika beheimatet waren. Bei beiden sind die Zungenblüten nur wenig länger als die Röhrenblüten und beide haben sitzende Blätter. Beide haben sehr zahlreiche Köpfchen in einem pyramidenförmigen Korbstand. Sie werden auch als Bienenweide kultiviert. Wie bei *S. virgaurea* wird das blühende Kraut auch dieser beiden Arten bei entzündlichen Harnwegserkrankungen eingesetzt.

Die Riesen-Goldrute *(S. gigantea)* hat kahle Stängel und Blätter. Sie kommt vor allem in Auwaldlichtungen und an Flussufern oft massenhaft in dichten Beständen vor.

Die Kanadische Goldrute *(S. canadensis)* hat dicht behaarte Stängel und unterseits kurzhaarige Blätter, ihr Blütenstand nickt. Sie ist typisch für Brachen (Wiesen- und Ackerbrachen), Bahndämme ... (Foto 2c, d)

## 3 Österreichische Gamswurz, *Doronicum austriacum*

| | | | | | | | | |
|---|---|---|---|---|---|---|---|---|
| 80–120 cm | VI–VIII | ♃ | | | A5, W5, W6 | mh | | |

+ Stängelblätter mit herzförmigem Grund stängelumfassend, unter der Mitte zusammengezogen und dadurch geigenförmig (unverwechselbar!) (Fotos 3b, c)
+ Pflanze ohne Ausläufer

☝ Die Kriech-Gamswurz *(D. pardalianches)* hat lange, unterirdische, am Ende knollig verdickte Ausläufer. Ihre Grundblätter sind zur Blütezeit vorhanden und ihre Stängelblätter sind nicht so auffällig geigenförmig. Sie kommt, vermutlich eingebürgert, in Eichen-Hainbuchenwäldern (im Leithagebirge) und in alten Parkanlagen vor.

1a
2b
1b
1c
2a
2c
2d
Kanadische Goldrute
3a
3c
Kanadische Goldrute

## 1 Kalk-Gamswurz, *Doronicum glaciale* subsp. *calcareum*

| | | | | | | | | |
|---|---|---|---|---|---|---|---|---|
| 8–25 cm | VI–VII | ♃ | | | A1, 3, 4 | h | | |

+ Blätter derb, glänzen
+ Grundblätter und untere Stängelblätter länglich eiförmig, 1,5–4 × so lang wie breit, meist 1–2,5 m breit

1

Nur auf Rax, Schneeberg, Gippel, Göller, Ötscher und Dürrenstein.

☝ Die Großköpfige Gamswurz *(D. grandiflorum)* hat breitere, rundliche bis eiförmige Blätter, die 1–1,5 × so lang wie breit und 3–7 cm breit sind. Sie kommt ss und nur am Dürrenstein „oberhalb der Krummholzregion auf der sogenannten Eisstätte am schmelzenden Schnee" vor (Neilreich 1859).

### Gattung: Greiskraut, *Senecio*

- Grundblätter herzförmig (Foto A)
  → Voralpen-Greiskraut, *S. subalpinus* (Bd. 1, S. 290)
- Grundblätter nicht herzförmig
  - Blätter ungeteilt
    - ◆ Blätter 1–7 mm breit; Eisenbahnbegleiter, Straßenränder
      → Schmalblatt-Greiskraut, *S. inaequidens* (Bd. 1, S. 290)
    - ◆ Blätter breiter
      - ▪ Zungenblüten 10–25
        - ❖ Pflanze 20–50 cm hoch; Stängel markig mit 1–3 Köpfen; Alpenpflanze, ss
          → Gamswurz-Greiskraut, *S. doronicum* (S. 446, Foto 1)
        - ❖ Pflanze 80–200 cm hoch; Stängel hohl, mit vielen Köpfen, Blattrand scharf gesägt mit vorwärtsgekrümmten Zähnen
          → Sumpf-Greiskraut, *S. paludosus* (S. 446, Foto 2)
      - ▪ Zungenblüten 5–8
        - ❖ Blätter werden nach oben zu rasch kleiner; oben nur noch kleine Hochblätter, der Stängel erscheint fast „nackt"
          → Schatten-Greiskraut, *S. umbrosus* (S. 446, Foto 3)
        - ❖ Blätter werden nach oben zu nicht oder nur geringfügig kleiner; Stängel bis zum Köpfchenstand regelmäßig mit Blättern besetzt
          - ❇ Zungenblüten meist 7–8, Zungen meist nur 8–12 mm lang, Zähne der Blätter nach vorn gerichtet
            → Fluss-Greiskraut, *S. sarracenicus* (S. 447, Foto 4a)
          - ❇ Zungenblüten meist 4–6, Zungen meist 12–19 mm lang, Zähne der Blätter nicht nach vorn gebogen, sondern ± gerade abstehend (Foto B)
            → Hain-Greiskraut, *Senecio nemorensis* agg. (Bd. 1, S. 290)

A

B

In NÖ besteht diese Artengruppe aus 3 Arten, deren Unterscheidungsmerkmale allerdings in der Natur oft nicht so deutlich sind wie in den Büchern (Austausch von Genen durch Hybridisierung):

☆ Stängel grün, höchstens etwas rot überlaufen, obere Stängelblätter sitzen mit verbreitertem, abgerundetem Grund am Stängel; blüht relativ zur Verwandtschaft früh (ab Juni); Gebirgspflanze, mh
→ Harz-Greiskraut, *S. hercynicus*

☆ Stängel oft purpurbraun, obere Stängelblätter gestielt (selten ohne Stiel, aber jedenfalls mit verschmälertem Blattgrund), Blätter schmal (4–7 × so lang wie breit); sh und weit verbreitet
→ Fuchs-Greiskraut[114], *S. ovatus (S. fuchsii)* (S. 444, Foto B)

☆ Stängel grün, behaart, Blätter breit (3–4 × so lang wie breit), zerdrückt mit eigenartigem (süßlichem) Duft; eher in tieferen Lagen, mh
→ Jacquin-Greiskraut, *S. nemorensis* subsp. *jacquinianus (S. germanicus)*

– Blätter fiederlappig bis fiederschnittig (höchstens die untersten ungeteilt)

◆ Hülle schmal (2–3 × so lang wie breit), Zungenblüten fehlen oder sehr kurz; einjährige, relativ kleine und zarte Pionierpflanzen

▪ Pflanze stark klebrig
→ Klebriges Greiskraut, *S. viscosus* (Bd. 1, S. 290)

▪ Pflanze nicht klebrig

❖ Zungenblüten fehlen, sh „Unkraut"
→ Gewöhnliches Greiskraut, *S. vulgaris* (S. 425, Foto 3)

❖ Zungenblüten kurz nach außen zurückgerollt; Waldschläge, Waldlichtungen in bodensauren (Silikat-)Gebieten (Fotos C, D)
→ Wald-Greiskraut, *S. sylvaticus* (Bd. 1, S. 290)

◆ Hülle kaum länger als breit, Zungenblüten (meist) vorhanden und auffällig, flach ausgebreitet

▪ Mittlere Stängelblätter 2–3 × fiederschnittig; Alpenpflanze
→ Eberrauten-Greiskraut, *S. abrotanifolius* (S. 447, Foto 5)

▪ Mittlere Stängelblätter 1 × fiederteilig

❖ Blattrand der mittleren Blätter an den Schmalstellen (also zwischen den Fiedern) ± gezähnt (Foto E); Körbe mit ca. 21 Hüllblättern

❊ Pflanze ± kahl (bestenfalls schwach wollig behaart); Gebirgspflanze
→ Felsen-Greiskraut, *S. rupestris* (S. 449, Fotos 1c, d)

❊ Pflanze zumindest in der Jugend spinnwebig wollig behaart; Pflanze tieferer Lagen
→ Frühlings-Greiskraut, *S. vernalis* (S. 449, Fotos 1a, b)

C

D

E

[114] Benannt nach Meister Leonhart Fuchs (Kräuterexperte, 16. Jhd.) und nicht nach Meister Reineke.

❖ Blattrand der mittleren Blätter an den Schmalstellen (also zwischen den Fiedern) meist ganzrandig; Körbe mit ca. 13 Hüllblättern

❊ auf trockenen Wiesen, Weiden, Straßenböschungen
→ Jakobs-Greiskraut, *S. jacobaea* (S. 449, Foto 2a, S. 448, Foto A)

❊ auf nassen Wiesen
→ Wasser-Greiskraut, *S. aquaticus* (S. 450, Fotos 1a, b)

## 1 Gamswurz-Greiskraut, *Senecio doronicum*

| | | | | | | | | |
|---|---|---|---|---|---|---|---|---|
| 20–50 cm | VII–VIII | ♃ | | | A3, 4 | ss | | gi!! |

+ Blätter unterseits spinnwebig behaart, etwas ledrig, derb

Nur auf dem Dürrenstein zu finden!

## 2 Sumpf-Greiskraut, *Senecio paludosus*

| | | | | | | | | |
|---|---|---|---|---|---|---|---|---|
| 80–200 cm | VII–VIII | ♃ | | | T2, 3, G2, W3 | s | | gi!! |

+ Blätter schmal (8–15 × so lang wie breit), unterhalb der Mitte am breitesten, am Rand mit auffälligen, nach vorn gebogenen Sägezähnen (Foto 2)
+ wächst in kleinen Gruppen (kriechender Wurzelstock)

Kommt im Aubereich der Donau, March und Leitha vor; außerhalb NÖ in Flachmooren und Röhricht, also keine ausgesprochene Aupflanze.

## 3 Schatten-Greiskraut, *Senecio umbrosus*

| | | | | | | | | |
|---|---|---|---|---|---|---|---|---|
| 50–150 cm | VII–IX | ♃ | | | W1, 6, G2 | s | | gi! |

+ Stängel wollig kraushaarig
+ Zungenblüten meist 8

1

2

3

In lichten Wäldern am Hohen Mandling beim Piestingtal. Am besten zu finden an der Straßenböschung zw. Ortmann und Oed im Piestingtal. Kommt auch in Feuchtwiesen bei Moosbrunn vor.

☝ Das ähnliche Gold-Greiskraut *(S. doria)* hat kahle Stängel und nur 5–6 Zungenblüten. Es kommt ss im Nationalpark Donauauen vor, wo es auf feuchten Wiesen und an Auwaldrändern wächst. Diese herrliche, stark gefährdete Pflanze sollte geschützt und unterstützt werden, wo immer es nur geht!

## 4 Fluss-Greiskraut, *Senecio sarracenicus (S. fluviatilis)*

| | | | | | | | | |
|---|---|---|---|---|---|---|---|---|
| 60–200 cm | VII–IX | ♃ | | | W3, T3 | s | | gi! |

+ Stängel fast kahl
+ Blätter oberhalb der Mitte am breitesten (Foto 4a)
+ am Rand mit nach vorn gerichteten Zähnchen

Bildet mit unterirdischen Ausläufern ausgedehnte Bestände. (Foto 4b: Au nahe der Schmida-Mündung in die Donau); meist in lichten Auwäldern oder auf zeitweilig überschwemmten Lichtungen am Rand von Altarmen, entlang der Donau, aber auch auf ± feuchten Böschungen und anderen Standorten außerhalb der Au.

☝ In Wuchs und Standort dem Sumpf-G. recht ähnlich, aber Blätter deutlich breiter und Blattrandzähnung nicht so ausgeprägt wie bei diesem (Foto 2).

## 5 Eberrauten-Greiskraut, *Senecio abrotanifolius*

| | | | | | | | | |
|---|---|---|---|---|---|---|---|---|
| 15–40 cm | VII–IX | ♃ | | | A3, 6, W5 | mh | | gi! |

+ Zungen leuchtend orangegelb
+ Pflanze wintergrün
+ Stängel am Grund ± verholzt

4b

4a

5

## 1 Frühlings-Greiskraut, *Senecio vernalis*

| | | | | | | | | |
|---|---|---|---|---|---|---|---|---|
| 15–45 cm | IV–V | ① bis ⊙ | | | P1, 5, S3, Ä | mh | | gi!! |

+ Stängel wollig-zottig behaart (Fotos 1a, b)

Aus Osteuropa um 1850 eingewandert; nur in warmen Gebieten in der Hügelstufe; besonders für Pferde giftig!

✐ Das Felsen-Greiskraut *(S. rupestris)* kommt in der Bergstufe und in der subalpinen Stufe auf Waldschlägen, Holzlagerplätzen und Straßenböschungen vor, z. B. am Parkplatz auf dem Zellerrain, also immer auf Stellen mit aufgerissenem Boden im Waldbereich (Fotos 1c, 1d).

## 2 Jakobs-Greiskraut, *Senecio jacobaea (Jacobaea vulgaris)*

| | | | | | | | | |
|---|---|---|---|---|---|---|---|---|
| 30–100 cm | VII–IX | ⊙ bis ♃ | | | G1, TR, H, S3, P3 | h | | gi!!! |

+ Außenhüllblätter den inneren Hüllblättern meist anliegend
+ mittlere Stängelblätter nicht kammförmig, sondern ± unregelmäßig fiederschnittig

Sehr giftig für Mensch und Vieh (Bd. 1, S. 289); kommt vor allem im eher trockenen (bis frischen) Grünland vor (Foto 2a: Trockener Hang in der Wachau).

✐ Beim Rauken-Greiskraut *(S. erucifolius)* sind die Außenhüllblätter von den inneren Hüllblättern abstehend. Seine mittleren Stängelblätter sind fast kammförmig fiederschnittig, wobei die seitlichen Abschnitte nach oben gebogen sind; die Grundblätter sehen tatsächlich denen der Rauke ähnlich (*Eruca*, „Rucola", s. Kreuzblütler, S. 226) (Fotos 2b, 2c). Es kommt s an trockenen Waldsäumen und Trockenrasen und nur im pannonischen Gebiet vor.

### Greiskräuter – weltweit erfolgreiche Giftpflanzen

Die Gattung Greiskraut *(Senecio)* ist weltweit verbreitet. Ihr berühmtester Vertreter, das Jakobs-Greiskraut, wird von Landwirten aufgrund seiner Giftigkeit als Weideunkraut gefürchtet. Die Gattung hat die Fähigkeit, verschiedene „Chemotypen" ausbilden zu können, in denen verschiedene Giftstoffe aus der Gruppe der Pyrrolizidinalkaloide unterschiedlich hohe Anteile haben. Die wohl am besten untersuchte Art, das Jakobs-Greiskraut (Foto A), ist in Europa heimisch, breitet sich zurzeit aber in anderen Kontinenten (Amerika, Australien) rasch aus und bildet dort dichtere Bestände als im ursprünglichen Verbreitungsgebiet. In den neu besiedelten Gebieten fehlen anfänglich noch auf den Fraß von Greiskräutern spezialisierte Tiergruppen (z. B. die Raupe des Jakobskrautbären (Foto B)). Durch die künstliche Einführung dieser Spezialisten wird versucht, das Jakobs-Greiskraut durch eine „biologische" Bekämpfung, die ohne Chemie auskommt, unter Kontrolle zu bringen. Der Erfolg hängt jedoch davon ab, wie hoch der Gehalt der spezifischen Giftstoffe in diesen Populationen ist und wie rasch sich die Pflanzen an die Anwesenheit der „alten" Fraßfeinde adaptieren können. Außerdem werden sowohl Pflanze als auch Fraßfeind von den Umweltbedingungen und evtl. unterschiedlichen Bewirtschaftungsformen beeinflusst. Die Greiskräuter bleiben auf jeden Fall ein spannendes Forschungsfeld, das die Wissenschaft sicherlich noch lange beschäftigen wird! Wegen der nachgewiesenen krebserregenden und leberschädigenden Wirkungen keinesfalls Anwendung als Arzneipflanzen!

1a

1b

1c

1d

2a

2b

2c

## 1 Wasser-Greiskraut, *Senecio aquaticus (J. aquatica)*

| | | | | | | | | |
|---|---|---|---|---|---|---|---|---|
| 20–60 cm | VII–IX | ⊙ bis ♃ | | | G2, 3f, 4 | h | | gi!!! |

+ mittlere Stängelblätter mit länglichem Endabschnitt und meist 3–4 Paaren spitzwinkelig nach vorn abstehenden Seitenabschnitten
+ Grundblätter zur Blütezeit noch vorhanden (beim Jakobs-G. oft bereits vertrocknet) (Foto 1b)
+ tendenziell niedriger und stärker verzweigt als das Jakobs-G.
+ Seitenzweige steil nach oben gerichtet

Es kommt nur auf feuchten, bodensauren Wiesen und Weiden vor (schon allein deswegen kann es mit dem recht ähnlichen Jakobs-G. nicht verwechselt werden); Verbreitungsschwerpunkt ist das nordwestliche Waldviertel (v. a. Bezirke Gmünd und Waidhofen an der Thaya). Es sorgte in den letzten Jahren für Verunsicherung, da hier schwere (auch tödliche) Vergiftungsfälle von Pferden und Rindern aufgetreten sind. Die Art dürfte in letzter Zeit durch Extensivierung (Mahd im Juni und Herbst) von Intensivwiesen dichtere Bestände gebildet haben. Bei starkem Auftreten sind Maßnahmen notwendig, da die Pflanzen auch noch im Heu giftig sind. Zwei Mahdtermine im Juli und August, zur Hauptblütezeit des Wasser-Greiskrauts, führen nach mehreren Jahren zur Reduktion der kurzlebigen Art[115], die auf Erhaltung der Population durch Samen angewiesen ist.

☝ Das Spreizende Greiskraut *(S. erraticus)* hat mittlere Stängelblätter mit ± rundlichem Endabschnitt und meist 1–2 Paare fast rechtwinkelig abstehender Seitenabschnitte; Seitenzweige weit ausladend (Foto 1c). Es kommt mh, besonders im Wienerwald, entlang von Waldwegen und Gräben vor. Im Marchfeld ersetzt es sozusagen das Wasser-Greiskraut in den Feuchtwiesen. An sich ist es an seiner „gespreizten" Wuchsform (und seinen speziellen Wuchsorten) leicht zu erkennen. Wenn es allerdings um exakte Abgrenzungsmerkmale geht, ist die Trennung schwierig.[116]

1a

1b

### Gattung: Aschenkraut, *Tephroseris*

- Blattgrund der Grundblätter meist herzförmig
  → Bach-Aschenkraut, *T. crispa* (Foto 2)
- Blattgrund der Grundblätter meist nicht herzförmig, sondern gestutzt bis abgerundet bis keilig verschmälert
  - Frucht kahl; Feuchtstandorte
    → Obir-Aschenkraut, *T. longifolia* (ohne Abb.)
  - Frucht behaart; Feuchtstandorte
    → Steppen-Aschenkraut, *T. integrifolia* (Foto 3)

[115] Liehl, M., Bassler, G., Kriechbaum, M. (2012) Wiss. Mitteilung, Niederösterreichisches Landesmuseum, Ausgabe 23: 119–160.

[116] Die Ergebnisse neuester molekulargenetischer Untersuchungen legen ohnehin nahe, es nicht als eigene Art, sondern als Unterart des Wasser-G. zu behandeln (Winter et al. 2013 Plant Ecology & Diversity 6 (2): 217–229.).

## 2 Bach-Aschenkraut (Bach-Greiskraut), *Tephroseris crispa (Senecio rivularis)*

| | | | | | | | | |
|---|---|---|---|---|---|---|---|---|
| 30–100 cm | VI–VIII | ♃ | | | A5, G4, T3 | mh | | gi! |

+ Grundblätter meist stark wellig, der Stiel meist deutlich geflügelt

Meist an quelligen Stellen, auch im Erlen-Auwald.

## Obir-Aschenkraut (Obir-Greiskraut, Voralpen-G.), *Tephroseris longifolia (Senecio ovirensis)* (ohne Abb.)

| | | | | | | | | |
|---|---|---|---|---|---|---|---|---|
| 20–60 cm | V–VII | ♃ | | | A5, 2, W5, A6 | mh | | gi! |

+ Köpfchenstiele und Hüllblätter drüsenhaarig

Meist auf feuchten, quelligen Stellen; benannt nach dem Hochobir in Kärnten.

## 3 Steppen-Aschenkraut (Steppen-Greiskraut), *Tephroseris integrifolia (Senecio integrifolius)*

| | | | | | | | | |
|---|---|---|---|---|---|---|---|---|
| 25–60 cm | V–VI | ♃ | | | TR, H, G1 | mh | | gi!! |

+ Stängel und Blätter in der Jugend wollig bis spinnwebig filzig behaart
+ Zungen gelb

☝ Das Orangefarbige Aschenkraut *(T. integrifolia* subsp. *aurantiaca)* hat orangefarbige Zungen. Es ist auch in der Jugend nur spärlich behaart. Es kommt s im Voralpengebiet vom Piestingtal bis Puchberg am Schneeberg vor; §.

1c

2

3

### Gattung: Alant, *Inula*

- Zungenblüten die Hülle nur wenig überragend, Köpfchen klein, nur 7–11 mm ∅; ss
  → Deutscher Alant, *I. germanica* (Fotos 1a, b)
- Zungenblüten die Hülle stets weit überragend, Köpfchen größer, 25–50 mm ∅
  - Stängel und Blätter (fast) kahl; h
    → Weidenblatt-Alant, *I. salicina* (Bd. 1, S. 284)
  - Stängel und Blätter ± dicht behaart
    - Stängel abstehend rauhaarig (Haare 1–2 mm lang)
      → Rauhaariger Alant, *I. hirta* (Foto 2)
    - Stängel nicht abstehend rauhaarig
      - Blätter oberseits spärlich behaart, unterseits anliegend seidenhaarig; äußere Hüllblätter abstehend bis zurückgeschlagen (S. 441, Fotos B, D)
        → Wiesen-Alant, *I. britannica* (Bd. 1, S. 284)
      - Blätter beidseitig dicht anliegend seidenhaarig; äußere Hüllblätter aufrecht
        → Christusaugen-Alant, *I. oculus-christi* (Foto 3)

## 1 Deutscher Alant, *Inula germanica*

| | | | | | | | | |
|---|---|---|---|---|---|---|---|---|
| 30–60 cm | VII–VIII | ♃ | | | K, TR | ss | | |

+ Blätter ± dicht behaart
+ Stängelblätter mit herzförmigen Grund sitzend

Am Alpenostrand; am schönsten am Eichkogel bei Mödling (auf der Südseite).

## 2 Rauhaariger Alant, *Inula hirta*

| | | | | | | | | |
|---|---|---|---|---|---|---|---|---|
| 15–45 cm | VI–VII | ♃ | | | K, TR, W1 | mh | | |

+ Stängel meist einköpfig
+ Blätter deutlich netznervig (Nerven unterseits deutlich hervortretend)

## 3 Christusaugen-Alant, *Inula oculus-christi*

| | | | | | | | | |
|---|---|---|---|---|---|---|---|---|
| 20–50 cm | VI–VII | ♃ | | | TR, H | mh | | |

+ Blätter graugrün, weich, nach Salbei duftend
+ Stängel an der Basis meist von sterilen Blattbüscheln umgeben; dadurch von allen anderen Arten dieser Gattung verschieden, da bei jenen der Stängel an der Basis meist blattlos ist. Diese Blattbüschel machen meist einen schlaffen, verwelkenden Eindruck.

1b

1a

2

3

## Familie: Schwertliliengewächse, Iridaceae

*Blütenformel:* ✻ oder ↑ B3 + 3 ♂ ♀3 ($\overline{3}$)

Ausdauernde Pflanzen mit Speicherzwiebel oder Wurzelstock, Blätter meist schwertförmig oder grasartig. Die Blüten der Iris[117] sind aus drei Teilblüten zusammengesetzt, die jeweils aus einem äußeren Hängeblatt, einem nach oben gericheten inneren Domblatt und dem Griffelast mit der Narbe und an der Basis mit dem Staubblatt bestehen (Foto A). Irisblüten können deshalb theoretisch von drei Bestäubern gleichzeitig besucht werden. Sehr attraktive Familie, aus der viele beliebte Gartensorten gezüchtet wurden: Iris, Krokus und Gladiolen.

- Der allseits bekannte Krokus mit „ungestielter“ einzelner, weißer oder lila Blüte blüht im Berggebiet, sobald der Schnee schmilzt
  → Krokus, *Crocus albiflorus* (S. 455, Fotos 1a, b)

- Blütenstand einseitswendig mit großen attraktiven purpurroten Blüten; ss
  → Sumpf-Gladiole, *Gladiolus palustris* (S. 455, Foto 2)

- kleine blauviolette (s weiße) Blüten, im Zentrum gelb; s in Feuchtwiesen oder auch an Straßenrändern
  → Grasschwertel, *Sisyrinchium montanum* (S. 455, Foto 3)

- gelbe (selten weiße) Iris-Blüten
  - Stängel sehr kurz (1–10 cm); niedrige Trockenrasenpflanze
    - meist nur 1 große Blüte; blüht in verschiedenen Farben (lila, weiß, gelb, violett); äußere Blütenblätter mit „Fransen“
      → Zwerg-Schwertlilie, *Iris pumila* (Bd. 1, S. 292)
    - meist 2 Blüten pro Pflanze, Blüte kleiner und ausschließlich gelb; ss nur im Weinviertel
      → Sand-Schwertlilie, *Iris humilis* (Bd. 1, S. 292)

A

[117] Die Gattung ist nach der griechischen Göttin des Regenbogens benannt.

- gestielte Blüten, Pflanze 50–100 cm hoch
  - äußere Blütenblätter hübsch weiß-braun gemustert; Blätter mit Längsrippen; trockene Standorte
    → Bunte Schwertlilie, *Iris variegata* (Bd. 1, S. 292)
  - Blüte einfarbig gelb; feucht-nasse Standorte
    → Sumpf-Schwertlilie, *Iris pseudacorus* (Bd. 1, S. 290)

- blau-lila (violette) Iris-Blüten
  - Blüten überragen Blätter; 40–80 cm hoch
    - äußere/unterste Blütenblätter eiförmig (Foto B); Fruchtkapsel ohne Schnabel
      → Sibirische Schwertlilie, *Iris sibirica* (Bd. 1, S. 292)
    - äußerste bzw. unterste Blütenblätter zur Blütenbasis hin abrupt verschmälert bzw. eingeschnürt (Foto C); Fruchtkapsel mit langem Schnabel (s. Bd. 1, Foto 2c, S. 293); s
      → Wiesen-Schwertlilie, *Iris spuria* (Bd. 1, S. 292)
  - Blätter überragen die kürzer gestielten Blüten deutlich; Pflanze 15–30 cm hoch; Blüten riechen nach Pflaumen; s
    → Gras-Schwertlilie, *Iris graminea* (Bd. 1, S. 294)
  - niedrige Pflanze (10–15 cm hoch); äußere Blütenblätter mit „Fransen"
    → Zwerg-Schwertlilie, *Iris pumila* (Bd. 1, S. 292)

## 1 Krokus (Alpen-K.), *Crocus albiflorus*

| | | | | | | | | |
|---|---|---|---|---|---|---|---|---|
| 4–15 cm | III–VI | 4 | | | G6 | s | § | |

+ unverwechselbar

☝ Einzige Verwechslungsmöglichkeit sind ausnahmsweise im Frühling blühende Herbstzeitlosen; diese haben aber viel breitere Blätter (die dann eben ausnahmsweise gemeinsam mit der Blüte erscheinen; Foto 1c) als der Krokus und 6 statt wie beim Krokus nur 3 Staubblätter.

☝ Der Neapel-Krokus *(Crocus purpureus)* hat violette, dunkel geaderte Blüten; er ist ein ss Neubürger, der von der Kleinen Erlauf bis in den SW von Wien, z. B. auf der Seewiese zwischen Gießhübl und Kaltenleutgeben vorkommt.

## 2 Sumpf-Gladiole (Sumpf-Siegwurz), *Gladiolus palustris*

| | | | | | | | | |
|---|---|---|---|---|---|---|---|---|
| 30–60 cm | VI–VII | ♃ | | | G2 | ss | § | FFH |

+ unverwechselbar

Heute noch zu finden bei Moosbrunn und Gramatneusiedl.

☝ Früher gab es in NÖ eine zweite Art, deren unterstes Stängelblatt stumpf war: Wiesen-Gladiole, *G. imbricatus*; sie ist wohl leider schon ausgestorben.

## 3 Grasschwertel (Blauauge), *Sisyrinchium montanum*

| | | | | | | | | |
|---|---|---|---|---|---|---|---|---|
| 15–30 cm | V–VI | ♃ | | | S3, G3f | s | | |

+ schmale grasartige Blätter
+ Blütenblätter mit einer aufgesetzten Spitze

Hübscher Neubürger aus Nord-Amerika bzw. von den Bermudainseln; häufig entlang der Hochwasserdämme der Donau.

1a

1b

3

1c

2

## Familie: Liliengewächse, Liliaceae s. l.
(im „klassischen" Umfang, s. Bd. 1, S. 294)

*Blütenformel:* ✻ B3 + 3 ♂ 3 + 3 ♀($\underline{3}$)*

Bau der Blüten sehr einheitlich; die Blütenhülle ist nicht in Kelch und Krone gegliedert[118], sondern besteht aus zwei 3er-Gruppen aus meist gleich gestalteten und meist auffällig gefärbten Blütenblättern. Die Blätter sind ungeteilt und ganzrandig. Die meisten Arten sind mehrjährig und es gibt in NÖ besonders viele Zwiebelpflanzen in dieser Familie.

Einige hochgiftige Gattungen und Arten: Alkaloide in Germer *(Gattung Veratrum)* und Herbstzeitlose, Herzgifte in Maiglöckchen und Milchstern *(Gattung Ornithogalum)*.

- Blätter (wenigstens z. T.) in einem Quirl
  - Blätter zu viert in einem Quirl, im Zentrum eine lang gestielte unscheinbare grüne Blüte oder blauschwarze Beere
    → Einbeere, *Paris quadrifolia* (Bd. 1, S. 294)
  - Blätter in der Mitte des Stängels in fast quirligen Gruppen, weiter oben halten sie Abstand voneinander und sind kleiner; große hellpurpurrote, nickende Blüten mit zurückgebogenen Blütenblättern
    → Türkenbund, *Lilium martagon* (Bd. 1, S. 296)
  - alle Blätter in drei- bis achtblättrigen Quirlen, schmal; Blüten sind hängende schmale Glöckchen
    → Quirlblättrige Weißwurz, *Polygonatum verticillatum* (Bd. 1, S. 294)
  - Blätter zwar wechselständig, aber dicht stehend und daher quirlartig beblättert; meist Brutknöllchen in den Blattachseln; große, orange Blüten
    → Feuerlilie, *Lilium bulbiferum* (Bd. 1, S. 296)
- Blätter nadelförmig; bis zu 1,5 m hohe verzweigte Staude, Blüten grünlich gelbe, hängende Glöckchen; Beeren rot
  → Spargel, *Asparagus officinalis* (Bd. 1, S. 306)
- Blätter meist zu zweit, eiförmig oder herzförmig
  - Blätter gestielt, herzförmig; kleine weiße, duftende Blüten; rote Beeren
    → Schattenblümchen, *Maianthemum bifolium* (Bd. 1, S. 300)
  - Blätter nicht herzförmig
    - ◆ nur Blattoberseite glänzt; weiße glockenförmige, duftende Blüten; rote Beeren
      → Maiglöckchen, *Convallaria majalis* (Bd. 1, S. 302)
    - ◆ nur Blattunterseite glänzt, Blätter gestielt, Knoblauchgeruch/-geschmack; sternförmige weiße Blüten
      → Bärlauch, *Allium ursinum* (Bd. 1, S. 302)
    - ◆ Blätter beidseits glänzend; lila, krokusähnliche Blüten ohne Blätter im Herbst
      → Herbstzeitlose, *Colchicum autumnale* (Bd. 1, S. 302 und Kasten S. 458)
- Blätter zu mehreren, eiförmig oval (nicht quirlig)

[118] In der Fachsprache nennt man dies „einfache" Blütenhülle oder „Perigon".

* Amaryllisgewächse haben einen ähnlichen Blütenbau, allerdings mit unterständigem Fruchtknoten (S. 495).

- Stängel unverzweigt, Blätter zweizeilig, Blüten hängende schmale Glöckchen; Beeren dunkelblau bis schwarz
  → Salomonssiegel, *Polygonatum* (Bd. 1, S. 294)
- Stängel nur im Blütenstand reich verzweigt, darunter große, breite, stark längs gefaltete Blätter in einem dichten Schopf; Blüten weiß oder dunkelbraun/rot
  → Germer, *Veratrum* (Bd. 1, S. 296)
- Stängel oben verzweigt; gestielte kleine Blüten entspringen am Blattansatz; Beeren rot; ss
  → Knotenfuß, *Streptopus amplexifolius* (S. 458, Fotos 1a, b)
- Stängel sehr kurz, nicht sichtbar, da von Blättern schopfig umhüllt; Blätter glänzen beidseits; im Herbst lila, krokusähnliche Blüten ohne Blätter; mh
  → Herbstzeitlose, *Colchicum autumnale* (Bd. 1, S. 302)
- Stängel (scheinbar) beblättert (tatsächlich umgreifen die Blattscheiden den Stängel teilweise, wie bei der Zwiebel); Lauchgeruch; seltene Hochgebirgspflanze
  → Allermannsharnisch, *Allium victorialis* (S. 469, Fotos 1a, b)

• Blätter schmal (grasartig) oder röhrig (wie Schnittlauch)

- Lauchgeruch beim Zerreiben der Blätter; Blüten und/oder Brutknöllchen in kugelig/doldigen Blütenständen
  → Lauch, *Allium*, s. Schlüssel S. 466
- ohne Lauchgeruch
  - ◆ niedrige (bis 30 cm hohe) Frühjahrsblüher
    - ▪ Blüten gelb, sternförmig
      → Gelbstern, *Gagea*, s. Schlüssel S. 462
    - ▪ Blüten weiß, sternförmig
      → Milchstern, *Ornithogalum*, s. Schlüssel S. 460
    - ▪ Blüten blau, sternförmig
      → Blaustern, *Scilla*, s. Schlüssel S. 464
    - ▪ Blüten blau oder violett, kugelförmig
      → Traubenhyazinthe, *Muscari*, alle Bd. 1, S. 300
      - ❖ große Pflanze (30–70 cm) mit lockerem Blütenstand
        - ❊ Blätter breit (1–2 cm), am Rand rau durch feine Wimpern; mh
          → Schopf-Traubenhyazinthe, *Muscari comosum* (Bd. 1, S. 301, Foto 1b)
        - ❊ Blätter viel schmäler ohne Wimpern; untere grünlich weiße Blüten haben schwarze Zipfel (Foto A); s
          → Schmalblütige Traubenhyazinthe, *Muscari tenuiflorum*
      - ❖ niedrige Pflanze (15–30 cm) mit dichter Traube, schmale Blätter
        → Weinberg-Traubenhyazinthe, *Muscari neglectum* (Bd. 1, S. 301, Foto 2)
  - ◆ niedrige (bis 20 cm hoch) Sommerblüher, Blütenstand traubig mit vielen winzigen, blassgelben Blüten
    → Simsenlilie, *Tofieldia calyculata* (S. 459, Fotos 2a, b)

A

- Pflanze hochwüchsig (30–100 cm)
  - Blüten weiß (oder grünlich weiß), sternförmig
    - Blüten ∅ 2–3 cm, Blütenstand locker und ausladend, meist verzweigt
      → Graslilie, *Anthericum* (Bd. 1, S. 300)
    - Blüten kleiner, in schlankem, unverzweigtem Blütenstand, sehr seltene Pflanzen
      → Milchstern, *Ornithogalum*, s. Schlüssel S. 460
  - Blüten gelb, einzeln; wächst in Herden durch unteridische Ausläufer
    → Tulpe, *Tulipa sylvestris* (Bd. 1, S. 296)
- Blätter oval, zugespitzt; sehr kleine Blüten und rote Früchte entspringen (scheinbar) aus der Mitte der Blätter (welche tatsächlich blattartig ausgebildete Stängel sind); ss
  → Mäusedorn, *Ruscus hypoglossum* (S. 459, Fotos 3a–c)

**Herbstzeitlose, *Colchicum autumnale* (s. auch Bd. 1, S. 302)**

Die Herbstzeitlose ist eine hübsche Art, deren Blüten im Frühherbst extensiv bewirtschaftete Wiesen (d. h. spät gemähte und meist auch wenig gedüngte) mit einem dezenten Rosaton überziehen. Die Blätter erscheinen erst nach der Blüte im darauffolgenden Frühjahr. Wenn die Herbstzeitlose in sehr hohen Dichten auftritt, ist es für die Landwirtschaft problematisch, da der giftige Hauptinhaltsstoff (Colchicin) nicht nur im frischen Mähgut, sondern auch noch im Heu und in der Silage enthalten ist. Das erschwert v. a. den Heuverkauf an Reitställe, da Pferde (und vielleicht v. a. deren Besitzer) besonders sensibel auf den Giftstoff reagieren sollen. Allerdings fressen Pferde die Herbstzeitlose weder auf der Weide noch im Heu oder in der Silage – vorausgesetzt sie erhalten ausreichend Futter. Dann können sie die Giftpflanzen einfach übrig lassen. Wiesen mit viel Herbstzeitlosen sind oft sehr artenreich und beherbergen z. T. auch Arten wie verschiedene Orchideenarten. Ein früher Schnitt schädigt leider nicht nur die Herbstzeitlose, sondern auch Wiesenbrüter, Insekten und gefährdete Pflanzenarten, die nach dem ersten Schnitt nicht wieder neue Blätter und Blüten ausbilden können. Deshalb ist guter Rat teuer – wie so häufig im Leben gibt es keine Patentlösung, die für alle Wiesen empfehlenswert ist. Wichtig ist, dass Landwirte und Naturschützer gemeinsam für konkrete Flächen abgestimmte Lösungen entwickeln.

## 1 Knotenfuß, *Streptopus amplexifolius*

| | | | | | | | | |
|---|---|---|---|---|---|---|---|---|
| 30–100 cm | VI–VII | ♃ | | | W4, A5 | ss | | |

+ erinnert etwas an ein Salomonssiegel, aber verzweigter Stängel!
+ wechselständige, stängelumfassende Blätter

1a

1b

## 2 Simsenlilie, *Tofieldia calyculata*

| | | | | | | | | |
|---|---|---|---|---|---|---|---|---|
| 15–30 cm | VI–VII | ♃ | | | G2, A3 | mh | | |

+ ährenförmiger Blütenstand mit hellgelben, sehr kleinen Blüten

Häufig in den Kalkalpen, selten außerhalb in Tieflagen; in Sumpfwiesen und Flachmooren.
☝ Nicht mit einer Orchidee, wie der Höswurz *(Pseudorchis albida)* verwechseln!

## 3 Mäusedorn, *Ruscus hypoglossum*

| | | | | | | | | |
|---|---|---|---|---|---|---|---|---|
| 20–40 cm | IV–V | ♃ | | | W2 | ss | § | |

+ zweihäusig
+ Blätter immergrün

V. a. im westlichen Wienerwald.

2a

2b

3a

3b

3c

### Gattung: Milchstern, *Ornithogalum*[119]

Die weiß (oder grünlich weiß) blühenden *Milchsterne* kann man in drei Gruppen einteilen. Zurzeit gibt es in der Fachwelt unterschiedliche Meinungen dazu, ob diese drei jeweils als getrennte Gattungen oder nur als Untergattungen einer einzigen Gattung anzusehen seien. Wir führen sie als eine Gattung, weil die Bezeichnung gut eingebürgert ist.

- Frühjahrsblüher, kleine, zarte Pflanzen, sehr schmale Blätter
  - Laubblatt flach (nur schwach rinnig), graugrün, Rand fein bewimpert, ohne weißen Mittelstreifen, zur Blütezeit meist schon verwelkt
    → Pannonischer Milchstern, *O. pannonicum*
  - Laubblatt rinnenförmig, grasgrün, kahl, mit weißem Mittelstreifen, zur Blütezeit meist noch vorhanden
    → Artengruppe Dolden-Milchstern, *O. umbellatum* s. l. (Bd. 1, S. 298)
- Frühjahrsblüher; Blüten glockig in einer kompakten Traube; breite Blätter mit weißem Mittelstreif
  - dichter Blütenstand, Blüten außen mit breitem grünem Mittelstreif
    → Garten-Milchstern, *O. boucheanum* (Bd. 1, S. 298)
  - lockerer Blütenstand, Blüten außen mit silbrig grünem Mittelstreif
    → Nickender Milchstern, *O. nutans* (Bd. 1, S. 298)
- Sommerblüher; 30–100 cm hoch; Blütenstand schlanke Traube; ss
  - Fruchtknoten leuchtend gelb; Griffel 1–2 mm lang
    → Pyramiden-M., *O. brevistylum* (Fotos 2a, b)
  - Fruchtknoten grün; Griffel 3 mm lang
    → Pyrenäen-M., *O. sphaerocarpum* (S. 463, Fotos 1a, b)

### Pannonischer Milchstern (Schopf-Milchstern), *O. pannonicum (O. comosum)* (ohne Abb.)

| | | | | | | | | |
|---|---|---|---|---|---|---|---|---|
| 10–40 cm | V–VI | ♃ | | | TR | s | | gi!! |

+ Blütenstand länger und schmäler als der der Dolden-Milchsterne
+ Frucht(knoten) ohne Längsleisten

Wächst im pannonischen Raum vor allem südlich der Donau auf extrem trockenen Standorten: Fels- und Schottersteppen (d. h. Trockenrasen mit sehr geringer Bodenauflage), wie z. B. im Steinfeld.

### 1 Dolden-Milchstern, *Ornithogalum umbellatum* s. l. (Bd. 1, S. 298)

Die Dolden-Milchsterne bereiten den Botanikern, die sich intensiver mit ihnen beschäftigen, je nach Temperament Freude oder Kopfzerbrechen. Äußerlich recht ähnliche Pflanzen haben unterschiedliche Chromosomensätze (es gibt neben diploiden mit dem „üblichen" doppelten Satz auch welche mit dem drei-, vier-, fünf- und sechsfachen = Polyploide). Außerdem gibt es Rassen, die sich chemisch unterscheiden.[120] Polyploide Pflanzen sind häufig wüchsiger, konkurrenzstärker und haben ein breiteres Spektrum von Standorten, auf denen sie sich durchsetzen können, als diploide. Im Gegensatz zu ihrem bescheidenen Vetter, dem Pannonischen Milchstern, lassen es sich die polyploiden Verwandten auf besser mit Wasser und Nährstoffen versorgten Standorten gut gehen. Laut der FlÖ kommt *O. umbellatum* s. str. (im engeren Sinne) in NÖ gar nicht vor; für die bei uns verbreitete Form wird in der FlÖ der Name *O. vulgare* verwendet.

Die Doldenmilchsterne vermehren sich vegetativ durch viele kleine Nebenzwiebeln. Darum sind Mutterpflanzen oft von vielen Pflänzchen umgeben, welche im ersten Jahr nicht blühen. Durch im Boden wühlende Tiere oder Bodenbearbeitung beim Ackern werden die Zwiebeln verteilt. Die Zwiebeln treiben bereits im Herbst und Winter Blätter; die Blüten kommen erst ab Anfang Mai. Bei ungünstigen Licht- und Ernährungsverhältnissen

[119] Der wissenschaftliche Name bedeutet wörtlich übersetzt „Vogelmilch".

[120] Die Dolden-Milchsterne enthalten Herzgifte ähnlich denen des Maiglöckchens.

werden häufig nur Blätter und keine Blüten gebildet. Daher findet man unter Gebüsch im Vorfrühling oft nur dichte Herden von Blättern (leicht kenntlich, ca. $^1/_2$ cm breit und 10–20 cm lang mit weißem Mittelstreif).

*Naturgartentipp:* sehr empfehlenswert; in der Gartenliteratur findet man den Dolden-Milchstern auch unter dem schönen Namen „Stern von Bethlehem". Verwildert bei günstigen Bedingungen; für Sonne/Halbschatten, Wiesen erst nach dem Abfruchten mähen. Früher häufig, wird immer seltener, daher nicht selbst in der Natur ausgraben!

☝ Im östlichen Niederösterreich wächst auf trockenen Standorten (Wiesen, Gebüschränder) eine kleinwüchsige diploide Art, der Schmalblatt-Milchstern[121] *(O. kochii)*. Trotz seiner sehr schmalen (1–3 mm breiten) Blätter verrät er durch deren frischgrüne Farbe und durch die feine Rinne oberseits mit weißem Mittelstreif, dass er zur Verwandtschaft der Dolden-Milchsterne gehört. Zum sicheren Bestimmen müsste man die Pflanzen ausgraben (Zwiebelmerkmale); das lassen wir aber bleiben und begnügen uns entweder mit dem Bestimmungsergebnis „Dolden-Milchstern" oder „wahrscheinlich Schmalblatt-Milchstern".

## 2 Pyramiden-Milchstern (Kurzgriffel-Schaftmilchstern), *Ornithogalum brevistylum (O. pyramidale)*

| | | | | | | | | |
|---|---|---|---|---|---|---|---|---|
| 30–100 cm | VI–VII | ♃ | | | G3tr | ss | § | gi! |

+ Blüten nachts geschlossen

Nur im Wiener Becken und z. B. noch in einer Wienerwaldwiese hinter der Autobahnbrücke bei Alland.

[121] ... zu dem einige wissenschaftliche Bezeichnungen in den Florenwerken „herumgeistern" *(O. gussonei, O. tenuifolium, O. kochii).*

## 1 Pyrenäen-Milchstern (Blasser Pyrenäen-Schaftmilchstern), *Ornithogalum sphaerocarpum (Loncomelos pyrenaicus* subsp. *sphaerocarpus)*

| | | | | | | | | |
|---|---|---|---|---|---|---|---|---|
| 30–80 cm | VI | ♃ | | | G3, Ä | ss | | gi? |

+ Blüten auch nachts geöffnet[122]

Die Vorkommen in Äckern an der B1 zwischen St. Pölten und Amstetten (Foto 1a aus den 60er-Jahren) und nördlich von Scheibbs dürfte es nicht mehr geben. Wegen ihrer Seltenheit und ihres raschen Rückgangs – beide Arten wohl am Rande des Aussterbens – sind aktuelle Standortangaben rar.

### Gattung: Gelbstern (Goldstern), *Gagea*

- Pflanzen klein, nur wenige cm hoch
  - Trockenrasen
    - Blütenblätter relativ breit, vorn abgerundet; Grundblatt sehr schmal (max. 1 mm breit), fadenartig; ss
      → Böhmischer Gelbstern, *G. bohemica* (Fotos 2a, b)
    - Blütenblätter schmäler; Grundblatt rinnenförmig, 1–3 mm breit, überragt Blüten meist; s
      → Zwerg-Gelbstern, *G. pusilla* (Foto 3)
  - Wald- und Gebüschränder; Grundblätter schmal (1–2 mm breit), fadenartig; Blütenblätter zugespitzt; s
    → Kleiner Gelbstern, *G. minima* (Foto 4)
- Pflanzen größer (10–30 cm)
  - Blütenstiele deutlich behaart; mh
    → Acker-Gelbstern, *G. villosa* (S. 465, Foto 1)
  - Blütenstiele kahl
    - Grundblatt breit (> 6 mm) mit Kapuzenspitze, unterseits mit deutlich hervortretenden Nerven, aber nicht gekielt, grasgrün, an der Basis weißlich; sh
      → Wald-Gelbstern, *G. lutea* (Bd. 1, S. 298)
    - Grundblatt schmäler (3–6 mm breit), unterseits scharf gekielt, graugrün an der Basis purpurn; s
      → Wiesen-Gelbstern, *G. pratensis* (S. 465, Foto 2)

## 2 Böhmischer Gelbstern (Felsen-Gelbstern), *Gagea bohemica*

| | | | | | | | | |
|---|---|---|---|---|---|---|---|---|
| 2–5 cm | III | ♃ | | | TR | ss | | |

+ Blütenblätter breit oval, einander überdeckend
+ Stängel meist einblütig

Pflanze bildet Brutzwiebeln, deren fadenförmige Blatttriebe oft ein Gewirr um eine blühende Pflanze bilden; diese typischen Blätter findet man häufiger als blühende Pflanzen, da die Art „blühfaul" ist.

Nur auf (extremen) Trockenrasen und Silikat-Felsrasen v. a. im westlichen Weinviertel und dem angrenzenden Waldviertel (z. B. im Naturschutzgebiet Kogelsteine/Feehaube) sowie im Marchfeld.

☝ Der Böhmische G. kann am gleichen Standort vorkommen wie der Acker-G., dieser aber auf Stellen mit tiefe-ren Böden. Beide haben behaarte Blütenstiele; der Acker-G. trägt aber immer mehrere Blüten am Stängel und hat schmälere, spitze Kronblätter.

[122] Dieses originelle Merkmal für Nachtschwärmer verdanken wir der FlÖ, konnten es aber leider nicht selbst überprüfen, da Schaftmilchsterne sehr selten geworden sind.

## 3 Zwerg-Gelbstern, *Gagea pusilla*

| | | | | | | | | |
|---|---|---|---|---|---|---|---|---|
| 3–10 cm | III–IV | ♃ | | | TR | s | | |

+ Blütenblätter (zum Unterschied zur vorigen Pflanze) schmal oval, decken sich nur im untersten Teil gegenseitig, an der Spitze stumpf

Bevorzugt etwas lückige Rasen (häufig, zum Beispiel am Marchfelddamm bei Marchegg), jedenfalls nicht an so extremen Trockenstandorten wie der Böhmische G., gern auf Sand. Außerdem in trockene Zierrasen verschleppt (mit Rasenziegeln, FlW[123]) oder eingesetzt und verwildert (?).

## 4 Kleiner Gelbstern, *Gagea minima*

| | | | | | | | | |
|---|---|---|---|---|---|---|---|---|
| 8–15 cm | III–V | ♃ | | | K, H, G6 | s | | |

+ Blütenblätter allmählich zugespitzt
+ Blütenstiele kahl

Einzige Gelbstern-Art, die bis in die Almstufe hinaufsteigt, dort auch in Alpenampferbeständen (in der Umgebung bestehender oder verfallener Almhütten) oder auf Lägerfluren[124] zu finden.

[123] Adler, W.; Mrkicka, A. Ch.; (2003) Flora Wiens.

[124] ... hier ruhen sich die Weidetiere häufig aus, käuen wider und düngen diese Standorte auch entsprechend – deshalb gut mit Nährstoffen versorgt.

## 1 Acker-Gelbstern, *Gagea villosa (G. arvensis)*

| | | | | | | | | |
|---|---|---|---|---|---|---|---|---|
| 10–15 cm | III–V | ♃ | | | Ä | mh | | |

+ durch die auffällige Behaarung unverwechselbar
+ Stängel mit 5–12 Blüten
+ Blütenblätter spitz, unterseits behaart (manchmal mehr als 6)

Der Acker-Gelbstern ist mit seinen zahlreichen Brutzwiebeln (die daraus entsprungenen jungen Pflänzchen umgeben die Mutterpflanze oft in großer Zahl) gut an Bodenbearbeitung angepasst; ein typischer Standort sind daher Weingärten (Wachau, Thermenlinie), wo er aber inzwischen auch durch intensive, tiefe Bodenbearbeitung selten geworden ist. Möglicherweise breitet er sich in den letzten Jahren durch die geänderte Wirtschaftsweise wieder aus. Außerdem findet man die Pflanzen ab und zu in lückigen Trockenrasen und auf Böschungen, v. a. im pannonischen Raum, bevorzugt auf sauren Böden (im südlichen Waldviertel bis 700 m Seehöhe).

## 2 Wiesen-Gelbstern, *Gagea pratensis*

| | | | | | | | | |
|---|---|---|---|---|---|---|---|---|
| 10–20 cm | III–V | ♃ | | | G3tr, Ä | s | | |

+ Blüte goldgelb (Wald-G.: gelb)

Der Wiesen-G. ist eine anspruchsvollere Pflanze als seine kleinen Geschwister. An seinen Wildstandorten (Trockenwiesen, Waldränder) ist er ausgesprochen selten geworden; dafür fühlt er sich in Rasen auf Friedhöfen und in Parkanlagen mitten in der Stadt wohl (so in Wien im Schönbrunner Schlosspark und am Burgring).

☝ Die deutlichsten Unterscheidungsmerkmale zwischen Zwerg-G./Wiesen-G./Wald-G. liegen unter der Erde (Zahl, Farbe und Form der Zwiebeln). Wir wollen aber nicht zum Ausgraben animieren. (s. FIÖ S. 1035f)

*Naturgartentipp:* empfehlenswert, auf geeigneten Standorten Massenvermehrung mittels Brutzwiebeln.

### Gattung: Blaustern, *Scilla*

A

Die einheimischen Arten sind eng miteinander verwandt, einander recht ähnlich und bilden einen ähnlichen Ploidie-Komplex *(S. bifolia* agg.*)*, wie er beim Dolden-Milchstern beschrieben wurde. Bei *Scilla* sind aber die Arten mit mehrfachen Chromosomensätzen *(drunensis* und *spetana)* die selteneren. Daneben wird eine Reihe von exotischen Blausternen kultiviert. Manche davon verwildern. Von dem häufigsten unter ihnen, dem Sibirischen Blaustern *(Scilla siberica)* aus Kleinasien, bringen wir ein Foto (Foto A), um zu zeigen, dass er nicht mit den einheimischen Arten verwechselt werden kann, weil er ganz anders aussieht.

B

- junge Blütenknospen grün, ein grüner Streifen bleibt bei älteren Knospen erhalten; Blütenbätter 7–8 mm lang; mh (Foto B)
  → Wiener Blaustern, *S. vindobonensis* (Bd. 1, S. 298)
- junge Blütenknospen graublau
  - Blütenblätter am kürzesten (ca. 8 mm lang); mh
    → Zweiblatt-Blaustern, *S. bifolia* s. str. (Foto 3)
  - Blütenblätter 9–10 mm lang; s
    → Traun-Blaustern, *S. drunensis* (Fotos 4a, b)
  - Blütenblätter am größten (12–15 mm lang); ss nur im Weinviertel
    → Franz Spetas Blaustern, *S. spetana*

## 3 Zweiblatt-Blaustern, *Scilla bifolia* s. str.

| | | | | | | | | |
|---|---|---|---|---|---|---|---|---|
| 5–20 cm | II–IV | ♃ | | | W3 | s | | |

In NÖ nur lokal und eher im Westen; Auwälder, Obstwiesen.

## 4 Traun-Blaustern, *Scilla drunensis*

| | | | | | | | | |
|---|---|---|---|---|---|---|---|---|
| 5–20 cm | III–IV | ♃ | | | W3, G3f | s | | |

In Auen, Obstgärten und auf schattigen, frischen (Wald-)Wiesen; bekanntester Fundort: Agneswiese in Wien an der Grenze zu NÖ.

## Franz Spetas Blaustern (Speta-Blaustern), *Scilla spetana* (ohne Abb.)

| | | | | | | | | |
|---|---|---|---|---|---|---|---|---|
| 5–15 cm | III–IV | ♃ | | | W3 | ss | | |

+ Blüten groß, 10–15 mm lang, leuchtend blau bis tiefkornblumenblau
+ Stängel grün, manchmal leicht purpurn überlaufen

„Ungarische" Art, in Ö bloß an einem Fundort im Weinviertel, in der Au im Kreuttal.

## Gattung: Lauch, *Allium*

Die Lauche sind nicht nur aufgrund des typischen Knoblauchgeruchs auffällig, manche Arten haben auch Brutknöllchen statt oder zusätzlich zu den Blüten im Blütenstand (s. Foto A). Wichtige Kulturpflanzen wie die Zwiebel *(A. cepa)*, den Knoblauch *(A. sativum)* oder den Porree *(A. porrum)* haben wir der Gattung *Allium* zu verdanken!

- Waldpflanze; Blätter breit; Frühlingsgeophyt (d. h. zieht sich vor dem Sommer wieder in die Erde zurück)
  → Bärlauch, *A. ursinum* (Bd. 1, S. 302)

- Alpenpflanze
  - Blätter breit
    → Allermannsharnisch, *A. victorialis* (S. 469, Fotos 1a, b)
  - Blätter schmäler, röhrig, hohl
    → Alpen-Schnittlauch, *A. schoenoprasum* var. *alpinum* (Bd. 1, S. 306)

- Feuchtwiesen und Flachmoorpflanze
  - Blätter röhrig, hohl
    → Alpen-Schnittlauch, *A. schoenoprasum* var. *alpinum* (Bd. 1, S. 306)
  - Blätter flach, an der Unterseite mit Kiel
    - ◆ Stängel rund, beblättert; ss
      → Duft-Lauch, *A. suaveolens* (S. 470, Fotos 2a, b)
    - ◆ Stängel scharf vierkantig (Foto B); Blattunterseite mit Kiel; s
      → Kanten-Lauch, *A. angulosum* (Bd. 1, S. 306)

- Pflanze auf ausgesprochenen Trockenstandorten (Felsrasen, Trockenrasen, Mauerkronen)
  - Blüten gelb, Blätter auffällig bläulich bereift (abwischbar), Blätter röhrig, oberseits mit Rille
    → Gelber Lauch, *A. flavum* (Bd. 1, S. 305)
  - Blüten lila-purpurn; Blätter grün, flach (aber schmal), unterseits abgerundet; Pflanze klein (10–20 cm hoch)
    → Berg-Lauch, *A. lusitanicum* (Bd. 1, S. 306)
  - Blüten dunkelpurpurn (selten weißlich); Blätter im ∅ rund, aber nicht hohl, oberseits mit Rille
    → Kugel-Lauch, *A. sphaerocephalon* (S. 469, Foto 2)

- Pflanze an Wald- und Gebüschrändern, auf nicht mehr oder spät gemähten Wiesen, Böschungen, Wegrändern, Ackerrändern, Weingärten, Parks

  – Dolde nur mit Brutzwiebeln (ohne Blüten)

    ◆ Hülle mit 2 Blättern, viel länger als die Dolde, die beiden Blätter ungleich lang, spitz (Foto A)

      ▪ Blätter am Blattansatz eine hohle Rinne, rau
      → Glocken-Lauch, *A. oleraceum* (S. 470, Fotos 1a, b)

      ▪ Blätter am Blattansatz eine flache Rinne (nicht hohl), glatt
      → Gekielter Lauch, *A. carinatum* (S. 469, Fotos 4a, b)

    ◆ Hülle kürzer als die Dolde

      ▪ Hülle einblättrig, Blätter schnittlauchartig, aber gerieft
      → Weinberg-Lauch, *A. vineale* (S. 469, Fotos 3a, b)
      Der Knoblauch hat ebenfalls nur 1 Hüllblatt, hat aber breitere Blätter und verwildert gern.

      ▪ Hülle zweiblättrig, Blätter sehr breit (bis über 1 cm), flach (Foto C), unterseits gekielt, am Rand mit sehr kleinen Zähnchen, dadurch etwas rau
      → Schlangen-Lauch, *A. scorodoprasum* (Bd. 1, S. 305)

  – Dolde nur mit Blüten, ohne Brutzwiebel

    ◆ Blüten blasspurpurn, nicken, Dolde locker; Hülle mit 2 langen Blättern
    → Gekielter Lauch, *A. carinatum* (S. 469, Fotos 4a, b)

    ◆ Blüten kräftig purpurrot, nur 1 kurzes Hüllblatt, fällt früh ab
    → Runder Lauch, *A. rotundum* (S. 469, Foto 5)

    ◆ Blüten kräftig purpurrot, Dolde ganz dicht, meist 2 kurze, beständige Hüllblätter
    → Kugel-Lauch, *A. sphaerocephalon* (S. 469, Foto 2)

  – Dolde mit Blüten und Brutzwiebeln

    ◆ Blätter breit (bis über 1 cm), flach, am Rand mit sehr kleinen Zähnchen, dadurch etwas rau; Blüten und Brutzwiebeln dunkelpurpurn; Pflanze hochwüchsig (bis 1 m hoch)
    → Schlangen-Lauch, *A. scorodoprasum* (Foto C und Bd. 1, S. 305)

    ◆ Blätter röhrig, hohl, oben im Ø rund (2–3 mm Ø), Blüten oft unterschiedlich gefärbt (grünlich, rötlich oder weiß), stehen weit aus dem Brutknöllchenpaket heraus
    → Weinberg-Lauch, *A. vineale* (S. 469, Fotos 3a, b)

    ◆ Blätter flach, schmäler als 0,5 cm; Blüten hellpurpurn, hängen an langen Stielen weit herab (sehr hübsch!)
    → Gekielter Lauch, *A. carinatum* (S. 469, Fotos 4a, b)

    ◆ Blätter hohl, oberseits mit breiter Rinne, 4–5 mm Ø; Blüten an sehr langen Stielen, grünlich, weiß oder rot überlaufen, oft mit rötlichen oder grünen Streifen
    → Glocken-Lauch, *A. oleraceum* (Foto A und S. 470, Fotos 1a, b)

C

## 1 Allermannsharnisch, *Allium victorialis*

| | | | | | | | | |
|---|---|---|---|---|---|---|---|---|
| 30–60 cm | VII–VIII | ♃ | | | A2 | s | | |

+ breite, lange Blätter, Stängel scheinbar beblättert
+ Blüten weiß bis grünlich gelb
+ Laubblattscheiden umhüllen die untere Hälfte des Stängels (Foto 1b)

„Zauberpflanze“: die von einem „Harnisch“ umgebenen Zwiebeln sollen den Träger nicht nur hieb- und stichfest machen, sondern vor jeder Unbill schützen.

## 2 Kugel-Lauch, *Allium sphaerocephalon*

| | | | | | | | | |
|---|---|---|---|---|---|---|---|---|
| 30–60 cm | VI–VII | ♃ | | | P3, K | s | | |

+ Blüten purpurn, Staubblätter ragen aus der Blüte heraus
+ Blätter bläulich, röhrig

## 3 Weinberg-Lauch, *Allium vineale*

| | | | | | | | | |
|---|---|---|---|---|---|---|---|---|
| 30–70 cm | VI–VIII | ♃ | | | G3tr, K, Ä | mh | | |

+ Blüten purpurn, Blütenstand meist mit Brutzwiebeln (Foto 3a)
+ 1 Hüllblatt, wenig länger als Blütenstand, fällt bald ab
+ Blätter flach, hohl, gerillt (Foto 3b)

Manchmal massenhaft (schnittlauchartig) in Wiesen (z. B. Streuobstwiesen), aber niemals blühend.

## 4 Gekielter Lauch, *Allium carinatum* subsp. *carinatum*

| | | | | | | | | |
|---|---|---|---|---|---|---|---|---|
| 40–60 cm | VI–VII | ♃ | | | G3, K | mh | | |

+ Blüten purpurn mit Brutknöllchen im Blütenstand, lang gestielt, hängen
+ Blätter flach, nicht hohl

Oft auf (wechsel-)feuchten Wiesenbrachen.

## 5 Rund-Lauch, *Allium rotundum*

| | | | | | | | | |
|---|---|---|---|---|---|---|---|---|
| 30–60 cm | VI–VIII | ♃ | | | TR, K | s | | |

+ Blüten purpurn, in dichter Kugel
+ Staubblätter kürzer als die Blütenblätter
+ Blätter flach, mit Kapuzenspitze

1a

2

3a

1b

4b

3b

4a

5

## 1 Glocken-Lauch (Gemüse-L.), *Allium oleraceum*

| | | | | | | | | |
|---|---|---|---|---|---|---|---|---|
| 50–80 cm | VII–VIII | ♃ | | | K, P4, Ä | mh | | |

+ Blüten grünlich, rot überlaufen, lang gestielt, hängen; mit Brutzwiebeln
+ 2 Hüllblätter, mit langer Spitze, abstehend (S. 466, Foto A)
+ Blätter flach, hohl, gerillt

## 2 Duftlauch, *Allium suaveolens*

| | | | | | | | | |
|---|---|---|---|---|---|---|---|---|
| 20–50 cm | VIII–IX | ♃ | | | G2 | ss | | |

+ Stängel rund
+ Blüten weiß/hellrosa, Staubblätter ragen aus der Blüte heraus

1a

1b

2a

2b

## Familie: Orchideen, Orchidaceae

Bei Orchideen denken viele wohl zuerst an die Tropen; aber auch in unserer heimischen Flora können wir einige dieser faszinierenden Pflanzen beobachten. Es gibt viele Gründe, die die Orchideen so faszinierend machen – neben der Schönheit ihrer Blüten sind es vor allem ökologische und reproduktionsbiologische Charakteristika und ihre Seltenheit. Und damit sind Orchideen auch im Naturschutz als Indikator- und/oder Zielarten[125] von großer Bedeutung.

Welches sind die Merkmale, die Orchideen so „speziell" machen?

Die heimischen Orchideen-Arten weisen alle ein mehr oder weniger enges Zusammenleben mit Pilzen im Bereich ihrer Wurzeln auf. Sie benötigen den Pilz für ihre Keimung und manche Arten ohne Blattgrün ernähren sich ein Leben lang mit (ungewollter) Hilfe des Pilzes. Die komplexe Entwicklung in Abhängigkeit von bestimmten Pilzen erklärt zum Teil ihre Seltenheit bzw. ihre Sensibilität gegenüber Veränderungen an ihren Standorten, aber auch ihre oft langwierigen Entwicklungsphasen bis hin zu ausgewachsenen, blühenden Pflanzen.

Außerdem ist ihre Fortpflanzung „speziell": Sie weisen meist typische, von Insekten bestäubte Blüten auf (häufig mit entsprechendem Landeplatz = Lippe) und haben auch die Übertragung ihres Pollens optimiert, indem dieser in Pollenpakete (Pollinien) gepackt wird und diese Pakete als Ganzes zum Transport an die Bestäuber angeheftet werden. Dabei können in der Regel mit einmal angehefteten Pollinien gleich mehrere nachfolgend besuchte Blüten bestäubt werden. Aus „männlicher" Sicht der Blüte ist somit der (Ab-)Transport optimiert, weil ein einmaliger Blütenbesuch ausreicht, um den Pollen auf den Weg zu bringen. Andererseits sind aus „weiblicher" Sicht der Blüte auch nur wenige Besuche notwendig, da viel Pollen in den Paketen auf einmal übertragen wird, damit die unzähligen Samenanlagen einer einzelnen Blüte befruchtet und somit pro Blüte in einer Fruchtkapsel sehr, sehr viele Samen gebildet werden können (schon Charles Darwin[126] hatte mehrere Tausend Samen in einer einzigen Knabenkrautkapsel gezählt!).

Diese Samen sind ebenfalls „speziell", da sie kein Nährgewebe enthalten. Dadurch sind sie winzig und sehr leicht; können also weit vom Wind transportiert werden. Hier verhalten sich Orchideen quasi wie Pionierarten (also wie Arten, die schnell mal als „Unkräuter" bezeichnet werden). Neutral betrachtet ist dieses einfach eine Strategie, die es hoffentlich einem Teil der Samen ermöglicht, einen passenden Ort zur Keimung zu finden, d. h. den entsprechenden Pilz (s. o.). Das erklärt aber auch, warum es mancherorts beispielsweise nach Schaffung optimaler Verhältnisse auch bei den seltenen Orchideen zu fast massenhaften Vermehrungen im Bestand kommen kann. Ein anderes Phänomen, das nicht alltäglich ist, spielt hier ebenfalls eine Rolle: Dormanz; d. h., viele unserer Orchideen, die ja alle ausdauernde Pflanzen sind, sind in der Lage, bei ungünstigen Bedingungen nicht nur mit der Blüte ein oder mehrere Jahre auszusetzen, sondern sogar in einzelnen Jahren nicht einmal als Blattrosette an der Oberfläche zu erscheinen.

Die Orchideenblüten der heimischen Arten sind in der Regel um 180° gedreht, sodass die Lippe nach unten weist und als Landeplatz für Bestäuber dient (Ausnahmen: nicht gedreht – Widerbart und alle Kohlröschen-Arten; um 360° gedreht – Einblatt, Hochmoor-Weichständel). Woran man die Drehung der Blüte erkennen kann? Der unterständige Fruchtknoten weist eine entsprechende Verdrehung auf.

Für die überwiegende Zahl von Arten mit Landeplatz (= nach unten gerichtete Lippe) gilt, dass diese von Insekten bestäubt werden. Dabei folgt die Übertragung, wie oben dargelegt, einem klaren Plan (gezieltes Anheften der Pollinien, nur wenige Blütenbesuche etc.), sodass sich hier im Lauf der Evolution einige äußerst interessante Mechanismen entwickeln konnten, die alle dem Zweck dienen, die wenigen Bestäuberbesuche, die erforderlich sind, bei möglichst geringem Aufwand zu gewährleisten. Dazu gehört die Kesselfallenbestäubung des Frauenschuhs (Bd. 1, S. 308), die Nachtfalterbestäubung mit weißen Blüten, süßlichem, abendlichem Duft und langem, nektargefülltem

[125] Eine Zielart ist eine Pflanzen- oder Tierart, mit der im Naturschutz Zielvorgaben von Schutz-, Pflege- oder Entwicklungsmaßnahmen dargestellt und überprüft werden können.

[126] Charles Darwin (1890): The various contrivances by which orchids are fertilised by insects. 2nd ed., J. Murray.

Sporn (z. B. Waldhyazinthe, Bd. 1, S. 310), die Tagfalterbestäubung mit bunten Blüten und langem, nektargefülltem Sporn (z. B. Händelwurz, Bd. 1, S. 312), die Ameisenbestäubung im alpinen Gelände, wo keine anderen Bestäuber mehr fliegen (z. B. Zwergorchis, s. S. 480), die Wespenbestäubung mit offenen Blüten, die den Nektar nicht in einem Sporn verstecken (z. B. Ständelwurz, Bd. 1, S. 308) und die Wildbienenbestäubung mit bunten Blüten und Nektar in eher kurzem, breitem Sporn.

Doch gerade im Bereich der Bestäubung durch Wildbienen sind die Orchideen wie keine andere heimische Pflanzengruppe dazu übergegangen, Ressourcen einzusparen, d. h. keinen Nektar mehr anzubieten, und damit letztendlich die Bestäuber um ihren „Lohn" zu bringen (alle einheimischen Knabenkräuter außer dem Wanzen-Knabenkraut haben gar keinen Nektar!). Wir sprechen von „Täuschblumen" oder „Scheinsaftblumen" (Sprengel 1793[127]) – und wie könnte es anders sein, haben die Orchideen auch hier wieder unterschiedliche Strategien entwickelt: Neben dem einfachen leerlassen eines Sporns (= Nektar-Täuschblumen) gibt es eine Gruppe von Arten, die in Farbe, Form, Duft und Behaarung weibliche Tiere bestimmter Wildbienen-Arten imitieren und so paarungswillige Männchen der entsprechenden Art zur Begattung anlocken (Sexual-Täuschblumen: Ragwurz, Bd. 1, S. 316). Wie gesagt, eine solche Fehlleitung muss nur zweimal funktionieren und es werden potenziell unzählige Samen gebildet. In diesem Zusammenhang verfolgt eine der heimischen Nektar-Täuschblumen eine besondere Strategie: Sie tritt in zwei Blütenfarben auf (Gelb und Rot), um so den Bestäuber gleich zweimal zu überlisten (Holunder-Knabenkraut, Bd. 1, S. 314).

Warum können diese Täuschungsmanöver der Orchideen funktionieren? Weil sie nur wenige Besuche benötigen und weil sie mehr oder weniger spezifisch belohnende (also Nektar oder Pollen anbietende) Pflanzen nachahmen. Auch bei diesem Prinzip gibt es sehr viel Variation, weil man sich vorstellen kann, dass z. B. eine Wiese mit reichlich blühenden Pflanzen generell anziehend auf potenzielle Bestäuber wirkt und eine nektarlose Orchidee, die sich daruntermischt, quasi durch Zufall mitbesucht wird. Andererseits kann aber auch eine spezifische Art als belohnendes Modell imitiert werden. So oder so ist ein wichtiges Prinzip, dass die Orchideen in einem solchen System nicht so häufig sein dürfen (wie ihr Modell), weil dann nämlich die Bestäuber zu oft enttäuscht werden und die Blumenwiese verlassen würden. Die Reize, die hier auf die Bestäuber wirken, sind vielfältig und noch nicht immer alle vollständig verstanden (so konnten erst verschiedene Arbeiten der letzten Jahre z. B. interessante Beobachtung in Zusammenhang mit ausgesendeten Düften und ihrer Bedeutung machen). Daher macht es aus wissenschaftlicher Sicht keinen Sinn, solche Artenpaare oder Gruppen von Arten rein visuell (aus Sicht des Menschen) zu vergleichen, wie dies für die österreichischen Orchideen im Buch von Norbert Griebl (2013[128]) geschehen ist. Es ist sogar Unsinn, eine optische Ähnlichkeit zwischen dem Einblatt und der Natternzunge, einer Farnpflanze (s. Bd. 4), zu suggerieren, wenn diese Farnpflanze gar nicht von entsprechenden Bestäubern besucht wird bzw. ebenfalls keine Belohnung (Nektar und Pollen) anbietet. Heimische Orchideen, für die Untersuchungen über mögliche konkrete „Vorbilder" vorliegen, die nicht genereller, sondern spezifischer Natur sind, sind rar. Hier sind am ehesten die Skabiosen (s. S. 337) als belohnende Vorbilder (Modelle) für die Kugel-Orchis zu nennen (Bd. 1, S. 310; Dafni 1986[129]).

Ist diese Diversität bei nur etwa 60 Orchideen-Arten nicht faszinierend?

Auf jeden Fall ist diese Vielfalt an Anpassungen und Strategien ein wichtiger Grund dafür, dass Orchideen weltweit so erfolgreich sind und insgesamt weit über 20 000 Arten hervorgebracht haben.

**Der nachfolgende Schlüssel differenziert zunächst vier Hauptgruppen nach Blattmerkmalen**; innerhalb der letzten Gruppe mit mehr als zwei grünen Laubblättern werden die Arten im Wesentlichen nach Lebensräumen behandelt. Dennoch werden im anschließenden Teil, in dem die Arten vorgestellt werden, diese zumindest für die größeren Gattungen wieder in Gattungskästen zusammengeführt.

[127] Sprengel, C. K. (1793): Das entdeckte Geheimnis der Natur im Bau und in der Befruchtung der Blumen. Friedrich Vieweg Verlag.

[128] Griebl, N. (2013): Die Orchideen Österreichs. Freya-Verlag.

[129] Dafni, N. (1986): Pollination in *Orchis* and related genera: evolution from reward to deception. In: Orchid biology, reviews and perspectives IV. S. 81–100. Comstock Publ. Ass.

**A Orchideen ohne grüne Blätter** Pflanzen „bleich“ oder „violett überlaufen“, z. T. Blätter schuppenförmig); Pflanzen fast ausschließlich in Wäldern vorkommend

- Blüten (Lippe) hellbraun; ganze Pflanze hellbraun; Blütenstand mit mehr als 20 Blüten
  → Nestwurz, *Neottia nidus-avis* (Bd. 1, S. 308)
- Blüten (Lippe) violett; ganze Pflanze violett überlaufen; Blütenstand mit 5–20 Blüten; kalkliebend; in trockenen Föhren- und Eichenwäldern, auch in Magerrasen (s. u.)
  → Dingel, *Limodorum abortivum* (S. 477, Fotos 1a–e)
- Lippe weiß, mit rötlicher Basis
  - Lippe nach unten gerichtet; Blütenstand mit 5–12 Blüten
    → Korallenwurz, *Corallorhiza trifida* (S. 477, Fotos 2a, b)
  - Lippe nach oben gerichtet; Blütenstand mit 2–8 Blüten
    → Widerbart, *Epipogium aphyllum* (S. 477, Foto 3)
- Lippe (eingeschnürt, daher) zweiteilig, vorderer Teil grünlich; Blütenstand mit 10–20 Blüten
  → Kleinblättrige Ständelwurz, *Epipactis microphylla* (S. 482, Foto 3)

**B Orchideen mit einem grünen Blatt** → Einblatt, *Malaxis monophyllos* (S. 479, Fotos 1a, b)

**C Orchideen mit zwei, sich quasi gegenüberstehenden, grünen Blättern**

- Pflanzen nur mit diesen beiden Blättern; Blüten grünlich oder rötlich
  - beide Blätter abstehend, eiförmig, bis zu 15 cm lang
    → Großes Zweiblatt, *Listera ovata* (Bd. 1, S. 314)
  - beide Blätter abstehend, herzförmig, ca. 3 cm lang
    → Kleines Zweiblatt, *Listera cordata* (S. 479, Fotos 2a, b)
  - beide Blätter stehen aufrecht, länglich
    → Torf-Glanzkraut, *Liparis loeselii* (S. 479, Fotos 3a, b)
- Pflanzen mit zwei dominanten Blättern, darüber aber noch kleine schuppenförmige Blätter am Stängel; Blüten weiß
  - Fächer der gestielten Pollenpakete parallel; Sporn im Querschnitt rund
    → Zweiblättrige Waldhyazinthe, *Platanthera bifolia* (Bd. 1, S. 310)
  - Fächer der gestielten Pollenpakete nach unten auseinanderlaufend (S. 479, Foto 4b); Sporn abgeflacht, daher im Querschnitt elliptisch
    → Grünliche Waldhyazinthe, *Platanthera montana* (S. 479, Fotos 4a, b)

**D Orchideen mit mehr als zwei grünen Blättern**

- **Blattnerven netzartig** (alle anderen Arten mit parallelen Blattnerven), Blattrosette vorhanden
  → Netzblatt, *Goodyera repens* (S. 479, Fotos 5a, b)
- Blüte mit **schuhförmiger Lippe**, zweifarbig braun-gelb
  → Frauenschuh, *Cypripedium calceolus* (Bd. 1, S. 308)

- Blüte mit lang ausgezogener, **riemenförmiger Lippe**
  → Adriatische Riemenzunge, *Himantoglossum adriaticum* (Bd. 1, S. 310)

- kleine (Hoch-)**Gebirgspflanzen der (sub-)alpinen Matten**; über Kalk; Blüten rosa, rötlich oder grünlich (ohne Zeichnung)

  - Blüten rosa, rötlich; im Blütenstand die oberen Knospen/Blüten dunkler als die unteren

    - Blüten rosa bis fast weiß
      → Widders Kohlröschen, *Nigritella (rubra* subsp.*) widderi* (S. 481, Foto 1)

    - Blüten leuchtend rot, stark duftend
      → Rotes Kohlröschen, *Nigritella (rubra* subsp. *rubra) miniata* (Bd. 1, S. 310)

    - Blüten dunkelbraunrot, fast schwarz erscheinend
      → Schwarzes Kohlröschen, *Nigritella nigra (*subsp. *austriaca)* (S. 481, Fotos 2a, b)

  - Blüten (gelb)grünlich, insbesondere die Lippe
    → Zwergorchis, *Chamorchis alpina* (S. 481, Foto 3)

- **Gebirgspflanzen der montanen/subalpinen Stufe;** Blüten rötlich (Lippe rot gepunktet) oder weißlich

  - Blütenstand kugelig
    → Kugel-Orchis, *Traunsteinera globosa* (Bd. 1, S. 310)

  - Blütenstand lang gestreckt (höher als breit), weniger als 20 Blüten

    - der obere Teil der Blüten (Helm) olivgrün mit purpurroten Flecken, die Lippe purpurn; Laubblätter auffallend glänzend; in NÖ †
      → Spitzels Knabenkraut, *Orchis spitzelii* (S. 493, Fotos 1a, b)

    - Blüten grünlich-gelblich, häufig insbesondere die Lippe rötlich überlaufen
      → Hohlzunge, *Coeloglossum viride* (S. 481, Fotos 4a, b)

    - Blüten purpurn, die Zeichnung auf der Lippe in Schleifen
      → Lappland-Knabenkraut, *Dactylorhiza (majalis* subsp.*) lapponica* (S. 491, Foto 1)

  - Blütenstand lang gestreckt (höher als breit), mehr als 20 Blüten

    - mittelgroße, (blass)purpurrote Blüten; Sporn dünn
      *(→* Gattung *Gymnadenia)*

      - Sporn lang (mehr als 1 cm), nach unten gebogen
        → Mücken-Händelwurz, *Gymnadenia conopsea (*subsp. *conopsea)* (Bd. 1, S. 312)

      - Sporn kurz (deutlich weniger als 1 cm), waagrecht bis leicht nach unten gebogen; Blüten nach Vanille duftend; kalkliebend
        → Wohlriechende Händelwurz, *Gymnadenia odoratissima* (S. 481, Fotos 5a, b)

    - kleine gelbliche Blüten; Sporn nur 2–3 mm lang
      → Weißzüngel, *Pseudorchis albida* (S. 482, Fotos 1a, b)

- kleine **Moorpflanzen**; in NÖ an sich heimisch, aber leider ausgestorben † – Wiederentdeckung hoffentlich nicht gänzlich ausgeschlossen!

  - Niedermoorpflanze, kalkliebend; Blüten (Lippe) weiß; gewellter Lippenrand; Blüten, die wendeltreppenartig im Blütenstand angeordnet sind
    → Sommer-Drehwurz, *Spiranthes aestivalis* (S. 486, Foto 1c)

  - Niedermoorpflanze, kalkliebend; Blüten (Lippe) grün; gewellter Lippenrand
    → Torf-Glanzkraut, *Liparis loeselii* (S. 479, Fotos 3a, b)

- Hoch- und Niedermoorpflanze, kalkmeidend; glatter Lippenrand, Lippe gleichmäßig spitz zulaufend; vorderer Blattrand oft mit kleinen Brutknospen
  → Hochmoor-Weichständel, *Malaxis paludosa* (S. 482, Fotos 2a, b)

• Waldpflanzen

- Lippe der Blüten auffällig eingeschnürt, daher (meist auch farblich) in zwei Teile gegliedert
  → Gattung *Epipactis*, s. Kasten (S. 483)

- Lippe nicht eingeschnürt und daher nicht in zwei Teile gegliedert

  ◆ Blüten weiß, Lippe vorn gelb; Blätter aufrecht abstehend, länglich, sich gegenüberstehend
    → Schwertblättriges Waldvögelein, *Cephalanthera longifolia* (Bd. 1, S. 314)

  ◆ Blüten weiß, Lippe vorn gelb; Blätter eiförmig, allseits abstehend
    → Weißes Waldvögelein, *Cephalanthera damasonium* (S. 485, Fotos 4a, b)

  ◆ Blüten purpurrot; Blätter allseits abstehend
    → Rotes Waldvögelein, *Cephalanthera rubra* (S. 485, Fotos 5a, b)

  ◆ Blüten hellgelb, Lippe ohne Zeichnung
    → Bleiches Knabenkraut, *Orchis pallens* (S. 493, Fotos 5a, b)

  ◆ Blüten mit dunkelrotbraunem Helm und weißer, rot gepunkteter Lippe
    → Purpur-Knabenkraut, *Orchis purpurea* (S. 493, Fotos 4a, b)

• Grünland-/**Offenlandpflanzen** (Hügel- und Bergstufe)

- viele kleine weiße Blüten, die wendeltreppenartig angeordnet sind
  *(→ Gattung Spiranthes)*

  ◆ Niedermoorpflanze, kalkliebend; Blüten (Lippe) weiß; gewellter Lippenrand; Blattrosette zur Blütezeit grün; in NÖ †, §, FFH
    → Sommer-Drehwurz, *Spiranthes aestivalis* (S. 486, Foto 1c)

  ◆ Magerwiesenpflanze, Blüten weiß, Lippe innen grünlich; gewellter Lippenrand; Blattrosette zur Blütezeit bereits vertrocknet
    → Herbst-Drehwurz, *Spiranthes spiralis* (S. 486, Fotos 1a, b)

- viele kleine gelbliche Blüten; Lippe dreispitzig; Pflanze kalkliebend, besiedelt feuchte und trockene Magerwiesen
  → Einknolle, *Herminium monorchis* (S. 486, Fotos 2a, b)

- viele mittelgroße weiße Blüten mit langem Sporn
  *(→ Gattung Platanthera)*

  ◆ Fächer der gestielten Pollenpakete parallel; Sporn im Querschnitt rund
    → Zweiblättrige Waldhyazinthe, *Platanthera bifolia* (Bd. 1, S. 310)

  ◆ Fächer der gestielten Pollenpakete nach unten auseinanderlaufend; Sporn abgeflacht
    → Grünliche Waldhyazinthe, *Platanthera montana* (S. 479, Fotos 4a, b)

- wenige (< 10) mittelgroße Blüten, die in Farbe, Form, Duft und Behaarung ihre Bestäuber imitieren (Sexual-Täuschblumen; vgl. Bd. 1, S. 316)
  → Gattung *Ophrys*, s. Kasten (S. 487)

- viele mittelgroße Blüten, die Lippe der Blüten auffällig (meist auch farblich) in zwei Teile gegliedert (→ Gattung *Epipactis*, Waldpflanzen der Gattung: S. 483–484)

  ◆ die beiden Lippenteile gegeneinander beweglich, der vordere Teil weiß mit einem gelben Mal; kalkreiche Feucht-/Nasswiesen
    → Sumpf-Ständelwurz, *Epipactis palustris* (Bd. 1, S. 308)

- die beiden Lippenteile starr, der vordere Teil rötlich, der Rest der Blüte braunrot bis purpurn, nach Vanille duftend; kalkliebend; Magerrasen (auch in Föhrenwäldern, s. o.)
  → Braunrote Ständelwurz, *Epipactis atrorubens* (S. 482–483, Fotos 4a, b)

– viele mittelgroße Blüten, diese mit lang ausgezogener, riemenförmiger Lippe
  → Adriatische Riemenzunge, *Himantoglossum adriaticum* (Bd. 1, S. 310)

– viele mittelgroße purpurrote Blüten, die einen pyramidenförmigen Blütenstand bilden; Sporn lang, dünn und nach unten gerichtet
  → Pyramidenorchis, *Anacamptis pyramidalis* (Bd. 1, S. 312)

– viele mittelgroße (blass)purpurrote Blüten, lang gestreckter Blütenstand; Sporn dünn
  *(→ Gattung Gymnadenia)*

- Sporn dünn und lang (mehr als 1 cm), nach unten gebogen
  → Mücken-Händelwurz, *Gymnadenia conopsea (*subsp. *conopsea)*[130] (Bd. 1, S. 312)

- Sporn dünn und kurz (deutlich weniger als 1 cm), waagrecht bis leicht nach unten gebogen; nach Vanille duftend (Name!); kalkliebend
  → Wohlriechende Händelwurz, *Gymnadenia odoratissima* (S. 481, Fotos 5a, b)

– wenige (< 10), mittelgroße grünliche Blüten, häufig insbesondere die Lippe rötlich überlaufen; Sporn sehr kurz (2–3 mm); saure Magerrasen
  → Hohlzunge, *Coeloglossum viride* (S. 481, Fotos 4a, b)

– wenige mittelgroße purpurne Blüten; Pflanze ohne Blattgrün, stark violett überlaufen; kalk liebend; Magerrasen, auch in trockenen Wäldern (s. o.)
  → Dingel, *Limodorum abortivum* (S. 477, Fotos 1a–e)

– viele mittelgroße rote, purpurrote, gelbe oder weißliche Blüten, die einen lang gestreckten Blütenstand bilden; Sporn nicht auffällig dünn *(*s. o., *Gymnadenia)*; Pflanze mit typischem „Knabenkraut-Habitus"[131]

- jede einzelne Blüte im Blütenstand steht in der Achsel eines krautigen, zwar kleinen, aber deutlich sichtbaren Tragblattes
  → Gattung *Dactylorhiza*, s. Kasten S. 488

- jede Blüte im Blütenstand steht in der Achsel eines häutigen, kaum kenntlichen Tragblattes
  → Gattung *Orchis*, s. Kasten S. 490

## 1 Dingel, *Limodorum abortivum*

| | | | | | | | | |
|---|---|---|---|---|---|---|---|---|
| 20–70 cm | VI | ♃ |  | 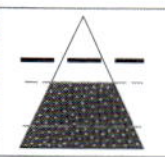 | W1, TR | s | § | |

\+ Pflanze ohne grüne Blätter, ganze Pflanze violett überlaufen (im Austrieb wie eine violette „Spargelstange")
\+ große violette Blüten (voll geöffnet 3–4 cm breit)

Lichte Föhren- und Eichenwälder, trockene Magerrasen, gern über Kalk.

[130] Es gibt insbesondere in den Bergen Händelwurz-Sippen, die zu unterschiedlichen Zeiten blühen, deren systematischer Status aber noch nicht ausreichend geklärt ist und die daher hier nicht explizit unterschieden werden → Beobachtungen dazu sind aber sehr sinnvoll und werden damit angeregt (s. hierzu FlÖ, S. 1057).

[131] Die früher umfassendere Version der Gattung *Orchis* wird heute (unter anderem) in zwei Gattungen geteilt: *Orchis* s. str. (übersetzt: Hoden im engeren Sinne) und *Dactylorhiza* (Fingerwurz, wegen der handförmig geteilten Knollen). Um Verwirrung und komplizierte neue Namen (wie Fleckenfingerwurz statt Geflecktes Knabenkraut) zu vermeiden, verwenden wir den (bei Naturfreundinnen und -freunden bekannten) Namen „Knabenkraut" nach wie vor für beide Gattungen.

## 2 Korallenwurz, *Corallorhiza trifida*

| | | | | | | | | |
|---|---|---|---|---|---|---|---|---|
| 10–30 cm | VI–VII | ♃ | | | W2 | s | § | |

+ Pflanze ohne grüne Blätter, ganze Pflanze bleich
+ kleine grünliche Blüten mit weißer Lippe; an der Lippenbasis häufig mit rötlicher Zeichnung

Schattige (Nadel-)Wälder.

## 3 Widerbart, *Epipogium aphyllum*

| | | | | | | | | |
|---|---|---|---|---|---|---|---|---|
| 10–25 cm | VII | ♃ | | | W2, 7 | ss | § | |

+ Pflanze ohne grüne Blätter, ganze Pflanze bleich
+ Blütenstand locker, wenigblütig (1–7 Blüten)
+ Blüten nicht gedreht, dadurch Lippe und sackförmiger Sporn nach oben weisend

## 1 Einblatt, *Malaxis monophyllos*

| | | | | | | | | |
|---|---|---|---|---|---|---|---|---|
| 10–40 cm | VII | ♃ | | | W1, G1 | s | § | |

+ winzige grüne Blüten, aber davon ganz viele (bis zu 100 Blüten)
+ Lippe der Blüten weist nach oben, da die Blüten um 360° gedreht sind
+ ein Laubblatt

## 2 Kleines Zweiblatt, *Listera (Neottia) cordata*

| | | | | | | | | |
|---|---|---|---|---|---|---|---|---|
| 5–20 cm | VI–VII | ♃ | | | W4, 5 | s | § | |

+ winzige grünlich bräunlich rötliche Blüten
+ Lippe in zwei spreizende Spitzen auslaufend
+ die beiden Laubblätter herzförmig, bis 3 cm lang/breit

Wächst an feuchten, moosigen, sauren Standorten (z. B. Nadelwälder, Ränder von Hochmooren).

## 3 Torf-Glanzkraut, *Liparis loeselii*

| | | | | | | | | |
|---|---|---|---|---|---|---|---|---|
| 5–20 cm | VI–VII | ♃ | | | G2 | † | § | FFH |

+ zwei (ganz selten drei) speckig glänzende Laubblätter
+ (gelblich) grüne Blüten; Rand der Lippe gewellt
+ fadenförmige seitliche Blütenhüllblätter abspreizend

Über Kalk, in Niedermooren und sehr nassen Wiesen.

## 4 Grünliche Waldhyazinthe, *Platanthera montana (P. chlorantha)*

| | | | | | | | | |
|---|---|---|---|---|---|---|---|---|
| 20–60 cm | V–VII | ♃ | | | G1, 2 | mh | § | |

+ grünlich (gelblich) weiße Blüten mit parfümartigem Duft; langer, nektargefüllter Sporn am Ende abgeflacht (→ Nachtfalter- bzw. Schwärmerbestäubung)
+ die Fächer der beiden Pollenpakete liegen unten in der Blüte deutlich weiter auseinander als oben (s. Pfeil, Bd. 1, S. 311, Foto 3b)

## 5 Netzblatt, *Goodyera repens*

| | | | | | | | | |
|---|---|---|---|---|---|---|---|---|
| 10–30 cm | VII | ♃ | | | W1, TR, G1 | mh | § | |

+ die netznervigen Blätter in Rosetten überwinternd
+ Pflanze mit Ausläufern, daher in Gruppen auftretend
+ Pflanzen oberwärts stark drüsenhaarig

1a
1b
2a
2b
3a
3b
4a
4b
5a
5b

## 1 Widder's Kohlröschen, *Nigritella (rubra* subsp.*) widderi*

| | | | | | | | | |
|---|---|---|---|---|---|---|---|---|
| 10–25 cm | VI–VII | ♃ | | | A1 | ss | § | |

+ Blüten rosa bis weißlich

Samenbildung asexuell; tetraploide Art.

## 2 Schwarzes Kohlröschen, *Nigritella nigra* (subsp. *austriaca)*

| | | | | | | | | |
|---|---|---|---|---|---|---|---|---|
| 10–25 cm | IV–VI | ♃ | | | A1 | s | § | |

+ Blüten dunkel, braunrot

Samenbildung asexuell; tetraploide Art.

Es gibt zwei „Schwarze Kohlröschen", die sich in der Anzahl ihrer Chromosomen und hinsichtlich ihrer Art der Samenbildung unterscheiden – die bis 1990 nicht bekannte *Nigritella rhellicani* bildet ihre Samen sexuell, blüht ein bisschen später als *N. nigra* und weist an den Rändern der Tragblättern der unteren Blüten charakteristische Ausstülpungen (Papillen) auf, die allerdings nur bei starker Vergrößerung erkannt werden können (s. hierzu FlÖ, S. 1058). Ihr Duft ist angenehm schokoladig.

## 3 Zwergorchis, *Chamorchis alpina*

| | | | | | | | | |
|---|---|---|---|---|---|---|---|---|
| 5–20 cm | VII | ♃ | | | W1, A1 | mh | § | |

+ steif aufrechte, schmalblättrige Rosetten verbergen im Zentrum den Blütenstand
+ ganze Pflanze grünlich, Blüten oft rötlich überlaufen
+ kann Ausläufer bilden – daher treten die Pflanzen häufig in Gruppen auf

Über Kalk, felsige Gebirgsrasen.

## 4 Hohlzunge, *Coeloglossum (Dactylorhiza) viride*

| | | | | | | | | |
|---|---|---|---|---|---|---|---|---|
| 5–25 cm | V–VII | ♃ | | | W1, G1, A6 | mh | § | |

+ Stängelblätter locker über den Stängel verteilt; Blütenstand ebenfalls locker
+ ganze Pflanze grünlich, Blüten oft rot-bräunlich überlaufen
+ kurzer (2–3 mm langer), sackförmiger Sporn

## 5 Wohlriechende Händelwurz, *Gymnadenia odoratissima*

| | | | | | | | | |
|---|---|---|---|---|---|---|---|---|
| 15–40 cm | V–VI | ♃ | | | W1, G1 | mh | § | |

+ Blüten duften nach Vanille
+ schmaler Sporn kurz (4–6 mm lang)
+ Blüten blasser als bei der Schwesterart *Gymnadenia conopsea* (Bd. 1, S. 312)

Über Kalk.

1

2a

2b

3

4a

4b

5a

5b

## 1 Weißzüngel, *Pseudorchis (Leucorchis) albida*

| | | | | | | | | |
|---|---|---|---|---|---|---|---|---|
| 5–50 cm | VI–VII | ♃ | | | G1, A1 | mh | § | |

+ der lange, schmale Blütenstand sehr dichtblütig
+ die kleinen Blüten gelblich-weißlich
+ Lippe deutlich dreilappig

☝ Es werden zwei Unterarten differenziert, die sich in der Anzahl der Blüten sowie ihrer Verbreitung hinsichtlich Kalkuntergrund unterscheiden sollen (s. hierzu FlÖ, S. 1054).

## 2 Hochmoor-Weichständel, *Malaxis (Hammarbya) paludosa*

| | | | | | | | | |
|---|---|---|---|---|---|---|---|---|
| 5–25 cm | VII–VIII | ♃ | | | HM | † | § | |

+ winzige, grünliche Blüten
+ Laubblätter kurz, eiförmig (bis 3 cm lang); am Rand oft mit kleinen Brutknöllchen, die der vegetativen Vermehrung dienen

Nicht über Kalk, Hoch- und Niedermoore, in Torfmoospolstern wachsend.

1a

1b

2a

2b

3

4a

## Gattung: Ständelwurz, *Epipactis*

Lippe der Blüten auffällig eingeschnürt, daher (meist auch farblich) in zwei Teile gegliedert; vorwiegend Waldpflanzen (sowie *E. palustris* in Feuchtwiesen und Flachmooren; Bd. 1, S. 308).

- einzelne Arten mit besonders auffälligen Merkmalen, über Kalk
  - Blätter klein, fast schuppenförmig; Laubmischwälder
    → Kleinblättrige Ständelwurz, *Epipactis microphylla* (S. 482, Foto 3)
  - Blüten kräftig braunrot, nach Vanille duftend; Föhrenwälder, auch in Magerrasen (s. u.)
    → Braunrote Ständelwurz, *Epipactis atrorubens* (S. 482–483, Fotos 4a, b)
  - Blätter auf der Unterseite violett überlaufen; Wälder
    → Violette Ständelwurz, *Epipactis purpurata* (S. 485, Fotos 1a, b)
- Typus der Breitblättrigen Ständelwurz, *Epipactis helleborine* agg. (Bd. 1, S. 308)
  Die Arten der Gruppe unterscheiden sich im Blütenaufbau dahingehend, dass es (durch die Reduktion eines Blütenorgans) eine abgestufte Fähigkeit zur „ordentlichen“ Abgabe der Pollenpakete (Pollinien) gibt. D. h., die Arten sind fremdbestäubt (durch Wespen), fremd- und selbstbestäubt („mixed mating“) bis hin zu ausschließlich selbstbestäubt. Leider ist das an den Blüten nicht einfach zu erkennen. Daher wird hier nur auf einzelne, gut kenntliche Arten exemplarisch hingewiesen. Andererseits sind aber gerade aus NÖ eine Reihe dieser Arten bzw. Unterarten nachgewiesen (vgl. FlÖ, ab S. 1047): *E. voethii* – Bisamberg, *E. lapidocampi* – Steinfeld, *E. helleborine* subsp. *helleborine*, subsp. *orbicularis*, *E. pontica*, *E. greuteri* – Schneeberg und Rax, *E. albensis* – March-Auen.
  - vorderer Teil der Lippe schmal und spitz zulaufend; Laubwälder über Kalk; selbstbestäubend
    → Schmallippige Ständelwurz, *Epipactis leptochila* (S. 485, Fotos 2a, b)
  - Laubblätter sichelförmig umgebogen; lichte, basenreiche Wälder; selbstbestäubend
    → Müllers Ständelwurz, *Epipactis muelleri* (S. 485, Fotos 3a, b)

### 3 Kleinblättrige Ständelwurz, *Epipactis microphylla*

| | | | | | | | | |
|---|---|---|---|---|---|---|---|---|
| 15–40 cm | VII | ♃ | | | W1, 2 | s | § | |

+ kurze Laubblätter (2–4 cm lang; Foto 3)
+ Pflanze meist dicht behaart
+ Blüten alle in eine Richtung nickend

Kalkliebend, meist selbstbestäubend.

### 4 Braunrote Ständelwurz, *Epipactis atrorubens*

| | | | | | | | | |
|---|---|---|---|---|---|---|---|---|
| 20–70 cm | VI–VII | ♃ | | | W1, G1 | s | § | |

+ Blüten purpurn-braunrot; nach Vanille duftend
+ Blätter relativ regelmäßig sich gegenüberliegend angeordnet; bis 8 cm lang
+ Fruchtknoten dicht flaumhaarig

Kalkliebend, fremdbestäubt.

4b

## 1 Violette Ständelwurz, *Epipactis purpurata*

| | | | | | | | | |
|---|---|---|---|---|---|---|---|---|
| 20–80 cm | VIII | ♃ | | | W2 | s | § | |

+ Stängel und Laubblätter unterseits violett überlaufen; Laubblätter bis 6 cm lang
+ Pflanze oft in dichten Gruppen von blühenden Trieben wachsend
+ Blütenblätter glänzend, teilweise auch violett überlaufen

Kalkliebend, fremdbestäubt.

## 2 Schmallippige Ständelwurz, *Epipactis leptochila*

| | | | | | | | | |
|---|---|---|---|---|---|---|---|---|
| 20–60 cm | VII–VIII | ♃ | | | W2 | ss | § | |

+ der Vorderteil der Lippe schmal (also länger als breit) und spitz zulaufend
+ Blätter eiförmig; bis 10 cm lang
+ Blütenstand locker; Blüten oft nicht voll geöffnet

Kalkliebend, selbstbestäubend.

☝ Es werden zwei Unterarten (subsp. *leptochila* und *neglecta*) differenziert, die sich in der Form der Lippe und der Antherenfächer (gestielt/ungestielt) unterscheiden (s. hierzu FlÖ, S. 1050).

## 3 Müllers Ständelwurz, *Epipactis muelleri*

| | | | | | | | | |
|---|---|---|---|---|---|---|---|---|
| 25–70 cm | VI–VII | ♃ | | | W1, K | ss | § | |

+ Blätter sichelförmig nach unten gekrümmt und randlich gewellt; bis 12 cm lang
+ Blütenhüllblätter grünlich-gelblich (hell)
+ vorderer Teil der Lippe herzförmig

Selbstbestäubend.

## 4 Weißes Waldvögelein, *Cephalanthera damasonium*

| | | | | | | | | |
|---|---|---|---|---|---|---|---|---|
| 20–50 cm | V–VI | ♃ | | | W1, 2, G1 | mh | § | |

+ Blüten cremeweiß, im Inneren auf der Lippe gelb; allerdings öffnen sich die Blüten meist nur wenig (→ meist selbstbestäubend)
+ Blätter eiförmig; nicht streng zweizeilig, d. h. sich gegenüberstehend angeordnet (i. U. z. dem Schwertblättrigen Waldvögelein; s. Bd. 1, S. 314)

Charakterart der Buchenwälder auf Kalk, auch an Waldrändern und Säumen.

## 5 Rotes Waldvögelein, *Cephalanthera rubra*

| | | | | | | | | |
|---|---|---|---|---|---|---|---|---|
| 20–60 cm | V–VII | ♃ | | | W1, 6 | mh | § | |

+ Blüten rötlich; sich weit aufspreizend (→ von Insekten bestäubt)
+ Lippe zweiteilig; der vordere Teil durch ein Gelenk beweglich

1a

1b

2a

2b

3a

3b

4a

4b

5a

5b

## 1 Herbst-Drehwurz, *Spiranthes spiralis*

| | | | | | | | | |
|---|---|---|---|---|---|---|---|---|
| 10–30 cm | IX | ♃ | | | G1, 2 | s | § | |

+ Grundblattrosette zur Blütezeit verdorrt *(*i. U. z. *S. aestivalis*; Foto 1c*)*
+ Stängel ohne voll ausgebildete Laubblätter

Meist (wechsel-)trockene Magerwiesen und -weiden.

☝ Bei der in NÖ ausgestorbenen Sommer-Drehwurz *(S. aestivalis)* ist die Grundblattrosette zur Blütezeit nicht verdorrt, die Stängel sind gleichmäßig beblättert; Blütezeit im Juli; kommt in Niedermooren vor. (Foto 1c)

## 2 Einknolle, *Herminium monorchis*

| | | | | | | | | |
|---|---|---|---|---|---|---|---|---|
| 10–30 cm | VI–VII | ♃ | | | G1, G2 | s | § | |

+ kleine Blüten (3–6 mm lang), diese hellgelb und glockig zusammenneigend
+ Blüten duften nach Honig
+ Pflanzen mit unterirdischen Ausläufern und daher gern in Gruppen auftretend

Feuchte und trockene Magerwiesen, auch Niedermoore; über Kalk.

1a

1b

1c

2a

2b

### Gattung: Ragwurz, *Ophrys*

Wenige, mittelgroße Blüten, die in Farbe, Form, Duft und Behaarung ihre Bestäuber imitieren (→ Sexual-Täuschblumen; vgl. Bd. 1, S. 316).

- Lippe an der Spitze mit einem Anhängsel (Achtung! Es kann zurückgeschlagen sein.)
  - dieses Anhängsel zurückgeschlagen, daher nicht auf den ersten Blick sichtbar; es ist häufiger „aktive" (Foto A) Selbstbestäubung zu beobachten, d. h., dass sich die Pollenpakete nach unten auf die Narbe senken (dieses Phänomen hat schon Charles Darwin fasziniert)
    → Bienen-Ragwurz, *Ophrys apifera* (Fotos 3a, b)
  - dieses Anhängsel ist nach oben gerichtet, auffällig gelblich
    → Hummel-Ragwurz, *Ophrys holoserica (*subsp. *holoserica)* (S. 489, Fotos 1a, b)
- Lippe an der Spitze ohne Anhängsel
  - metallisch bläuliches Mal auf der Lippe fast rechteckig; Lippe an der Spitze deutlich zweilappig
    → Fliegen-Ragwurz, *Ophrys insectifera* (Bd. 1, S. 316)
  - metallisch bläuliches Mal auf der Lippe in der Form eines H; Lippe an der Spitze nicht zweilappig
    → Spinnen-Ragwurz, *Ophrys sphegodes* (S. 489, Fotos 2a, b)

## 3 Bienen-Ragwurz, *Ophrys apifera*

| | | | | | | | | |
|---|---|---|---|---|---|---|---|---|
| 20–40 cm | V–VI | ♃ | | | G1 | s | § | |

+ Aktive Selbstbestäubung durch sich nach unten krümmende Pollenpakete (s. Pfeil, Foto 3b)
+ Anhängsel der dreilappigen Lippe zurückgeschlagen
+ die äußeren Blütenhüllblätter ± rosa

Charakterart der Halbtrockenrasen; über Kalk.

3a

3b

## 1 Hummel-Ragwurz, *Ophrys holoserica (*subsp. *holoserica)*

| | | | | | | | | |
|---|---|---|---|---|---|---|---|---|
| 10–35 cm | V–VI | ♃ | | | G1 | s | § | |

+ Lippe trapezförmig zum Anhängsel hin breiter werdend
+ Anhängsel der nicht dreilappigen Lippe nach vorn gerichtet
+ wird von Langhornbienen *(Eucera* spp.*)* bestäubt

Charakterart der Halbtrockenrasen; über Kalk.

## 2 Spinnen-Ragwurz, *Ophrys sphegodes*

| | | | | | | | | |
|---|---|---|---|---|---|---|---|---|
| 10–35 cm | IV–V | ♃ | | | G1 | s | § | |

+ die heimische Ragwurz-Art, die als Erstes blüht
+ Lippe meist mit bläulichem, ± H-förmigem Mal
+ wird von Sandbienen *(Andrena* spp.*)* bestäubt

Charakterart der Halbtrockenrasen; über Kalk.

### Gattung: Knabenkraut (Fingerwurz), *Dactylorhiza*

Jede einzelne Blüte im Blütenstand steht in der Achsel eines krautigen, kleinen, aber deutlich sichtbaren Tragblattes (Knolle im Boden handförmig gespalten[132] – aber bitte nicht ausgraben!).

- Blüten gelb, Laubblätter ungefleckt
  - Blüten hellgelb; Blätter steil aufrecht mit einer kahnförmigen Spitze
    → Strohgelbes Knabenkraut, *Dactylorhiza incarnata* subsp. *ochroleuca* (S. 489, Fotos 3c, d)
  - Blüten gelb; Blätter nicht aufrecht mit einer kahnförmigen Spitze; meist zusammen mit Pflanzen derselben Art, die roten Blüten mit einem gelblichen Grund haben (Blütenfarben-Dimorphismus, s. u.; rein rot blühende Populationen sind aus NÖ nicht bekannt, oder doch? Dann bitte bei uns an der BOKU melden!)
    → Holunder-Knabenkraut, *Dactylorhiza sambucina* (Bd. 1, S. 314)
- Blüten rötlich, purpurn
  - Blätter ungefleckt
    - Blüten rot mit gelbem Grund am Eingang zum Sporn; immer (?) zusammen mit gelb blühenden Pflanzen (Blütenfarben-Dimorphismus, s. o.)
      → Holunder-Knabenkraut, *Dactylorhiza sambucina* (Bd. 1, S. 314)
    - Blüten fleischfarben; Blätter steil aufrecht mit einer kahnförmigen Spitze; Stängel hohl (leicht zusammendrückbar)
      → Fleischfarbenes Knabenkraut, *Dactylorhiza incarnata* subsp. *incarnata* (S. 489, Fotos 3a, b)
  - Blätter gefleckt, ohne eine kahnförmige Spitze, nicht steil aufrecht
    - Blüten (hell- bis dunkel-)purpurn; Stängel hohl; Blütenstand wenig- und lockerblütig (5–20 Blüten); kalkliebend; montan/subalpin
      → Lappland-Knabenkraut, *Dactylorhiza (majalis* subsp.*) lapponica* (S. 491, Foto 1)
    - Blüten (hell- bis dunkel-)purpurn; Stängel hohl; viel- und dichtblütig (10–50 Blüten); collin/montan
      → Breitblättriges Knabenkraut, *Dactylorhiza (majalis* subsp.*) majalis* (Bd. 1, S. 312)
    - Blüten (hell-)rosa bis (dunkel-)purpurn; Stängel markig (nicht zusammendrückbar)
      → Geflecktes Knabenkraut, *Dactylorhiza maculata* agg. *(*inkl. *Dactylorhiza fuchsii)* (Bd. 1, S. 312)

[132] Daher kommt der wiss. Gattungsname *Dactylorhiza*: dáktylos = Finger, rhíza = Wurzel (griech.)

## 3 Fleischfarbenes Knabenkraut, *Dactylorhiza incarnata* subsp. *incarnata*

| | | | | | | | | |
|---|---|---|---|---|---|---|---|---|
| 20–70 cm | V–VI | ♃ | | | G1, G2 | mh | § | |

+ Blüten rosa-fleischfarben mit violetter, meist schleifenförmiger Zeichnung
+ lang gestreckte, in eine kapuzenförmige Spitze auslaufende Laubblätter typischerweise ungefleckt und steif aufrecht vom Stängel abstehend

☝ Das Strohgelbe Knabenkraut *(D. incarnata* subsp. *ochroleuca)* hat hellgelbe Blüten ohne Zeichung; die lang gestreckten, in eine kapuzenförmige Spitze auslaufenden Laubblätter sind völlig ungefleckt und stehen steif aufrecht vom Stängel ab. (Fotos 3c, 3d)

☝ Es gibt auch Varietäten mit gefleckten Blättern (s. hierzu FlÖ, S. 1056) und die Art hybridisiert verbreitet mit dem Breitblättrigen Knabenkraut (Bd. 1, S. 312) – dann sind die Blatt- und Blütenmerkmale nicht mehr so eindeutig wie hier beschrieben.

Feuchtwiesen, Niedermoore, z. B. ist noch in Moosbrunn die Unterart *ochroleuca* zu finden.

## 1 Lappland-Knabenkraut, *Dactylorhiza (majalis* subsp.*) lapponica*

| | | | | | | | | |
|---|---|---|---|---|---|---|---|---|
| 10–25 cm | VI–VII | ♃ | | | G2 | ss | § | |

+ meist drei Stängelblätter, die oberseits stark gefleckt sind
+ Blütenstand lockerblütig (5–15 Blüten)
+ purpurne Blüten mit deutlicher, schleifenförmiger Zeichnung auf der Lippe

☝ Die Verbreitung dieser tetraploiden Knabenkrautsippe ist unzureichend bekannt.
Kalkreiche Quell- und Niedermoore in den Bergen.

### Gattung: Knabenkräuter, *Orchis (Aceras, Anacamptis, Neotinea)*

Jede einzelne Blüte im Blütenstand steht in der Achsel eines häutigen, kaum kenntlichen Tragblattes (Knolle im Boden eiförmig – aber bitte nicht ausgraben!).

- der Typus der hier verbleibenden Knabenkräuter zeichnet sich durch kompakte (zu Beginn fast kugelige) bis lang gestreckte Blütenstände aus (die Arten sind nachfolgend entsprechend geordnet!), die „normal", d. h. von unten her aufblühen; die (hell- bis dunkel-)roten/purpurnen Blüten weisen einen Sporn auf
  - Helm kompakt
    - ◆ Helm hell(-purpurn), Lippe auffällig punktiert
      → Dreizähniges Knabenkraut, *Orchis (Neotinea) tridentata* (S. 491, Fotos 2a, b)
    - ◆ Helm dunkelpurpurn, dadurch erscheint der kompakte Blütenstand oben sehr dunkel (= „angebrannt"); Blüten kleiner als bei der vorherigen Art (Hybriden zwischen beiden Arten, auch in NÖ)
      → Brand-Knabenkraut, *Orchis (Neotinea) ustulata* (S. 491, Fotos 3a–c)
    - ◆ Helm der Blüte weniger kompakt, Helm innen mit deutlichen grünen Adern
      → Kleines Knabenkraut, *Orchis (Anacamptis) morio* (Bd. 1, S. 316)
    - ◆ Helm der Blüte weniger kompakt, olivgrün mit purpurroten Flecken, die Lippe purpurn; in NÖ †
      → Spitzels Knabenkraut, *Orchis spitzelii* (S. 493, Fotos 1a, b)
    - ◆ Blütenblätter des Helms an der Spitze ausgezogen, Blüten (dunkel-)rot, teilweise grünlich oder bräunlich überlaufen
      → Wanzen-Knabenkraut, *Orchis (Anacamptis) coriophora* (S. 493, Fotos 2a, b)
    - ◆ Helm dunkelpurpurn, Lippe als ein „Männchen" mit breiten „Beinen"; kräftige Pflanzen
      → Purpur-Knabenkraut, *Orchis purpurea* (S. 493, Fotos 4a, b)
    - ◆ Helm hell(-purpurn), Lippe als ein „Männchen" mit schmalen „Beinen"
      → Helm-Knabenkraut, *Orchis militaris* (Bd. 1, S. 314)
  - kein kompakter Helm vorhanden, äußere Blütenblätter abspreizend oder nach oben geschlagen
    - ◆ die äußeren Blütenblätter abspreizend und in auffällig gedrehte Spitzen ausgezogen
      → Männliches Knabenkraut, *Orchis mascula (*subsp. *signifera)* (Bd. 1, S. 316)
    - ◆ die äußeren Blütenblätter nach oben geschlagen und nicht in auffällig gedrehte Spitzen ausgezogen
      → Sumpf-Knabenkraut, *Orchis (Anacamptis) palustris* (S. 493, Fotos 3a, b)
- davon weichen in einzelnen Merkmalen die folgenden Arten auffällig ab
  - Blütenstand blüht von oben her auf; nur auf dem Bisamberg
    → Affen-Knabenkraut, *Orchis simia* (S. 494, Foto 1)
  - Blüten gelblich grün bis braunrot, ohne Zeichnung auf der Lippe, ohne Sporn, haben die Form von kleinen „Männchen"; nur auf dem Bisamberg
    → Ohnhorn, *Aceras (Orchis) anthropophorum* (S. 494, Foto 2)
  - Blüten hellgelb, ohne Zeichnung; in Magerrasen und auch in Wäldern (s. o.)
    → Bleiches Knabenkraut, *Orchis pallens* (S. 493, Fotos 5a, b)

## 2 Dreizähniges Knabenkraut, *Orchis (Neotinea) tridentata*

| | | | | | | | | |
|---|---|---|---|---|---|---|---|---|
| 20–40 cm | V | ♃ | | | G1 | s | § | |

+ helle Lippe mit kräftigen rosa Punkten; äußere Blütenhüllblätter mit rosa Streifen
+ Blütenstand fast kugelig
+ Laubblätter blaugrün

Magerrasen und warmtrockene Säume.

## 3 Brand-Knabenkraut, *Orchis (Neotinea) ustulata*

| | | | | | | | | |
|---|---|---|---|---|---|---|---|---|
| 10–60 cm | IV–VI oder VI–VII | ♃ | | | G1, G2 | s–mh | § | |

+ kleine Blüten (Lippe 5–7 mm lang); äußere Blütenhüllblätter ohne Streifen, Lippe ebenfalls (wie vorherige Art) mit dunkelpurpurnen Punkten
+ der kompakte, später auch länglich walzige Blütenstand vor allem zu Beginn dunkelpurpurn, fast schwarz; dieser Eindruck bleibt durch die dunklen Knospen an der Spitze des Blütenstandes lange erhalten, sodass die Art wie im oberen Teil des Blütenstandes „angebrannt" aussieht

Es werden zwei Unterarten differenziert, die insbesondere durch ihre unterschiedlichen Blühzeiten getrennt sind (s. Infoleiste). Darüber hinaus wird die subsp. *aestivalis*, als spätblühende Sippe, deutlich größer (30–60 cm), wirkt schlanker und wächst eher an (wechsel-)feuchten Standorten (Foto 3c).

1

2a

2b

3a

3b

3c

## 1 Spitzels Knabenkraut, *Orchis spitzelii*

| | | | | | | | | |
|---|---|---|---|---|---|---|---|---|
| 20–40 cm | VI–VII | ♃ | | | W5, A6 | † | § | |

+ Helm olivgrün mit purpurroten Flecken, die Lippe purpurn
+ Blätter stark glänzend

Subalpine Rasen- und Krummholz-Gesellschaften, in NÖ bereits ausgestorben.

## 2 Wanzen-Knabenkraut, *Orchis (Anacamptis) coriophora*

| | | | | | | | | |
|---|---|---|---|---|---|---|---|---|
| 15–35 cm | V–VI | ♃ | | | G1, G2 | s | § | |

+ der kurze (5–6 mm lang), kegelförmige Sporn enthält Nektar → die einzige heimische Knabenkraut-Art, die keine Nektar-Täuschblume darstellt
+ in die purpurnen Grundfarben der Blüten sind braune und grüne Nuancen eingemischt, sodass die Blüten meist ein bisschen schmutzig wirken
+ Lippe deutlich zurückgeschlagen

Meist (wechsel-)feuchte oder trockene Magerstandorte, wie Heißländen oder Halbtrockenrasen.

☝ Diese mittlerweile extrem selten gewordene Orchidee verzeichnet in Mitteleuropa den wahrscheinlich umfangreichsten Rückgang an Populationen.

## 3 Sumpf-Knabenkraut, *Orchis (Anacamptis) palustris*

| | | | | | | | | |
|---|---|---|---|---|---|---|---|---|
| 30–70 cm | V–VI | ♃ | | | G1 | ss | § | |

+ Lippe zweilappig
+ Blütenstand lockerblütig (10–20 Blüten)

Nur an feuchten Standorten, wie in Niedermooren oder Nasswiesen.

## 4 Purpur-Knabenkraut, *Orchis purpurea*

| | | | | | | | | |
|---|---|---|---|---|---|---|---|---|
| 30–90 cm | V–VI | ♃ | | | W1, G1 | mh | § | |

+ stattliche Pflanzen mit glänzenden Blättern
+ Helm der Blüte sehr dunkelbraun-violett
+ „Beine“ der Lippe viel breiter als bei *Orchis militaris* (Bd. 1, S. 314) und *Orchis simia* (S. 494)

Warm-trockene, lichte Eichenwälder und Magerrasen.

## 5 Bleiches Knabenkraut, *Orchis pallens*

| | | | | | | | | |
|---|---|---|---|---|---|---|---|---|
| 15–40 cm | IV–V | ♃ | | | W1, G1 | mh | § | |

+ hellgelbe Blüten ohne eine Zeichnung
+ breite, nicht spitz zulaufende Laubblätter stark glänzend

In lichten Wäldern, auch in Magerrasen, am einfachsten im Wienerwald, insbes. im Raum Gießhübl-Seewiese zu finden.

1a
2b
3a
1b
2a
3b
4b
4a
5a
5b

### 1 Affen-Knabenkraut, *Orchis simia*

+ die Pflanze blüht „verkehrt herum“, von oben nach unten auf; Blütenstand (halb-)kugelig
+ die Seitenlappen („Arme“) und die beiden Zipfel des Mittellappens („Beine“) der Lippe sehr schmal, dunkler gefärbt als der Rest der Lippe und oft gekrümmt

Ursprünglich wohl nicht heimisch, aber beispielsweise am Bisamberg ausgebracht.

### 2 Ohnsporn, *Aceras (Orchis) anthropophorum*

+ Blüten, wie kleine „Männchen“; die tief gespaltene Lippe mit einem zentralen Zipfel
+ Lippe ohne Sporn

Ursprünglich wohl nicht heimisch, aber beispielsweise am Bisamberg ausgebracht.

## Familie: Aronstabgewächse, Araceae

Nur zwei Gattungen mit je einer Art in NÖ: Aronstab *(Arum cylindraceum)* s. Bd. 1, S. 318 und:

### 3 Drachenwurz, *Calla palustris*

| | | | | | | | | |
|---|---|---|---|---|---|---|---|---|
| 15–30 cm | V–VII | ♃ | | | HM, G2, W3 | ss | § | gi! |

+ unverwechselbar!

Kalkmeidend; nur im westl. Waldviertel, z. B. im Feuchtgebiet bei Grünbach in Rappottenstein (Naturdenkmal) noch zu bewundern.

1

2

3

## Familie: Narzissengewächse (Amaryllisgewächse), Amaryllidaceae

In den Tropen und Subtropen gibt es Hunderte Arten der Familie (z. B. bei uns als Zierpflanzen genutzt: z. B. Amaryllis und Clivia), in NÖ gibt es allerdings nur 3 Gattungen mit insgesamt 4 sehr hübschen heimischen Wildpflanzen-Arten. Alle Arten sind Zwiebelpflanzen, deren Stängel blattlos sind. Der Fruchtknoten ist unterständig und die 6 Blütenblätter sind entweder am Grund röhrig verwachsen *(Narcissus)* oder frei. Alle Pflanzen der Familie enthalten giftige Alkaloide!

- Blüten sind schlanke Glocken, äußere Blütenblätter reinweiß; Frühlingsbote im Auwald
  → Schneeglöckchen, *Galanthus nivalis* (Bd. 1, S. 318)
- Blüte lampenschirmförmig mit gelben oder grünen tropfenförmigen Verdickungen an den Spitzen
  - häufige Art in Auwäldern und Sümpfen; Frühlingspflanze (II–IV); 10–30 cm hoch
    → Frühlings-Knotenblume, *Leucojum vernum* (Bd. 1, S. 318)
  - sehr seltene Art, nur in Auen und Bruchwäldern an der March; blüht später (V–VI); 35–60 cm hoch
    → Sommer-Knotenblume, *Leucojum aestivum* (Bd. 1, S. 318)
- Blütenblätter flach ausgebreitet, radförmig *(„radiiflorus“)*, am Grund röhrig verwachsen, weiß; Pflanze 20–40 cm hoch
  → Narzisse, *Narcissus radiiflorus*

### 1 Narzisse, *Narcissus radiiflorus*

| | | | | | | | | |
|---|---|---|---|---|---|---|---|---|
| 20–40 cm | IV–V | ♃ | | | G3f | mh | | gi! |

+ Stängel zusammengedrückt
+ Blütenblätter zum Zentrum der Blüte hin keilig verschmälert; nicht überlappend, am Grund röhrig verwachsen

Die Art ist aufgrund von veränderter Wiesenbewirtschaftung bzw. Aufforstung vom Aussterben bedroht, man findet sie v. a. in der Umgebung von Lunz am See und im Halltal (bei Mariazell) auf mageren, feuchten Bergwiesen. Im Salzkammergut wird alljährlich das Narzissenfest gefeiert, bei dem Tausende Narzissen für eindrucksvolle Blumenkorsos gepflückt werden; diese Form der Nutzung schadet der Narzisse nicht und sorgt vielleicht dafür, dass die Narzissenwiesen dort erhalten werden.

1

## Verwendete und empfehlenswerte weiterführende Literatur


DÜLL, R. & H. KUTZELNIGG, 2005, Taschenlexikon der Pflanzen Deutschlands. 6. Aufl., Quelle & Meyer, Wiebelsheim.

FISCHER, M. A., OSWALD, K. & W. ADLER, 2008, Exkursionsflora für Österreich, Liechtenstein und Südtirol. 3. Aufl., Verlag: Biologiezentrum d. OÖ Landesmuseen, Linz.

GRIEBL, N., 2013, Die Orchideen Österreichs. Freya Verlag, Linz.

HAEUPLER, H. & T. MUER, 2007, Bildatlas der Farn- und Blütenpflanzen Deutschlands. 2. Aufl., Ulmer Verlag, Stuttgart.

JÄGER, E. (Hrsg.), 2007, Exkursionsflora von Deutschland, Band 3, Gefäßpflanzen: Atlasband. 11. Aufl., Spektrum, Akademischer Verlag, Heidelberg.

JÄGER, E. (Hrsg.), 2011, Rothmaler - Exkursionsflora von Deutschland – Gefäßpflanzen: Grundband. 20. Aufl., Spektrum, Akademischer Verlag, Heidelberg.

NOVAK, N., 2010, Heimische Orchideen in Wort und Bild. 2. Aufl., Leopold Stocker Verlag, Graz.

SENGHAS, K., S. SEYBOLD, 2003, Schmeil-Fitschen. Flora von Deutschland und angrenzender Länder. 92. Aufl., Quelle & Meyer Verlag, Wiebelsheim.

## Ergänzungen zur Familie Kreuzblütler (Brassicaceae), Seite 200

Die Früchte der Kreuzblütler bezeichnet man als Schoten[133], bzw. Schötchen (s. den Bestimmungsschlüssel S. 200, 201). Sie bestehen aus zwei miteinander (randlich) verwachsenen Fruchtblättern. Die beiden Hälften sind in der Mitte durch eine dünne Scheidewand getrennt. Bei den meisten Gattungen fallen die beiden seitlichen Fruchtklappen bei der Reife ab und geben die Samen frei (eine Öffnungsfrucht). Die Scheidewand bleibt eine Zeitlang in einem Rahmen am Stängel erhalten (z. B. bei den Schötchen der Graukresse, Fotos A und B).

Aussehen und Bau der Früchte sind für das Bestimmen von Kreuzblütlern entscheidend. Da diese bei jungen Pflanzen noch nicht ausgebildet sind und die Blüten sehr einheitlich gebaut sind, muss man die Blätter heranziehen. Hier ergibt sich aber das Problem, dass sie je nach ihrem Entstehungsalter, bzw. ihrer Höhe am Stängel recht unterschiedlich aussehen können. Generell geht die Entwicklung und damit die Höhe am Stängel von sehr einfach gebauten, den Keimblättern, über stärker differenzierte, gezähnte, eingeschnittene, gefiederte bis wieder zu einfacheren Formen[134]. Als Beispiel haben wir die Blätter des oberen Teil eines Stängels des Barbarakrauts *(Barbarea vulgaris)* nebeneinandergelegt (Foto C). Das Foto D zeigt das ähnliche Steife Barbarakraut *(B. stricta)*; Schlüssel dazu auf S. 226.

Ein wichtiges Unterscheidungsmerkmal bei vielen Gattungen, das Aussehen der Haare, ist leider meist nur mit starker Vergrößerung (ab 20x), und da oft nicht leicht, erkennbar; als Beispiel die wunderschönen Sternhaare eines Steinkrauts (*Alyssum* sp., Foto E).

A

B

C

D

E

[133] Nicht zu verwechseln mit den Hülsen der Schmetterlingsblütler *(Fabaceae)*, die aus einem Fruchtblatt bestehen, das mit sich selbst verwächst. Bei der Reife platzt die Hülse nicht nur an der Verwachsungsnaht sondern auch am Bauch auf. Es gibt keine Scheidewand.

[134] Eine ähnliche Blattfolge kann man übrigens bei vielen Korbblütlern beobachten.

A

Hain-Ehrenpreis, s. S. 283

B

Dreilappen-Ehrenpreis, s. S. 283

C

Dreilappen-Ehrenpreis, s. S. 283

D

Schwarzer Nachtschatten, s. S. 273

E

Giftbeere, s. S. 273

F

Kantabrische Winde, s. S. 273

# Verzeichnis der deutschen und wissenschaftlichen Pflanzennamen

## D



## E

## F



## G

## H

## I



## J



## K

## L



## M

## N



## O

## T



## U



## V

## W



## X



## Z

# *Pflanzen sehen und erkennen*

Dieses Buch macht einen Einstieg in die Flora Niederösterreichs ohne Vorkenntnisse möglich – durch allgemein verständliche Bestimmungsschlüssel, Angabe von Erkennungsmerkmalen und Fotos für circa 550 Arten. Von erfahrenen Experten für die Allgemeinheit, aber auch für botanisch bereits Vorgebildete wird ein Verständnis für die Pflanzenwelt Niederösterreichs vermittelt. In den Folgebänden soll dieses Wissen dann erweitert und vertieft werden.

**ÖKOLOGISCHE FLORA NIEDERÖSTERREICHS BAND 1**

320 Seiten, farbig, gebunden
ISBN 978-3-8404-7522-1

Mit einfachen Bestimmungsschlüsseln und unter Zuhilfenahme von Standortansprüchen und Verbreitung wird das Bestimmen von grasartigen Pflanzen ohne Hilfsmittel, wie Lupe oder Mikroskop, ermöglicht. Gräser gelten wegen ihrer kleinen, unscheinbaren Blüten und der sehr einheitlich aussehenden Blätter als besonders schwer zu unterscheiden. Oberflächlich betrachtet scheinen sie einander stark zu ähneln. Das Buch bietet einen Einstieg, bei dem man auf zwei Wegen in das Reich der Grasartigen eindringen kann: Einerseits über die speziellen Wuchsbedingungen und Standorte und andererseits über die unterschiedliche „Physiognomie". Nachdem die Pflanzen nach Aussehen gruppiert wurden, ermöglichen verschiedene Bestimmungsschlüssel dann einen tieferen Einblick.

**ÖKOLOGISCHE FLORA NIEDERÖSTERREICHS BAND 2**

256 Seiten
farbig, gebunden
ISBN 978-3-8404-7523-8

Dieser Band schließt inhaltlich an Band 1 an. Während dort besonderer Wert darauf gelegt wurde, die Benutzer in das Erkennen der Familienzugehörigkeit einzuführen, gibt es nun Schlüssel zur Untergliederung der Familien in Gattungen und Arten. Dem Grundkonzept der ganzen Reihe entsprechend, sind die Gehölze (Bäume, Sträucher und Lianen), Bärlappe, Schachtelhalme, Farne und Wasserpflanzen nach ihrer systematischen Verwandtschaft (also nicht nach Blütenfarben) angeordnet.

**ÖKOLOGISCHE FLORA NIEDERÖSTERREICHS BAND 4**

288 Seiten
farbig, gebunden
ISBN 978-3-8404-7526-9

av BUCH

avBuch im Cadmos Verlag GmbH
Röntgenstraße 24 · 21493 Schwarzenbek
Telefon 04151 87 90 7-0 · Fax 04151 87 90 7-12
Besuchen Sie uns im Internet: **www.cadmos.de · www.cadmos.at**